O ATLAS DA TERRA-MÉDIA

KAREN WYNN FONSTAD

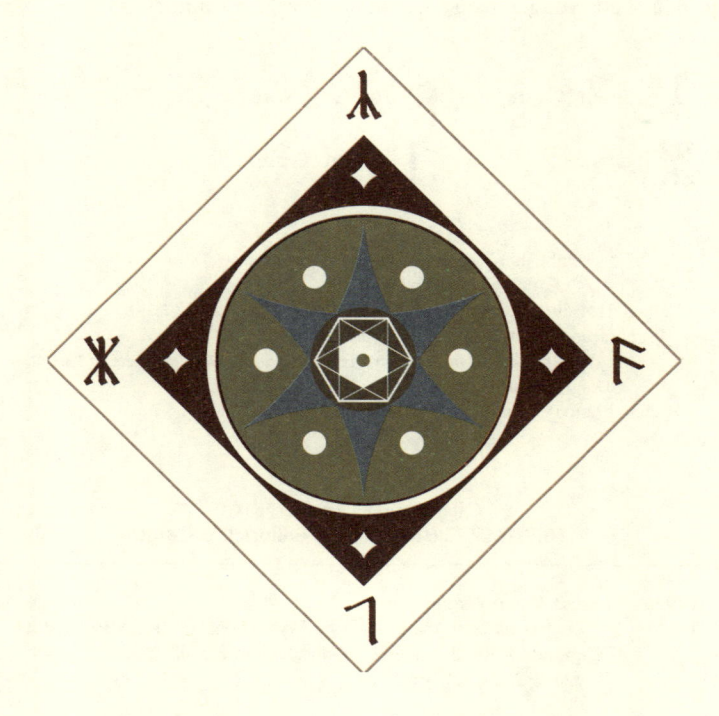

Tradução de
CRISTINA CASAGRANDE

Harper Collins

RIO DE JANEIRO, 2022

ᚾ númen (Oeste)   ᚠ formen (Norte)

ᚷ hyarmen (Sul)   ᚶ rómen (Leste)

Publisher	*Samuel Coto*
Editora	*Brunna Prado*
Estagiárias editoriais	*Camila Reis e Lais Chagas*
Preparação de texto	*Jaqueline Lopes*
Revisão	*Gabriel Oliva Brum, Eduardo Boheme, Leticia Castanho*
Diagramação	*Sonia Peticov*
Projeto gráfico e capa	*Alexandre Azevedo*

Catalogação na Publicação (CIP)
(BENITEZ Catalogação Ass. Editorial, MS, Brasil)

F195a   Fonstad, Karen Wynn
1. ed.   O atlas da terra-média / Karen Wynn Fonstad; tradução Cristina Casagrande. – Rio de Janeiro: Thomas Nelson Brasil, 2022.
            320 p.; 20,5 x 27,5 cm.

            Tradução original: *The atlas of Middle-earth*
            ISBN 978-65-55113-65-5

            1. Ficção inglesa. 2. Tolkien, JRR (John Ronald Ruel), 1892-1973 – Configurações. 2. Terra média (lugar imaginário) – Mapas. I. Casagrande, Cristina. II. Título.

06-2022/38   CDD: 823

Índice para catálogo sistemático:
1. Ficção: Literatura inglesa 823

Aline Graziele Benitez – CRB-1/3129 – Bibliotecária

HarperCollins Brasil é uma marca licenciada à Casa dos Livros Editora LTDA.
Todos os direitos reservados à Casa dos Livros Editora LTDA.
Rua da Quitanda, 86, sala 218 — Centro
Rio de Janeiro — RJ — CEP 20091-005
Tel.: (21) 3175-1030
www.harpercollins.com.br

Para Todd, Mark e Kristi (que ainda estão sem torta), que compartilharam dez anos de dores e glórias da Terra-média, e para Kit Keefe, minha alegre e corajosa amiga, que primeiro me emprestou *O Senhor dos Anéis*.

SUMÁRIO

AGRADECIMENTOS

Embora a qualidade e a precisão (ou a imprecisão) do produto destas páginas sejam de inteira responsabilidade da autora, a obra não poderia nunca ter sido terminada sem o encorajamento e a ajuda de muitas pessoas:

Meu marido, Todd, professor associado de geografia, que não apenas me deu apoio emocional, mas também me forneceu referências e orientação durante as avaliações críticas iniciais de geografia física para os mapas regionais e temáticos.

Minha mãe, Estis Wynn, que meticulosamente datilografou a maior parte do manuscrito original, e minha irmã Marsa Crissup, que repassou tudo para o computador.

Os pais de meu marido, Fay e o saudoso Ward Fonstad, minhas queridas amigas Lea Meeker e Zenda Gutierrez e outros familiares e amigos que ouviram as minhas angústias, cuidaram das crianças, fizeram compras e me perdoaram por estar muito ocupada para retribuir a sua boa vontade.

Os muitos leitores que compartilharam seu entusiasmo, com perguntas e sugestões durante os dez anos em que o *Atlas* esteve disponível.

Numerosos membros do corpo docente da Universidade de Wisconsin–Oshkosh que responderam às minhas perguntas, incluindo Paul Johnson, William e Doris Hodge, Andrew Bodman, Nils Meland, o saudoso Donald Netzer, Neil Harriman, Donald Gruyere, Herbert Gaede, Ronald Crane e Marvin Mengeling.

Lisa Richardson, que me apresentou ao Liquid Eraser,™ um corretivo de caneta!

James M. Goodman, meu professor de bacharelado da Universidade de Oklahoma, que me ensinou cartografia e orientou a minha tese, me dando o inestimável conhecimento de como organizar um artigo longo.

A equipe do Departamento de Coleções Especiais e dos Arquivos da Universidade Marquette, que, de forma entusiasmada, me deu acesso à Coleção dos Manuscritos de Tolkien, com destaque para Chuck Elston e Taum Santoski. Sem os desenhos colocados à disposição em Marquette, este *Atlas* teria demandado muito mais trabalho no início e teria demandado revisões muitíssimo mais extensas.

O Departamento de Geografia, Cartografia e Serviços e o Centro de Recursos de Aprendizagem da Universidade de Wisconsin–Oshkosh e a Biblioteca Pública de Oshkosh, dos quais saíram muitas das minhas referências.

Os editores e outros funcionários da Houghton Mifflin, que foram meus entusiastas e apoiadores desde o início. Um agradecimento especial aos meus editores nas duas edições, Stella Easland, na original, e Ruth Hapgood, na revisão, e à Anne Barrett, meu adorável primeiro contato.

Robert Foster, sem cujo excelente glossário o atlas original teria levado muito mais tempo para terminar.

Christopher Tolkien, que, com o lançamento de *O Silmarillion*, forneceu a fagulha que deu início ao meu trabalho e que desempenhou uma tarefa monumental, organizando a série *A História da Terra-média*.

E especialmente a J.R.R. Tolkien, que não só escreveu livros cativantes, mas também meticulosos. Somente tamanha dimensão de conhecimento e de atenção aos detalhes poderia fornecer os dados para um atlas inteiro — *e uma revisão!*

No verão de 1988, um leitor (que devido à inadequação do meu sistema de "não arquivamento" precisa permanecer desconhecido) fez uma pergunta que tem sido repetida com frequência desde o lançamento de *O Atlas da Terra-média* em 1981: "O atlas será revisado com base na série *A História da Terra-média*?" Esta edição é a resposta direta a essa dúvida.

Mesmo antes de o atlas original chegar a ser impresso, ele precisou de revisão quando a Houghton Mifflin enviou o manuscrito de *Contos Inacabados*, que não se esperava chegar antes que o atlas fosse impresso. Christopher Tolkien aparentemente começou, logo na sequência, a série *A História*, com o primeiro volume autorizado em 1983.

Os volumes I a V da *História* cobriram o período que vai até a Queda de Númenor, enquanto os volumes VI a IX expandiram *O Senhor dos Anéis*.[1] *A História* tem até agora duas omissões notáveis. Exceto pelos *Contos Inacabados*, não há nenhuma publicação expandindo *O Hobbit* ou os apêndices relativos à história no início da Terceira Era, e não deve haver.*[2]

> A importância de *O Hobbit* na *história da evolução da* Terra-média reside, portanto, atualmente, no fato de que ele foi publicado e que uma continuação dele foi exigida... Sua significância para a Terra-média reside no que ele iria fazer, não no que ele era.[3]

Desde o início do processo foi tomada, com relutância, a decisão de usar *A História* simplesmente como uma referência para confirmar e/ou elaborar o atlas original, sem acrescentar mapas e discussões comparando várias formas de relatos em *A História*. A riqueza de informações simplesmente não poderia ser incorporada no atlas sem um replanejamento completo, o que dobraria o tamanho, e, mais importante, produziria uma possível confusão aos milhares de leitores que tivessem lido apenas a versão original (finalizada) dos contos da Terra-média. Além disso, para evitar a simples duplicação, as referências de *A História* estão listadas apenas quando estão corretas ou se elas acrescentam uma percepção ou informação extra ao texto existente.

No papel de corrigir o atlas original, *A História* teve um impacto em três áreas: desenhos e mapas adicionais não disponíveis anteriormente; discussões mais detalhadas em versões anteriores que estavam ausentes (mas não foram necessariamente substituídas) das narrativas finais publicadas; e nomes adicionais para muitos locais. A edição revisada também incorpora sugestões de leitores. Não houve nenhuma tentativa de padronizar o atlas com mapas, desenhos e escritos de fontes não tolkienianas.

Os mapas que detalham as terras das eras antigas, especialmente aqueles do volume IV, *The Shaping of Middle-earth* [A Formação da Terra-média], foram especialmente úteis para remapear toda Arda. No atlas original, os mapas-múndi foram baseados estritamente nas análises dos textos escritos.

Nos volumes que abordam *O Senhor dos Anéis*, um papel crucial de *A História* foi a atribuição de vários desenhos e mapas à versão apropriada do texto. Essa informação imediatamente esclareceu por que alguns rascunhos que estavam disponíveis nos arquivos da Universidade Marquette durante a composição e o projeto iniciais do atlas diferiram em alguns detalhes das descrições publicadas, especialmente Isengard, o Fano-da-Colina e Minas Tirith.

Embora Christopher Tolkien afirme que *O Senhor dos Anéis* foi criado "em ondas"[4] (seu pai escrevia uma seção do conto e então recomeçava vários capítulos anteriores), frequentemente, a impressão marcante é mais das semelhanças do que das diferenças — apesar de ser mais intrigante analisar as últimas! Por mais tentador que seja traçar as visões de Tolkien em seus vários estágios, os interessados devem recorrer à *História*. O mesmo se aplica às muitas mudanças dos trajetos e da cronologia. "O Conto dos Anos" continuou a ser a autoridade para a demanda do anel, assim como para os Dias Antigos.[5]

---

*Explicações abrangentes de *O Hobbit* acabaram sendo incluídas em *O Hobbit Anotado* e em *The History of the Hobbit*, editado por John D. Rateliff. A história dos apêndices de *O Senhor dos Anéis* foi incluída no volume XII de *A História da Terra-média*. Nenhum desses volumes estava disponível quando a edição revista do *Atlas* foi publicada em inglês. [N. T.]

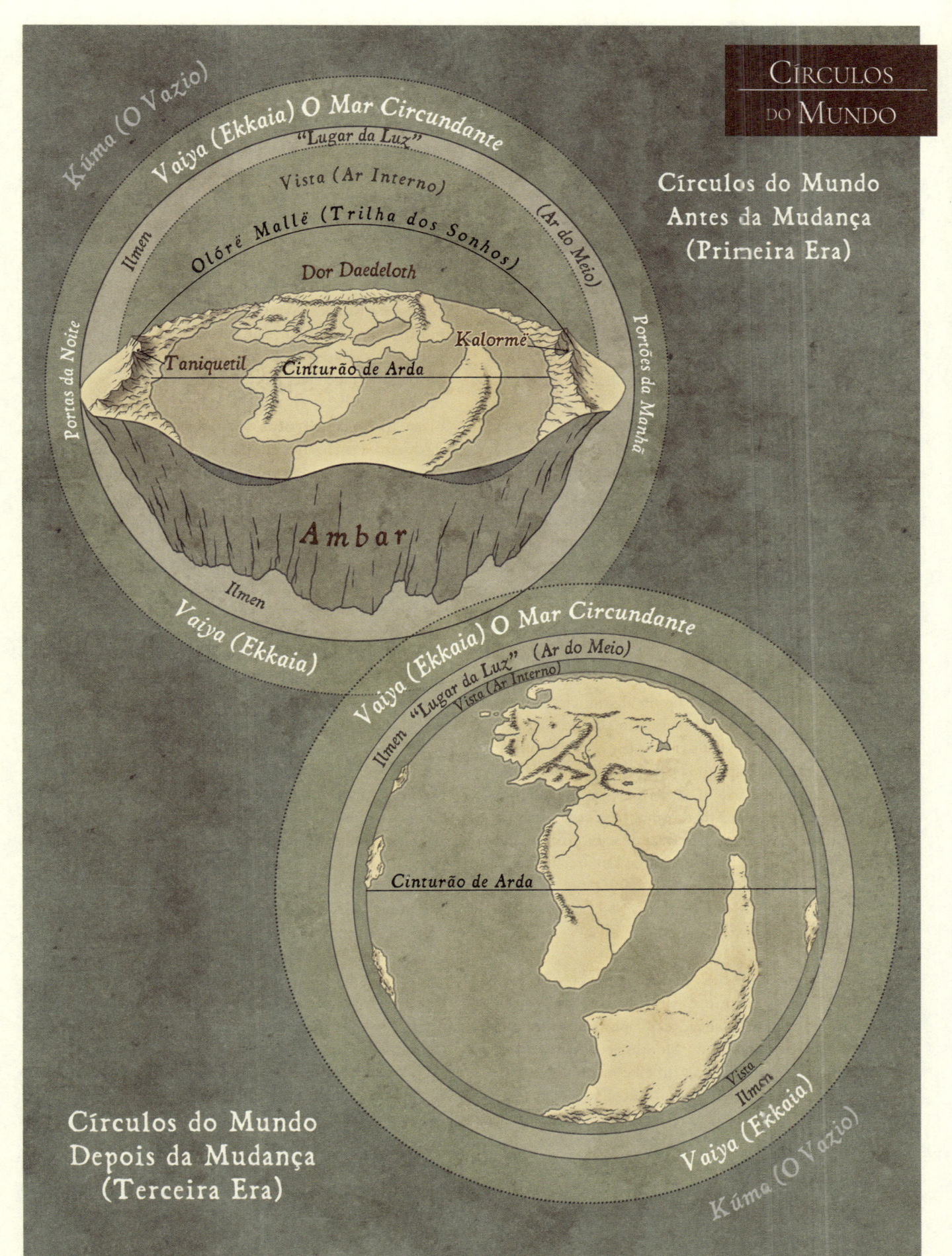

CÍRCULOS DO MUNDO

Círculos do Mundo
Antes da Mudança
(Primeira Era)

Kúma (O Vazio)

Vaiya (Ekkaia) O Mar Circundante

"Lugar da Luz"

Vista (Ar Interno)

Ilmen

Olórë Mallë (Trilha dos Sonhos)

(Ar do Meio)

Dor Daedeloth

Portas da Noite

Kalormë

Portões da Manhã

Taniquetil

Cinturão de Arda

Ambar

Ilmen

Vaiya (Ekkaia)

Vaiya (Ekkaia) O Mar Circundante

Ilmen "Lugar da Luz" (Ar do Meio)

Vista (Ar Interno)

Cinturão de Arda

Vista
Ilmen

Vaiya (Ekkaia)

Círculos do Mundo
Depois da Mudança
(Terceira Era)

Kúma (O Vazio)

Introdução

Como Bilbo, eu sempre amei mapas. Fui apresentada pela primeira vez a *O Senhor dos Anéis* em 1969 como assistente de pós-graduação em cartografia, quando uma das alunas na minha sala escolheu redesenhar o mapa da Terra-média como seu projeto final. Ela não terminou o mapa no final do semestre. Não sei se ela algum dia o terminou, mas o trabalho e a ideia me marcaram.

Dois anos depois, finalmente li *O Senhor dos Anéis* e *O Hobbit*. Imediatamente cresceu em mim a necessidade de uma exploradora de mapear e de classificar esse (para mim) novo mundo descoberto. A complexidade da história, a diversidade de paisagens e a proliferação de lugares eram tão imensas que eu ansiava por esclarecê-las com pena e tinta para a minha própria satisfação. Desejava um mapa indexado gigantesco, mostrando cada topônimo e todos os trajetos. Fiz releituras, tão numerosas que parei de contá-las. Por fim, encarei o projeto. Tendo apenas o meu próprio cronograma, o trabalho seguiu devagar. A publicação de *O Silmarillion* preencheu tantas lacunas e acrescentou tantas novas complexidades que finalmente percebi que um único mapa jamais seria suficiente; e daquela compreensão surgiu esse atlas.

Tolkien nos alertou para não desejarmos ver os "ossos" fervidos para fazer a "sopa",[6] mas, no prefácio de *A História*, Christopher Tolkien declarou: "Tais investigações não são, em princípio, ilegítimas de modo algum; elas surgem de uma aceitação do mundo imaginário como objeto de contemplação ou estudo válido, assim como o são muitos outros objetos de contemplação ou estudo no mundo completamente não imaginário". Diante disso, muitos de nós temos um desejo tão insaciável de olhar para cada canto da Terra-média que parecemos incapazes de seguir o conselho de Tolkien. Então, devidamente avisados, tentarei lhes mostrar alguns dos "ossos".

A "subcriação" de Tolkien

Em "Sobre Estórias de Fadas", Tolkien explicou que, para fazer um lugar imaginário (e a história que se passa nele) crível, o Mundo Secundário deve ter a "consistência interna da realidade".[8] Quanto mais um Mundo Secundário difere do nosso Mundo Primário, mais difícil é mantê-lo verossímil. Ele requer "um tipo de engenho élfico."[9]

Tolkien não desejava criar um Mundo Secundário totalmente novo. Certa vez, em uma entrevista, respondeu: "Se você quer realmente saber em que a Terra-média é baseada, é no meu maravilhamento e encanto na Terra como ela é, particularmente a terra natural."[10] Ele também queria oferecer uma nova mitologia do ponto de vista inglês.[11] Então,

pegou o nosso mundo, com seus processos, e o infundiu com mudanças suficientes para torná-lo "feérico". Essa foi a base de todas as decisões necessárias para o atlas: (1) Como seria em nosso Mundo Primário? (2) Como ele foi afetado pelo Mundo Secundário?

Redonda *versus* plana

Apesar de Kocher ter sugerido que não deveríamos olhar muito atentamente para uma questão que Tolkien escolheu ignorar,[12] a consideração sobre se este mundo era redondo ou plano é inevitável para um cartógrafo mapeá-lo. Uma referência indica fortemente que Arda era originalmente plana: na época da Queda de Númenor, Valinor foi removida de Arda; então "o mundo de fato se tinha feito redondo", embora a alguns fosse permitido ainda encontrar a "Rota Reta" para Valinor.[13] Antes da mudança, o uso da expressão "Círculos do Mundo"[14] se referia não a uma forma esférica planetária, mas aos limites físicos externos, ou "confins."[15] Os mapas e os diagramas em *The Shaping of Middle-earth* [A Formação da Terra-média], no texto "Ambarkanta", confirmam essa interpretação.

Tolkien estava visionando seu mundo de maneira muito semelhante a como os cartógrafos medievais viam o nosso.[16] Eles mostravam a Terra como um disco, com oceanos ao redor da circunferência. O topo era orientado para o "Paraíso" a leste. Por outro lado, Tolkien declarou que, na Terra-média, os pontos cardeais começam apontados para o oeste[17] — aparentemente em direção a Valinor, o *Paraíso deles*. Apesar do comentário de Tolkien, todos os mapas *dele* foram orientados para seus leitores e não para os habitantes da Terra-média. Eles mostram o *norte* no topo, e os mapas deste *Atlas* fazem o mesmo.

Na borda do disco, porém, o leitor vê o "Vista" (ares interiores) abobadado sobre a superfície terrestre, e a sólida "Ambar" (Terra) abaixo; com "Vaiya" (os "mares" circundantes — mas obviamente não usado no sentido comum de mares) separando o todo de "Kúma" (o Vazio).[18] Não existe contradição na frase "ele estava englobado em meio ao Vazio",[19] pois os diagramas claramente demonstraram que a Terra-média poderia ser redonda *e* plana! Então, podemos seguramente considerar a Terra-média como plana — pelo menos até a Queda de Númenor...

Depois de a forma do mundo ter mudado e Arda ter se tornado redonda, houve dificuldades cartográficas. Os mapas da Terra-média incluídos em *O Senhor dos Anéis* mostravam uma seta do norte e uma barra de escala. Isso significa que a distância *e* a direção foram consideradas precisas — algo impossível de se mapear em um mundo redondo. Um dos maiores problemas na cartografia através dos séculos tem sido colocar um mundo redondo em um pedaço de papel plano. Em todo caso, é impossível que todas as distâncias estejam corretas. Se a direção é consistente, então as formas e as áreas são distorcidas. Mapas de áreas pequenas podem ignorar as variações como sendo insignificantes, mas os mapas de continentes e do mundo não podem. A precisão em qualquer uma dessas propriedades acabará resultando na imprecisão das outras. Quantos de nós alguma vez não pensamos que a Groelândia era maior que a América do Sul graças aos mapas nas paredes da escola!

Então, voltamos ao início — o mundo de Tolkien, pelo menos depois da Mudança, era redondo; porém, parece que ele foi mapeado como plano. A única solução razoável é mapear seus mapas tratando seu mundo redondo como se fosse plano. Então, a Terra-média aparecerá para nós como aparecia para Tolkien. Afinal, poucos de nós percebemos que vivemos em uma superfície redonda, mesmo sabendo que ela é assim!

Indexando topônimos

Um dos principais objetivos deste projeto era fornecer um índice com os topônimos que poderiam ser prontamente localizados. No atlas do Mundo Primário, seriam listadas coordenadas usando latitude e longitude. Não nos foram dadas nenhuma delas. A latitude pode ser mais ou menos adivinhada com indícios climáticos — estações e padrões de vento. Apenas isso indica que as terras familiares do nordeste deveriam estar situadas mais ou menos na região da Europa. Conta-se que Tolkien, ao ser questionado, chegou a dizer que a Terra-média *é* a Europa,[20] mas depois negou.[21]

Usar coordenadas reais do nosso mundo real não só nos leva de volta aos problemas da terra plana, mas parece presunçoso e desnecessário. Em vez disso, todos os mapas de locais foram baseados em uma grade mundial que se estende de Valinor aos montes de Orocarni, e do Gelo Pungente ao Extremo Harad. Cada quadrado corresponde a cem milhas* por lado, conforme as usadas nos mapas de Tolkien.[22] Cada local, incluindo todas as variações de idiomas, foi indexado usando essa grade; todos os mapas de locais regionais incluem as coordenadas nas margens.

Quanto mede uma légua?

Nos dias de hoje, com o uso dos quilômetros, quando até mesmo as milhas inglesas estão desaparecendo rapidamente, o uso que Tolkien fazia das léguas, *furlongs*, braças e varas enfatizava a atmosfera de mistério e o sentimento de

história — e a perplexidade do cartógrafo. Uma braça equivale a seis pés; uma vara, de 27 a 5 polegadas; um *furlong*, 220 jardas ou um oitavo de milha. Essas pequenas unidades são relativamente insignificantes para os cálculos do cartógrafo, mas uma légua — quanto mede uma légua? Sua distância variou em épocas e países diferentes de 2,4 a 4,6 milhas.[23] Multiplicar tal variação por cem ou mais resultaria em dados inaceitáveis e inutilizáveis; mas, por fim, com o lançamento de *Contos Inacabados*, conseguiu-se um número definitivo. Uma légua "no sistema númenóreano [...] equivalia muito aproximadamente a três das nossas milhas."[24]

Para assegurar que as distâncias fossem uniformes, medições cartográficas meticulosas foram feitas por estrada e "em linha reta" para cada referência a distância em léguas dada em *O Senhor dos Anéis* (a única obra cujos mapas incluíam uma escala). A prática variou de 2,9 milhas por légua (subindo o Anduin entre Pelargir e os desembarcadouros em Harlond) a 17,5 milhas por légua (a distância em linha reta do Abismo de Helm aos Vaus do Len). A maior parte das medidas era razoavelmente próxima, se as léguas no texto fossem consideradas como medidas em linha reta, quer isso fosse ou não especificamente afirmado. Aplicar a constante de 3,0 milhas por légua ao mapa e as distâncias dadas em *O Silmarillion* produziu um resultado maravilhoso: a curvatura das Montanhas Azuis — a única característica comum aos mapas da Primeira e da Terceira Eras — batia exatamente, mesmo antes de os mapas de *A História* estarem disponíveis! Para aqueles que desejam comparar esses valores em todos os grandes mapas regionais (exceto Valinor, Númenor e o Condado), usem a escala abaixo.

Os trajetos criaram outro dilema. Eles eram a base da maioria dos cálculos de distância originais para os mapas básicos e foram usados por si só para as demarcações de acampamento. Muitas milhagens tiveram de ser estimadas, baseadas em nosso Mundo Primário. Quantas milhas por hora poderiam ser percorridas por mais de um dia por um Homem a pé (com um Elfo e um Anão)? Cavaleiros com armadura e montaria? Pequenos com poucas provisões? Pôneis em sendas nas montanhas? Por fim, as distâncias diárias foram calculadas usando localizações conhecidas de acampamentos e tempos de chegada, interpolando as milhagens percorridas desde o último local conhecido, com ajustes para mudança de velocidade de viagem (por exemplo, ser perseguido por lobos). Os quadros de milhagem em *A História* foram comparados com os caminhos originais, mas devido à constante reestruturação da história, os originais não foram alterados, com uma exceção, e, nesse caso, as duas versões são apresentadas.

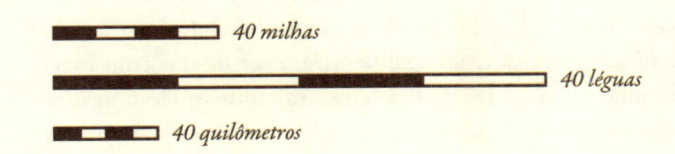

40 milhas

40 léguas

40 quilômetros

---

*Uma milha corresponde a cerca de 1,6 quilômetros. [N. T.]

O mapa físico básico

Nada da história e geografia cultural dos Povos Livres poderia ter sido traçado sem antes estabelecer a base física. As maravilhosas descrições de Tolkien foram inestimáveis aqui, e seu amplo conhecimento é evidente, embora seja difícil interpretar algumas características em relação ao nosso Mundo Primário. As alterações geralmente eram uma intrusão do Mundo Secundário, mas ocasionalmente as diferenças podem não ter sido intencionais. Alguns escritores sugeriram que os mapas de Tolkien foram fortemente influenciados pela Europa.[25] Algumas semelhanças são aparentes, mas prefiro pensar nas paisagens do Tolkien como resultado das imagens mentais vívidas baseadas em áreas específicas com as quais ele estava familiarizado.

Ao ilustrar as características de relevo, apliquei um estilo quase pictórico, comumente usado em diagramas de blocos e fisiográficos. Esse método é capaz de dar apenas uma impressão geral da distribuição e tipo de características de relevo. Certamente não pode ser interpretado como se mostrasse cada colina. Os mapas e as ilustrações originais de Tolkien foram utilizados como referências gerais para localização e elevação, mas, caso surgissem diferenças, os desenhos finais geralmente eram baseados no texto e inferências extraídas de suas passagens.

Em algumas seções cruzadas, a expressão "Exagero vertical 3:1" (ou algum outro número) aparece ocasionalmente. Qualquer um que já tenha sobrevoado uma cadeia de montanhas pode verificar que as características topográficas parecem muito mais achatadas do que quando vistas da perspectiva do solo. O oposto também é verdadeiro. O exagero vertical significa que aquela característica está mostrada como proporcionalmente maior do que realmente é.

As sobreposições culturais

O atlas, então, é uma composição da superfície física com a marca dos Povos Livres sobre ele. Seis tipos básicos de mapas foram incluídos: (1) físico (incluindo relevo, minérios e clima), com topônimos; (2) político (ou esferas de influência); (3) batalhas; (4) migrações (de estreita relação com a linguística); (5) trajetos dos viajantes; (6) mapas de locais (cidades, habitações). Esses foram organizados mais ou menos em sequência. Os topônimos incluídos nos mapas podem variar de uma Era para outra, dependendo da língua que era predominante em determinada época e local. Todas as grafias em *O Silmarillion*, *O Hobbit* e *O Senhor dos Anéis* estão de acordo com o excelente glossário de Robert Foster, *The Complete Guide to Middle-earth* [O Guia Completo para a Terra-média], enquanto as selecionadas de *A História* são aquelas que pareciam ser usadas com mais frequência. As datas da Primeira Era também são baseadas em Foster, pois "Os Anais Tardios de Beleriand" não foram

usados na preparação de *O Silmarillion*, visto que ainda não haviam sido encontrados, e, portanto, possuem uma discrepância de um ou dois anos.[26]

Símbolos usados para representar vários fenômenos físicos e culturais foram mantidos relativamente constantes, embora algumas variações tenham sido necessárias, já que os mesmos elementos não estiveram presentes do início ao fim. Sempre que o bem e o mal eram misturados, o mal era representado por preto, e o bem, por vermelho e/ou marrom. Uma legenda foi incluída na maioria dos mapas para facilitar a referência, mas os símbolos geralmente se encaixam em uma das categorias mostradas na página seguinte.

Conclusão

Uma série de questões, suposições e interpretações quase infindáveis foi necessária para produzir os mapas nas páginas seguintes. Diferenças de opinião surgiram e quase certamente vão continuar a surgir em muitos pontos. Cada linha foi desenhada com um motivo por trás, e muitas justificativas foram dadas nas respectivas explanações; ainda assim, o espaço estava longe de permitir a inclusão de todo o processo de raciocínio. Entre várias alternativas, escolhi aquelas que me parecem mais razoáveis, já que não podia ir até o "Velho Cevado" para conseguir mais informações — embora ter *A História* disponível seja a segunda melhor opção! Espero que o leitor aprenda tanto ao questionar os desenhos quanto aprendi ao elaborá-los.

FÍSICO:

- Colinas Baixas
- Morros
- Montanhas cobertas de neve
- Terra submersa
- Blocos de gelo, icebergs
- Oceano
- Lago
- Corrente perene
- Corrente intermitente
- Corredeira
- Quedas
- Floresta
- Pântano

CULTRAL:

- Fronteira política
- Cidade murada
- Vila
- Torre da vigia
- Torre do palantir
- Montes de pedras
- Mina
- Morada temporária ou acampamento
- Estrada
- Ponte
- Vau

FLUXO DE BATALHA:

- Força de ataque
- Ação contínua
- Retirada

TROPAS:

- Elfos (ou forças conjuntas)
- Homens bons
- Anãos
- Outros — águias, ents
- Serviçais de Morgoth ou de Sauron
- Homens maus
- Outros — dragões, balrogs

TRAJETOS:

- Companhia e Sociedade
- Aragom, Legolas e Gimli
- Gandalf (às vezes com Pippin)
- Frodo e Sam
- Merry (às vezes com Pippin)
- Acampamento diurno
- Acampamento noturno
- Encontro

LOCAIS DO MAPA:

- Dique
- Muralha fortificada
- Portão
- Construções diversas
- Salão grande com pilares
- Escadas ascendentes
- Escadas descendentes
- Entrada
- Píer
- Árvore

A PRIMEIRA ERA
OS DIAS ANTIGOS

A Primeira Era

"No princípio..." (Gênesis 1:1)

Ilúvatar enviou os Valar para ordenar o mundo, preparando Arda para a vinda de seus Filhos — Elfos e Homens. Melkor, irmão de Manwë, sendo arrogante em suas próprias forças e poder, procurou macular todas as obras dos outros Valar. Assim, Arda teve início com batalhas e tumultos: com os Valar construindo e Melkor destruindo. Nessa primeira das Grandes Batalhas, apenas o poderio de Tulkas derrotou Melkor, que fugiu para a Escuridão de Fora.

A Primavera de Arda e a Ocupação de Aman

Com a partida de Melkor, os Valar ficaram livres para aquietar os tumultos do mundo e fazer outras coisas que desejavam. Os Valar habitaram orginalmente a Ilha de Almaren, que ficava no Grande Lago no meio da terra.[1] Ao norte, eles colocaram a lamparina de Illuin, e ao sul, Ormal. Os pilares das luzes eram as montanhas mais altas de todos os tempos.[2]

Longe ao norte, onde a luz de Illuin fraquejava, as Montanhas de Ferro se estendiam em uma curva ininterrupta de leste a oeste.[3] Não está claro quando essas grandes montanhas surgiram. Em determinado momento, Tolkien afirmou que Melkor as ergueu "como uma cerca para sua cidadela de Utumno"[4], o que parece indicar que elas foram elevadas na época em que Utumno foi construída. Porém, em outro lugar é dito que Melkor retornou furtivamente sobre as Muralhas da Noite e escavou a fortaleza sob as Ered Engrin[5] — evidência de que as montanhas deviam já ter sido formadas nos tumultos de Arda. Embora os Valar soubessem que Melkor tinha retornado, não conseguiram localizar seu esconderijo. De Utumno, ele atingiu as luzes de Illuin e Ormal, derrubando seus pilares. Tão grande foi a sua queda, que as terras foram partidas, e Almaren, destruída.[6] Em uma versão desses dias antigos, dizia-se que os Valar estavam em uma das Ilhas do Crepúsculo, e as águas do derretimento devido à queda inundaram a maioria das ilhas. Então Ossë transportou os Valar para o Oeste sobre a mesma ilha que ele, mais tarde, usou para carregar os Elfos![7] É possível que essas ilhas fossem as terras vistas por Eärendil, que, navegando a oeste para Valinor, passou por "praias distantes submersas antes de o Dia surgir".[8] Qualquer que fosse o mecanismo, os Valar deixaram a Terra-média e passaram sobre os mares divisores de Belegaer, que eram mais estreitos naquela época do que jamais seriam. Eles estabeleceram Aman — "a mais ocidental de todas as regiões sobre as fronteiras do mundo".[9] Como defesa contra Melkor, ergueram as Pelóri — a leste, norte e sul —, e essas eram as montanhas mais altas de Arda.[10] Atrás delas, os Valar estabeleceram o Reino Abençoado de Valinor. Os Valar continuaram seus trabalhos, retornando raramente para a Terra-média. Na ausência deles, o poder de Melkor se espalhou ao sul de Utumno e de sua fortaleza de Angband, que ficava no noroeste, voltada para Aman.[11] Apenas Oromë e Yavanna se aventuravam nas Terras de Fora. Para prejudicar as viagens de Oromë, Melkor ergueu uma nova cadeia de montanhas — as Hithaeglir, Montanhas de Névoa.[12]

O Despertar dos Elfos e a Segunda Grande Batalha

Um tempo incontável se passou. Yavanna havia criado as árvores de luz, e Varda acendeu as últimas estrelas quando os Elfos — os primogênitos dos Filhos de Ilúvatar — despertaram junto às águas de Cuiviénen. Eles habitaram a Floresta Selvagem em torno de suas margens e se deleitaram com a música dos riachos que caíam de Orocarni, as Montanhas do Leste.[13] Cuiviénen era uma baía oriental do Mar Interior de Helcar, formado pelas águas do derretimento do pilar do Illuin.[14] Cuiviénen não poderia estar muito a leste de Utumno, pois, mais tarde, durante o Cerco, os Elfos podiam ver a luz da batalha ao norte — não a oeste.

O Cerco de Utumno ocorreu depois de Oromë descobrir que os Eldar haviam, finalmente, aparecido. Os Valar desejavam libertar os Elfos da maligna dominação de Melkor, pois ele já havia capturado alguns, usando-os para produzir a raça distorcida dos Orques. Assim começou a Segunda das Grandes Batalhas. Os Valar rapidamente debandaram as forças de Sauron em Angband, destruindo as terras do noroeste. Então eles foram para o leste até Utumno. Lá, a força do mal era tão grande que um cerco foi armado.

Em cada confronto entre Melkor e os Valar, as terras de Arda eram muito modificadas, e o Cerco não foi exceção.[15] Belegaer tornou-se largo e profundo. Os litorais ficaram muito fragmentados, formando muitas baías, incluindo a Baía de Balar, o Grande Golfo. Um mapa no texto "Ambarkanta" mostra o "Grande Golfo", chamado também de Beleglo[rn?].[16] O mapa é "um esboço feito muito rapidamente a lápis... muitos elementos estão ausentes."[17] Nos tumultos do final da Primeira Era, a forma do golfo provavelmente mudou, unindo a extremidade leste do golfo ao Mar Interior de Helcar, formando a posterior Baía de Belfalas.

Não apenas os mares mudaram durante o Cerco de Utumno, mas também as terras. É dito que os planaltos de Dorthonion e Hithlum foram elevados — especificamente, as "Montanhas de Ferro 'foram partidas e distorcidas em

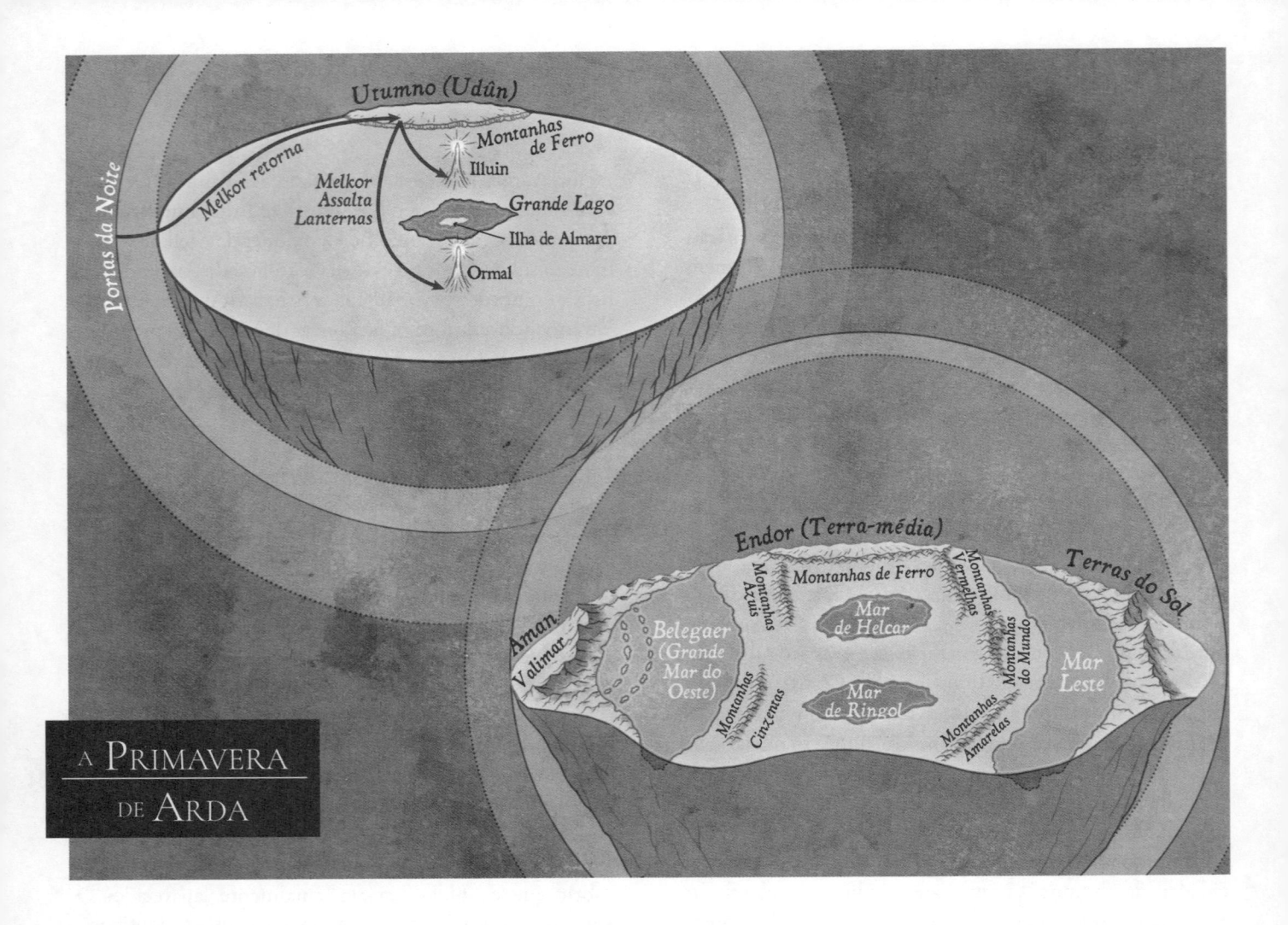

Mapa labels: Utumno (Udûn), Portas da Noite, Melkor retorna, Montanhas de Ferro, Illuin, Melkor Assalta Lanternas, Grande Lago, Ilha de Almaren, Ormal, Endor (Terra-média), Montanhas Azuis, Montanhas de Ferro, Montanhas Vermelhas, Terras do Sol, Aman, Valimar, Belegaer (Grande Mar do Oeste), Mar de Helcar, Montanhas do Mundo, Mar Leste, Montanhas Cinzentas, Mar de Ringol, Montanhas Amarelas

A PRIMAVERA DE ARDA

sua extremidade ocidental [...] foram feitas Eredwethrin e o Eredlómin, e as Montanhas de Ferro se curvavam para trás no rumo norte."[18] As Echoriath provavelmente também apareceram durante esses grandes tumultos — como um vulcão gigante ativo. Novos rios (como o Sirion) se formaram.

A Estrada para o Oeste

Os Valar, por fim, sobrepujaram Utumno e destelharam seus salões — mas apenas parcialmente. As poderosas Ered Engrin, que outrora se erguiam como uma predominante muralha ao norte da Terra-média, não foram mencionadas nem mapeadas por Tolkien após a Primeira Era. A porção oeste próxima a Angband permaneceu até a Grande Batalha (a Guerra da Ira), ao final da Era. Não se sabe se o resto da cordilheira foi destruído durante o Cerco, ou durante a queda de Beleriand, ou se ela ainda existia na Terceira Era. O mapa correspondente (desenhado nesse momento da Primeira Era) presumiu que as montanhas foram apenas parcialmente alteradas durante o destelhamento de Utumno,[19] e que a destruição final de quase todos os resquícios deve ter ocorrido depois, possivelmente na Guerra da Ira.

Melkor foi acorrentado nos Salões de Mandos por três eras, e os Quendi ficaram livres para tomar a estrada para o Oeste, em direção a Valinor. As léguas a partir de Cuiviénen eram incontáveis, mas usando o mapa do Ambarkanta pode-se estimar que a jornada ultrapassou 2.000 milhas. Nada foi dito dessas viagens até que os Elfos alcançaram a grande floresta, mais tarde chamada Verdemata. A rota deles teria seguido bem direta para o oeste assim que tivessem viajado para a costa norte do Mar de Helcar a partir de Cuiviénen. É possível que Oromë os tenha conduzido pela mesma senda que no fim se tornou a Grande Estrada Leste e a senda da floresta; Oromë provavelmente não os conduziu para o sul, porque havia ali outra barreira maior — florestas densas. Barbárvore disse que as florestas, certa vez, haviam se estendido das Montanhas de Lûn à extremidade leste em Fangorn.[20]

A oeste de Verdemata eles cruzaram o Grande Rio, e então voltaram-se para as torrentes Montanhas de Névoa. Elas eram ainda "mais altas e mais terríveis naqueles dias."[21] Isso por si só revela quão vasta extensão de tempo se passou entre a migração oeste para Valinor e o retorno dos Noldor para a Terra-média durante o Sono de Yavanna antes dos Anos do Sol. Meio milhão de anos dificilmente seria suficiente para que os processos graduais de erosão diminuíssem de forma notável os picos. Nada mais foi dito das terras a leste das Ered Luin, exceto que as Ered Nimrais (as Montanhas Brancas) tinham sido erguidas.[22] Como não apareceram no mapa do Ambarkanta, elas provavelmente foram levantadas ao mesmo tempo que as Torres de Névoa, quando Melkor procurou impedir a cavalgada de Oromë.[23] As Montanhas de Mordor estão notavelmente ausentes no mapa e no texto. Essa terra, mais tarde, ficaria onde agora era o Mar de Helcar.

Por fim, os errantes cruzaram as Ered Luin, que devem ter sido mais baixas do que as Hithaeglir, pois parecem ter formado uma barreira menor. A passagem fica nos vales superiores do Rio Ascar — onde, mais tarde, as montanhas se partiram e formaram o Golfo de Lûn. A oeste das terras de Beleriand estavam os Mares Divisores. Os Elfos não poderiam prosseguir.

O Zênite de Valinor e o retorno a Endor

Para possibilitar a passagem da grande hoste, Ulmo desenraizou uma ilha que ficava no meio de Belegaer. Sobre ela, transportou os Quendi — primeiro os Vanyar e os Noldor, depois os Teleri. Por estar fincada nos baixios, a ponta da ilha permaneceu na Baía de Balar.[24] Ossë ancorou a maior parte na Baía de Eldamar — Tol Eressëa, a Ilha Solitária.[25]

Esse foi o Zênite de Valinor. Através das Pelóri, os Valar abriram uma fenda profunda (o Calacirya) para iluminar Eressëa. Os três clãs habitaram na glória do Reino Abençoado até o perdão de Melkor. Subsequentemente, ele envenenou as Duas Árvores de Luz, roubou as Silmarils e escapou para a Terra-média, sendo perseguido pelos Noldor. Lá, empilhou as torres das Thangorodrim junto aos portões de Angband. Quando Tilion, guiando a recém-formada Lua, atravessou o céu, Melkor o atacou. Os Valar, então, lembrando-se da queda de Almaren, ergueram as Pelóri a alturas ainda mais inatingíveis, com faces externas íngremes e sem passagem, exceto o Calacirya. Além de Aman, as Ilhas Encantadas foram estabelecidas.[26] Nenhuma ajuda saiu da Terra Guardada até o final da Era. Os Noldor e os Sindar foram deixados com seus próprios recursos e forças.

Contudo, os Elfos conseguiram auxílio dos Homens; pois, com o nascer do Sol, os Filhos Mais Novos de Ilúvatar despertaram em Hildórien. Aquela terra também ficava a leste da Terra-média.[27] De Hildórien, os Homens se espalharam a Oeste, Norte e Sul,[28] e muitos tomaram a estrada oeste em direção ao lugar onde o sol havia surgido pela primeira vez. Alguns por fim chegaram a Beleriand, e seus destinos foram entrelaçados com os dos Elfos em todos os contos que se passaram até o final da Era e da queda das terras sob a onda.

Beleriand

Para produzir um mapa-múndi detalhado foi necessário juntar as porções de Arda mapeadas e não mapeadas. Embora o mapa do Ambarkanta fornecesse uma visão global aproximada, o local crucial durante a Primeira Era foi Beleriand. Foi preciso estabelecer a escala e a relação com o resto da Terra-média. Todos os mapas de *O Silmarillion* excluíam tanto o extremo norte quanto o extremo sul da área. A solução original para última era a localização da Estrada dos Anãos que ia para as cidades de Belegost e Nogrod, onde as Ered Luin foram partidas na Grande Batalha, formando o Golfo de Lûn. Com a publicação de *A História*, porém, foi possível confirmar a localização ao sobrepor o "Primeiro Mapa"[29] projetado para *O Senhor dos Anéis* ao "Segundo Mapa de *O Silmarillion*"[30] — alinhando as localizações de Tol Fuin sobre Dorthonion (Taur-nu-Fuin) e a ilha de Himling com a cidade de Himring. Embora as grades de coordenadas, em ambos os mapas, usassem quadrados da mesma dimensão (100 milhas por lado, assim como os do *Atlas*), o eixo de letras diferia em cinquenta milhas, e nem as letras nem os números se coordenavam. Essa diferença era um mero inconveniente, porém. Com uma exceção,* foi possível reconfirmar o tamanho relativo e a localização das distâncias dentro da área mencionada no texto:

1. Menegroth até Thangorodrim — *150 léguas[31]
2. Planaltos de Dorthonion L–O — 60 léguas[32]
3. Nargothrond até as Lagoas de Ivrin — 40 léguas[33]
4. Nargothrond até as Quedas do Sirion — 25 léguas[34]
5. Beleriand Leste, Sirion até o Gelion — 100 léguas[35]
6. Rio Sirion — 130 léguas[36]
7. Rio Narog — 80 léguas[37]
8. Rio Gelion
   a. Confluência Grande e Pequena até o Rio Ascar — 40 léguas[38]
   b. Comprimento total, "duas vezes [...] o Sirion" — 260 léguas[39]

Para este atlas, a costa sul foi mapeada até o ponto de 260 léguas a partir das nascentes do Rio Gelion — com base na pressuposição de que o rio continuava seu curso a sudoeste. Isso aproximou a costa da Baía de Belfalas. A extremidade sudoeste foi estendida para enfatizar a forma da Baía de Balar. A área foi mostrada como arborizada, pressupondo que as circunstâncias que produziram a Taur-im-Duinath haviam prevalecido.

O VAZIO

ENDOR

Dor Daedeloth

Ered Engrin

Angband

Ruínas de
Utumno

Thangorodrim

Planaltos Centrais

Helcaraxë
(Gelo Pungente)

Beleriand

Nevrast
(Costa de Cá)

Ered Luin (Lindon)

EKKAIA
(O Mar Circundante)

Oiomürë

Baía de Balar

Florestas

do Sul

L

P

Hanstovánen

Montanhas

Haerast (Costa Distante)

U

Grande Golfo

Ilha da Balsa

Ermos de Araman

Z

BELEGAER
(Os Mares Divisores)

AMAN

Montanhas Cinzentas

Zd

Planície de Valinor

As Pelóri

Zi

Mares
Sombrios

Baía de Eldamar

Cinturão de Arda

Valmar

Taniquetil

Avathar

Ilhas do
Crepúsculo

Zn

Hyarmentir

Milhas

0   400   800

5   10   15   20   25   30

(Terra-média)
(Região de Frio Sempiterno)

As Montanhas de Ferro

O VAZIO

F

Orocarni (Montanhas do Leste)

EKKAIA
(O Mar Circundante)

Hithaeglir

(Torres de Névoa)

Eryn Galen

Floresta

Selvagem

L

Cuiviénen

O Grande Rio

P A L I S O R

(Região Medial)

Mar Interior de Helcar

Hildórien

P

Brancas

Estreitos do Mundo

T E R R A S   D E   C Á

MAR   LESTE

U

Muralhas do Sol

Z

Zd

Kalormë

(Colina do-Sol-Nascente)

Zi

TERRA DA SOMBRA
(Terras do Sul)

N

Zn

35   40   45   50   55   60

VALINOR

Embora Aman ficasse dentro dos círculos do mundo durante a Primeira e a Segunda Era, ela não pode ser vista como sendo uma simples porção de terra qualquer. Tinha montanhas, costas, lagos, colinas, planícies e florestas e era beirada pelos mesmos mares que banhavam as costas da Terra-média; mas era uma terra etérea — uma terra do Mundo Secundário.

As distâncias não só não eram dadas, como também eram irrelevantes. Os Valar, sendo espíritos, deviam ter o poder de percorrer qualquer distância em qualquer tempo. Em vez de calcular léguas meticulosamente, Tolkien deixou impressões de Valinor com alguns traços rápidos que foram compostos para produzir os desenhos das partes do centro-leste de Valinor e de locais dispersos.

A costa e as Pelóri

Quando os Valar ocuparam Aman, a primeira obra deles foi erguer as Pelóri como uma cerca contra Melkor, que ainda residia na Terra-média. As Pelóri eram íngremes em frente ao mar, mas tinham encostas ocidentais mais suaves,[1] que caíam nas planícies e prados de Valinor. A leste das Pelóri, as regiões costeiras ficavam à sombra das montanhas e eram áridas terras ermas. As praias de Avathar no sul eram mais estreitas do que as de Araman no Norte.[2] Conforme Araman se aproximava do gelo pungente de Helcaraxë, ela era coberta por névoas pesadas, de modo que a região foi chamada Oiomúrë.[3] Originalmente não havia passagens, mas quando Ossë ancorou Tol Eressëa na Baía de Eldamar, os Valar abriram o Calacirya, de muralhas íngremes, através do qual os Teleri recebiam a luz das Duas Árvores.[4] O brilho emanava através do vale e irradiava sobre a Baía de Eldamar; mas, ao norte e ao sul, a luz fraquejava quando as montanhas bloqueavam a luz, originando os Mares Sombrios.[5] À medida que as montanhas se curvavam a leste, o litoral de Belegaer se curvava a oeste, estendendo-se desde o Helcaraxë, passado o cinturão de Arda, próximo a Tirion em Túna,[6] e indo ao sul até se perder de vista. Assim, o Calacirya se estendia da Baía à Planície no ponto mais estreito. Ao sul do grande desfiladeiro estava Taniquetil, a mais alta montanha de toda Arda. O segundo pico mais alto era Hyarmentir, bem ao sul, onde Ungoliant morava em uma ravina escura.[7]

Habitações

No meio da planície de Valinor ficava Valmar de Muitos Sinos — a principal, e possivelmente a única, cidade dos Valar. Estava repleta de estruturas imponentes: a casa de muitos andares de Tulkas, com o seu grande pátio para combates físicos; os salões baixos de Oromë, revestido de peles e com o teto de cada cômodo sustentado por uma árvore; os "aposentos temporários" de Ossë, durante conclaves, construídos com pérolas; e fora da cidade, à beira da planície, o "grande pátio" de Aulë, que continha algumas de cada árvore da terra.[8] Apesar desse esplendor, os pontos renomados de Valmar ficavam fora dos portões dourados: o Círculo do Julgamento e as Duas Árvores. Em Máhanaxar, o Círculo do Julgamento, os Valar se reuniam em concílio e se sentavam em juízo.[9] Lá, Melkor foi condenado e depois libertado. Lá, Fëanor foi condenado ao exílio. Lá, Eärendil fez o seu apelo.[10] Próximo ao Círculo ficava um monte verde, Ezellohar. No topo dele, Yavanna cantou sua canção, fazendo brotar as Duas Árvores de Luz. Abaixo delas, Varda colocou grandes tonéis que capturavam a luz e a espalhou pelo céu como estrelas.[11]

As outras áreas da terra que foram brevemente descritas receberam apenas localizações gerais. Formenos, a fortaleza de Fëanor durante seu exílio, ficava nas colinas do norte.[12] As pastagens de Yavanna podiam ser vistas de Hyarmentir, a oeste das Florestas de Oromë.[13] Os aposentos de Nienna ficavam a "oeste do Oeste", nos limites de Aman, próximo ao local da morada de Námo e Vairë — os Salões de Mandos, cujas cavernas escuras chegavam até Hanstovánen, o porto escuro do norte: local da Profecia de Mandos.[14] Irmo e Estë habitavam os Jardins de Lórien, onde Estë dormia em uma ilha no lago de Lórellin.[15] Lá também ficava a Maia Melian (que se tornou Rainha de Doriath) e Olórin, o familiar Gandalf. As habitações mais espetaculares dos Valar ficavam no pináculo de Taniquetil: o salão de Ilmarin. A torre da vigia de mármore tinha uma cúpula com uma teia cintilante dos ares através da qual Manwë e Varda viam toda Arda, até mesmo os Portões da Manhã, além do mar oriental.[16]

As outras cidades mencionadas eram todas dos Elfos. Tirion (renomeada do original Kôr) foi construída no topo da colina de Túna, no meio do Calacirya. Escadas de cristal subiam até o grande portão.[17] Belas casas foram erguidas lá pelos Noldor e os Vanyar. Mais alta do que todas ficava a torre Mindon Eldaliéva,[18] cujo fanal podia ser visto ao longe no mar. Diante da torre ficava a Casa de Finwë[19] e a Grande Praça onde Fëanor e seus filhos proferiram seu terrível juramento.[20]

Os Teleri, sendo atraídos pela profusão de luzes através do passo, abandonaram Eressëa. Eles construíram Alqualondë, o belo Porto dos Cisnes, ao norte do passo, desejando ainda ver a luz das estrelas de Varda. A cidade foi muralhada, e a entrada para o porto era um arco de pedra viva.[21] Eressëa permaneceu deserta até o fim da Primeira Era, quando os Elfos, fugindo de Beleriand, construíram o porto de Avallónë na costa sul.[22]

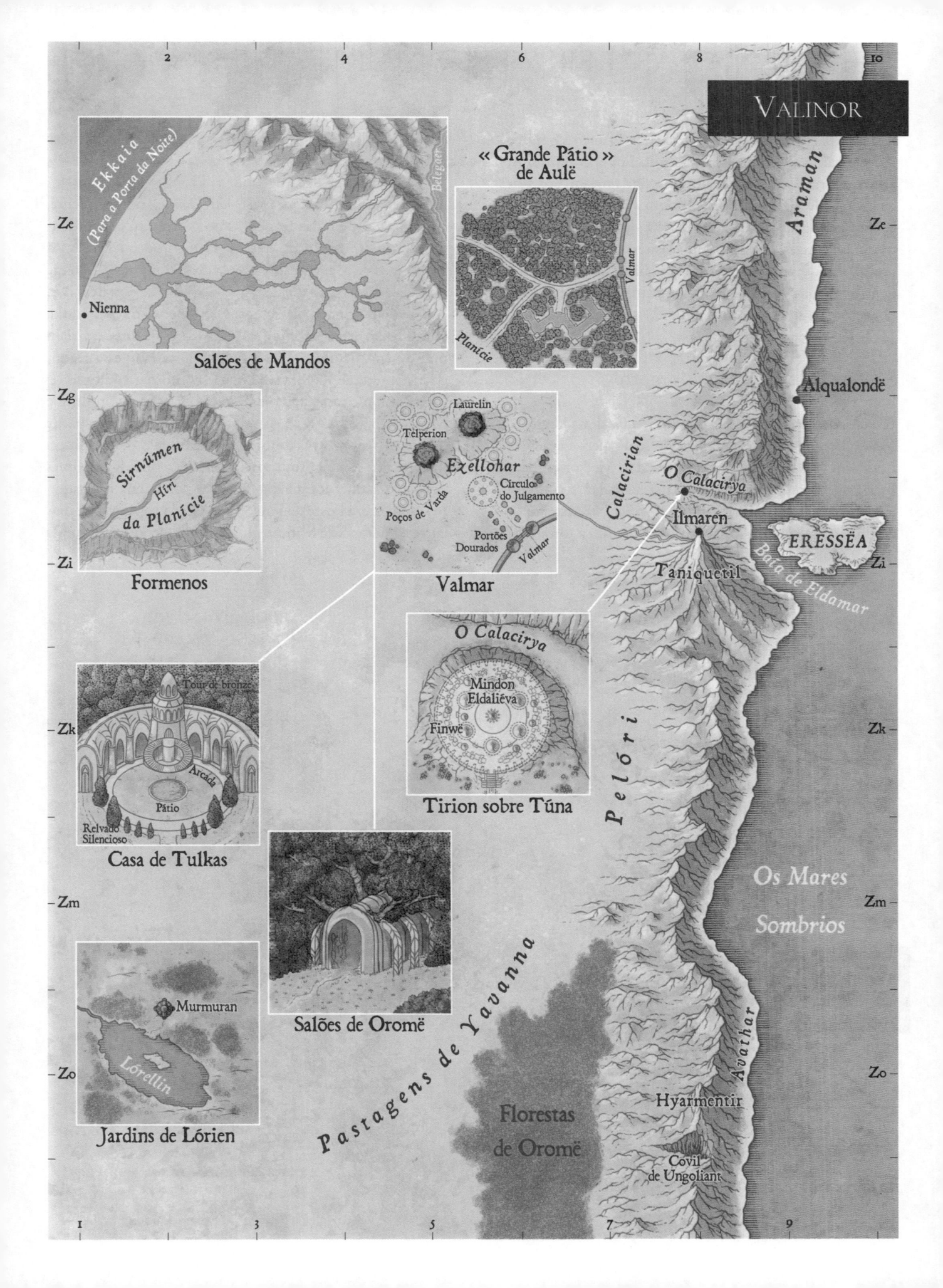

VALINOR

Salões de Mandos

Ekkaia (Para a Porta da Noite)

Nienna

Belegaer

« Grande Pátio » de Aulë

Valmar

Planície

Araman

Ze

Zg

Alqualondë

Formenos

Sirnúmen

Híri

da Planície

Laurelin

Telperion

Ezellohar

Círculo do Julgamento

Poços de Varda

Portões Dourados

Valmar

Valmar

Calacirian

O Calacirya

Ilmaren

ERESSËA

Baía de Eldamar

Taniquetil

Zi

Casa de Tulkas

Tour de bronze

Arcada

Pátio

Relvado Silencioso

O Calacirya

Mindon Eldaliéva

Finwë

Tirion sobre Túna

Pelóri

Zk

Salões de Oromë

Os Mares

Sombrios

Zm

Jardins de Lórien

Murmuran

Lórellin

Pastagens de Yavanna

Florestas de Oromë

Hyarmentir

Avathar

Covil de Ungoliant

Zo

BELERIAND E AS TERRAS AO NORTE ─────────

A maior parte da história registrada da Primeira Era ocorreu nas terras a oeste das Ered Luin. Em eras posteriores, todas as terras que afundaram sob a onda foram, por vezes, chamadas de Beleriand, mas, originalmente, o termo era atribuído apenas à área entre a Baía de Balar e os planaltos de Hithlum e Dorthonion, e as terras sob a onda eram muito mais extensas. As terras podiam ser divididas em quatro regiões baseadas no clima, topografia e política: (1) terras do norte de Morgoth, (2) os planaltos centrais, (3) Beleriand, e (4) as Ered Luin.

As Terras do Norte de Morgoth[1]

Havia duas características proeminentes dessa região: as Montanhas de Ferro e a planície de Ard-galen. Lammoth e Lothlann também estavam relacionadas. Melkor ergueu as Ered Engrin como uma cerca para sua cidadela Utumno,[2] que ele escavou durante a Primavera de Arda.[3] No oeste, onde a cordilheira se curvava para o norte, construiu a fortaleza de Angband sob as Ered Engrin, mas o túnel para seus grandes portões saía abaixo dos picos triplos das Thangorodrim.[4]

A localização de Angband e Thangorodrim não foi mostrada no mapa em *O Silmarillion* e, originalmente, foi mapeada além das fronteiras do Norte, em concordância com a afirmação de que as Thangorodrim ficavam a 150 léguas de Menegroth — cerca de 450 milhas — "longe e, ainda assim, perto demais."[5] Não se sabia se essa distância era "a voo de corvo" ou "a passos de lobo" (isto é, em linha reta ou não). No segundo caso, as forças hostis estariam muito mais próximas. Vários pontos sustentam essa segunda interpretação: (1) Era necessário contornar as alturas de Dorthonion em qualquer viagem entre as Thangorodrim e Menegroth. (2) As Thangorodrim podiam ser vistas a partir de Eithel Sirion.[6] (3) A ilustração de Tolkien de Tol Sirion mostrava as Thangorodrim claramente — mais próximas do que qualquer localização mais ao norte teria indicado.[7] (4) No oeste, a hoste de Fingolfin demorou apenas sete dias entre a Helcaraxë e Mithrim.[8] (5) Fëanor, depois da segunda

Annon-in-Gelydh
(Portão dos Noldor)

Ered Lómin
(Montanhas Ressonantes)

Cachoeira da Escada

Túnel

PORTÃO
DOS NOLDOR

Cirith Ninniach (Fenda do Arco-Íris)

Milhas

0   1   2   3

Exagero vertical 10:1

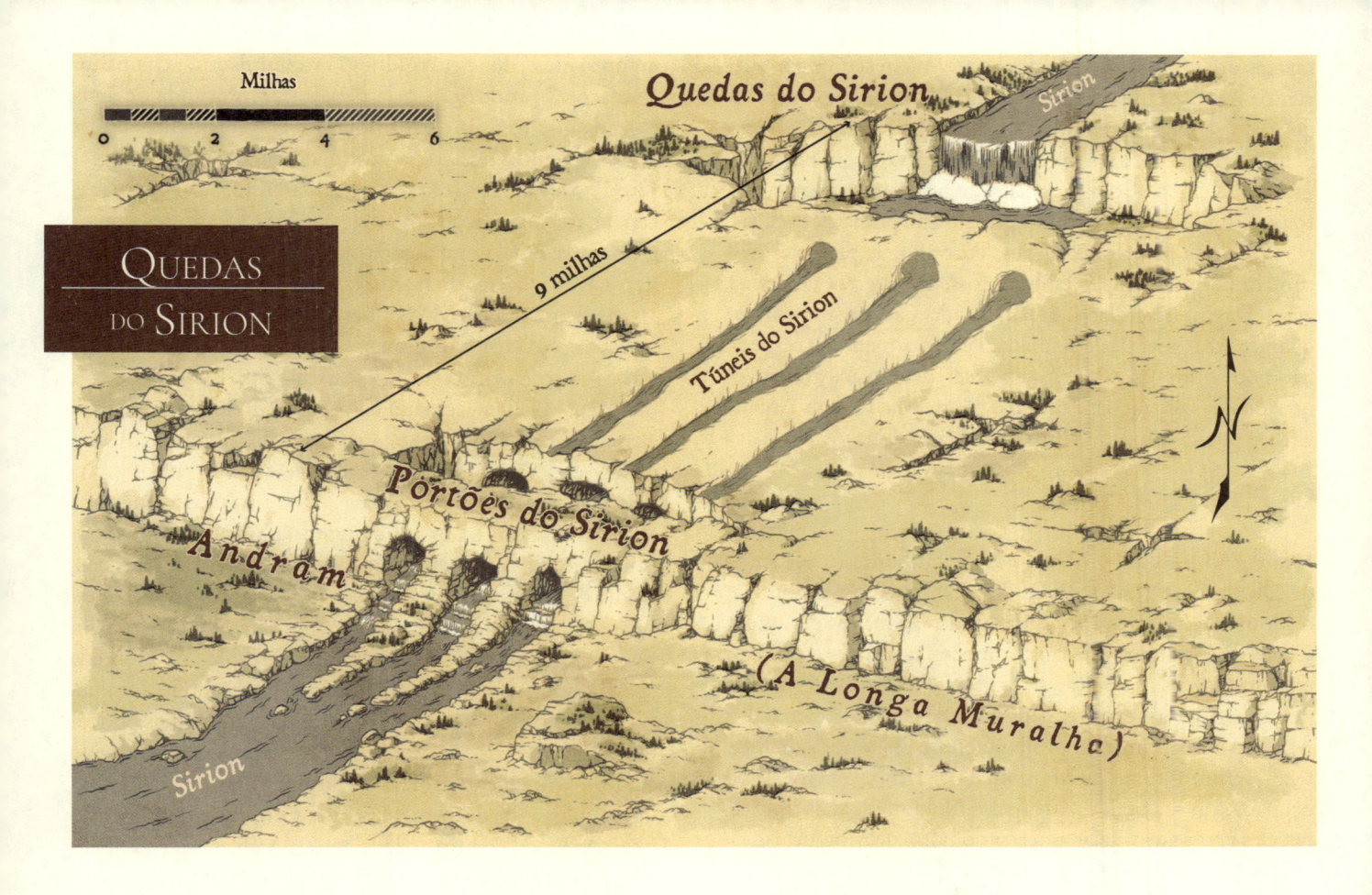

QUEDAS DO SIRION

batalha,[9] e Fingon, antes da quarta,[10] passaram rapidamente sobre a planície. (6) O mais importante: "Angband foi cercada pelo oeste, sul e leste"[11] pelas forças vindas de Hithlum, Dorthonion e as colinas de Himring — uma latitude mais setentrional de Angband teria colocado tudo isso bem ao sul.

Contudo, tanto no primeiro como no segundo mapa de *O Silmarillion*, as Thangorodrim foram mostradas em uma localização que estava vazia no mapa publicado anteriormente.[12] Não está claro por que a localização desse elemento vital foi omitida do mapa reformulado de *O Silmarillion*. Talvez seja por causa da aparente inquietação de Christopher Tolkien sobre (1) a discrepância de distância entre Menegroth e as Thangorodrim, cuja localização ao sul faria "pouco mais de setenta", em vez de 150 léguas no texto;[13] (2) a separação das Thangorodrim da longa e curva cadeia de montanha (que não é mostrada);[14] ou (3) explicar a inabilidade das tropas de Morgoth para "flanquear" Hithlum e atacar a partir da costa,[15] bem como o trajeto de Morgoth para Angband passando pelo Estreito de Drengist após seu retorno de Valinor.[16] No entanto, a localização sul teria sido ainda mais conveniente para Morgoth ameaçar os Elfos, mas também para estes o combaterem.

Topograficamente, as Ered Engrin foram ilustradas como uma cordilheira de falhas com uma escarpa voltada para o sul. Essa interpretação foi baseada na ideia de que uma acentuada escarpa voltada para o sul ofereceria proteção máxima às fortalezas de Melkor. A atividade vulcânica era evidente, com base nas fumaças sopradas sobre Hithlum durante o primeiro acampamento dos Noldor.[17] Durante a terceira batalha houve terremotos, e as montanhas "vomitaram chamas"[18] e, durante a quarta batalha, Ard-galen pereceu em rios de chamas.[19] Muito dessa atividade foi atribuído aos "altos-fornos" gigantescos de Morgoth, mas, no ambiente mítico da Terra-média, os vulcões podem ter servido como altos-fornos. As próprias Thangorodrim aparentavam ser vulcânicas, pois seus picos triplos negros[20] soltavam fumaça, apesar de serem chamados "torres" — construídos com escória e refugo dos túneis empilhados pelos incontáveis escravos de Morgoth.[21] Para um Vala, tal façanha não era considerada impossível: mesmo o mais antigo conto de Valinor dizia que as Pelóri foram construídas com pedra extraída do litoral, tornando-as planícies costeiras lisas.[22] Embora o penhasco acima da porta ficasse apenas a 1000 pés de altura,[23] as Thangorodrim não eram apenas mais altas que a principal cadeia das Ered Engrin (conforme mostrado na ilustração de Tolkien de Tol Sirion[24]), mas eram o pico mais alto da Terra-média![25]

Climaticamente, as montanhas ficavam nas fronteiras do frio sempiterno e eram intransponíveis por conta da neve e do gelo.[26] Pode ter sido devido ao gelo em torno da costa próxima ao Helcaraxë que Morgoth e suas tropas não puderam contornar Hithlum no norte.[27] Ventos violentos das montanhas, assim como do Helcaraxë, tornavam Lammoth uma terra erma, com tão pouca vegetação e precipitação que suas ravinas orientais e costas áridas ecoavam em seu vazio.[28] Os ventos também uivavam através das planícies inexpressivas de Ard-galen e Lothlann, trazendo neves invernais para os planaltos centrais fronteiriços. As planícies tinham provavelmente um clima de estepe, pois eram bem secas, assim como frias. A umidade dos ventos oeste e sul não podia alcançá-las, pois caía nos planaltos centrais. Portanto, as planícies não tinham cursos d'água,[29] embora fossem cobertas de grama até a Dagor Bragollach, a Batalha da Chama Repentina, quando Ard-galen foi queimada. Posteriormente, o céspede não pôde nunca mais se reestabelecer, devido aos ares envenenados das Thangorodrim; e a planície se tornou Anfauglith, a poeira sufocante, um deserto com dunas.[30]

Os Planaltos Centrais

Essa região incluía as montanhas de Hithlum, os planaltos de Dorthonion (incluindo as Montanhas Circundantes) e o Monte de Himring, que foram todos formados durante o Cerco de Utumno.[31] Nevrast também estava associada aos planaltos, mas sua elevação mais baixa e o clima mais quente permitiam que às vezes fosse considerada parte de Beleriand.[32] As terras formavam uma proteção eficaz — política e climática — entre as terras de Morgoth e Beleriand. Essa foi a área ocupada, em sua maior parte, pelos Noldor. De suas fronteiras, eles passaram a vigiar as terras do norte de Morgoth.

As terras recebiam ventos mais quentes vindos do sul e do oeste e eram frescas, mas agradáveis, exceto nas elevações mais altas. Os ventos do norte de Morgoth frequentemente as assaltavam. Hithlum tinha invernos rigorosos.[33] Beren fugiu de Dorthonion em uma época de inverno pesado e neve.[34] O Monte de Himring, local da cidadela de Maedhros, era o "sempre-frio", e o Passo do Aglon "afunilava os ventos do Norte".[35]

Os planaltos podem ter sido formados pelo dobramento da base rochosa sobre uma grande área. Dorthonion foi elevada a um platô alto. Porções de terra no sul foram acentuadamente dobradas e possivelmente ficaram com falhas, produzindo os íngremes precipícios do sul das Ered Gorgoroth. No leste havia também picos mais altos, e o que parecia no mapa ser um vale de curso falho. "*Tarns*",* no uso mais estrito, são pequenos lagos profundos formados pelo derretimento da água glacial. Eles normalmente se formam no alto de montanhas glaciais. Os *tarns* em Dorthonion, porém, ficavam aos pés dos morros. É mais provável que Tolkien tenha aplicado o termo como é usado no Norte da Inglaterra — um termo genérico para *qualquer* lago.[36] No local em que Barahir, Beren e seus onze fiéis companheiros se esconderam, a oeste de Tarn Aeluin, havia charnecas.[37] Nas charnecas ficavam "morros nus"[38] — pequenos

amontoados de pedregulhos arredondados, chamados "matacões", produzidos pela penetração profunda de água e geada que rompia o leito rochoso extremamente unido. Esses elementos periglaciais normalmente ocorrem em granito e, com menos frequência, em arenito.[39] As charnecas teriam tido condições pantanosas. Poucas árvores conseguiriam resistir à água, então pereceu o frescor das terras das suaves encostas do norte.[40]

As Echoriath, as Montanhas Circundantes, pareciam ser um exemplo clássico de um vulcão que desmoronou, formou um cone secundário, e então se extinguiu. Tudo isso estava distante o suficiente, em um passado longínquo, para que um lago se formasse e escoasse (através do rio subterrâneo), deixando seu sedimento aluvial permanecer como o plano e verdejante Vale de Tumladen. As áreas vulcânicas das Montanhas de Ferro ficavam próximas o bastante para explicar esse vulcão isolado ao sul — especialmente porque as atividades de construção de montanhas produziriam fraquezas no manto terrestre, permitindo extrusões de lava. As alturas das Crissaegrim podem ter resultado da crista residual de caldeira no topo da já íngreme e perpendicular escarpa de Dorthonion. Os minérios extraídos por Maeglin no norte das montanhas podem ter sido introduzidos posteriormente ou podem ter ocorrido em formações rochosas ali antes do vulcanismo.

Hithlum foi descrita como sendo rodeada por montanhas. As Ered Wethrin do leste correspondiam à porção mais alta, embora fossem mais baixas do que as Ered Gorgoroth.[41] Entre elas e as Echoriath, o Sirion havia entalhado um vale íngreme. O interior de Hithlum parece ter sido ligeiramente elevado também. Um platô baixo explicaria as corredeiras e quedas que Tuor descobriu ao passar pelo Portão dos Noldor entre Dor-lómin e o Estreito de Drengist.[42] O Estreito pode ter fornecido a drenagem para o oeste de Hithlum e Dor-lómin. O curso de Nen Lalaith ("Água Risonha") não foi descrito.[43] O lago Mithrim foi ilustrado como alimentado por drenagem interna, embora em uma versão da jornada de Tuor ele tenha se deparado com um rio do Lago Mithrim, que era a fonte do rio que cortava a Fenda do Arco-Íris.[44] Além disso, o lago pode ter escoado para um aquífero — uma camada de rocha porosa que pode ter levado a água do interior até as encostas mais baixas das montanhas — produzindo nascentes como as do Ivrin e do Sirion. Cavernas como as de Androth, onde Tuor se alojou, poderiam ocorrer em várias formas de rochas, assim como nascentes.

Esse mapa inclui uma área mais para o norte daquela feita por Tolkien. As montanhas desenhadas por Tolkien se estendem para além das bordas, deixando o leitor sem saber o que fica ao norte. A extensão das montanhas ao norte foi mostrada por uma razão: todos os viajantes de Valinor às Thangorodrim — mesmo Morgoth — passaram por Lammoth e Hithlum. Se as montanhas de Hithlum tivessem se estendido ainda mais ao norte, elas poderiam ter sido cobertas de neve e teriam criado uma barreira considerável para a passagem leste do Helcaraxë a Angband.

*Apesar de a palavra não possuir uma tradução específica em português, em *O Silmarillion* optou-se por "alagoas" e "alagados" quando usada como substantivo comum. [N. E.]

26 Beleriand e as Terras ao Norte

No oeste de Dor-lómin, as colinas desciam para as terras baixas de Nevrast. Sua terra imergia suavemente para o leste, a partir dos penhascos negros do mar "desfeitos em torres e pináculos e grandes abóbodas arqueadas",[45] até Linaewen com seus pântanos. As águas recolhidas das terras corriam em regatos intermitentes, pois não havia córregos permanentes. Linaewen, com suas margens flutuantes, pântanos espalhados e leitos de junco, deve ter sido bem raso — com provavelmente cerca de vinte pés de profundidade, apenas.

Beleriand

Essas eram as terras ocupadas principalmente pelos Sindar, com a notável exceção do reino de Finrod, Nargothrond (embora os Noldor, mais tarde, tenham se retirado para Beleriand depois que o Norte foi invadido). Os elementos mais notáveis das terras ao sul dos planaltos centrais (além da Muralha de Andram) eram os rios que nasciam nas encostas meridionais. Na margem leste fluía o Gelion, originado nas Ered Luin. No geral, o sistema do Sirion drenava a região, e seu canal dividia Beleriand Oeste e Leste. Sua fonte original era Eithel Sirion, onde as nascentes desaguavam das Ered Wethrin, mas o rio era dotado de muitos afluentes. Os que vinham do oeste nasciam nas Ered Wethrin — mais especificamente o Teiglin e o Narog. Os que vinham do leste eram abastecidos em muitas direções a partir de Dorthonion — Nascente do Rivil, o Rio Seco de Gondolin, o Mindeb (que rompera um dos poucos passos para o planalto), o Esgalduin e o Aros (que nascia no alto da parte sudeste). Apenas o Rio Celon, um tributário do Aros, nascia no Monte Himring, próximo à nascente do Pequeno Gelion.

Mesmo as indicações sobre a topografia da área foram majoritariamente expressas em referência aos sistemas fluviais. Os rios fluíam para o sul, conforme o solo descia dos planaltos centrais; mas o fluxo não era sempre estável e suave. Na Dimrost, a "escada chuvosa" (mais tarde chamada Nen Girith, a "água do estremecer"), o Celebros, corria em direção ao Teiglin. Mais ou menos no mesmo local, Túrin escalou a garganta do Teiglin para matar Glaurung.[46] A leste, em Doriath, Carcharoth havia parado para beber água onde o Esgalduin mergulhava em uma íngreme queda d'água.[47] Evidentemente, todos esses rios passavam por uma queda súbita naquele lugar. Eles possivelmente cruzavam um afloramento ou escarpa de alguma rocha relativamente resistente. Entre o Sirion e o Narog surgiam charnecas — provavelmente a nordeste de Talath Dirnen, a Planície Protegida. O Amon Rûdh ficava na beira delas,[48] em sua extremidade mais meridional. Mais a leste, é possível que fissuras ao longo dos leitos e juntas em um afloramento rochoso possam ter sido a base para a escavação de Menegroth.[49]

Cortando a Beleriand central ficava a "Longa Muralha" de Andram.[50] Do norte, a muralha pode não ter sido evidente, pois o solo caía abruptamente. A aproximação dela pelo sul fazia com que se parecesse com uma cadeia de montes sem fim. A camada de rocha que forma esse afloramento pode ter sido de calcário solúvel. Havia cavernas extensas em Nargothrond no oeste. O Sirion mergulhava sob a terra na beirada norte dos montes e ressurgia dos túneis a três léguas ao sul (nove milhas), a seus pés.[51] Tal ocorrência seria extremamente rara para um rio daquele tamanho, mesmo em leito rochoso solúvel, pois normalmente a rocha sobrejacente colapsaria, deixando gargantas — tais como as do Ringwil e do Narog no oeste. O processo[52] normalmente envolve um riacho de superfície (com corredeiras) que gradualmente desenvolve canais subterrâneos os quais desaparecem em uma "dolina". Se a força do canal for forte o bastante e a camada da rocha bem espessa, o buraco aumenta, produzindo quedas d'águas acentuadas. Se o córrego subterrâneo desenvolve vários cursos,[53] como os túneis do Sirion, é menos provável que haja um colapso. O colapso parcial no ponto de ressurgimento da rocha sobrejacente pode formar arcos naturais, como os Portões do Sirion.

Ered Luin

As Ered Luin eram mais importantes como obstáculo à migração para o oeste e como fonte para os afluentes do Gelion do que como centros populacionais. Apenas os Anãos habitavam nas montanhas, esculpindo as cidades de Nogrod e Belegost, e extraindo ferro, cobre e minérios afins ao longo da maior parte da história da Terra-média.[54] As montanhas, conforme mostradas no mapa de *O Silmarillion*, parecem ter sido dobradas em alguns lugares. O surgimento de dobras ascendentes erodidas ("anticlinais com brechas") indica rochas sedimentares, que frequentemente contêm filões de ferro. O cobre, porém, é mais comumente encontrado em rochas cristalinas, então a geologia era evidentemente complexa, como se poderia esperar em qualquer grande cadeia de montanhas. A área ao redor do Monte Rerir era bem alta e pode ter comportado geleiras no passado. O Lago Helevorn era "profundo e escuro"[55] e parecia estar em uma fossa que penetrava as montanhas, parecido com um *finger lake*.* O restante da cordilheira deve ter sido bastante desgastada, com seus antigos picos erodidos e desgastados pela água formando as planícies aluviais a oeste. As montanhas não eram cobertas de neve, e os Elfos tiveram bem menos dificuldades de atravessá-las do que, por exemplo, as Montanhas Nevoentas.

As encostas ocidentais apanhavam os ventos úmidos de Belegaer e da Baía de Balar e alimentavam os sete rios. Ao norte do Ascar, os ventos seriam mais secos (tendo passado sobre uma área terrestre maior) e não havia nenhum afluente por quarenta léguas. As terras de Ossiriand eram cálidas e agradáveis, com os sete rios fluindo rapidamente em vales como o do Thalos, onde Finrod encontrou os Homens mortais pela primeira vez.[56]

---

*Literalmente "lago dedo". Corresponde a uma estreita porção de água encontrada em vales glaciais. [N. T.]

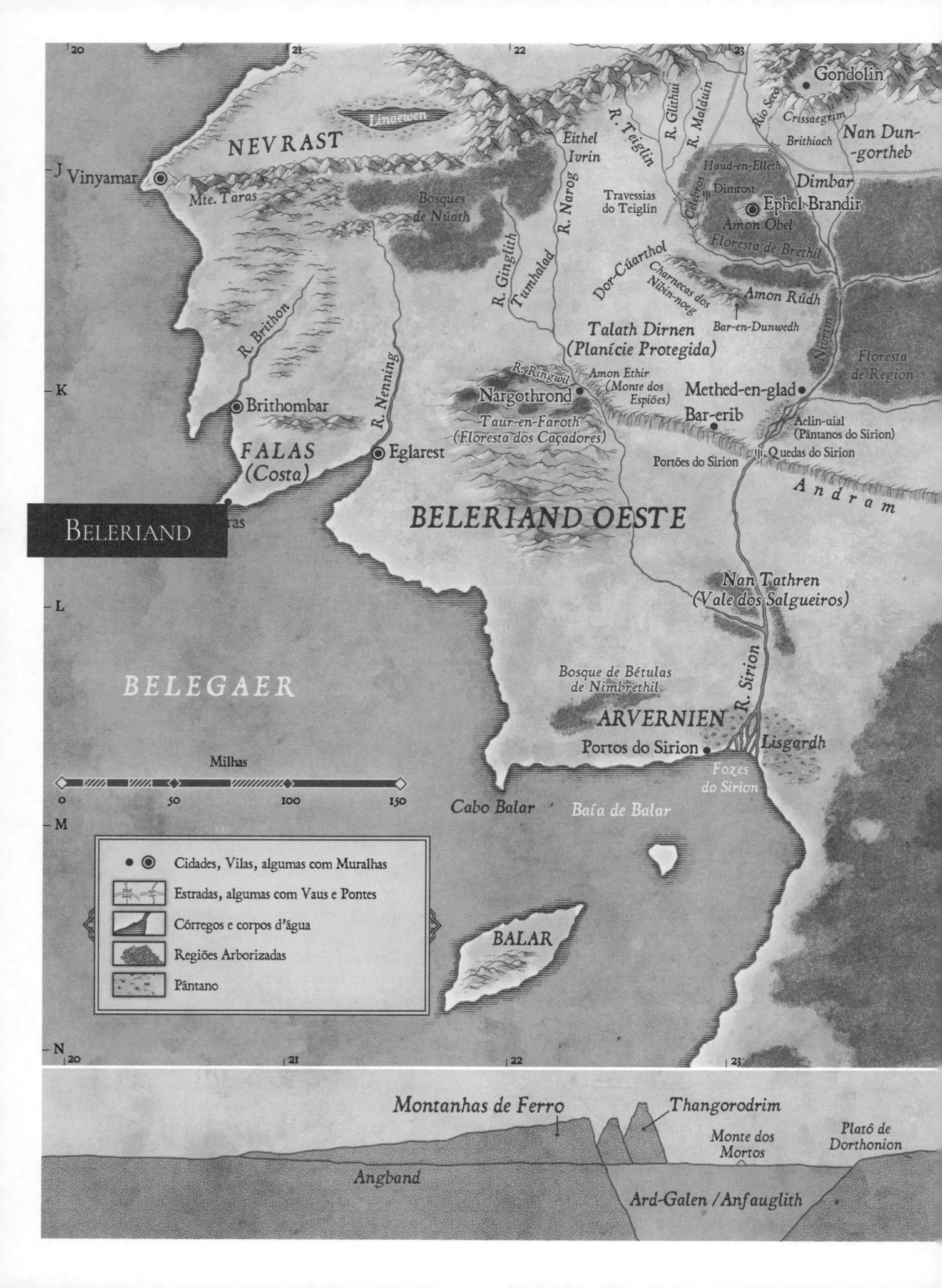

BELERIAND

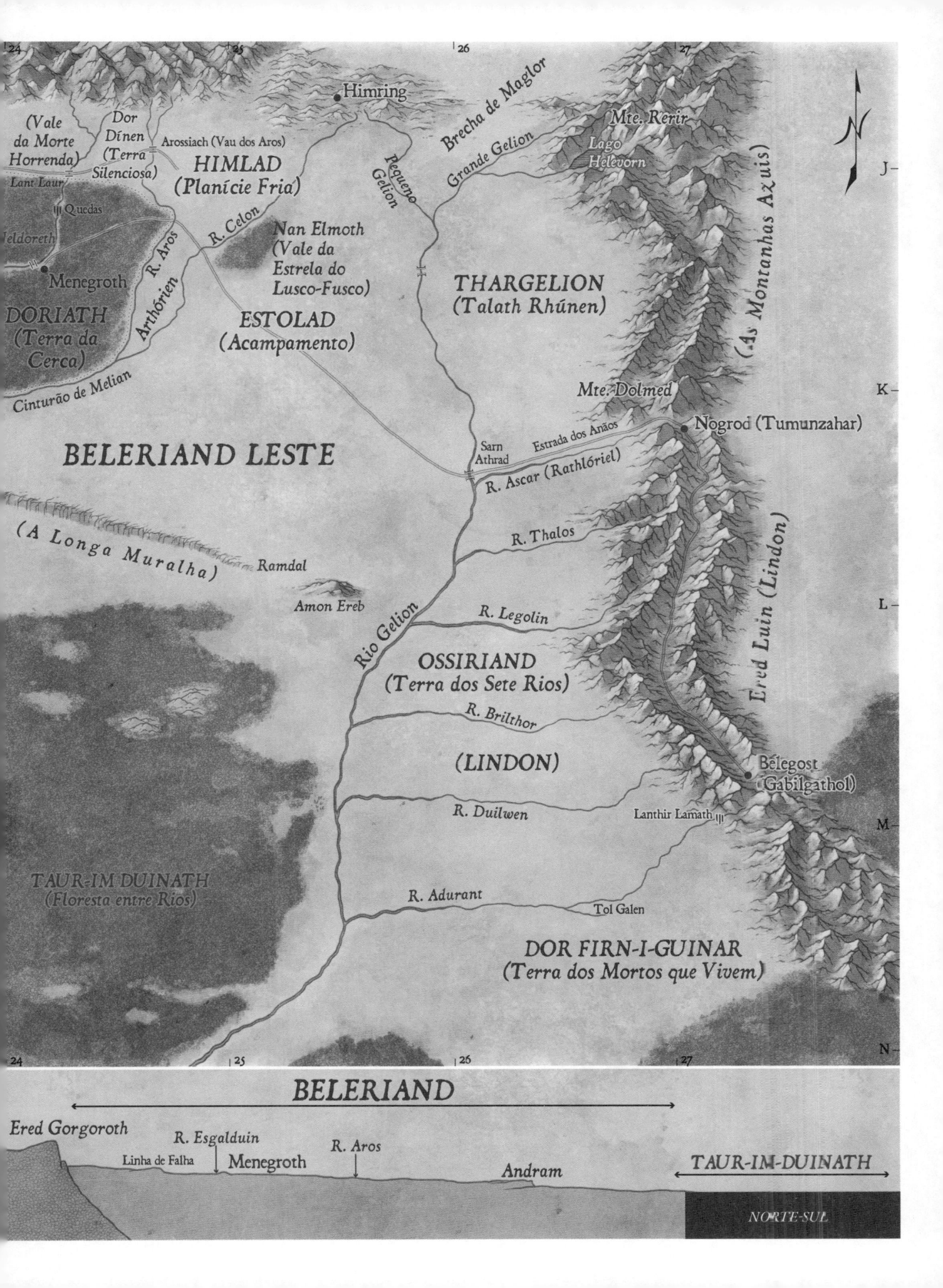

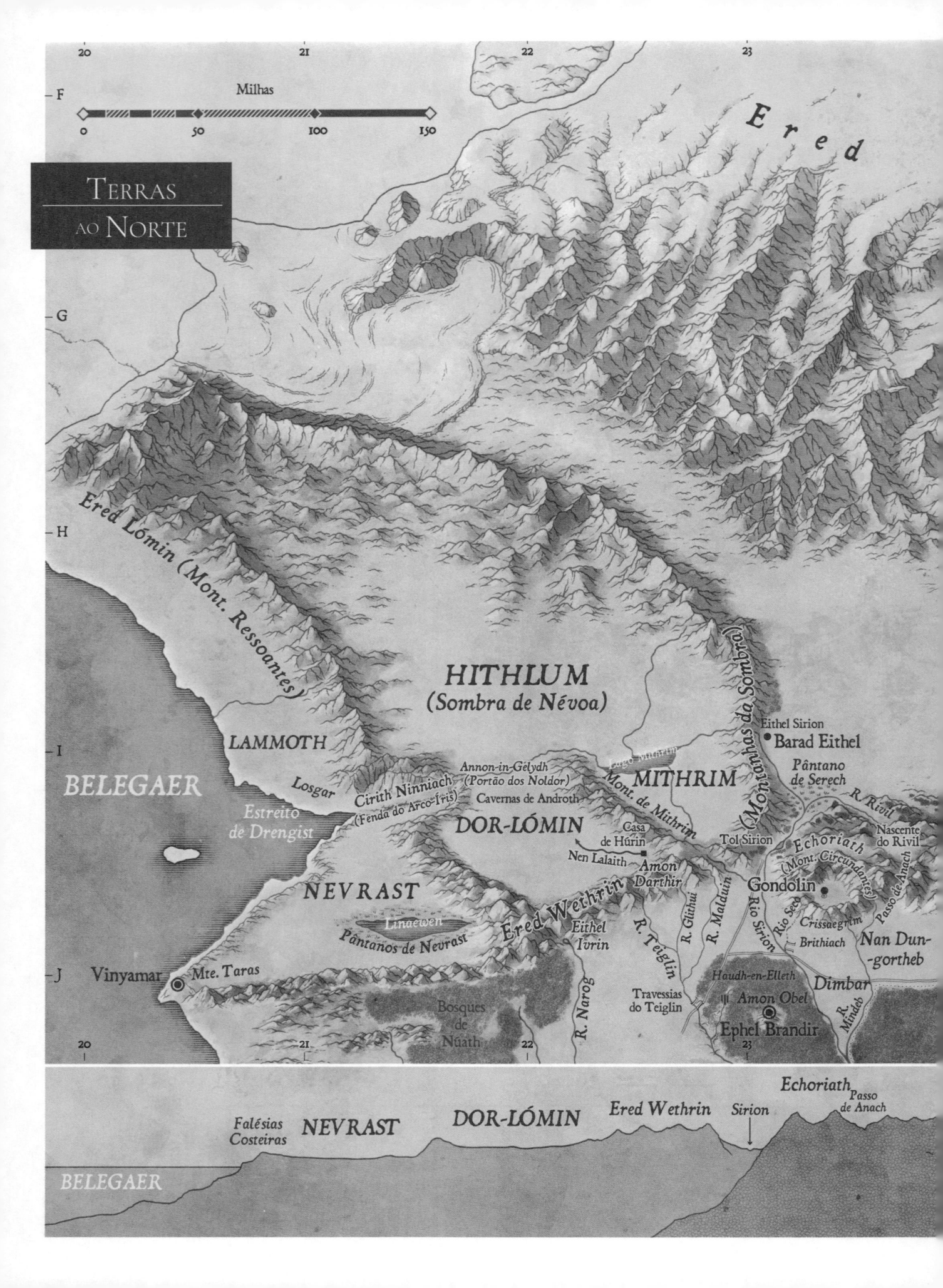

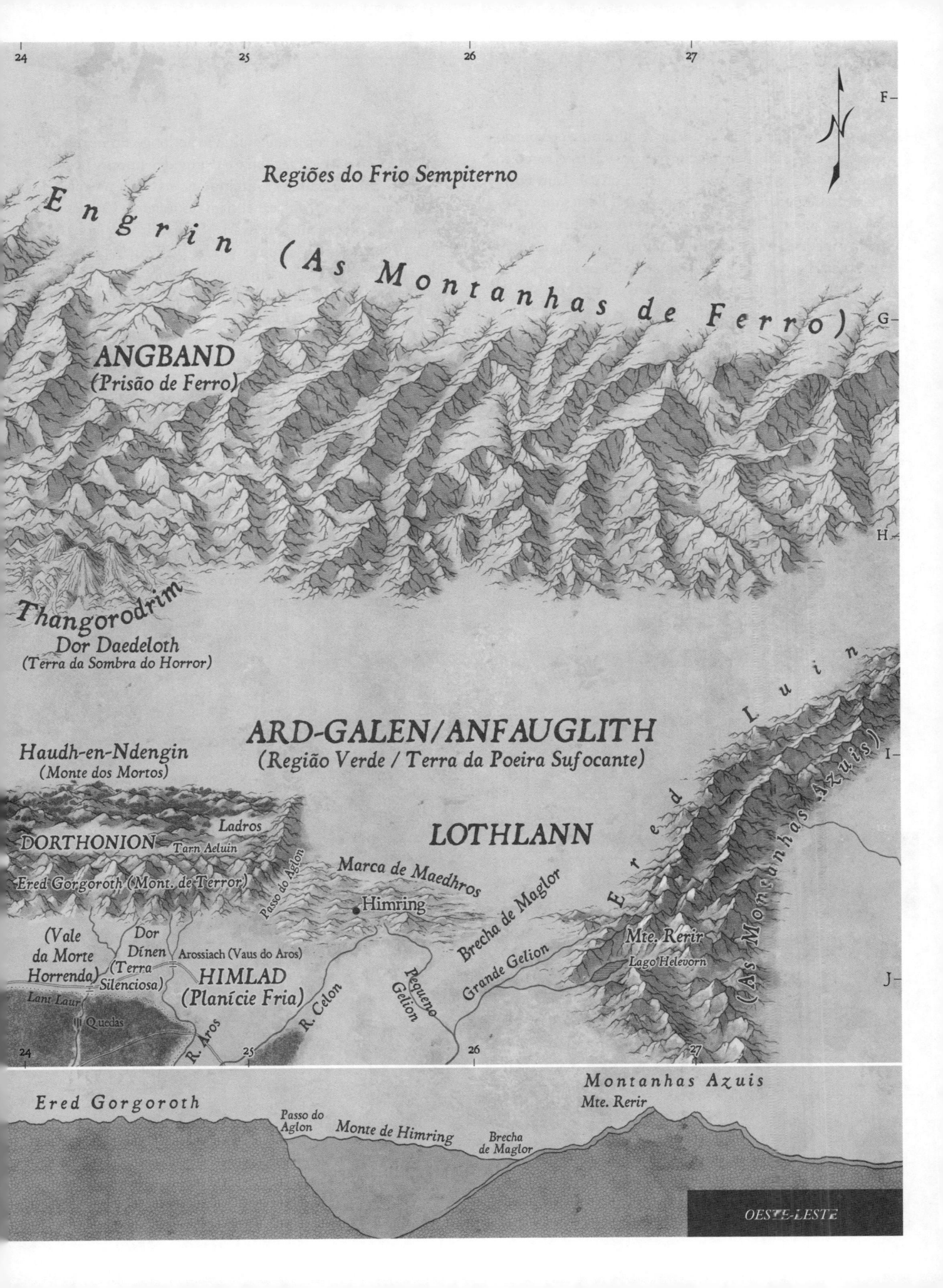

Regiões do Frio Sempiterno

E n g r i n (A s M o n t a n h a s d e F e r r o)

ANGBAND
(Prisão de Ferro)

Thangorodrim
Dor Daedeloth
(Terra da Sombra do Horror)

Haudh-en-Ndengin
(Monte dos Mortos)

ARD-GALEN/ANFAUGLITH
(Região Verde / Terra da Poeira Sufocante)

LOTHLANN

Ladros

DORTHONION Tarn Aeluin

Ered Gorgoroth (Mont. de Terror)

Passo do Aglon

Marca de Maedhros

Himring

Brecha de Maglor

Ered Luin

(As Montanhas Azuis)

Mte. Rerir
Lago Helevorn

*(Vale
da Morte
Horrenda)*

Dor
Dínen
*(Terra
Silenciosa)*

Arossiach (Vaus do Aros)

HIMLAD
(Planície Fria)

Lant Laur

Quedas

R. Aros

R. Celon

Pequeno
Gelion

Grande Gelion

Montanhas Azuis
Mte. Rerir

Ered Gorgoroth

Passo do
Aglon Monte de Himring

Brecha
de Maglor

OESTE-LESTE

A Grande Marcha

Depois de os Valar terem destruído Utumno e aprisionado Melkor, os Elfos ficaram livres para viajar para oeste, rumo ao Reino Abençoado. Quando Oromë retornou para Cuiviénen, o lugar do despertar dos Elfos, com os três líderes que escolhera como arautos, a maioria das pessoas escolheu tomar a estrada para oeste. Aqueles que recusaram a jornada, afastando-se da luz, ficaram conhecidos como Avari, os Indesejosos.[1] Aqueles que aceitaram estavam dispostos em três hostes:

1. A gente de Ingwë — todos foram para o oeste; eram o menor grupo, porém o mais avançado. Em Valinor, tornaram-se os mais próximos aos Valar e ficaram conhecidos como Vanyar, os Belos Elfos.
2. A gente de Finwë — alguns ficaram, mas a maioria partiu, e estava sempre logo atrás dos Vanyar. Ficaram conhecidos como Noldor, os Elfos Profundos.
3. A gente de Elwë — o maior grupo e o mais reticente na estrada. Muitos jamais partiram, e alguns logo deram as costas para a Marcha. Mesmo assim, eram tão numerosos que a Hoste precisou de dois líderes, e, com Elwë, seu irmão Olwë os governou. Como sempre ficavam para trás, receberam a alcunha de Teleri.[2]

Oromë guiou a grande multidão ao longo do norte do Mar Interior de Helcar. Vendo as grandes nuvens negras que persistiam próximas a Utumno, alguns ficaram temerosos e foram embora. Talvez tenham retornado a Cuiviénen e se juntado novamente aos Avari. Não foi dito se alguns ou todos trilharam mais tarde as sendas ocidentais.[3] Aqueles que continuaram seguiram vagarosamente por incontáveis léguas, com frequência parando por longos períodos até que Oromë retornasse. Dessa forma, chegaram por fim àquelas terras hoje familiares — possivelmente ao longo da mesma senda que depois se tornou a Velha Estrada da Floresta. Atravessaram uma floresta, provavelmente Verdemata, a Grande, e chegaram às costas lestes de um Grande Rio, posteriormente conhecido como o Anduin.[4] Do outro lado de suas águas, podiam divisar as altaneiras Montanhas de Névoa. Os Teleri, sempre os mais vagarosos e os mais relutantes, acamparam por um longo tempo na costa oriental. Os Vanyar e os Noldor avançaram através do rio, escalaram os passos das montanhas e desceram até Eriador. Suas trilhas devem tê-los levado longe o bastante para o sul, de modo a permitir uma viagem confortavelmente quente, e longe o bastante ao norte, para fazê-los passar através das

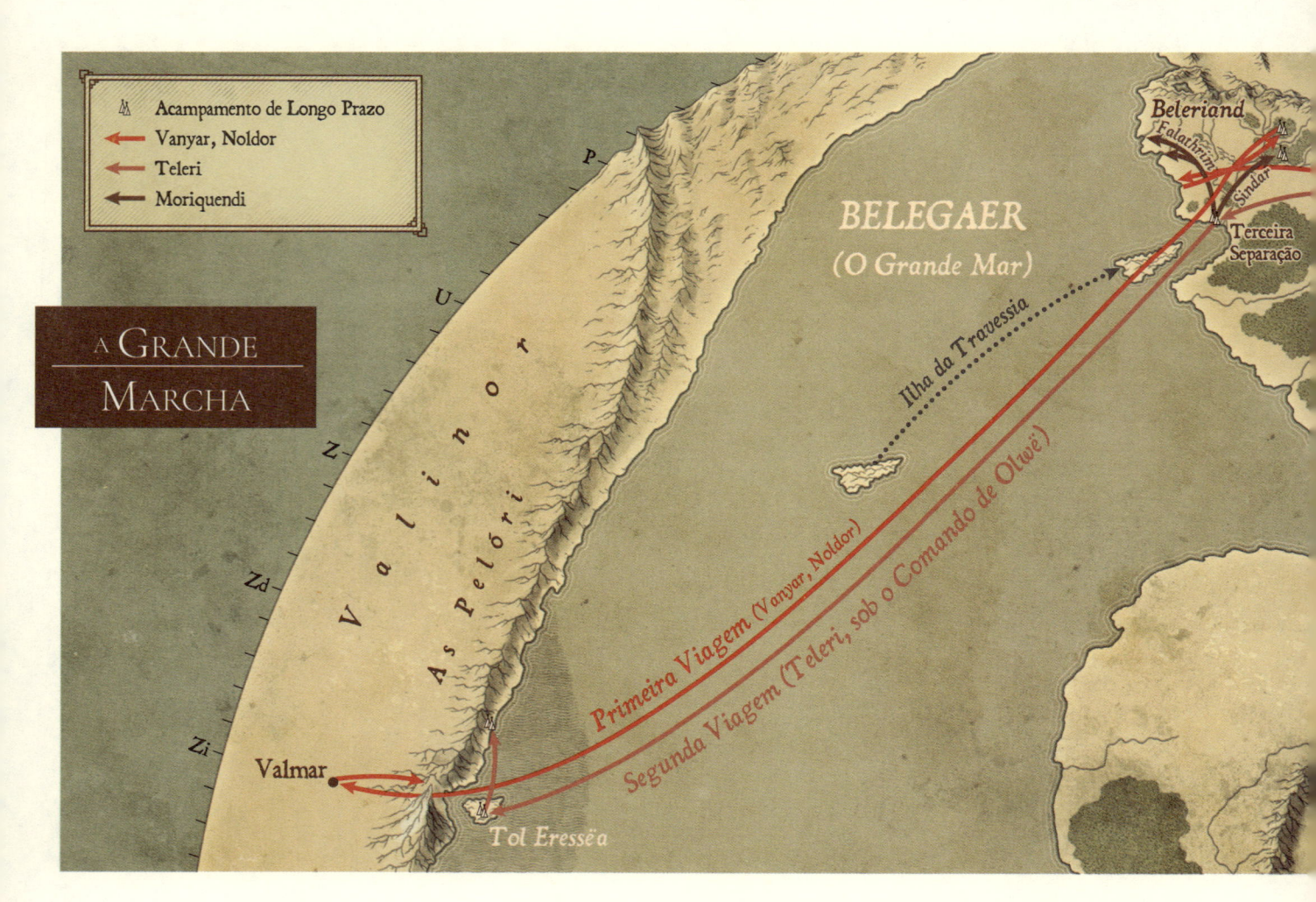

montanhas, em vez de contorná-las, para se livrarem das florestas do sul e atravessarem os maiores rios. Em suma, seria muito provável que a Grande Estrada Leste tivesse suas origens nesse caminho bastante antigo.

Os Noldor e os Vanyar continuaram para o oeste até chegarem ao Grande Mar, nas costas entre a Baía de Balar e o Estreito de Drengist,[5] depois de cruzarem o Sirion.[6] Os Elfos ficaram espantados com o mundo de água e se retiraram para as colinas e as matas mais familiares — especialmente as de Neldoreth e Region, onde Finwë se acampou.[7] Permaneceram ali por longos anos.

Enquanto isso, Lenwë conduzira alguns Teleri Anduin abaixo, para o sul; e mais tarde passaram a ser conhecidos como os Nandor: "aqueles que voltam atrás".[8] Alguns permaneceram ao longo do Grande Rio, outros foram para o mar, e alguns, por fim, devem ter atravessado o Desfiladeiro de Rohan e entrado em Eriador.[9] Vastas florestas os cercavam, de modo que se tornaram Elfos-da-floresta: possivelmente os ancestrais dos Elfos Silvestres que habitavam Trevamata[10] e Lórien.[11] O povo de Denethor, filho de Lenwë, por fim cruzou as montanhas ocidentais de Eriador e entrou em Ossiriand,[12] e vieram a ser renomeados como os Laiquendi, Elfos-verdes.[13] A maior parte dos Teleri prosseguira em direção ao oeste muito tempo antes de Denethor, enquanto os Vanyar e os Noldor ainda esperavam em Beleriand; porém, mais uma vez os Teleri se detiveram — desta vez a leste do Rio Gelion.

Sob o comando de Ulmo, Ossë ancorou uma ilha na Baía de Balar e levou os Noldor e os Vanyar a Valinor (de acordo com um conto, a mesma ilha que havia transportado os Valar até Valinor).[14] Os Teleri ficaram muito desconcertados por terem sido mais uma vez deixados para trás, e muitos deles seguiram para oeste até as Fozes do Sirion. Após longos anos de separação, Ulmo retornou a ilha-balsa, mas muitos não estavam mais dispostos a partir. Alguns passaram a amar a Costa de Cá, e se tornaram os Falathrim, o povo-costeiro — incluindo Círdan, o Armador, governante dos Portos de Eglarest e Brithombar.[15] Elwë havia desaparecido em Nan Elmoth,[16] e muitos de seu povo retornaram para as florestas, chamando a si mesmos de Eglath, o Povo Abandonado;[17] mas, depois de seu ressurgimento, eles se tornaram os Sindar, os Elfos-cinzentos.[18]

A maioria dos Teleri de fato seguiu adiante, mas lamentou a perda da terra que conheciam. Conforme o desejo deles, Ulmo enraizou a ilha na Baía, e ali ela permaneceu através das eras: Tol Eressëa, a Ilha Solitária.[19] Os Valar abriram o Calacirya para que os Teleri pudessem receber a radiância vinda do Passo da Luz. Dentro do passo, a cidade de Tirion foi construída, e nela habitaram os Noldor e também os Vanyar (até que resolveram retornar à planície de Valinor).[20] Por fim, os Teleri foram atraídos pela luz. Então Ossë os ensinou a arte da construção de navios e os levou à costa, onde eles viveram em Alqualondë.

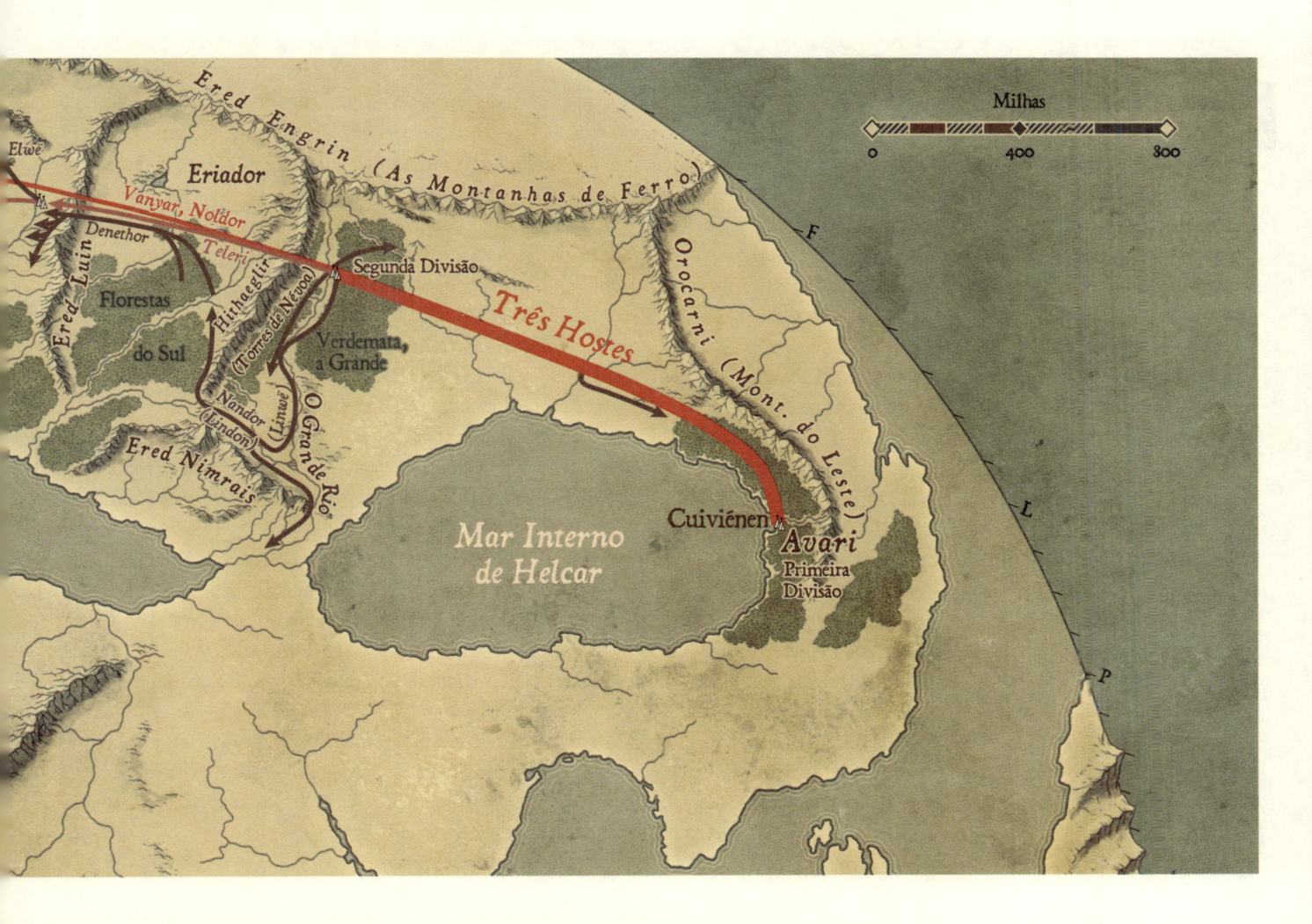

A Fuga dos Noldor

Por ordem de Manwë, Fëanor estava em Taniquetil[1] quando Melkor e Ungoliant extinguiram a luz das Árvores e invadiram Formenos, tomando as Silmarils e matando Finwë, seu pai. Depois de os Valar reivindicarem as Silmarils, a raiva de Fëanor aumentou, e ele violou seu exílio e retornou a Tirion. Apesar dos argumentos de seus meios-irmãos, sua vontade prevaleceu sobre todos os Noldor, exceto por um décimo deles; e, com preparativos apressados, os Noldor partiram. A hoste de Fëanor ia à frente, seguida pela hoste maior de Fingolfin, com Finarfin na retaguarda.[2] O caminho para o norte era longo e maligno, e o grande mar estava adiante; então Fëanor tentou persuadir os Teleri a se juntarem a eles, ou pelo menos lhes emprestar seus grandes navios. Sendo malsucedido, ele esperou até que a maioria de seus seguidores chegasse, então os conduziu ao porto e começou a tripular as embarcações. Os Teleri os rechaçaram até a chegada de Fingon, na dianteira da hoste de Fingolfin. Sua força juntou-se ao confronto, e os Noldor, por fim, conquistaram os navios e partiram antes que a maior parte da hoste de Fingolfin tivesse chegado. Eles foram deixados a seguir lenta e penosamente ao longo da costa rochosa, enquanto os Noldor remavam próximo ao litoral nos mares agitados.[3]

Viajaram por muito tempo, e tanto o mar como a terra foram inimigos malignos. Então, longe ao norte, enquanto subiam Araman, foram detidos por uma voz poderosa que profetizou a Condenação dos Noldor. Então, Finarfin e seus seguidores, os menos desejosos desde o início, retornaram a Tirion; mas a maior parte do povo seguiu em frente. As hostes se aproximaram do Helcaraxë e, enquanto debatiam qual caminho tomar, a gente de Fëanor subiu a bordo e abandonou Fingolfin. Navegando para o leste e o sul, eles aportaram em Losgar e queimaram os navios brancos. Subindo ao leste para Hithlum, até a margem norte do Lago Mithrim,[4] eles foram atacados por uma investida de Angband e Fëanor foi morto.[5] A hoste de Fingolfin, enraivecida pela deserção, enfrentou as banquisas do Gelo Pungente. Talvez semanas tenham se passado até que tocassem o solo firme da Terra-média com o surgimento da lua. Depois de sete dias, o sol nasceu no momento em que Fingolfin marchou para Mithrim.[6] Ele prosseguiu até os próprios portões de Angband, mas seu desafio ficou sem resposta. Voltou a Mithrim, onde o que restava dos seguidores de Fëanor se retirou para a margem sul, evitando mais tumulto.[7]

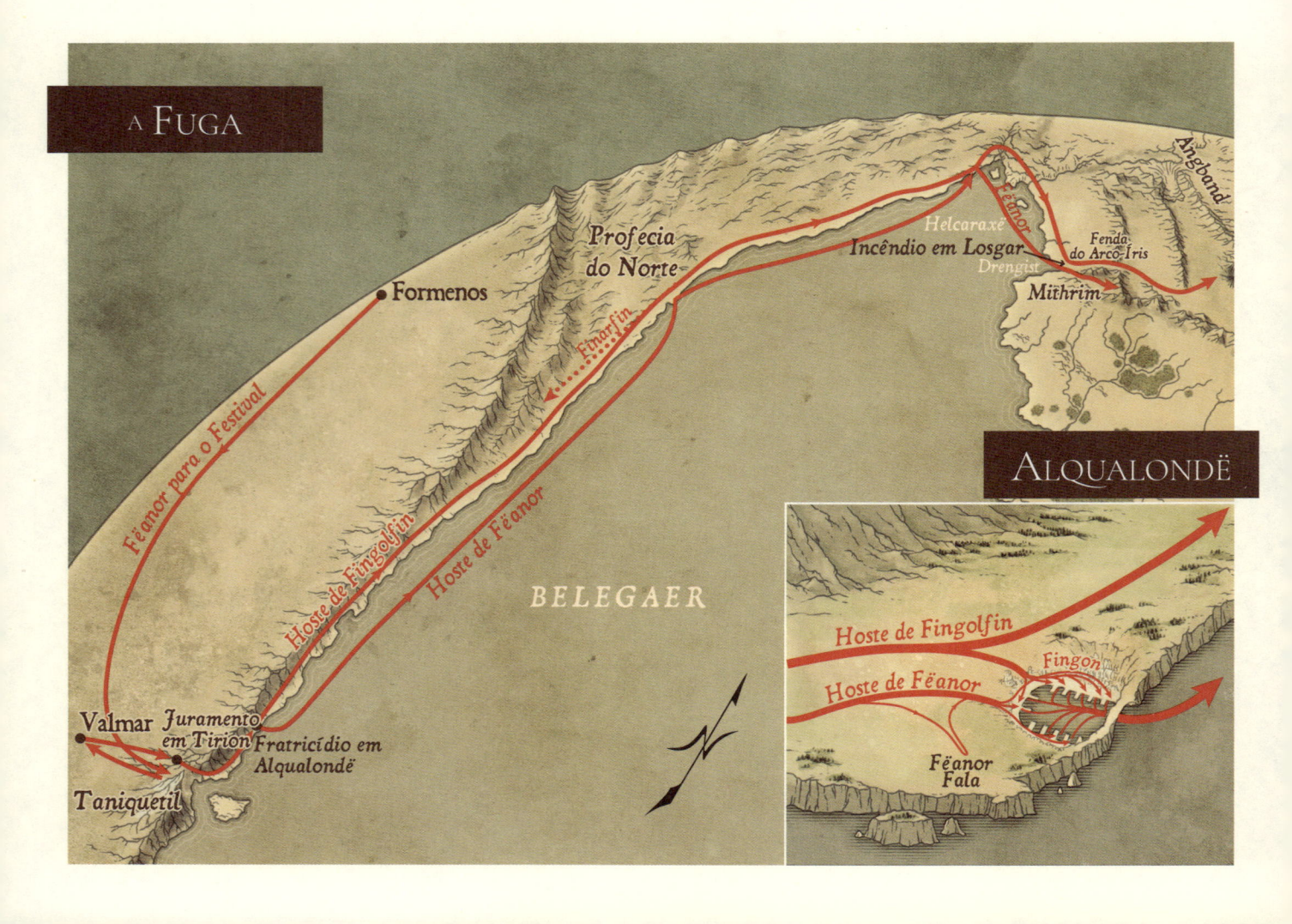

A FUGA

Angband

Proféia do Norte

Formenos

Helcaraxë
Incêndio em Losgar
Drengist

Féanor

Fenda do Arco-Íris

Mithrim

Finarfin

Hoste de Fingolfin

Hoste de Fëanor

BELEGAER

Valmar

Juramento em Tirion

Fratricídio em Alqualondë

Taniquetil

ALQUALONDË

Hoste de Fingolfin

Hoste de Fëanor

Fingon

Fëanor Fala

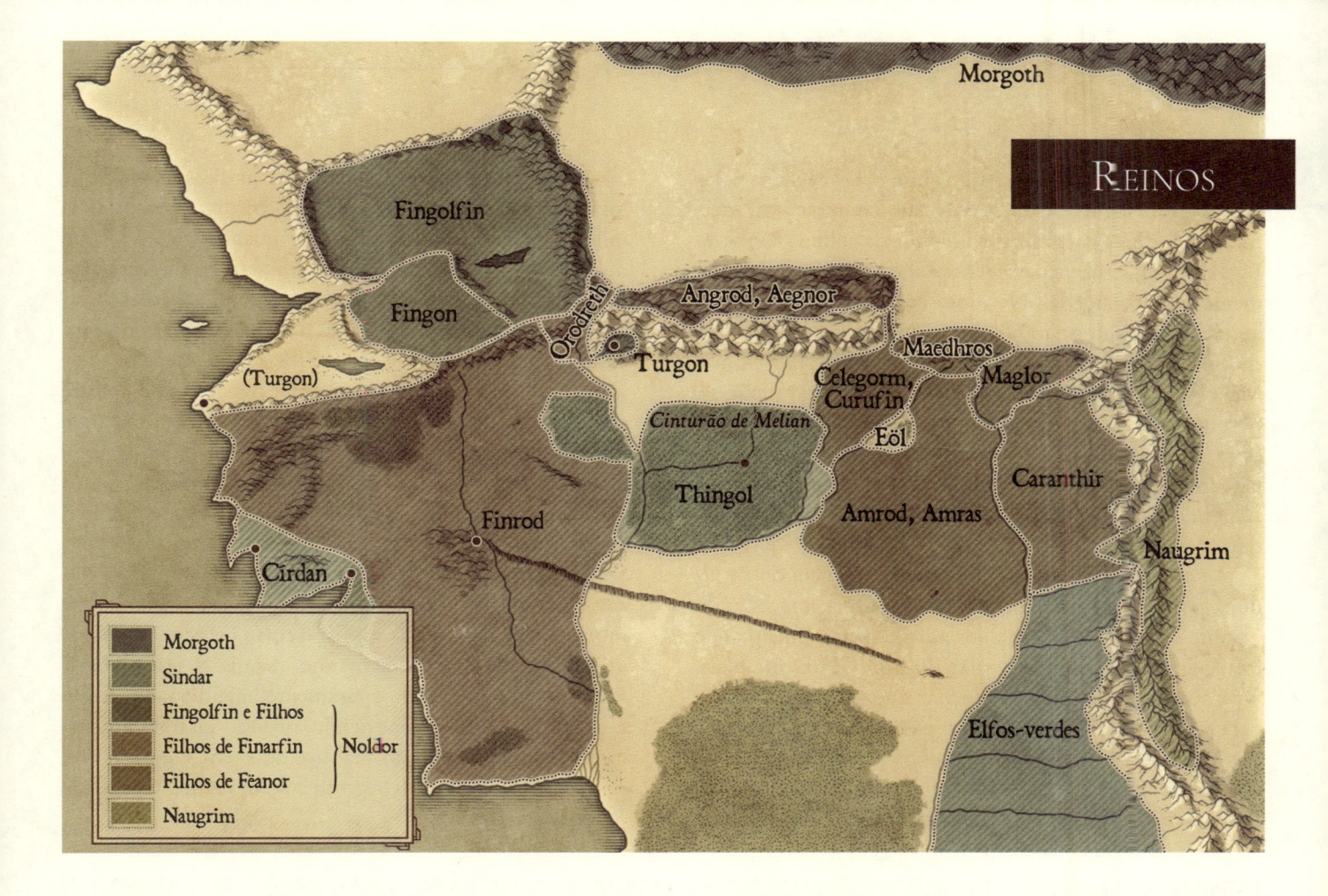

REINOS — ANTES DA GRANDE DERROTA

Como foi contado, alguns dos Teleri nunca deixaram a Costa de Cá. Eles se espalharam por Beleriand, mas a maioria vivia em uma destas três regiões: no litoral, os Falathrim sob o comando de Círdan; em Ossiriand, os Elfos-verdes; e no Reino Protegido de Doriath, os Sindar, a gente de Elwë/Thingol. A maior parte do reino de Thingol ficava dentro do Cinturão de Melian:[1] as Florestas de Neldoreth, de Region e parte de Nivrim, a marca oeste além do Sirion. Fora do Cinturão ficava Brethil, uma área menos populosa. Todos os Teleri acabaram por reconhecer Thingol como seu Senhor e, assim, foram agrupados de modo informal com os Sindar.

Quando os Noldor retornaram do Oeste, Thingol decretou: "Em Hithlum os Noldor têm licença para habitar, e nas terras altas de Dorthonion, e nas terras a leste de Doriath, que estão vazias e selvagens [...]; pois eu sou o Senhor de Beleriand".[2] Os Noldor, portanto, se estabeleceram naquelas áreas — não apenas porque era o desejo de Thingol, mas também porque isso permitia que cercassem o reino de Morgoth no norte. No oeste habitavam: Fingolfin, o alto rei, em Hithlum; seu filho mais velho, Fingon, na sub-região de Dor-lómin; e Turgon, em Nevrast.[3] No centro estavam os filhos de Finarfin: Finrod e Orodreth no Passo do Sirion; e Angrod e Aegnor no norte de Dorthonion.[4] O leste era protegido pelos sete filhos de Fëanor: Celegorm e Curufin, no Passo do Aglon e atrás, adentrando Himlad; Maedhros, no Monte de Himring;[5] Maglor, através da brecha e na terra entre os braços do Gelion[6] Caranthir, no Monte Rerir e atrás, adentrando Thargelon.[7] Apenas Amrod e Amras ficavam afastados dessa zona de proteção, em áreas abertas ao sul dos montes.[8]

Cinquenta anos depois de essas terras terem sido ocupadas, Ulmo falou com Turgon e Finrod em sonho, sugerindo reinos escondidos.[9] Finrod escavou as mansões de Nargothrond e o seu senhorio acabou sendo reconhecido por todos a oeste do Sirion. Turgon terminou a construção de Gondolin em 104.[10] Depois de se mudar com seu povo para lá, Nevrast ficou vazia.

Todos esses reinos sobreviveram durante a Longa Paz até 455, quando o Cerco de Angband terminou. Nos breves cinquenta anos seguintes, eles foram devastados um por um, até que os Elfos restantes foram empurrados para a beira do Mar.[11]

MENEGROTH, AS MIL CAVERNAS

Menegroth foi escavada para Thingol e Melian pelos Anãos de Belegost.[1] Não se sabe, porém, se as cavernas foram talhadas a partir da rocha sólida da colina vizinha ao Esgalduin ou se havia passagens preexistentes que simplesmente foram alargadas. No último caso, seria necessário o leito rochoso apropriado (como o encontrado em Nargothrond) para desenvolver um sistema de cavernas — mas Menegroth ficava muito ao norte de Andram. Supõe-se, portanto, que elas não eram grandes cavernas naturais, mas primariamente escavadas à mão. À primeira vista isso pode parecer improvável, até que se recorde de Khazad-dûm, o zênite das façanhas de mineração dos Anãos. Então, qualquer coisa parece possível!

A colina de pedra devia chegar até a margem do Esgalduin, pois só era possível adentrar os portões atravessando a ponte de pedra.[2] Próximo aos portões ficava uma grande faia, cujas raízes cobriam o salão do trono: Hírilorn. Nela, uma casa foi construída para evitar que Lúthien escapasse para resgatar Beren.[3] A faia seria uma escolha excelente, pois elas comumente não possuem galhos protuberantes até a metade da altura.[4] As maiores têm troncos de até cinco pés de diâmetro, e suas copas podem ser vinte vezes mais largas.[5]

Incontáveis aposentos e caminhos (muitos mais do que foram mostrados) seriam possíveis em uma área de uma milha quadrada — especialmente quando escavados em diversos níveis subterrâneos, como esses sem dúvida eram. No entanto, foram fornecidas poucas informações detalhadas. Dos inumeráveis "salões altivos e câmaras profundas",[6] apenas três locais específicos foram mencionados: (1) O Grande Salão de Thingol, onde Beren ficou diante do trono;[7] (2) as forjas profundas, onde os Naugrim mataram Thingol;[8] e (3) o tesouro protegido, onde Mablung tombou quando os Anãos voltaram para tomar o Nauglamír.[9]

Menegroth foi lugar de batalha dentro das cavernas duas vezes. Ambas foram tentativas de tomar o Nauglamír com a Silmaril. Em cerca de 505,[10] os Anãos retornaram para vingar as mortes de sua gente que tombou quando Thingol foi morto. Eles conseguiram roubar o colar, mas este foi reconquistado mais tarde.[11] Quatro anos depois, os sete filhos de Fëanor, ainda mantendo o juramento amaldiçoado, desencadearam o Segundo Fratricídio, quando lutaram e mataram Dior. Porém, foram malsucedidos em sua demanda, pois Elwing fugiu de Menegroth com um remanescente do povo e com a Silmaril.[12]

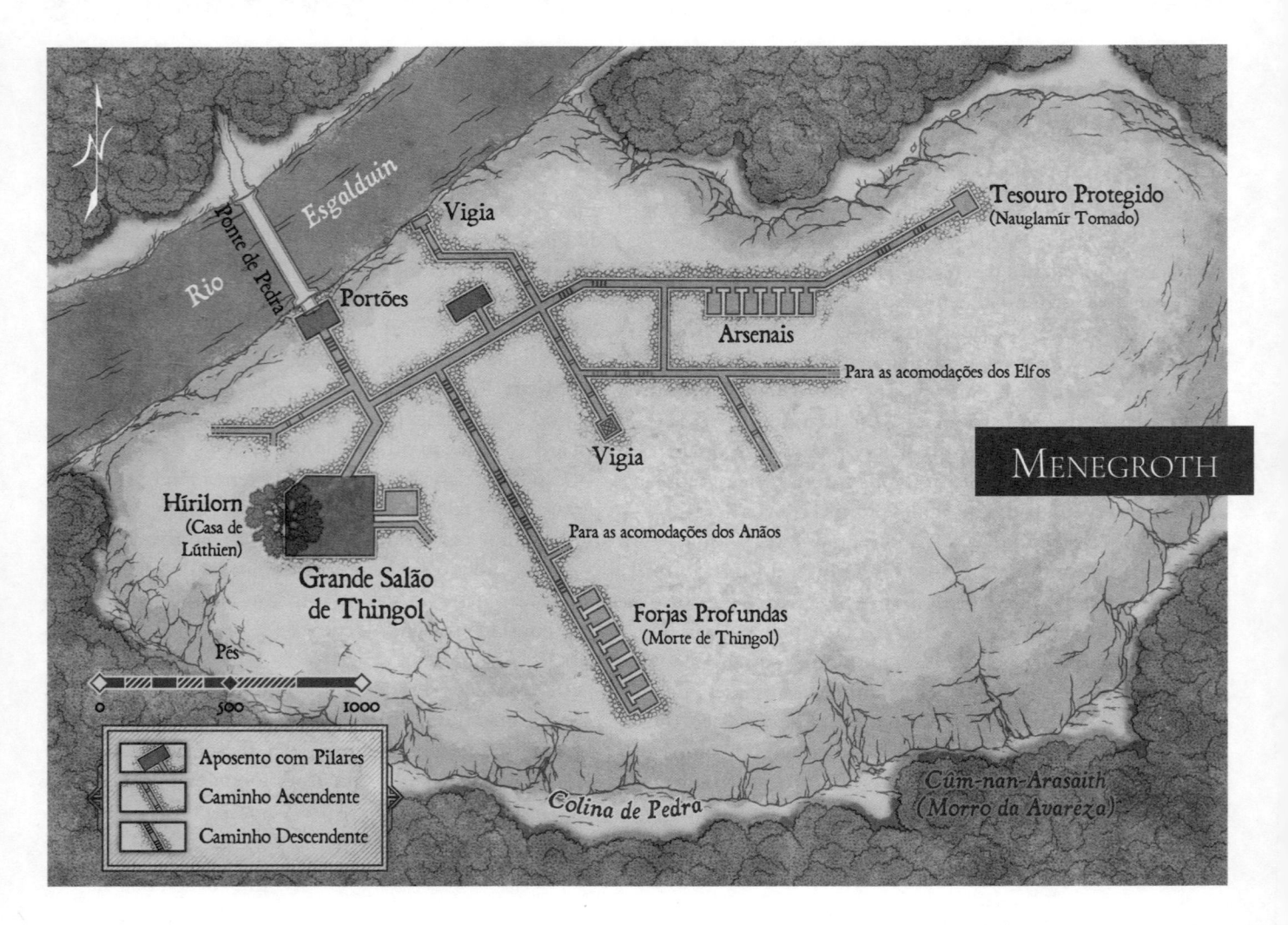

NARGOTHROND

Em um sonho, Ulmo falou com Turgon e Finrod, sugerindo que cada um construísse uma fortaleza oculta. Logo depois, Finrod visitou Thingol e se inspirou a construir uma praça-forte como Menegroth. Ele tomou conhecimento das Cavernas do Narog e iniciou sua construção.[1] A área ficava ao sul e ao oeste da confluência do Ringwil e do Narog, onde esses rios cortavam a Andram. A Longa Muralha era evidentemente feita de rocha solúvel, muito possivelmente calcário.[2] Tal formação, combinada com um rio entrincheirado como o Narog, teria produzido condições ideais para o desenvolvimento de cavernas.[3] Antes do retorno dos Noldor, as cavernas foram encontradas e ampliadas pelos Anãos-Miúdos,[4] que as chamaram de Nulukkizdîn.[5] Finrod empregou os Anãos das Montanhas Azuis para continuarem o trabalho. A tarefa foi tão grande que os Anãos o chamaram de "Felagund", Escavador de Cavernas.[6]

Tudo o que era realmente necessário para o conto era que o leitor visualizasse um sistema complexo de cavernas, como as Cavernas de Carlsbad, no Novo México, ou a Caverna do Mamute, em Kentucky.[7] Tal sistema forneceria uma vasta variedade de tamanhos e formas de cômodos; seria extenso o suficiente para ocultar completamente uma grande população; e, depois de ampliado, teria vários corredores grandes o suficiente para permitir que o dragão passasse. Em Nargothrond havia: vários cômodos usados como arsenais;[8] uma série de grandes salões nos quais Finrod, Celegorm e Curufin se dirigiram à população;[9] uma câmara pequena e profunda onde Lúthien foi colocada; uma saída secreta pela qual ela escapou com Huan;[10] e um grande salão interno onde Glaurung juntou seu leito dourado.[11]

Tolkien ilustrou a entrada de Nargothrond em três desenhos separados: dois deles mostravam três portas; o terceiro, apenas uma.[12] O texto sempre se referia às Portas de Felagund[13] no plural, de modo que as três foram incluídas aqui. Diante das portas havia um terraço — largo o bastante para permitir que Glaurung se deitasse enquanto os cativos eram conduzidos para longe.[14] Dali, ele conseguia ver claramente uma légua a leste, até Amon Ethir, o lugar fatídico onde Nienor caiu sob seu feitiço.[15] Abaixo do terraço, a parede íngreme de um penhasco descia até as corredeiras do Narog. Originalmente, os Elfos eram forçados a seguir por vinte e cinco milhas ao norte para vadear o rio,[16] mas, depois que Túrin chegou em 487,[17] ele persuadiu Orodreth a construir uma ponte imensa. Como não podia ser erguida para impedir a passagem, a ponte acabou sendo a sua ruína.

GONDOLIN

Gondolin, a Rocha Oculta, foi o resultado de longos esforços de Turgon para estabelecer uma cidade secreta.[1] Ulmo revelou a localização do Vale Oculto de Tumladen[2] e, depois de cinquenta e dois anos de labuta, a cidade foi concluída.[3] As Echoriath foram apresentadas como uma cratera vulcânica gigantesca, e o Amon Gwareth, como um cone secundário.[4] Depois da extinção, um lago poderia ter se formado, parecido com o Lago Crater, no Oregon.[5] Através das muralhas altaneiras das montanhas, "as mãos dos próprios Valar [...] haviam apartado à força as grandes montanhas, e as laterais da fenda eram escarpadas como se cortadas a machado".[6] No conto original, o rio ainda não estava seco e corria por um túnel, e a fenda ainda iria aparecer.[7] Através daquela fenda, o lago acabou por se esvaziar, deixando uma planície lisa, uma ravina íngreme, um túnel e o Rio Seco. Quando a cidade foi ocupada em cerca de 104,[8] essas propriedades físicas foram bem utilizadas. A Via Oculta compreendia o túnel e a ravina do rio abandonado. A Via era bloqueada por uma série de sete portões, constantemente vigiados: construídos com madeira, pedra, bronze, ferro forjado, prata, ouro e aço.[9] O Portão Escuro (Externo) ficava dentro do túnel, ao passo que na ravina ficavam os portões restantes, e ela ficou conhecida como Orfalch Echor.[10] Uma vez no Vale, era possível chegar à cidade somente subindo as escadas até o portão principal,[11] pois as encostas dos montes eram íngremes — especialmente ao norte, no precipício de Caragdûr, onde Eöl morreu.[12]

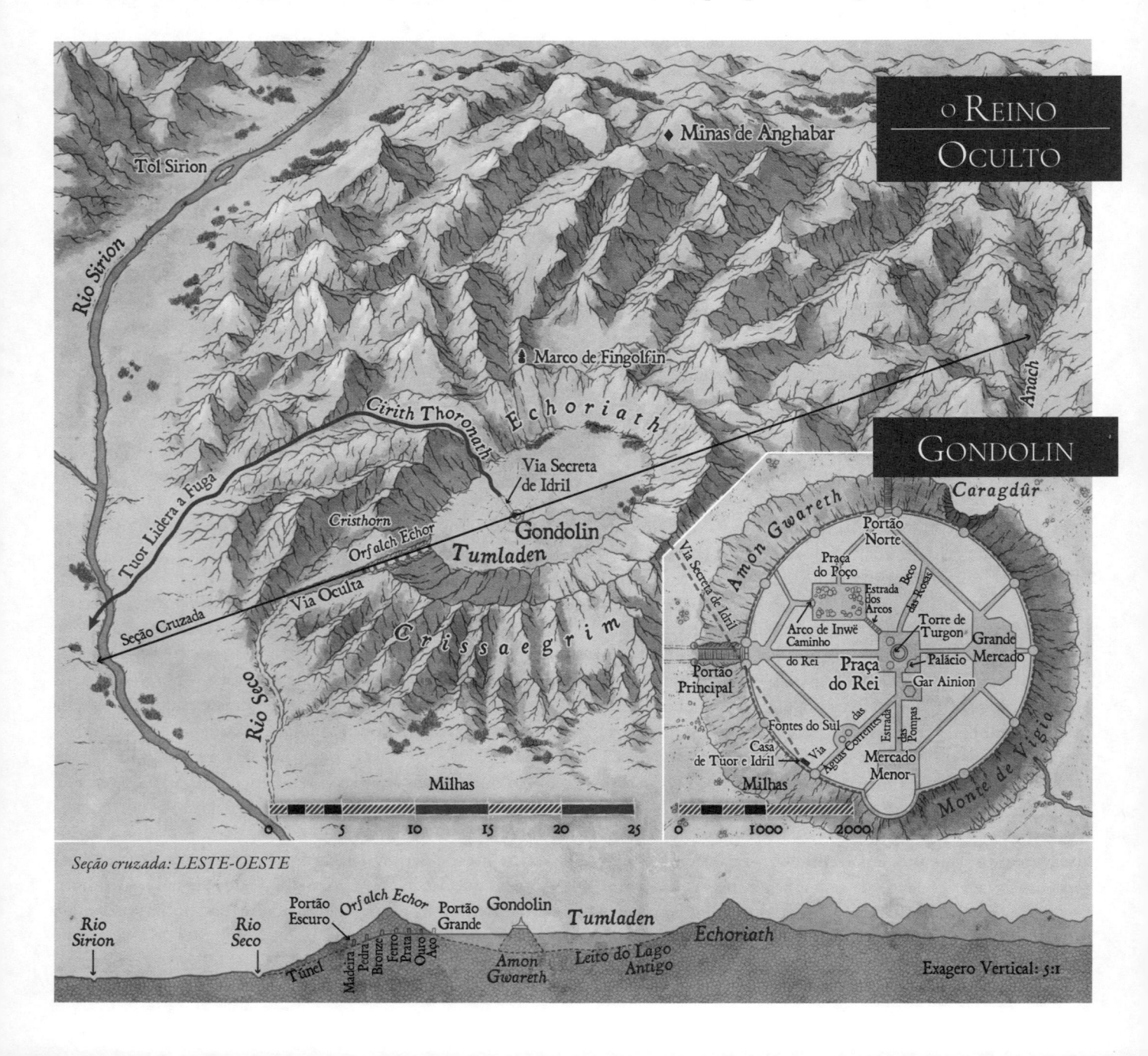

O Conto descreve vividamente as muitas praças e ruas de Gondolin[13] e acrescenta um segundo portão no norte, através do qual Maeglin conduziu as forças de Morgoth.[14] Escalar o monte era impossível, uma vez que nascentes molhavam o leito rochoso escarpado e vítreo.[15] As fontes inspiraram o nome original de Gondolin: Ondolindë, A Rocha da Música da Água.[16]

Um desenho de Tolkien[17] foi associado ao mapa original e a uma análise de acidentes geográficos de nosso mundo.[18] O Amon Gwareth foi apresentado com quatrocentos pés de altura. Seu topo parece ter sido plano. A Torre do Rei era igualmente alta, e seu torreão se erguia oitocentos pés acima do Vale. Descendo o monte e seguindo ao norte distante, sob a planície, Idril ordenou a escavação de uma rota de fuga.[19] Em 511, depois de quatrocentos anos de paz, Gondolin caiu. Através da via secreta, Idril e Tuor conduziram todos os remanescentes dos Gondolindrim.[20]

THANGORODRIM E ANGBAND

Angband, os "Infernos de Ferro", foi construída nas Ered Engrin no noroeste da Terra-média depois do estabelecimento de Valinor, para ser um posto avançado mais próximo de Aman do que Utumno.[1] Seus túneis e masmorras labirínticos, fossos e escadas ficavam abaixo da cerca das Ered Engrin, com um grande túnel que se abria sob os três grandes picos fumegantes: as "torres" das Thangorodrim.[2]

As Thangorodrim, o "grupo das montanhas opressoras",[3] foram construídas da escória das fornalhas e dos escombros das escavações de Angband.[4] Os montes eram sólidos o suficiente para que fosse possível pendurar Maedhros em um precipício[5] e aprisionar Húrin em um terraço.[6] Porém, seus topos fumegantes eram os maiores das Montanhas de Ferro ao redor de Angband — na verdade, até mesmo "os maiores montes do mundo [de cá]".[7] O mapa de O Silmarillion excluiu as Thangorodrim e as Ered Engrin, mas o "Segundo Mapa de O Silmarillion" ilustra as Thangorodrim quase como uma "ilha" de contrafortes ao redor dos três picos altos, projetando-se cem milhas de onde a curva das Montanhas de Ferro deve ficar.[8] Antes de A História, as únicas referências eram o texto e um desenho de Tolkien que mostrava o pico central ao longe.[9] O texto afirmava que elas eram as "mais poderosas das torres da Terra-média".[10] O precipício acima do portão erguia-se a mil pés[11] — dois terços de nosso edifício moderno mais alto.*[12] No desenho, a torre central, conforme vista do Passo do Sirion,[13] parecia imensa — bem mais alta do que as Ered Engrin. Devia ter, pelo menos, cinco milhas de diâmetro na base e uns 35 mil pés de altura![14]

A História fornece o relato mais detalhado sobre o interior de Angband em "A Balada de Leithian". Os portões não eram a simples abertura de um túnel: "chegam em átrio mui sombrio / com altas torres, forte frio, / penhasco abrupto [...] em sombra imensa seus portais".[15] Mais

---

*Esse dado era válido quando o livro original foi escrito. Atualmente, o edifício mais alto do mundo supera em muito os mil pés de altura. [N. T.]

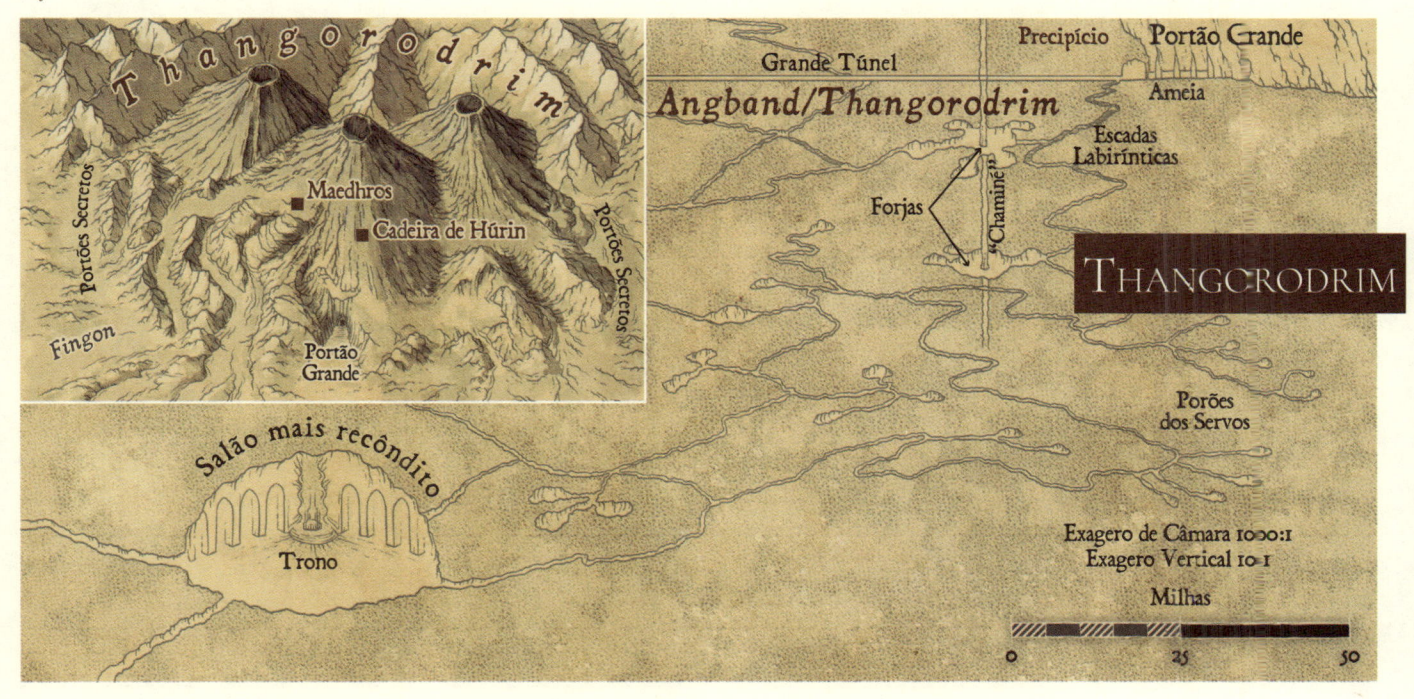

Seção transversal: NORTE-SUL

Thangorodrim

Maedhros

Cadeira de Húrin

Portões Secretos

Portões Secretos

Fingon

Portão Grande

Salão mais recôndito

Trono

Grande Túnel

Precipício

Portão Grande

Angband/Thangorodrim

Ameia

Escadas Labirínticas

Forjas

"Chaminé"

THANGORODRIM

Porões dos Servos

Exagero de Câmara 1000:1
Exagero Vertical 10:1

Milhas

0   25   50

além, Beren e Lúthien desceram os corredores da "pirâmide labiríntica", que ressoava com os golpes de dez mil ferreiros, passaram por porões apinhados de servos Noldor, marcados a cada passo por "enormes, pétreos vultos [...] sepultados", e chegaram, por fim, aos "portões que tudo comem" do salão mais profundo de Morgoth: "sustentado por horror, iluminado por fogo e cheio de armas de morte e tormento"; onde ele festejava sob "Colunas [...] entalhadas com medonhos fantasmas [... que] sobem com troncos infelizes [...] o ramo é cobra, carantonha", e do outro lado do salão "Sob grão pilar assoma o trono / de Morgoth" e a condenação de Fëanor.[16]

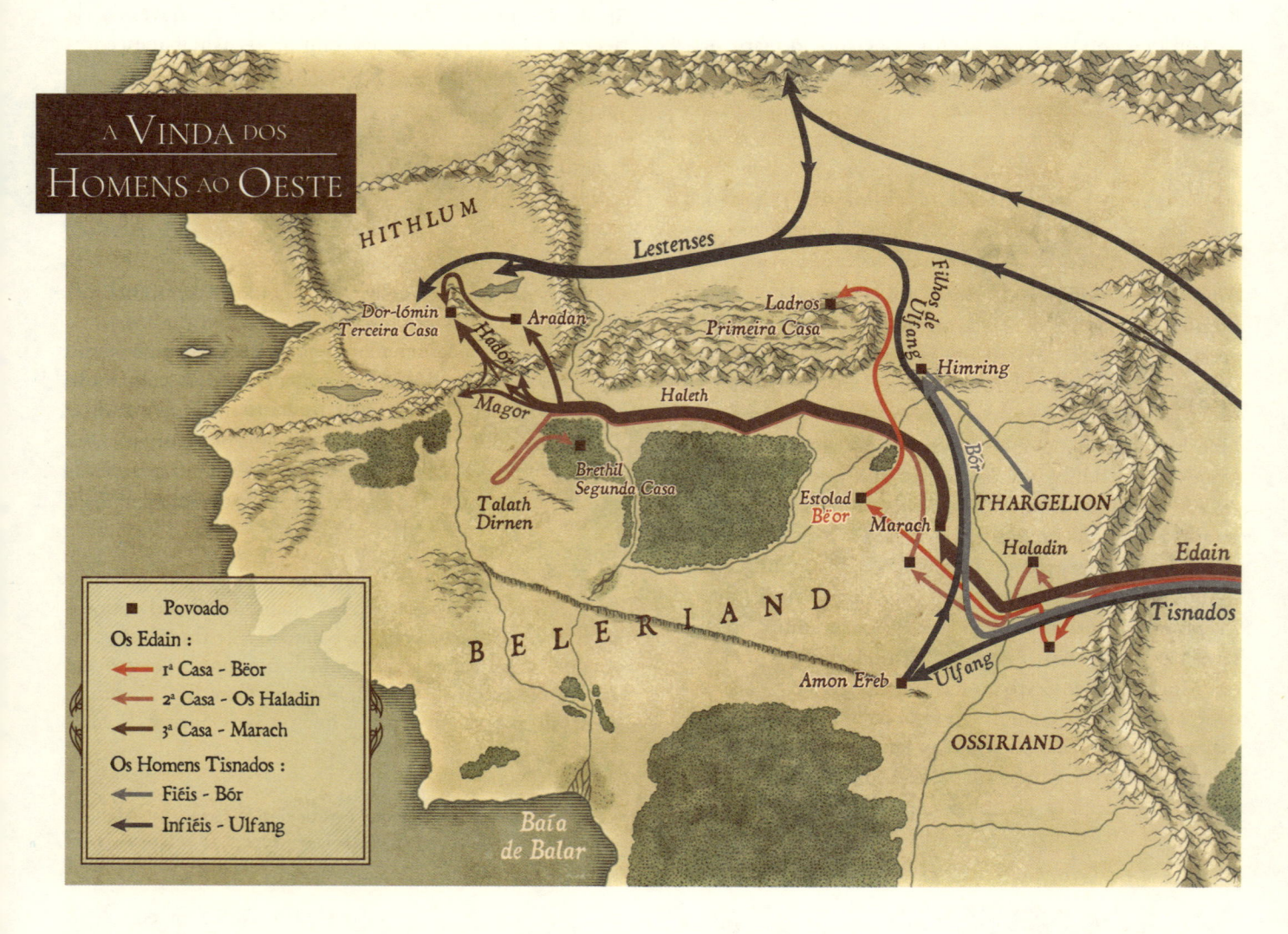

A VINDA DOS HOMENS ─────────────

Com o surgimento do Sol no Oeste, os Homens mortais despertaram,[1] e mais de trezentos anos depois eles foram descobertos por Finrod Felagund próximo ao Rio Thalos.[2] Originalmente, três tribos entraram em Beleriand durante três anos consecutivos: as Três Casas dos Edain.[3] O primeiro a chegar foi Bëor, que levou seu povo para o norte, de Ossiriand aos campos de Amrod e Amras. A terra tornou-se conhecida como Estolad, o Acampamento, e permaneceu constantemente ocupada por cerca de cento e cinquenta anos.[4] Dois anos depois, o povo de Bëor se uniu à terceira e maior tribo — a de Marach —, que se estabeleceu ao sul e ao leste.[5] Enquanto isso, os Haladin, a Segunda Casa,

separados na fala e no comportamento, haviam colonizado o sul de Thargelion.[6]

Durante os cinquenta anos seguintes, muitos da gente de Bëor e Marach resolveram deixar Estolad. Alguns se desencantaram e foram levados para o sul e para o leste, e nada mais se soube deles.[7] Os Noldor, à procura de aliados, compartilhavam suas terras, mas o Rei Thingol proibiu qualquer um de se estabelecer no sul.[8] A gente de Bëor se mudou para Dorthonion e, mais tarde, recebeu a terra de Ladros, onde habitaram.[9] Muitos da hoste de Marach se aliaram à Casa de Fingolfin. Alguns se mudaram para Hithlum, enquanto outros permaneceram nos vales ao sul das Ered Wethrin até serem reunidos sob a liderança de Hador, senhor de Dor-lómin.[10] A Segunda Casa, os Haladin, finalmente se mudou para Estolad depois de ser atacada pelos Orques, mas atravessou Nan Dungortheb até Talath Dirnen e, então, foi para a Floresta de Brethil.[11]

No entanto, os Edain não foram os únicos mortais a entrar em Beleriand. Por volta de 457, após a Dagor Bragollach, os Lestenses Tisnados apareceram pela primeira vez.[12] Os filhos de Fëanor fizeram aliança com eles: os que estavam sob o comando de Bór ficaram em Himring com Maedhros e Maglor, enquanto aqueles sob o comando de Ulfang passaram a viver próximo ao Amon Ereb, com Caranthir, Amrod e Amras.[13] Durante a Quinta Batalha, a das Lágrimas Inumeráveis, a gente de Bór permaneceu fiel e provavelmente foi forçada a se mudar com Maedhros para Ossiriand. Os filhos de Ulfang eram traidores e, com outros Lestenses que seguiam Morgoth, foram mais tarde enviados para ocupar Hithlum, onde oprimiram as famílias dos valentes Homens de Dor-lómin que haviam tombado ao redor de Húrin e Huor.[14]

AS VIAGENS DE BEREN E LÚTHIEN

A vida de Beren depois da Dagor Bragollach foi uma série de jornadas. Sua fama — e a de Lúthien — surgiu dessas viagens e de suas demandas relacionadas. Beren fez seis importantes viagens, e Lúthien esteve em três delas: (1) em Taur-nu-Fuin (Dorthonion), de Tarn Aeluin ao Poço do Rivil, em 460; (2) através das Ered Gorgoroth e Nan Dungortheb até Doriath, em 464–465; (3) de Doriath a Tol-in-Gaurhoth via Nargothrond, em 466; (4) de volta a Doriath, depois indo a Thangorodrim e voltando, em 467; (5) na Caçada do Lobo, em 467; e (6) às Casas dos Mortos e de volta, e então até Tol Galen.[1]

Depois de deixar o refúgio em Tarn Aeluin, onde seu pai e companheiros foram mortos, Beren perseguiu os Orques assassinos até o acampamento deles no Poço do Rivil e recuperou o anel de Finrod Felagund.[2] Durante os quatro anos seguintes (460–464), fez investidas dos planaltos, onde se estabelecera, até que foi forçado a partir durante o inverno de 464. Ele olhou para o sul, na direção de Doriath, e viajou por caminhos desconhecidos para chegar até lá, passando pelo Cinturão encantado, conforme Melian havia previsto.[3] Lá, vagou por um ano, até que encontrou Lúthien. No verão de 465, ela o conduziu até Thingol, seu pai. Enraivecido com o amor deles, Thingol exigiu que Beren apresentasse uma Silmaril como dote pela mão de Lúthien.[4] O "Conto de Tinúviel" traz uma versão antiga da história, mas aquela em O Silmarillion é uma forma condensada de "A Balada de Leithian".[5]

Beren partiu de Doriath, passou acima das quedas do Siron e chegou a Nargothrond.[6] Então Finrod cumpriu o juramento feito ao pai de Beren durante a Dagor Bragollach.[7] Naquele outono, ele e dez companheiros viajaram para o norte até Ivrin com Beren. Derrotaram um bando de Orques e se vestiram com o equipamento deles. Contudo, Sauron os avistou no Passo do Sirion, e eles foram aprisionados em Tol-in-Gaurhoth.[8]

Lúthien soube dos apuros que estavam passando e, escapando de sua casa, próxima a Menegroth, foi para o oeste (provavelmente pela ponte do Sirion) até Nivrim. Lá foi sequestrada por Celegorm e Curufin, que a aprisionaram em Nargothrond.[9] Huan, mastim de Celegorm, afeiçoou-se a Lúthien e a ajudou a escapar das cavernas profundas e chegar até a Ilha de Sauron. Juntos, derrotaram Sauron. Então Lúthien desnudou as covas da fortaleza — tarde demais para Finrod.[10]

Huan retornou a Celegorm e estava com ele e Curufin mais tarde, no inverno, quando encontraram, por acaso, Beren e Lúthien na Floresta de Brethil. Quando os irmãos atacaram o casal, Huan abandonou Celegorm e afugentou Curufin e ele da floresta.[11] Lúthien curou a ferida que Beren recebera no combate, e eles retornaram para uma clareira em Doriath. Mas a demanda não tinha sido cumprida, então Beren partiu novamente — seguido por Huan e Lúthien. Beren se encontrava nas fímbrias de Taur-nu-Fuin quando se aproximaram dele nas formas que haviam assumido na Ilha de Sauron — um lobo e um morcego.[12] Beren então se vestiu de lobo, e Huan voltou para o sul. Assim disfarçados, Beren e Lúthien cruzaram o Portão das Thangorodrim. Ali, Lúthien lançou um encantamento no grande lobo Carcharoth e, depois, em Morgoth. Beren cortou uma Silmaril da coroa de ferro e, aterrorizados, fugiram. No portão, Carcharoth havia despertado e engoliu a mão de Beren com a joia que ela segurava. A joia chamejou, e a fera voraz correu enlouquecida para o sul. Os amantes ainda não estavam livres, pois Beren desmaiou e as hostes de Morgoth despertaram. Então, Thorondor e dois de seus vassalos apressaram-se para o norte e resgataram o valente casal. As poderosas águias os levaram de volta para a clareira em Doriath, de onde haviam partido, e naquele lugar Lúthien cuidou de Beren até a primavera (467). Depois de sua recuperação, retornaram a Menegroth. Thingol compadeceu-se, e eles se casaram.[13]

Enquanto isso, Carcharoth continuara seu caminho tortuoso em direção a Doriath e, por fim, aproximava-se de Menegroth. Então Beren partiu mais uma vez para

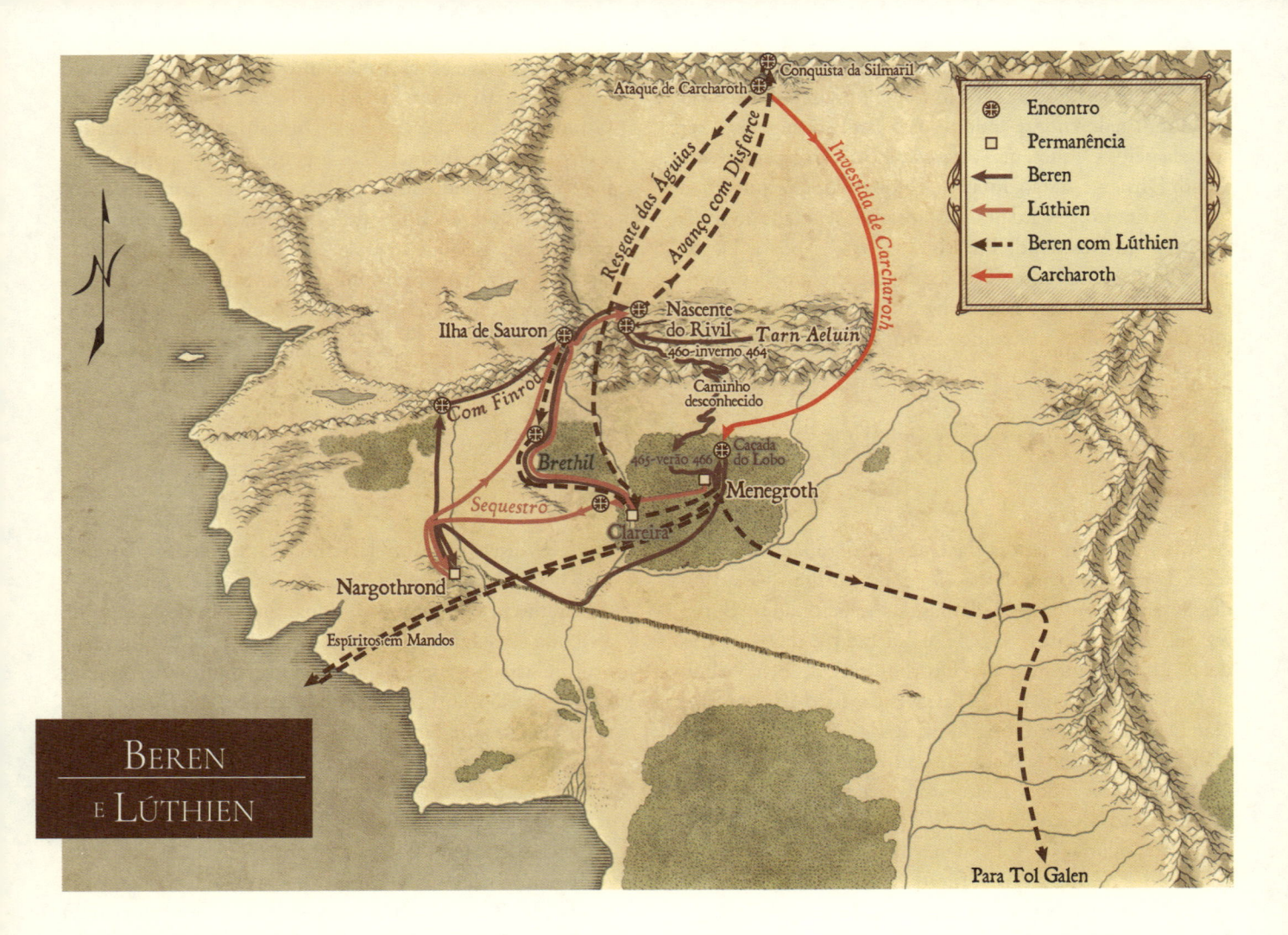

Mapa legenda:
- ⊕ Encontro
- □ Permanência
- → Beren
- → Lúthien
- ┅► Beren com Lúthien
- → Carcharoth

Rótulos do mapa: Conquista da Silmaril, Ataque de Carcharoth, Resgate das Águias, Avanço com Disfarce, Investida de Carcharoth, Nascente do Rivil, Tarn Aeluin, Ilha de Sauron, Com Finrod, 460-inverno 464, Caminho desconhecido, Brethil, 465-verão 466, Caçada do Lobo, Menegroth, Sequestro, Clareira, Nargothrond, Espíritos em Mandos, Para Tol Galen

BEREN E LÚTHIEN

a Caçada do Lobo. Ao norte, ao longo do Esgalduin, Carcharoth parara às margens de uma cachoeira. Huan lutou com a poderosa fera, e ambos tombaram. O mesmo aconteceu com Beren, cujo peito foi rasgado ao defender Thingol. Os companheiros o carregaram até Menegroth, onde ele morreu. Com sua morte, Lúthien minguou, e seu espírito partiu para Valinor. Lá lhe foi concedida a escolha da mortalidade, e Beren foi libertado. Eles tiveram permissão para retornar a Menegroth. Dali, foram para Tol Galen, onde viveram o resto de suas vidas mortais, e aquela terra passou a ser conhecida como Dor Firn-i-Guinar: a Terra dos Mortos que Vivem.[14]

AS VIAGENS DE TÚRIN E NIENOR

Quando Húrin, pai de Túrin e Nienor, foi capturado no Pântano de Serech, durante a Batalha das Lágrimas Inumeráveis em 473, ele desafiou Morgoth. O Senhor Sombrio lançou uma maldição sobre Húrin e toda sua família.[1] Foi assim que os caminhos das vidas dos filhos foram traçados, pois Morgoth sempre buscou oportunidades para provar sua a maldição.

A vida de Túrin compreendeu cinco etapas: 1) com Morwen e Húrin em Dor-lómin, 465–473; (2) com Thingol em Doriath, 473–485; (3) com o bando de proscritos nas florestas próximas ao Teiglin, e então em Amon Rûdh, 485–487; (4) com Orodreth em Nargothrond, 487–496; e (5) com os Haladin na Floresta de Brethil, em 497–501.[2] Os trajetos mostrados no mapa são aqueles pelos quais ele passou de uma etapa da vida para outra. A maioria das mudanças foi, direta ou indiretamente, resultado da maldição de Morgoth.

A primeira mudança ocorreu quando Morwen temeu que Túrin estivesse ameaçado pelos Lestenses que ocupavam Dor-lómin depois da queda de Hithlum. Ela o enviou a Menegroth, onde Thingol o criou em sua juventude. No início da vida adulta, Túrin ajudou Beleg a proteger as fronteiras setentrionais por três anos. Quando tinha 20 anos,

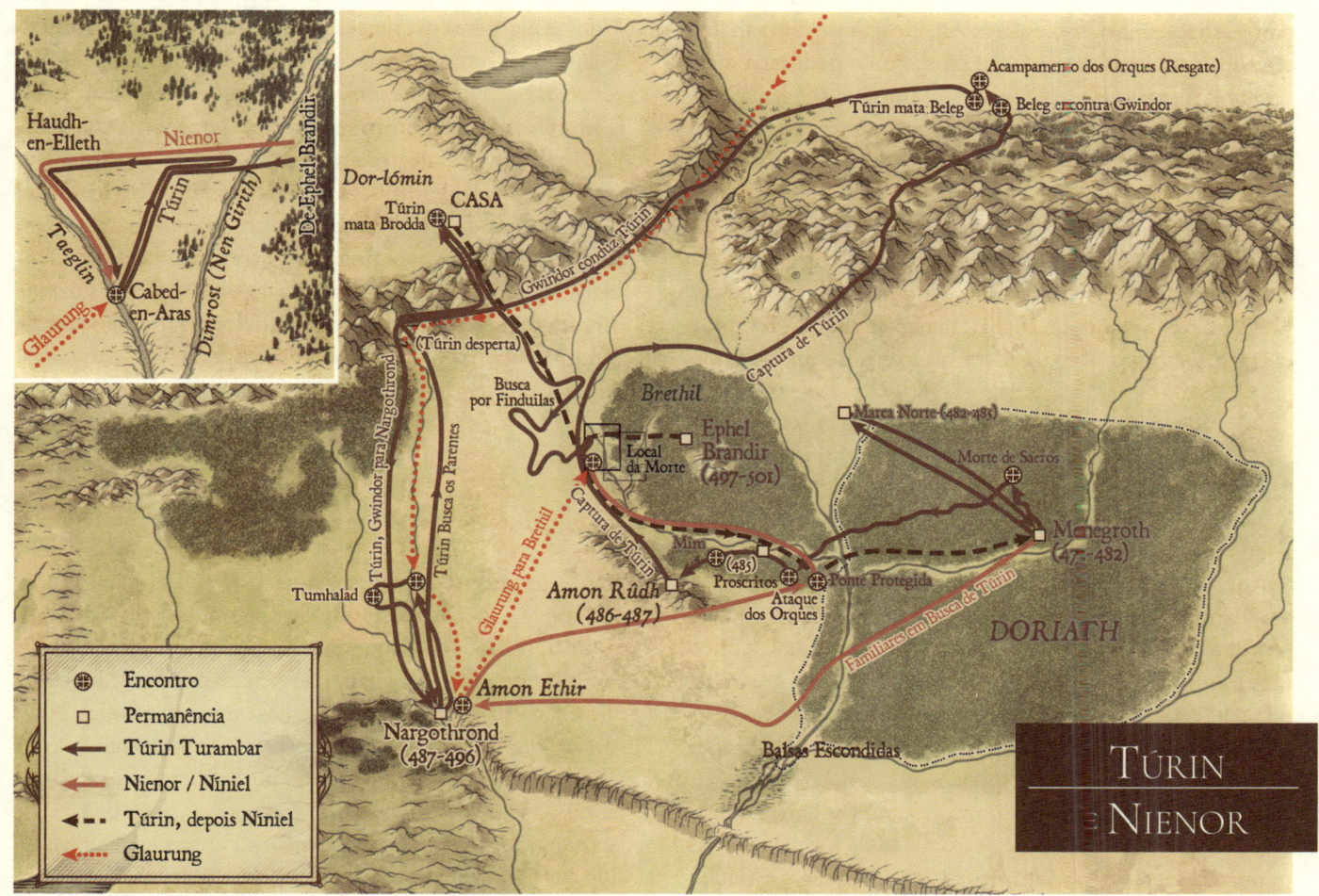

Map labels:

Haudh-en-Elleth · Nienor · De-Ephel-Brandir · Túrin · Taeglin · Glaurung · Cabed-en-Aras · Dimrost (Nen Girith)

Acampamento dos Orques (Resgate) · Túrin mata Beleg · Beleg encontra Gwindor · Dor-lómin · Túrin mata Brodda · CASA · Gwindor conduz Túrin · (Túrin desperta) · Busca por Finduilas · Brethil · Ephel Brandir (497-501) · Local da Morte · Marea Norte (482-485) · Morte de Saeros · Captura de Túrin · Captura de Túrin · Túrin, Gwindor para Nargothrond · Túrin Busca os Parentes · Glaurung para Brethil · Mím · (485) · Proscritos · Ataque dos Orques · Ponte Protegida · Menegroth (47-482) · Tumhalad · Amon Rûdh (486-487) · Familiares em Busca de Túrin · DORIATH · Amon Ethir · Nargothrond (487-496) · Baixas Escondidas

Legenda:

- ✶ Encontro
- ◻ Permanência
- ➤ Túrin Turambar
- ➤ Nienor / Níniel
- ◆▪▪ Túrin, depois Níniel
- ◆··· Glaurung

TÚRIN NIENOR

porém, fugiu de Doriath depois da morte acidental de Saeros.[3] Em Nivrim, deparou-se com um bando de proscritos com os quais se aliou. Por um ano, acamparam nas florestas perto do Teiglin, mas, em busca de abrigos mais seguros, mudaram-se para Amon Rûdh. Lá, Beleg se uniu a eles, e sua terra se tornou um refúgio em meio à Ruína de Beleriand — Dor-Cúarthol, a Terra do Arco e do Elmo.[4] Infelizmente, o Elmo-de-dragão de Dor-lómin usado por Túrin revelou seu paradeiro a Morgoth. Então Túrin foi capturado, e toda a sua companhia, exceto Beleg, morta. Os Orques viajaram despreocupados pela estrada recém-construída através do Passo de Anach rumo ao norte, passando por Taur-nu-Fuin. Nos limites das encostas setentrionais, Gwindor foi encontrado, Túrin foi resgatado e Beleg, morto.[5]

Gwindor conduziu Túrin de volta a Nargothrond, caminhando através do Passo do Sirion até Ivrin e rumo ao sul ao longo do Narog.[6] Em Nargothrond, Túrin se tornou um grande capitão, e o Rei Orodreth seguia seus conselhos, até mesmo a ponto de construir uma grande ponte e perseguir abertamente os serviçais de Morgoth. Então Beleriand Oeste foi libertada, permitindo que Morwen e Nienor chegassem a Menegroth em busca de Túrin.[7] O alívio, porém, foi breve. Glaurung conduziu uma ofensiva contra Nargothrond, sabendo muito bem a identidade do grande

guerreiro. O dragão zombou de Túrin, dizendo que sua família havia sido abandonada.[8] Enganado, Túrin apressou-se para o norte até Dor-lómin, apenas para descobrir que haviam partido. Crendo que estavam a salvo com Thingol, ele procurou em vão por Finduilas, seu amor, que havia sido levada de Nargothrond. Ao encontrar alguns Homens de Brethil, soube que ela havia sido morta por Orques e que seu corpo jazia em Brethil. Ele permaneceu com os Haladin e, mais uma vez, seus feitos não ficaram em segredo, ainda que tivesse ocultado seu nome.[9]

O mal da maldição não havia completado o seu curso, pois Morwen e Nienor, nesse meio-tempo, haviam partido para o oeste, na direção de Nargothrond. Morwen se perdeu na estrada, e Nienor, postada em Amon Ethir, foi enfeitiçada por Glaurung. Seus guias a conduziram de volta à ponte vigiada, mas ela escapou deles durante um ataque órquico. Ela correu para as Travessias do Teiglin e foi encontrada em Brethil por Túrin. Sem consciência de sua verdadeira identidade, ele a chamou de Níniel. Os dois acabaram se casando e foram felizes.[10] Então Glaurung veio — atraído mais uma vez pela fama de Túrin. O dragão entrou em Brethil, em Cabed-en-Aras, uma garganta estreita do Teiglin (evidentemente, a montante da confluência com Dimrost e as ravinas mostradas no mapa de *O Silmarillion*).

Túrin chegou em Dimrost (Nen Girith) ao pôr do sol e foi para Cabed-en-Aras no escuro. Ali, ele e um companheiro cruzaram as traiçoeiras águas e escalaram o penhasco mais à frente. À meia-noite, Glaurung se moveu — e foi atacado por Túrin. Quando Túrin cruzou novamente o rio para recuperar sua espada, desmaiou diante do fedor e do olhar maligno do dragão.[11]

Enquanto isso, Níniel, incapaz de esperar por notícias, seguiu o caminho até Nen Girith e viu ao longe o fogo do dragão. Quando Brandir tentou conduzi-la para longe das Travessias do Teiglin, ela fugiu. Ela não atravessou Dimrost outra vez, e disparou para o sul, ao longo das margens do Teiglin. Logo chegou até Glaurung, e Túrin jazia ao seu lado, e ela pensou que seu amor estivesse morto. Então Glaurung, com seu último golpe de malícia, devolveu-lhe a memória. Em desespero, ela se lançou às águas.[12] Com a morte da serpe, Túrin despertou e retornou a Dimrost. Lá, Brandir lhe contou da morte de Nienor e da verdadeira identidade dela. Furioso, ele matou Brandir e, então, foi até as Travessias do Teiglin. Lá, em um encontro casual com Mablung, a história de Brandir foi confirmada e Túrin correu de volta para a ravina, onde se matou.[13] Então o povo de Brethil ergueu uma pedra pelos infelizes: o monumento de Túrin e Nienor — duas vezes amados.[14]

AS BATALHAS DE BELERIAND

Ao longo dos mais de seiscentos anos que Morgoth ocupou Angband,[1] ele lutou para dominar aqueles que viviam no noroeste da Terra-média: Elfos, Homens e Anãos. Cinco importantes batalhas e uma Grande Batalha ocorreram naquele período. Tolkien forneceu poucas informações sobre os números das tropas, e frequentemente havia apenas referências passageiras sobre as escaramuças menores. As estimativas necessárias, portanto, foram baseadas em comentários dispersos sobre os números e a localização das populações; e no conhecimento da topografia, das estradas, pontes e vaus existentes. O objetivo é que o leitor tenha uma impressão dos povos envolvidos, do tamanho e das perdas das tropas, além do fluxo e do refluxo das batalhas. É útil observar que a variação na largura das linhas simboliza um número crescente de pessoas marchando ao campo ou perdas crescentes durante a batalha — dependendo da direção do fluxo. Linhas sobrepostas indicam que a ação ocorreu mais tarde em determinada batalha.

A Primeira Batalha

Logo antes do retorno dos Noldor à Terra-média, Morgoth atacou os Sindar, pensando em dominar a área rapidamente. Seu grande exército se dividiu em duas hostes que passaram ao oeste, descendo o Sirion, e ao leste, entre o Aros e o Gelion. Alguns dos bandos podem até mesmo ter subido os passos de Anach e do Aglon, pois é dito que os Orques "passaram em silêncio para as terras altas do norte".[2]

No leste, o Rei Thingol tomou a ofensiva, liderando a gente de Menegroth e da Floresta de Region. Pediu auxílio a Denethor de Ossiriand, que atacou simultaneamente pelo leste. Os Orques, cercados por duas frentes, devem ter se posicionado de costas uns para os outros para contra-atacar. As companhias dos Orques voltadas para o leste sobrepujaram Denethor e o cercaram em Amon Ereb, onde ele tombou antes que pudesse ser resgatado pela hoste de Thingol. Quando a ajuda chegou, os Elfos derrotaram os servos de Morgoth. Dos poucos Orques que escaparam, a maioria mais tarde morreu pelos machados dos Anãos do Monte Dolmed.

O grosso da Hoste Ocidental acampou na planície entre o Narog e o Sirion, saqueando por toda Beleriand Oeste. Lideradas por Círdan, as forças de Brithombar e Eglarest contra-atacaram, mas foram rechaçadas para dentro de suas muralhas e sitiadas. Portanto, a Hoste Ocidental assolou Beleriand Oeste e Falas, enquanto a Hoste Oriental de Morgoth foi destruída. Cada um dos oponentes obteve apenas vitórias parciais. Doriath permaneceu intocada e, depois disso, foi cercada pelo encantado Cinturão de Melian.

A Segunda Batalha
(Dagor-nuin-Giliath, a Batalha-sob-as-Estrelas)

Enquanto os Noldor labutavam em Araman, Morgoth já havia erguido as Thangorodrim, reconstruído suas forças e travado a batalha contra os Sindar para estabelecer seu domínio. Os Orques ainda sitiavam os portos de Brithombar e Eglarest quando a hoste de Fëanor chegou inesperadamente ao Estreito de Drengist e acampou na margem norte do Lago Mithrim.

Morgoth esperava destruir os Noldor antes que se estabelecessem em definitivo, de modo que enviou seu exército através dos passos das Ered Wethrin.[3] Embora as tropas de Morgoth fossem mais numerosas do que a dos Elfos, os Orques foram rapidamente derrotados. (Frequentemente era assim quando escravos se opunham àqueles tomados por justa ira). Então o remanescente dos Orques recuou pelos passos até a planície de Ard-galen, seguidos de perto pelos Noldor.

As forças que estavam sitiando os Portos marcharam para o norte para auxiliar no combate, mas Celegorm os emboscou perto de Eithel Sirion. Encurralados entre as

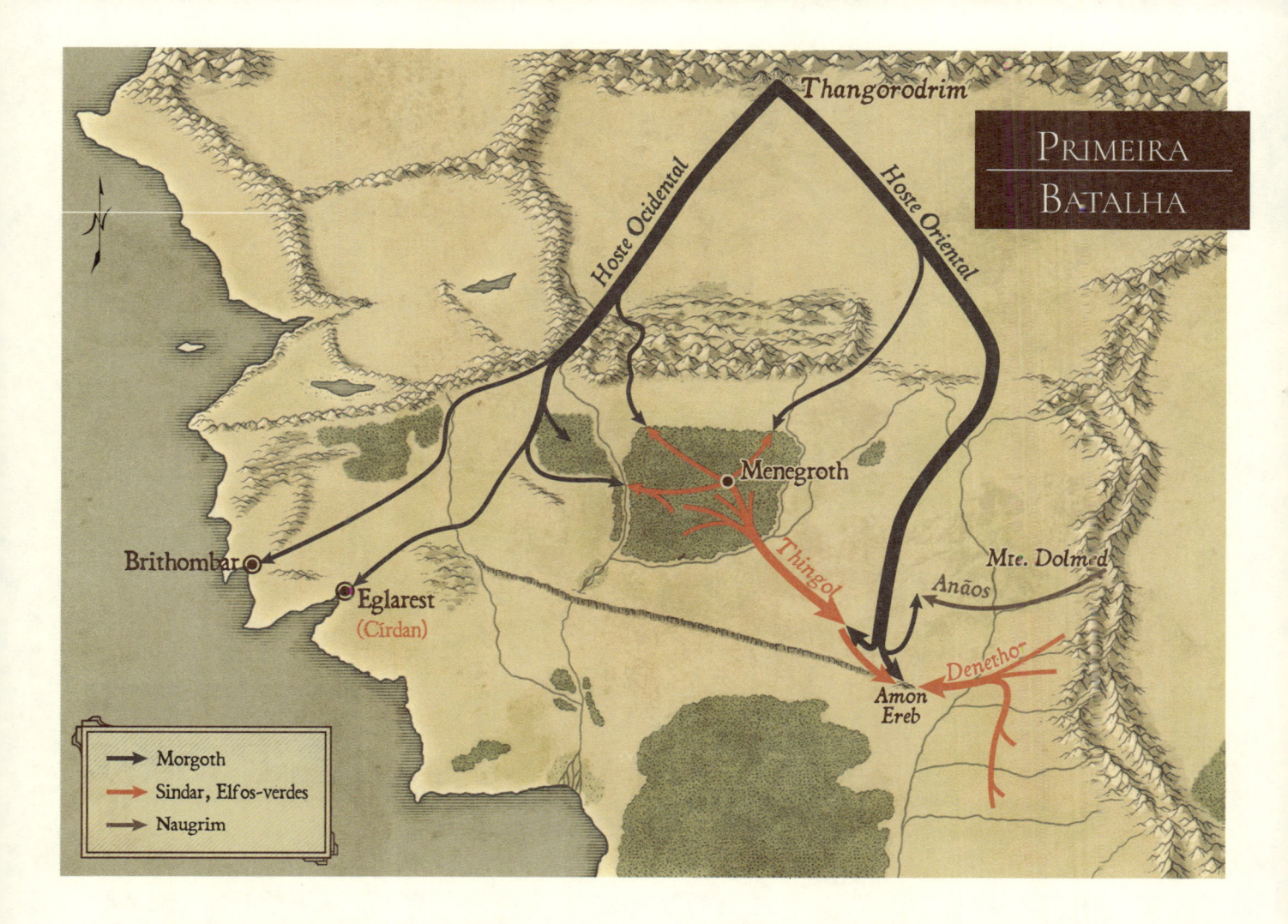

forças de Celegorm e Fëanor, os Orques lutaram por dez dias. Gradualmente, eles devem ter sido cercados e empurrados para o Pântano de Serech, onde todos, exceto uns poucos, pereceram. Irada, a hoste avançou através de Ard-galen, perseguindo até mesmo essa pequena tropa. Esperando a vitória completa e até mesmo enfrentar o próprio Morgoth, Fëanor saiu na frente com apenas um pequeno grupo. Logo, no limite de Dor Daedeloth, o caçador tornou-se caça. Não somente os Orques pararam de fugir e deram meia-volta, como também Balrogs de Thangorodrim se juntaram a eles. Lá, Fëanor lutou sozinho e, por fim, tombou. Com a chegada dos seus filhos, Fëanor foi salvo, e os Balrogs e os Orques restantes retornaram a Angband. Contudo, eles evidentemente fizeram isso por opção, cientes de que as feridas de Fëanor eram mortais (mesmo ele sendo imortal). A vitória foi incompleta e desprovida de glória.

A Terceira Batalha
(Dagor Aglareb, a Batalha Gloriosa)

Durante os sessenta anos após a Dagor-nuin-Giliath, os Noldor estabeleceram suas bases na Terra-média.[4] Os informantes de Morgoth pensavam que os Elfos estavam ocupados com assuntos internos e não com vigilância marcial. Ele enviou mais uma vez uma força de Orques, prenunciada por erupções de chamas nas Montanhas de Ferro.[5]

Vários pequenos bandos passaram pelo Passo do Sirion e pela Brecha de Maglor. No que deve ter sido quase uma guerrilha, eles se dispersaram por Beleriand Leste e Oeste. Por sua vez, foram enfrentados pelos Elfos da área — provavelmente pelos Noldor, embora Círdan talvez tenha ajudado no oeste. Doriath estava protegida pelo Cinturão de Melian, e os Elfos-verdes de Ossiriand haviam se recusado a travar combates abertos depois de suas perdas desastrosas na Primeira Batalha.[6]

Enquanto isso, a hoste principal dos Orques atacou Dorthonion, onde Angrod e Aegnor devem ter enfrentado o pior do ataque. Quando Fingolfin e Maedhros avançaram pelo oeste e pelo leste, os Orques se viram encurralados por um cerco que se fechava e foram forçados a recuar. Eles fugiram para o norte, mas foram perseguidos de perto. A hoste-órquica foi derrotada à vista dos portões de Angband. Pela primeira vez em uma batalha contra Morgoth, a vitória foi completa.

Os Noldor, quando foram lembrados do perigo constante, intensificaram o cerco. Esse foi o início do Cerco

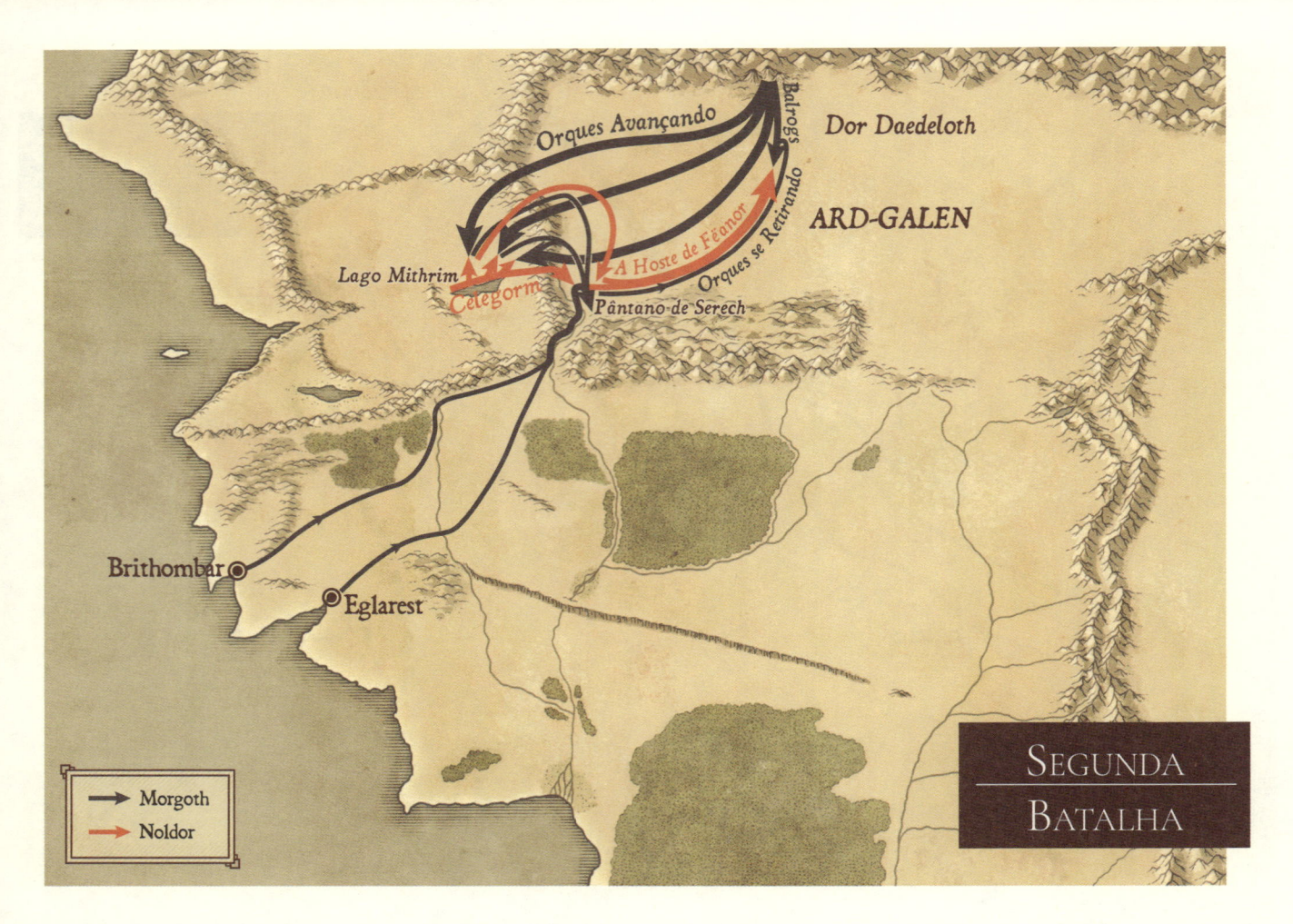

Orques Avançando · Balrogs · Dor Daedeloth

ARD-GALEN

Lago Mithrim · Celegorm · A Hoste de Fëanor · Orques se Retirando

Pântano de Serech

Brithombar · Eglarest

Morgoth
Noldor

SEGUNDA BATALHA

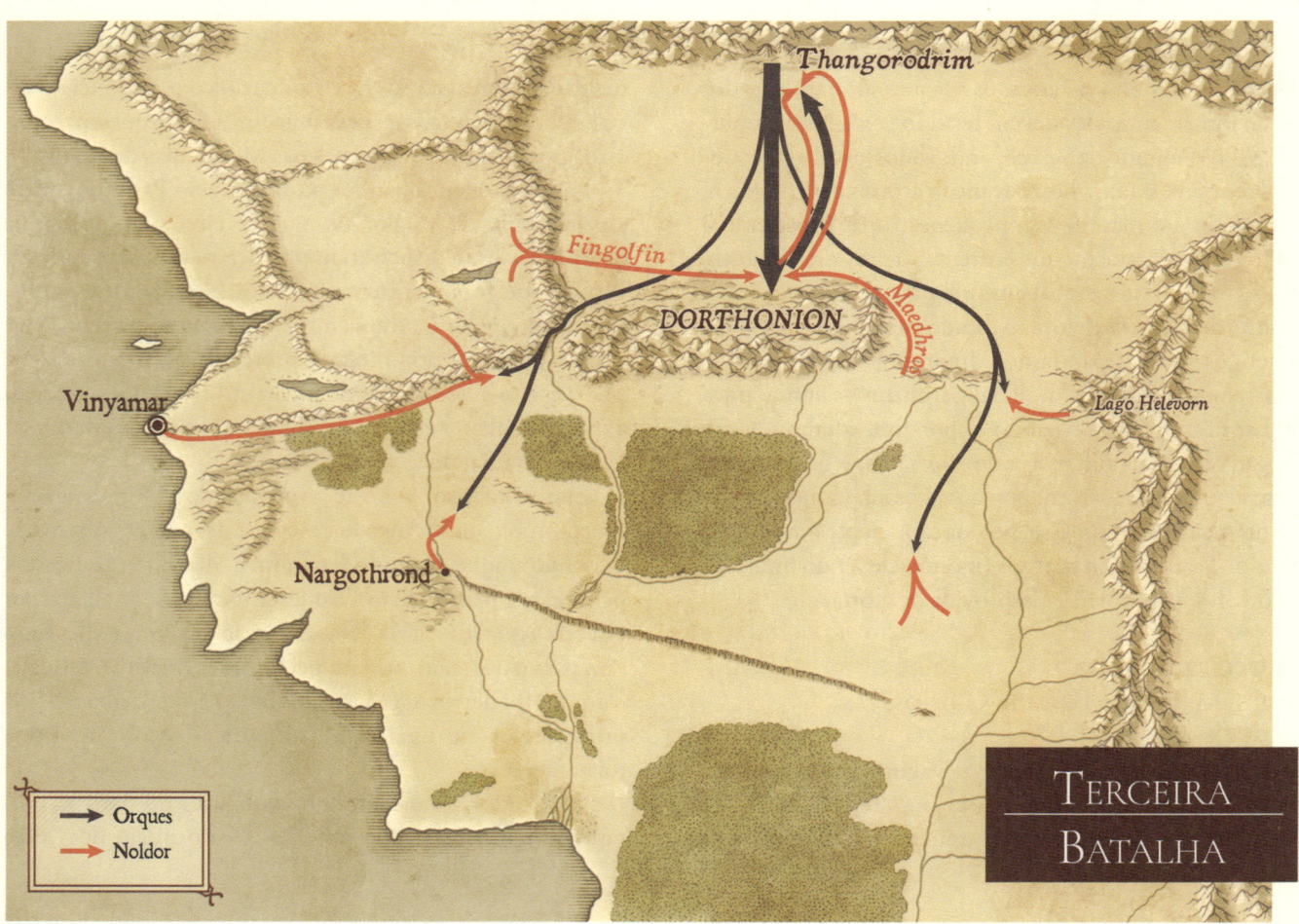

Thangorodrim

Fingolfin · Maedhros

DORTHONION

Vinyamar · Lago Helevorn

Nargothrond

Orques
Noldor

TERCEIRA BATALHA

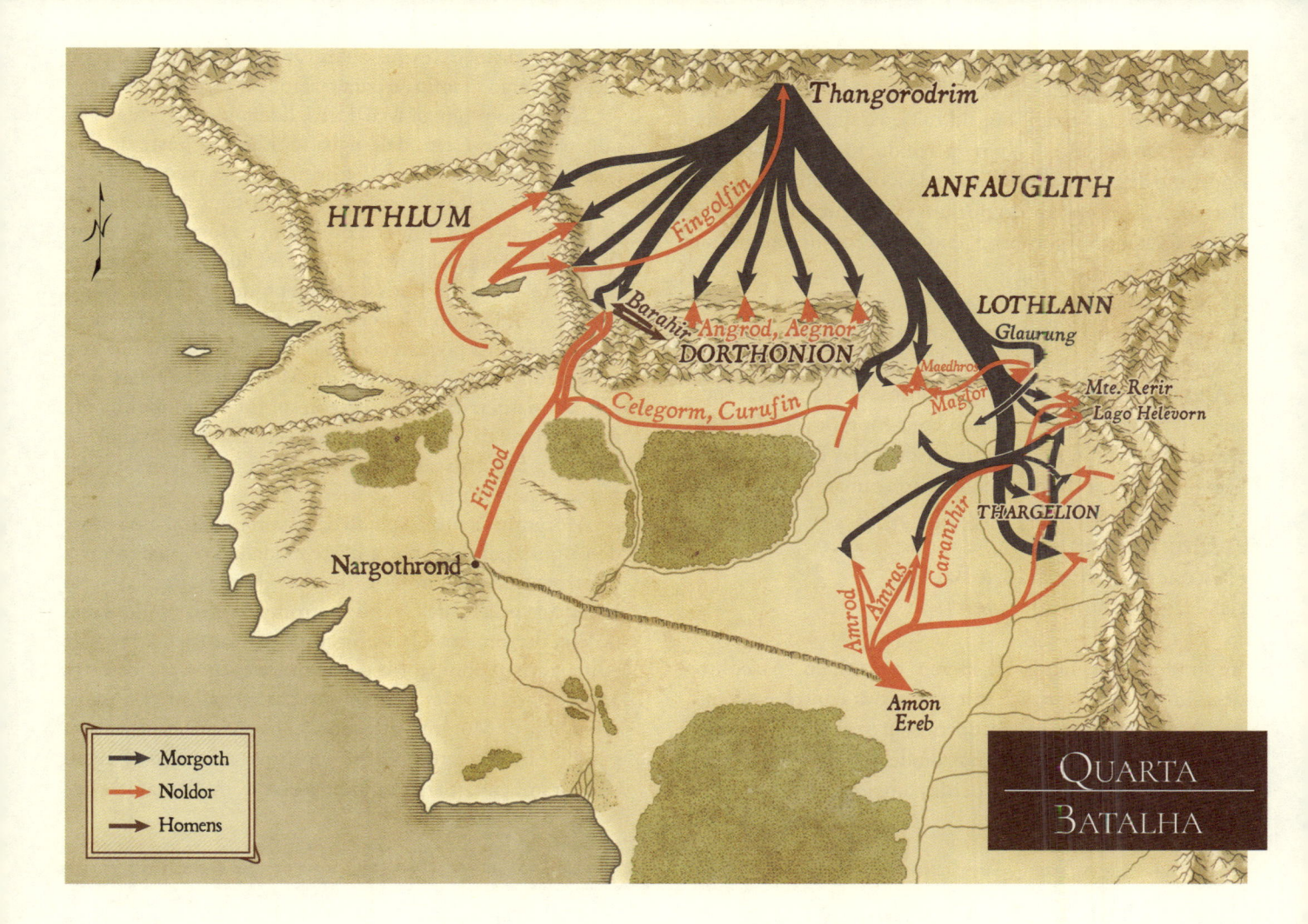

Legend:
- → Morgoth
- → Noldor
- → Homens

QUARTA
BATALHA

de Angband, que durou quase quatrocentos anos. Apenas alguns incidentes esporádicos interromperam esse período de paz. Depois de cem anos, houve um pequeno ataque a Fingolfin, que foi rapidamente suprimido. Um século depois, Glaurung, na época um dragão ainda não completamente crescido, fez com que os Elfos buscassem a proteção dos planaltos, mas ele foi forçado a recuar de Ard-galen pelos arqueiros de Fingon. Morgoth cessou os ataques abertos e, durante a Longa Paz, preferiu empregar seus poderes em furtividade, traição e no encantamento de prisioneiros.[7]

A Quarta Batalha
(Dagor Bragollach, a Batalha
da Chama Repentina)

Durante o Cerco e a Longa Paz, os Noldor conseguiram completar suas defesas. Nargothrond foi finalizada e a oculta Gondolin foi erguida. Numerosas fortalezas se espalharam por Ard-galen. Homens vindos do leste apareceram, e os príncipes noldorin conquistaram a lealdade de muitos desse povo resistente. Mas tampouco Morgoth ficara ocioso. Em 455, a paz foi rompida, e forças devastadoras saíram de Angband.[8]

Mais uma vez, a batalha foi prenunciada por chamas, mas essas eram muito mais mortais do que as da terceira batalha. Rios de fogo correram ao longo de fissuras, abrasando Ard-galen e praticamente todas as tropas vigilantes acampadas ali. Logo após as chamas, veio um mar de Orques, conduzidos por Balrogs, e Glaurung — que então havia alcançado seu poderio pleno.[9] Essa não foi uma batalha breve, travada em poucos dias. Os ataques tiveram início no inverno e continuaram com intensidade durante a primavera e, depois disso, nunca cessaram completamente.

Dorthonion caiu primeiro na investida. Angrod e Aegnor foram mortos, e o restante de sua gente, disperso.[10] No leste, todas as defesas, exceto as de Maedhros, foram destruídas e abandonadas, pois Glaurung foi para lá, liderando uma multidão de Orques. Os cavaleiros de Maglor foram queimados na planície de Lothlann,[11] e ele recuou para Himring e lutou com Maedhros. O Passo do Aglon foi rompido, e Celegorm e Curufin seguiram para Nargothrond.[12] Os Orques tomaram as fortalezas no lado ocidental do Monte Rerir, devastaram Thargelion e conspurcaram o Lago Helevorn. Depois, dispersaram-se por Beleriand Leste. Caranthir fugiu para o sul e, unindo-se a Amrod e Amras, construiu defesas no Amon Ereb.[13]

No oeste, Turgon permaneceu oculto em seu refúgio; mas Finrod foi para o norte, partindo de Nargothrond. No Pântano de Serech, Finrod foi separado de seu exército. Cercado por Orques, teria perecido, não fosse o resgate oportuno de Barahir, que descera de Dorthonion ocidental. Portanto, tendo escapado por um triz, Finrod e sua gente recuaram para Nargothrond, enquanto Barahir continuou a lutar em Dorthonion.[14]

Nenhuma tropa inimiga entrou em Hithlum, embora as forças de Fingolfin mal tenham conseguido defender as suas fortalezas.[15] Quando notícias chegaram até Fingolfin, o Alto Rei, relatando a queda de tantos Noldor, ele galopou até as Thangorodrim e duelou com Morgoth. O Inimigo ficou com o corpo e o orgulho feridos; mas Fingolfin tombou — valente, mas impotente contra tamanho mal.[16]

A Quinta Batalha
(Nirnaeth Arnoediad, a Batalha das Lágrimas Inumeráveis)

Inspirado pelos feitos de Beren e Lúthien, Maedhros decidiu, em 473, que assumir a ofensiva contra Angband poderia fazer com que recuperassem seus antigos domínios. Durante os dezoito anos desde a Dagor Bragollach, os Noldor haviam sofrido perdas adicionais. A União de Maedhros primeiro expulsou os Orques de Beleriand e, no meio do verão, reuniu-se para o ataque a Thangorodrim.[17]

No plano original, Maedhros, liderando a hoste oriental, atrairia o exército de Angband. Então, a hoste de Fingon, escondida nas Ered Wethrin, atacaria pelo oeste. No leste estavam: Elfos e Homens de Himring, sob o comando de Maedhros e dos filhos de Bór; Elfos e Homens de Amon Ereb, sob o comando de Caranthir e Uldor, e os Naugrim. No oeste estavam: Elfos e Homens de Hithlum, sob o comando de Fingon, Huor e Húrin; Elfos da Falas; Homens de Brethil; uma pequena companhia de Nargothrond, sob o comando de Gwindor; e de Menegroth, apenas dois Elfos.[18] Inesperadamente, Turgon surgiu de Gondolin com um exército de dez mil guerreiros.[19] Isso provavelmente dobrou a força no oeste, e os aliados se encheram de esperança, mas a vitória não ocorreria...

Morgoth, ciente do plano da batalha, enviou uma hoste de Orques para desafiar a hoste ocidental. A maior parte das tropas de Fingon — e algumas das de Turgon — foi inflamada pela ira de Gwindor. Irromperam das colinas sem ordem, derrotaram a hoste-órquica e avançaram através de Anfauglith. A companhia de Gwindor chegou até mesmo a atravessar os portões e entrar em Thangorodrim.[20] Então a armadilha de Morgoth se fechou. Uma enorme hoste irrompeu de vários lugares. Não só repeliram a hoste de Fingon como também a perseguiram e a cercaram. A maioria dos

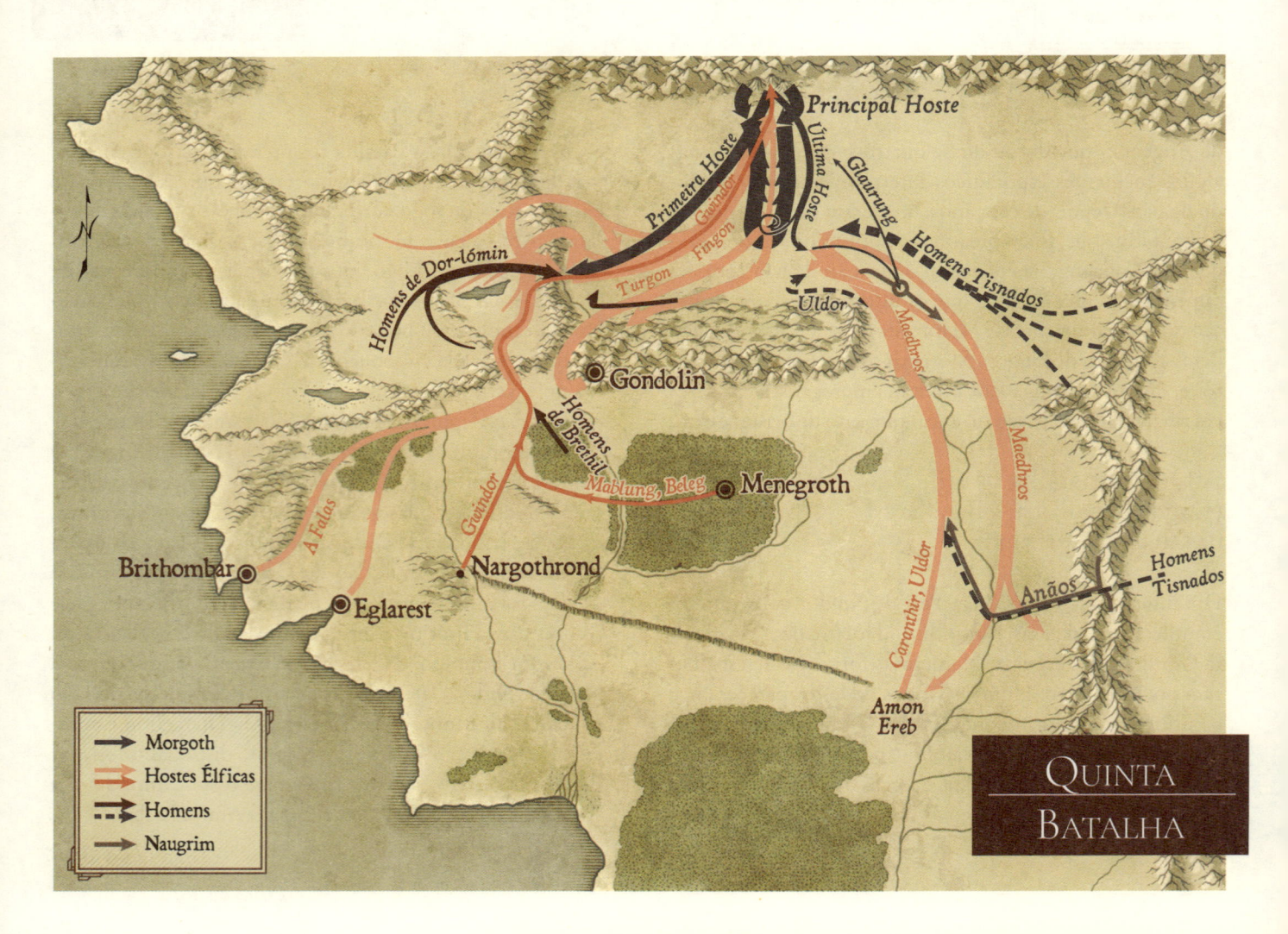

QUINTA BATALHA

Homens de Brethil tombou na retaguarda. Turgon, marchando do sul, rompeu o cerco.[21]

Por fim, Maedhros chegou. Atrasou-se cinco dias para a batalha por conta de traição.[22] Porém, a hoste oriental jamais chegou a socorrer Fingon, pois ainda um outro exército saíra de Angband — liderado por Glaurung, o dragão, e Gothmog, o Balrog. Glaurung e suas forças assaltaram Maedhros. Simultaneamente, o traidor Uldor se afastou e atacou Maedhros na retaguarda, enquanto pelo flanco direito este era acossado por mais Homens que surgiam das colinas. Atacada em três frentes, a hoste oriental se dispersou. A bravura dos Anãos, que mantinham Glaurung acuado, permitiu que a hoste recuasse lentamente e escapasse para Ossiriand.

Enquanto isso, as forças de Gothmog haviam desviado Turgon, cercando novamente Fingon. Apanhado na armadilha, Fingon tombou, e a maior parte de suas forças pereceu. Com a batalha perdida, Húrin persuadiu Turgon a retornar a Gondolin, protegendo o segredo da cidade oculta. Huor e Húrin, com os homens de Dor-lómin, formaram uma muralha viva através do Pântano de Serech para proteger a retirada. Ali, todos morreram, menos Húrin, que foi levado a Morgoth para ser atormentado. Assim, toda Hithlum foi privada de seu povo; e Himring foi abandonada. Todas as terras altas, exceto pelo reino de Gondolin, estavam nas mãos do inimigo.

A Grande Batalha
(A Guerra da Ira)

Pouco pode ser dito sobre a batalha final, embora seu efeito tenha sido imenso. Mais de um século depois da Nirnaeth Arnoediad,[23] os Valar atenderam ao pedido de Eärendil e prepararam o seu terceiro e último ataque a Morgoth. Com eles, saindo de Valinor, foram os Vanyar e os Noldor, mas os Teleri apenas concordaram em guiar os navios brancos. A hoste deve ter desembarcado em Beleriand, pois aquela terra estava "em chamas com a glória das armas deles".[24] Apenas os Edain se juntaram à hoste assim que ela chegou à Terra-média — nenhum dos Elfos.

A hoste de Valinor se aproximou de Angband. Assim como em todos os confrontos anteriores entre os Valar e Morgoth (o Vala caído), a terra tremeu. Eles eram tão poderosos que o imenso exército de Morgoth foi rapidamente destruído. Por fim, ele soltou os dragões alados, liderados por Ancalagon, o Negro. Até mesmo os Valar foram forçados a recuar diante dessas terríveis criaturas. Então Eärendil veio, e Thorondor liderou uma revoada de águias, e elas combateram os dragões por toda a noite. Logo antes do alvorecer, drim, quebrando suas altas torres. Os Valar abriram os fossos de Angband e destruíram todo reino de Morgoth.[25]

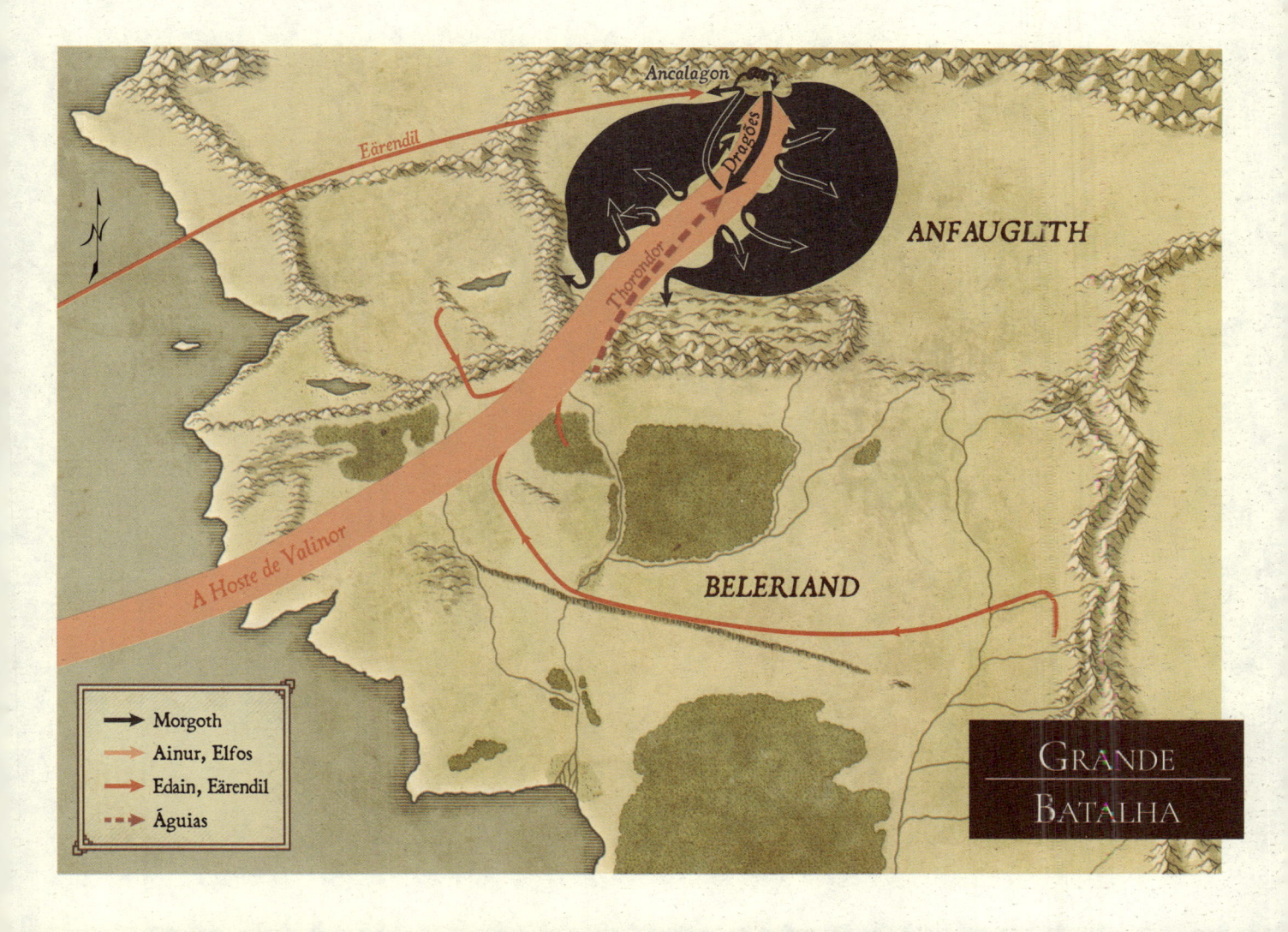

GRANDE
BATALHA

- → Morgoth
- → Ainur, Elfos
- → Edain, Eärendil
- ⇢ Águias

A SEGUNDA ERA

As diferenças aparentes na terra de Aman surgiram após a reocupação de Angband por Morgoth durante a Primeira Era. Os Valar fortificaram mais a terra ao erguerem ainda mais as Pelóri, e os Mares Sombrios foram escurecidos com feitiços, bem como com a ausência da luz, e tornaram-se ainda maiores em extensão, chegando além das recém-erguidas Ilhas Encantadas.[1] As outras mudanças físicas e culturais importantes mostradas no mapa da Segunda Era resultaram de uma única ação ao final da Primeira — a destruição das Thangorodrim na Guerra da Ira. Durante a batalha, as terras do noroeste sofreram convulsões, e a maior parte afundou no mar.[2] Galadriel previu que elas se ergueriam novamente algum dia, mas ninguém sabia quando isso iria ocorrer.[3]

Na Terra-média, os túmulos baixos de Túrin e Morwen resistiram às turbulências, conforme previsto.[4] Embora Tol Morwen seja descrita como estando "sozinha", era talvez a "última" (mais ocidental) das terras remanescentes. Pois quando Beleriand foi destruída, muitos se retiraram para as terras altas, e quando as águas banharam as colinas, construíram navios para içar velas. Os últimos fragmentos de Dorthonion e do Monte de Himring permaneceram como Tol Fuin e Himling: as Ilhas do Ocidente.[5]

Lindon foi a única porção de Beleriand que sobreviveu como parte do continente, embora o Monte Dolmed e Rerir já não existissem. No rio Ascar, as Montanhas Azuis se partiram e o mar as adentrou reverberando, formando o Golfo de Lhûn (Lûn). O Rio Lhûn (que evidentemente estava presente na Primeira Era, mas não foi mapeado por Tolkien), mudou o curso com o tempo, correndo a oeste para o golfo que recebeu seu nome.[6] Anteriormente, ele era mostrado correndo a leste para o Lago Vesperturvo. Nogrod e Belegost foram destruídas, e os Anãos fugiram para outras partes das montanhas. É possível que as Colinas das Torres e a cadeia leste-oeste das Ered Luin tivessem sido recém-formadas naquela época.

A extremidade oeste da Baía de Gelo de Forochel alinhava-se com a primeira localização da conjunção das Ered Engrin com as Ered Luin e prosseguia por mais de 300 milhas, adentrando as terras baixas a norte e a leste.[7] Supôs-se que aquelas foram totalmente destruídas, deixando apenas resquícios ocasionais, como as Montanhas Cinzentas. As baías e os litorais também foram alterados em outros lugares. A submersão de cerca de um milhão de milhas quadradas poderia ter elevado o nível do mar o suficiente para inundar fozes de rios e enseadas (como perto da localização posterior de Dol Amroth e da fortaleza de Umbar) e transformar algumas áreas altas em ilhas afastadas do litoral (como Tolfalas).

Havia outro local digno de nota: Mordor. Como observado na discussão sobre a Primeira Era, o mapa-múndi do texto "Ambarkanta" mostrava o Mar Interior ocupando a área que viria a ser a região de Mordor.[8] Embora nenhum texto confirme as minhas conclusões, Mordor pode ter aparecido como parte de um cataclismo mundial, durante a destruição das Montanhas de Ferro na área em que o Grande Golfo drenou parcialmente o Mar Interior — os processos vulcânicos na formação daquela terra permitiriam processos relativamente rápidos de elevação das montanhas.

Na Terra-média, as terras a princípio estavam relativamente livres do mal, mas os Homens moravam lá em bolsões isolados em florestas, ou ao longo das costas e dos rios — principalmente longe dos Elfos e dos Anãos. Os tempos para eles eram sombrios — sombrios no conhecimento e, pouco depois, sombrios por causa do mal. Depois de apenas quinhentos anos, Sauron despertou novamente e, por volta de 1000 S.E., ele se estabeleceu em Mordor.[9] Muitos Homens, como os Homens das Montanhas próximo ao Fano-da-Colina, foram atraídos ao seu domínio. Sua influência maligna acabou por afetar as histórias de todos os Povo Livres durante a Segunda e a Terceira Eras.

Os Valar podiam conceder o bem, assim como destruir o mal. Assim, Ossë ergueu uma terra em meio ao mar — Andor, a Terra da Dádiva. Ela ficava um pouco mais próxima de Valinor do que da Terra-média. Lá, os Edain, as Três Casas Fiéis dos Homens, ficavam tão a oeste na direção das Terras Imortais quanto era possível para Homens mortais ficarem. Então, chamaram aquela terra de Númenor — Ociente.[10] Viveram em paz e glória até que se destruíram por causa de sua própria insensatez.

Ao fugirem de Beleriand, muitos Elfos escolheram deixar a Terra-média, mas Tirion estava fechada a eles.[11] Portanto, navegaram até Tol Eressëa e estabeleceram o porto de Avallónë em um ancoradouro ao sul da costa. Avallónë era a primeira cidade visível do leste, embora, na época de sua fundação, ela fosse a mais próxima de Valinor.[12] Quando, depois de eras, Eriol conseguiu chegar ao Chalé do Brincar Perdido,[13] ele não só tomou conhecimento de muitos dos "Contos Perdidos" como também visitou outros lugares na ilha. Pois a Ilha Solitária era grande o suficiente para comportar muitas cidades e vilas, e os Contos falavam de uma cidade maior que veio a ser construída no meio da ilha, no círculo arborizado de Alalminórë, "a terra dos Olmos": Koromas, o lugar do "Repouso dos Exilados de Kôr". Lá, Ingil, filho de Inwë, ergueu uma grande torre em memória da perdida Tirion sobre Túna, e assim a cidade veio a ser chamada Kortirion.[14] Lá ela permaneceria até o tempo da Partida Afora, quando Ulmo arrastaria a ilha de volta às terras mortais mais uma vez, quando o "fim de fato chegaria para os Eldar em história e em canção."[15]

TOL ERESSËA

9

Baía de Eldamar

Falassë Númea • Tavrobel Alalminórë

Casa
das Cem
Chaminés
(Espuma Ocidental)

Terra dos Olmos

Kortirion
◉ → Chalé do
Brincar Perdido

Avallónë

Zi —

Lago-
Sombra

Taniquetil

MILHAS

0   25   50   75

O Vazio

Cabo de Forochel

Baía
de Gelo

EKKAIA

(O Mar Circundante)

K —

Tol Fuin   Himling

FORLINDON

Eriador

Mithlond
(Pórtos
Cinzentos)

Bri

Tyrn
Gorthad

Tol Morwen

Forlond

Golfo de Lün

Harlond   Belegost

Vinyalondë
(Lond Daer Enedh)

Ost-in-Edhil

HARLINDON

Drúwaith Iaur

P —

◉ Torre
de Elwing

Terras Sob a Onda

BELEGAER

(Os Mares Divisores)

Baía de Belfalas

U —

AMAN

Planície de Valinor

Valinor

Z —

Zd —

Númenor

Montanhas Cinzenta

Ilhas (Mágicas)
Encantadas

Sombrios

• Armenelos

• Alqualondë

Tol
Eressëa

Zi — Valmar   Kôr

◉ Torre de Pérola

Cinturão de Arda

Taniquetil

Mares

Ilhas Encantadas
(Mágicas)

Zn —

5   10   15   20   25   30

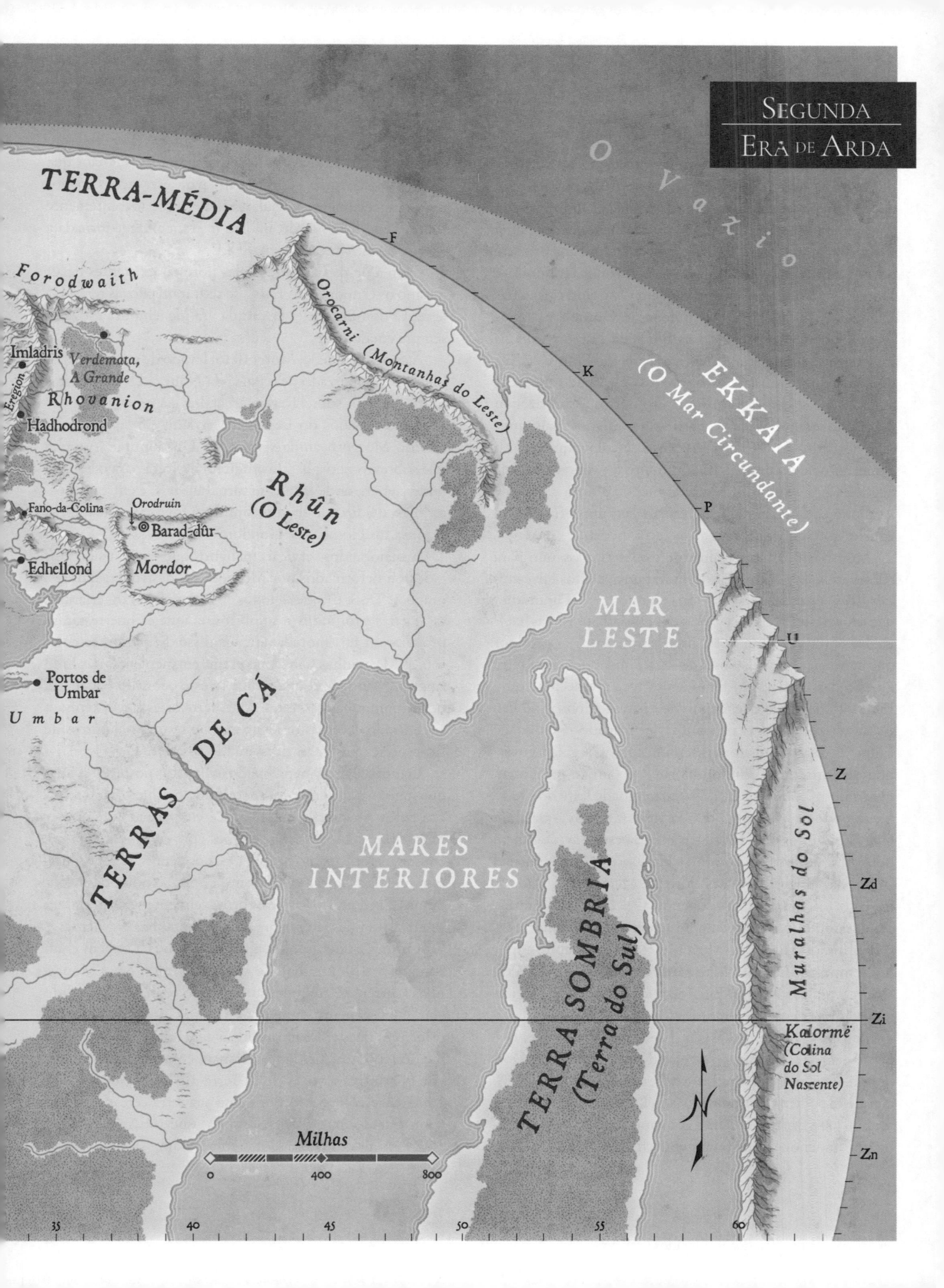

O Vazio

TERRA-MÉDIA

Forodwaith

Imladris
Verdemata,
A Grande
Eregion
Rhovanion

Hadhodrond

Orocarni (Montanhas do Leste)

F

K

EKKAIA
(O Mar Circundante)

P

Fano-da-Colina
Orodruin

Barad-dûr

Rhûn
(O Leste)

Edhellond
Mordor

MAR
LESTE

U

Portos de
Umbar

Umbar

TERRAS DE CÁ

MARES
INTERIORES

Muralhas do Sol

Z

Zd

TERRA SOMBRIA
(Terra do Sul)

Zi

Kalormë
(Colina
do Sol
Nascente)

Milhas

0   400   800

Zn

35   40   45   50   55   60

Reassentamento dos Refugiados

Durante a destruição das terras do Norte, vários sobreviventes escaparam — tanto bons quanto maus. Os serviçais de Angband fugiram para o leste, enquanto os povos do sul navegaram para o oeste ou se mudaram para Lindon e além. Ao final da Era, restavam duas concentrações de Elfos: na Ilha de Balar, Gil-galad e Círdan governaram a maior parte do povo que restara da Falas, Nargothrond, Gondolin e Doriath.[1] Alguns ainda habitavam em Ossiriand e nas Ilhas Ocidentais: os Elfos-verdes, Sindar de Doriath e alguns Noldor que haviam seguido os filhos de Fëanor.[2] Alguns poucos que atenderam à convocação de Eönwë[3] talvez tenham construído navios às pressas[4] e zarpado de Balar antes que ela submergisse, enquanto outros assim fizeram depois de serem forçados a partir para terrenos mais altos. A maioria dos Noldor e vários Sindar escolheram tomar o caminho ocidental e partiram durante o primeiro ano da Segunda Era.[5] Em Tol Eressëa, ergueram a nova cidade de Avallónë e, desde então, ela permaneceu um refúgio para aqueles que velejavam a oeste da Terra-média.[6]

Muitos Sindar, especialmente os Teleri, passaram para o leste até o ano 1600.[7] Eles se juntaram aos Elfos Silvestres espalhados pelas florestas. O mais famoso era Thranduil,[8] que provavelmente havia vivido em Doriath, pois suas habitações em Verdemata eram muito similares.[9] Os Noldor que permaneceram na Costa de Cá se mudaram para a terra a oeste das Ered Luin. Ela outrora fora conhecida como Lindon,[10] de modo que, depois de a invasão do mar no Rio Ascar ter rompido as montanhas e formado o Golfo de Lhûn, as duas partes foram renomeadas. Gil-galad governou de Forlindon, "Lindon Norte",[11] e Círdan residiu em Harlindon, "Lindon Sul".[12] Na extremidade leste do Golfo foi construído Mithlond, os "Portos Cinzentos", que eram os ancoradouros primários; mas mais a oeste, havia também bons atracadouros em Forlond e Harlond.[13] Com Gil-galad (filho de Fingon) morava Elrond Meio-Elfo (filho de Eärendil). Com Círdan estiveram Celeborn e Galadriel, até que foram para Lórien em uma época desconhecida.[14] Celebrimbor (filho de Curufin) também habitou por um tempo em Lindon. Mais tarde ele entrou em Eriador, levando muitos Noldor. Em 750, eles chegaram a Eregion (Azevim) e se estabeleceram em Ost-in-Edhil.[15]

Poucos restaram dos Edain. É possível que aqueles que permaneceram tenham se escondido nas colinas de Dor-lómin, na Floresta de Brethil, e talvez em Ossiriand. A princípio, eles podem ter se mudado para Lindon, e alguns, talvez mesmo para Eriador e além.[16] A maioria aguardava o término de Númenor, aonde finalmente chegaram em 32 S.E.[17]

A cidade-anânica de Nogrod provavelmente ruiu quando as Montanhas Azuis se partiram.[18] Os Anões que escaparam da ruína se mudaram para escavações menores — especialmente no sul, onde Belegost aparentemente sobreviveu.[19] Mais tarde, muitos fizeram a longa jornada a Moria, aonde chegaram em 40 S.E.[20]

Com a perda das terras e das florestas existentes nelas, mesmo os Onodrim, os Ents[21] se retiraram para as terras do leste. O domínio deles era ainda grande, embora estivesse sempre em declínio.[22]

À época da queda, Morgoth foi levado de seu salão mais inferior e empurrado pela Porta da Noite.[23] De suas vastas hostes, poucos sobreviveram à batalha e à destruição.[24] Os Homens tisnados do Leste que haviam, em sua maioria, servido Morgoth ainda viviam em Dor-lómin.[25] Aqueles que sobreviveram à batalha fugiram de volta para o leste de onde vieram, onde alguns se tornaram reis; e em anos posteriores, o ódio que eles transmitiram foi a causa de muitos ataques aos Homens de Gondor.[26]

A maioria dos serviçais malignos que haviam sido gestados ou deformados por Morgoth foi destruída: Balrogs, dragões, Trols, Orques e lobos.[27] Todos eles eram criaturas de lugares profundos e sombrios, e aqueles que restaram procuraram tais moradas depois disso. Se, como se cogitou, as Montanhas Cinzentas eram remanescentes das Ered Engrin,[28] é provável que a fuga tivesse ocorrido encoberta pelas montanhas restantes. Mais tarde, eles talvez tenham encontrado cavernas desocupadas ou se unido a outros de sua espécie que jamais tivessem ido ao oeste.[29]

O único Balrog mencionado em épocas posteriores foi o que fugiu para Moria e foi encontrado no início da Terceira Era pelos Anões escavadores.[30] Lá ele permaneceu até ser morto por Gandalf.[31] Os dragões (provavelmente alados, em sua maioria, como Smaug),[32] anos depois, se reproduziram no Urzal Seco e viveram nos ermos ao norte das Montanhas Cinzentas.[33] Os Trols provavelmente se dispersaram a partir dos vales setentrionais das Montanhas Nevoentas.[34] Os Orques e seus grandes aliados, os lobos, também eram comuns nas Montanhas Nevoentas do norte e nas Montanhas Cinzentas, embora seu território tenha se expandido com o crescimento do mal. O Monte Gundabad era a sua principal cidade.[35] Sauron, lugar-tenente de Morgoth, se recusou a buscar perdão em Aman, conforme Eönwë exigiu. Portanto, escondeu-se na Terra-média até 500 S.E. Em 1000, ele escolheu Mordor como sua terra cercada e construiu Barad-dûr, a Torre Sombria, que foi finalizada em 1600.[36] Mais uma vez, as lutas começaram.

REASSENTAMENTO dos REFUGIADOS

Legend labels on map:

Criaturas de Morgoth

Dragões

Águias

Orques

Thranduil

Lestenses

Edain

Lestenses

Alguns Sindar

Anãos

Noldor

Balrog

Saruman (c. 1000)

Gil-galad

Celebrimbor (750 S.E.)

Cirdan

Laracna

A maioria dos Noldor e Muitos Sindar

Edain (32 S.E.)

Legend box:

■ Assentamento	→ Elfos
□ Moradias Temporárias	⇢ Edain
→ Criaturas de Morgoth	⋯→ Anãos
⇢ Lestenses	⇢ Águias

N

O ADVENTO DOS ANOS SOMBRIOS

Conforme os Númenóreanos visitavam cada vez mais a Terra-média, Sauron passou a temer a sua influência crescente. Depois de mil anos da Segunda Era, mudou-se para Mordor.[1] Lá começou a reunir suas forças: criaturas de Morgoth e descendentes dos Homens do Leste. A eles acrescentou muitos povos novos que podia dominar, principalmente Homens. Sauron procurou os Elfos — indo para Lindon, onde Gil-galad não permitiu que entrasse; e para Eregion, onde os joalheiros o receberam calorosamente.[2] Por volta de 1500, os anéis de poder foram iniciados por Sauron e os artífices. É provável que, no decorrer dos setenta e cinco anos seguintes, eles engendraram vários anéis menores juntos. Naquele momento, Sauron deve ter retornado a Mordor, pois Celebrimbor trabalhou sozinho até 1590,[3] criando os três anéis maiores: Narya, Nenya e Vilya (Fogo, Água e Ar). Logo depois, Sauron forjou o Anel Mestre nas chamas de Orodruin.[4] Quando percebeu que seus engodos foram revelados, ele escolheu travar uma guerra para punir os Elfos, obter os anéis e estabelecer seu domínio.

Por um século, ele formou seus exércitos. Então, em 1695, atacou Eregion. Gil-galad enviou Elrond com ajuda para Ost-in-Edhil, mas, antes de ele chegar, em 1697, Celebrimbor foi morto e a cidade caiu.[5] Khazad-dûm e Lórinand auxiliaram as forças de Elrond, mas eram muito poucos para romper o domínio de Sauron, e Elrond recuou para o norte com os Noldor sobreviventes e construiu Imladris.[6]

Sauron não tinha ainda realizado o seu desejo, pois embora tivesse obtido dezesseis anéis menores, os Três Grandes Anéis estavam fora de seu alcance.[7] Sauron começou a devastar Eriador em preparação ao seu ataque a Lindon.[8] Em 1699, suas forças detinham o controle de toda terra, Valfenda estava sitiada, e Sauron se autodenominou "Senhor da Terra". Os povos fugiram para as florestas e colinas, e Elfos zarparam para o oeste.[9] Depois de um ano, a ajuda veio de um lugar diferente: Númenor. Essa era uma época em que a desavença ainda não tinha começado, e Tar-Minastir enviou uma enorme frota aos Portos Cinzentos e mais pelo Griságua acima. Suas tropas se uniram com os Elfos de Lindon, e juntos libertaram Eriador do Inimigo.[10] Então, Sauron recuou um pouco e propositalmente evitou os lugares frequentados pelos Númenóreanos.[11] Contudo, é evidente que, longe das costas, o poder de Sauron permanecia, pois os Homens do Fano-da-Colina o adoravam nesses Anos Sombrios.[12]

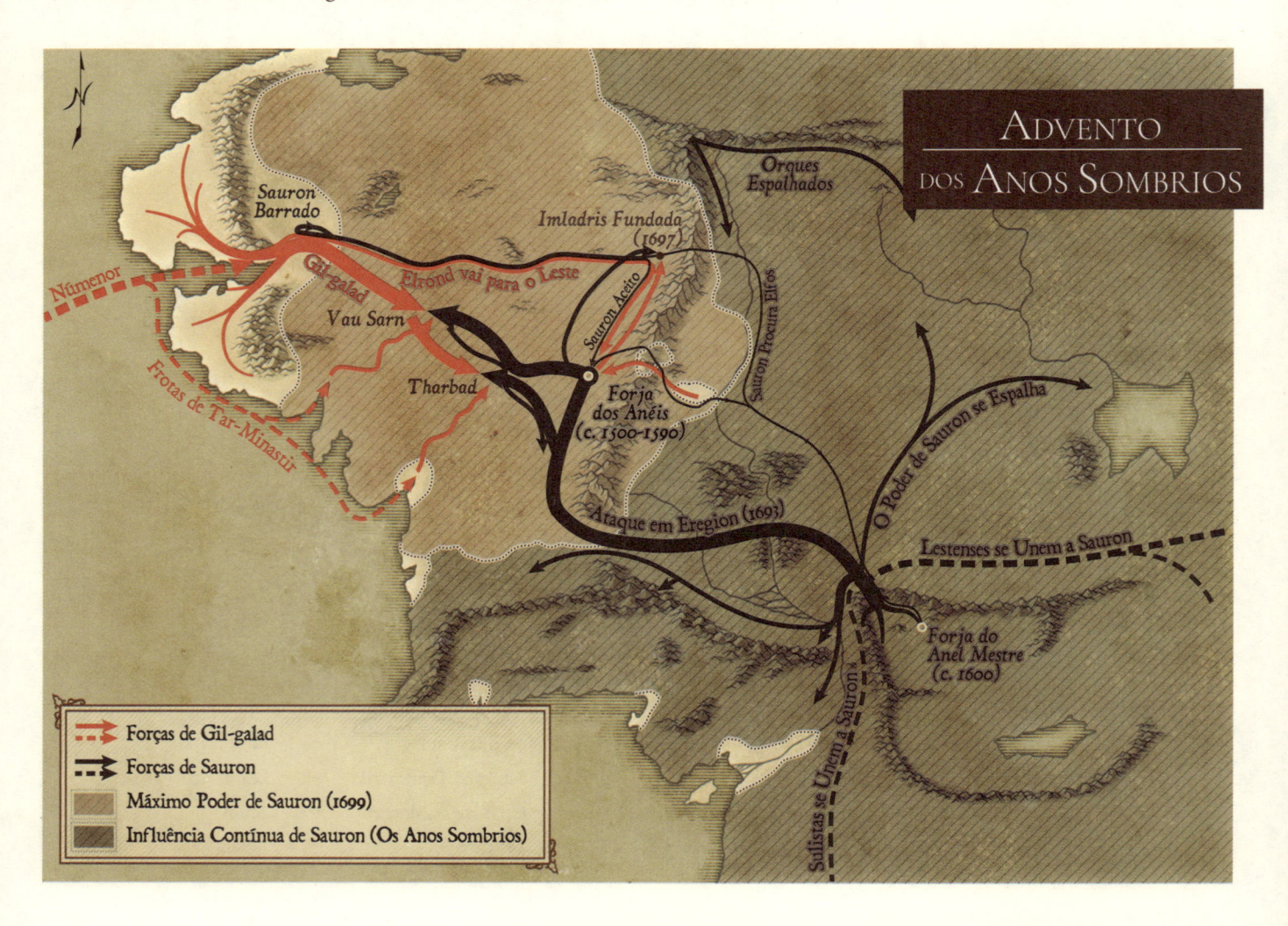

NÚMENOR

Após o rompimento das Thangorodrim, Ossë preparou Andor, a Terra da Dádiva, como uma recompensa para o remanescente dos Edain fiéis.[1] A Ilha foi "erguida das profundezas" do mar e, como era a mais ocidental das terras mortais, foi chamada de "Ociente, Númenórë na língua alto-eldarin".[2] Em seu centro ficava o Meneltarma, o Pilar do Céu, com as "Tarmasundar" (suas cinco raízes) estendendo-se pelas cinco penínsulas da ilha.[3] Em duas ocasiões a montanha emitiu fumaça e, mais tarde, fogo,[4] de modo que a terra foi interpretada como uma ilha vulcânica, com seu pico central possuindo cerca de 14 mil pés de altura.[5] Ao redor do Meneltarma, as baixadas erodiram por todos os lados. Além delas, havia áreas bem planas, mas, devido à inclinação nordeste-sudeste da ilha, as falésias foram erguidas nas praias setentrionais de todas as penínsulas, exceto a do Sudeste.[6] Sendo uma ilha vulcânica autossuficiente, separada de Aman e da Terra-média,[7] sua dimensão (baseada em comparações com o nosso Mundo Primário) deve ter sido bem limitada, mas media 167.961 milhas quadradas — quarenta vezes o tamanho da Ilha do Havaí![8]

A população estava concentrada em Armenelos e Rómenna, com grandes assentamentos também em Andúnië e Eldalondë, no Oste.[9] Originalmente, o porto de Andúnië era a maior cidade, local da aprazível propriedade à beira-mar de Elendil.[10] Eldalondë era também significativa, pois a população se reunia ali para receber os Eldar que viajavam de Eressëa. Porém, conforme crescia a desconfiança em relação aos Elfos, os egocêntricos Númenóreanos gradualmente se mudaram para Armenelos, a Dourada. O povo fiel aos Valar e aos Eldar permaneceu em Andúnië ou no entorno, até que Ar-Gimilzôr os forçou a se mudarem para Rómenna em cerca de 2950.[*][11] Depois disso, os portos ocidentais foram menos importantes até se tornarem o local da embarcação do Grande Armamento.[12]

Em Armenelos, Elros havia construído uma torre na cidadela.[13] Na corte do Rei, cresceu Nimloth, descendente da família da Árvore Branca de Valinor.[14] Sob a influência de Sauron, um templo para Morgoth foi erguido — muito maior do que o Panteão.[15] Dali em diante, a queda de Númenor foi contínua, causando sua própria destruição. Depois de a ilha afundar, em 3319, ela foi chamada de "Akallabêth, a Decaída, Atalantë na língua eldarin".[16]

*Apesar dessa data constar no original, está incorreta, pois Gimilzôr foi nascer apenas dez anos depois disso, mas não está clara qual é a data que a autora pretendia. [N. E.]

Seção cruzada: NORTE-SUL • Detalhe: ARMENELOS

Quando a Ilha de Númenor foi erguida pela primeira vez, os Elfos vieram de Eressëa, trazendo presentes para enriquecê-la. Suas visitas continuaram, mas os Dúnedain não poderiam retribuí-las, visto que foram proibidos pelos Valar de se aproximarem das Terras Imortais.[1] Os Númenóreanos, então, navegaram para a Terra-média e se tornaram os maiores de todos os Marinheiros — os Reis do Mar.[2] Atravessar Belegaer foi apenas uma parte das inumeráveis viagens dos Númenóreanos. Eles viajaram da Escuridão do Norte, ao longo das costas ocidentais, através dos calores do Sul, adentrando a Escuridão Ínfera e além. Passaram para mares interiores e acabaram alcançando as costas orientais, então navegaram em direção ao sol nascente tanto quanto ousaram se aventurar.[3]

Por necessidade, teriam ido mais com mais frequência para as praias ocidentais próximas da Terra-média, onde travaram contato com Homens inferiores. A relação deles com essas pessoas passou por três estágios: os Dias de Ajuda (600–1700); os Dias de Domínio (1800–3200); os Dias de Guerra (3200–3319).[4] Até 1200, os capitães não fizeram nenhum assentamento permanente, embora Aldarion tenha construído o porto de Vinyalondë (Lond Daer Enedh) em cerca de 750 para carregamento de madeira e conserto de navios.[5] Com pena dos outros Homens, os quais encontraram morando em condições precárias, os Númenóreanos ensinaram-lhes ofícios e supriram-nos com materiais e alimentos.[6] Os navegantes também fizeram visitas frequentes aos Portos Cinzentos de Gil-galad e Círdan, pois, naquele tempo, a amizade entre os Eldar e os Edain ainda era firme. Em 1700, Tar-Minastir enviou uma grande frota de assistência élfica na guerra contra Sauron e ajudou a expulsar o Inimigo de Eriador.[7]

Depois de Tar-Minastir, os Reis de Númenor se enamoraram da riqueza e do poder. Transformaram seus portos em fortalezas armadas, especialmente no Sul, aonde iam com mais frequência.[8] A mais notável era Umbar, fortalecida em 2280.[9] Cada vez mais colonos chegavam a esses assentamentos murados, e, sendo maiores em conhecimento e armamento, foi fácil mudarem da posição de professor/auxiliador para governante/usurpador.[10] Até mesmo Sauron chegou a temê-los e se retirou das terras ao redor de seus portos. Gradualmente, a maioria dos Edain se afastou dos Eldar. Aqueles que continuaram secretamente a receber os Eressëanos e a navegar ao Norte para Lindon passaram a ser conhecidos como os "Fiéis".[11] Além de visitar os Elfos, eles iam ao Sul para Pelargir, construída em 2350.[12] Na época de Ar-Gimilzôr (possivelmente por volta de 3150), foram forçados a se mudar de Andúnië para o Leste, em Rómenna; e os Eldar foram banidos.[13]

Dali em diante, os Númenóreanos se tornaram mais belicosos. Mesmo quando Tar-Palantir (o rei depois de Gimilzôr) tentou unir novamente as pessoas com os Elfos e os Valar, o filho de seu irmão se fez um grande capitão e guerreou contra o povo costeiro. O senhor da guerra eventualmente se tornou o Rei Ar-Pharazôn e foi obrigado a abandonar o controle pessoal da frota. Sauron ameaçou reivindicar os assentamentos costeiros, mas, em 3261, Ar-Pharazôn conduziu uma hoste tão impressionante que Sauron se submeteu e foi levado a Númenor.[14] A partir disso veio a queda final. Após sessenta anos de sua chegada, Sauron corrompera a maior parte das pessoas e inclusive perseguira os Fiéis. Com o tempo, induziu Ar-Pharazôn a romper a Interdição dos Valar. Amandil, líder dos Fiéis, soube dessa vaidade final e velejou para o Oeste em direção a Valinor para implorar misericórdia. Não se sabe se ele conseguiu. Seu filho Elendil rumou para Nordeste para tentar avistar suas velas, mas viu apenas o Grande Armamento.[15]

Em 3319, Ar-Pharazôn lançou sua vasta marinha.[16] A princípio, não havia nenhum vento, e os escravos remaram. Ao cair da noite, um vento Leste soprou, e eles sumiram de vista pela manhã. No entanto, "eles se moveram devagar para o Oeste, pois todos os ventos haviam cessado... no temor daquele momento."[17] Por trinta e nove dias viajaram e, no último, eles cercaram Eressëa ao pôr do sol e acamparam à noite em Túna. No meio da manhã do dia seguinte, o mundo foi quebrado. Os únicos Númenóreanos que escaparam foram os que já eram colonos na Terra-média e alguns dos Fiéis.[18] A conselho de Amandil, Elendil e seus filhos haviam preparado navios: quatro para Elendil, três para Isildur e dois para Anárion.[19] Os navios foram soprados com selvageria para o Leste quando o cataclisma ocorreu. Elendil foi lançado em Lindon, e os irmãos rumaram para Pelargir. Levaram consigo o fruto de Nimloth, as palantíri, e a pedra que foi colocada em Erech — tudo isso foi importante no estabelecimento dos Reinos no Exílio.[20]

Superior: AO REDOR DO MUNDO
Inferior: BELEGAER

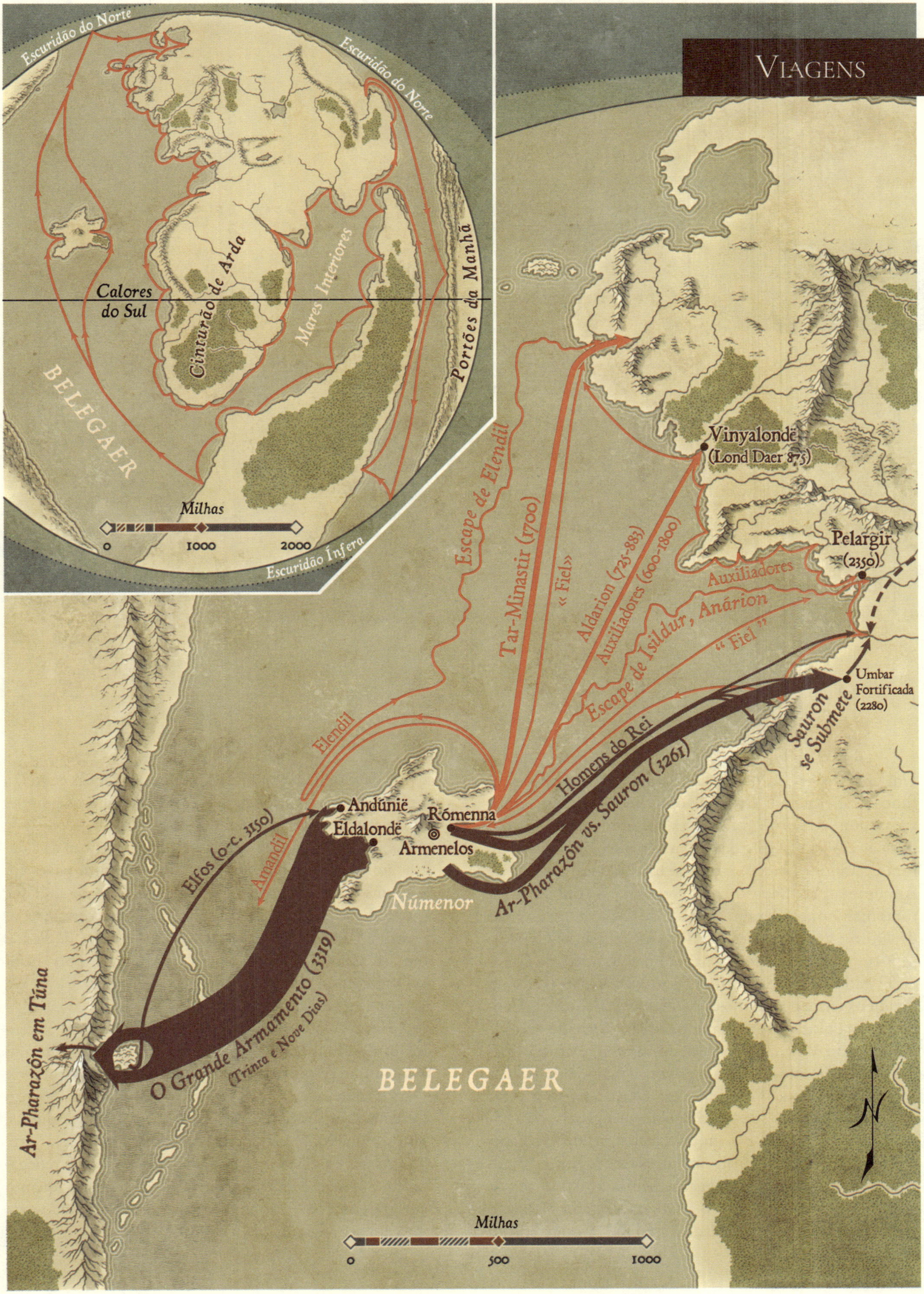

Viagens
Escuridão do Norte
Escuridão do Norte
Calores do Sul
Cinturão de Arda
Mares Interiores
Portões da Manhã
BELEGAER
Milhas
0
1000
2000
Escuridão Ínfera
Vinyalondë
(Lond Daer 875)
Pelargir
(2350)
Auxiliadores
Escape de Elendil
Tar-Minastir (1700)
« Fiel »
Aldarion (725-883)
Auxiliadores (600-1800)
Escape de Isildur, Anárion
" Fiel "
Umbar
Fortificada
(2280)
Sauron se Submete
Elendil
Homens do Rei
Ar-Pharazôn vs. Sauron (3261)
Andúnië
Eldalondë
Rómenna
Armenelos
Elfos (o-c. 3150)
Amandil
Númenor
O Grande Armamento (3319)
(Trinta e Nove Dias)
Ar-Pharazôn em Túna
BELEGAER
Milhas
0
500
1000

Detalhe: *OSGILIATH*

OS REINOS NO EXÍLIO

Um ano depois da queda de Númenor, Elendil e seus filhos estabeleceram, em 3320, os Reinos no Exílio: Arnor e Gondor.[1] Arnor ficava em Eriador, onde a maioria das pessoas era leal a Gil-galad — mas poucos Eldar viviam fora de Lindon, exceto em Imladris.[2] Elendil reinava de Annúminas, ao lado do Lago Nenuial.[3] As outras estruturas mais notáveis eram: a cidade de Fornost nas Colinas do Norte; as habitações em Tyrn Gorthad (as Colinas-dos-túmulos);[4] e os fortes nas colinas ao norte da Grande Estrada a leste da Última Ponte.[5] As palantíri foram divididas entre dois reinos.[6] As Pedras Videntes de Elendil foram colocadas em Annúminas, na Torre do Oeste;[7] no Topo-do-Vento, na Torre de Amon Sûl; e nas Colinas das Torres, em Elostirion, a mais alta e mais ocidental das três torres brancas.[8] Gondor se espalhava a partir do vale do Anduin até que suas fortificações atingissem o Oeste até Erech, Aglarond e a inquebrável torre de Orthanc, que abrigava uma palantír. As outras três palantíri foram colocadas em torres erguidas em Minas Ithil, morada de Isildur; Minas Anor, lar de Anárion; e Osgiliath, a Cidadela das Estrelas, principal cidade do reino.[9] A característica central de Osgiliath era o Rio Anduin, cujas águas eram tão largas e profundas naquele ponto que mesmo as grandes embarcações podiam ancorar nos cais da cidade. A partir de Minas Anor e Minas Ithil, estradas se aproximavam da cidade ao longo de elevados murados.[10] Para permitir passagem fácil, uma grande ponte foi construída. Era até possível que a ponte fosse a cidadela, pois sobre ela havia torres e casas de pedra.[11] Uma delas talvez tenha sido a Torre da Pedra, com seu Grande Salão e Domo das Estrelas, pois quando Osgiliath foi queimada, em T.E. 1437, a Torre caiu, e a palantír ali guardada se perdeu no rio.[12]

Contra Arnor e, especialmente, Gondor, estabeleceu-se Mordor. Embora o corpo de Sauron tivesse caído com Númenor, seu espírito escapou e logo retornou para a torre escura de Barad-dûr.[13] Ele também preparou rapidamente o seu reino, reorganizando não apenas as criaturas malignas, mas os Homens de Harad, Rhûn e Umbar também. Entre eles estavam espalhados os Númenóreanos Negros, renegados dos Homens do Rei, que odiavam os Fiéis tanto quanto Sauron os odiava.[14] Portanto, o palco estava montado para o próximo confronto.

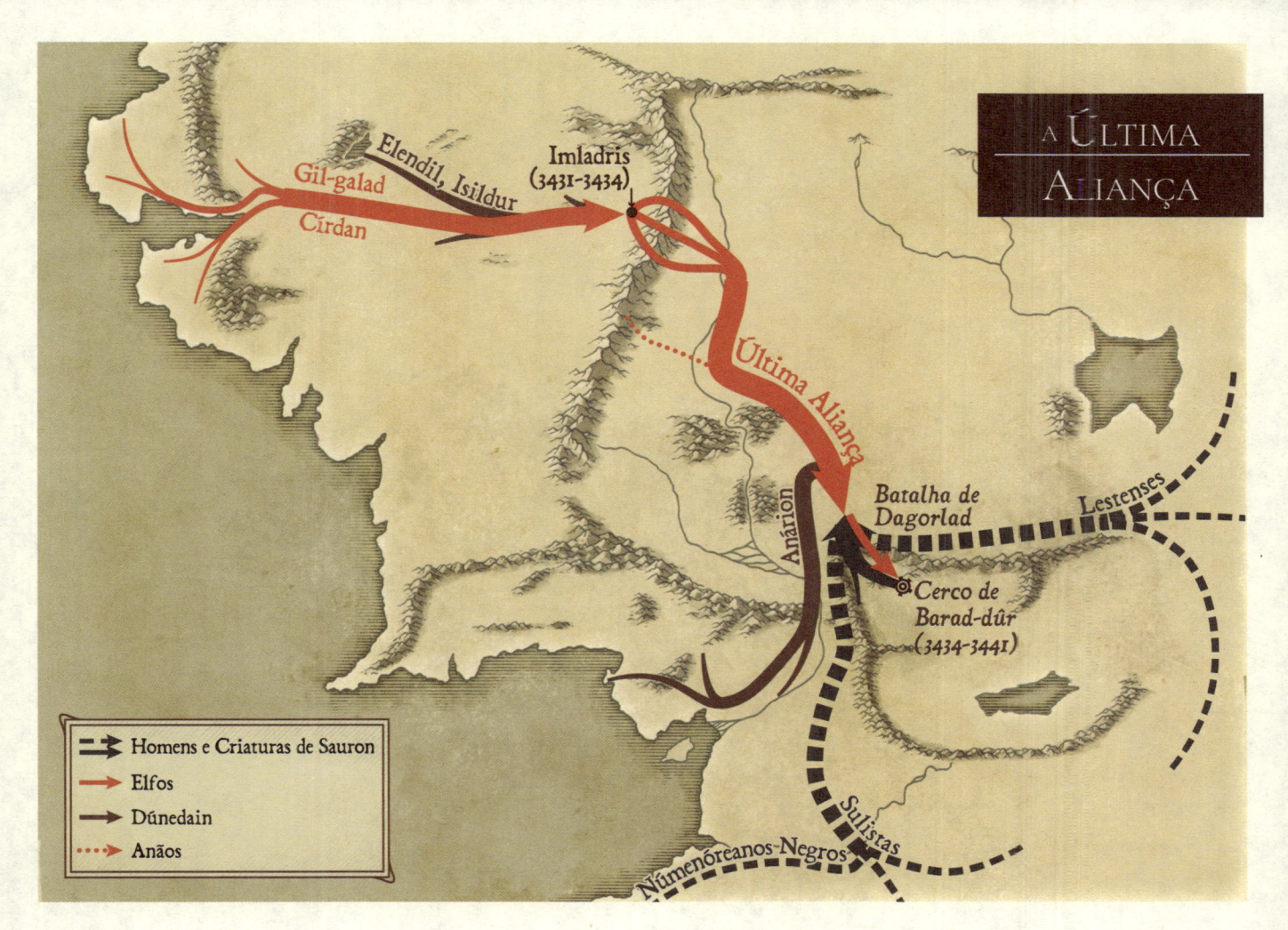

A Última Aliança

Em 3429, Sauron atacou Gondor, esperando destruir o incipiente reino antes que ele fosse completamente defendido.[1] Isildur e sua família foram forçados a fugir de Minas Ithil para Annúminas, e as forças de Sauron se moveram para Osgiliath. Anárion defendeu com sucesso a cidade e ainda expulsou o Inimigo de Ithilien, mas a calmaria duraria pouco tempo.[2] Na esperança de que o Inimigo também não estivesse totalmente preparado, Gil-galad e Elendil propuseram um ataque conjunto à terra de Sauron: a Última Aliança.[3] Todos os seres, exceto os Elfos, tiveram de se dividir entre a Liga e o Inimigo, mesmo as feras e aves, embora poucos Anãos tenham lutado[4] e provavelmente nenhum Ent.[5] Como eles estavam na ofensiva, a Liga reuniu forças por dois anos e, em 3431, as tropas do Norte marcharam.[6] Em Amon Sûl, Elendil aguardou a chegada de Gil-galad e Círdan,[7] e juntos eles continuaram para Imladris, onde passaram três anos — indubitavelmente fazendo planos, forjando armas, treinando. Em 3434, escalaram as Montanhas Nevoentas e desceram o Anduin.[8] Ainda reuniam tropas conforme seguiam: Elfos da Verdemata e Lórien, Anãos de Moria e Anárion com as forças de Gondor.[9] A hoste final só perdeu para a que tinha lutado na Guerra da Ira.[10]

A batalha foi travada na planície pedregosa de Dagorlad, a norte do Portão Negro de Mordor, "por dias e meses", e os corpos foram enterrados no local que se tornou os Pântanos Mortos.[11] No fim, a Aliança prevaleceu, e as forças de Sauron se retiraram para Barad-dûr. Por sete anos eles sitiaram a fortaleza e muitas escaramuças ocorreram, e, em 3441, Sauron estava tão pressionado que, por fim, apareceu.[12] Ele enfrentou seus adversários nos flancos do Monte da Perdição, onde seu anel tinha máximo poder. Com Gil-galad estavam Círdan e Elrond, e com Elendil estava Isildur.[13] Gil-galad e Elendil foram mortos e, no entanto, Sauron vacilou e caiu. Quando Isildur cortou o dedo da mão de Sauron com o Anel, seu espírito fugiu. Então as forças da Aliança derrotaram seus servos e demoliram sua fortaleza; mas a vitória estava incompleta, pois o Anel não foi destruído.[14]

A Terceira Era

No início da Era dos Homens, Arda fora reduzida em relação ao seu tamanho anterior.[1] Beleriand submergira, Númenor afundara e Valinor fora removida dos círculos do mundo. "Novas terras" foram encontradas a Oeste, e alguns disseram que o pico do Meneltarma novamente surgiu acima das águas sobre a Númenor caída.[2] Apenas as áreas originalmente mapeadas em *O Senhor dos Anéis* continuaram a ter alguma importância para o relato do conto.

Quando Númenor foi destruída e Valinor, retirada, grandes mudanças foram relatadas — novas ilhas, novas colinas, costas submergidas.[3] Porém, nenhuma informação específica foi dada sobre onde as alterações ocorreram. A lógica seria que muito mais convulsões estariam associadas à mudança catastrófica devido ao mundo ter se tornado redondo depois da Queda de Númenor do que pela destruição de Thangorodrim. Tolkien também deve ter quebrado a cabeça com isso, pois tentou fazer novas versões nesse sentido — especialmente quanto à inundação final de Beleriand.[4] No entanto, já existiam longos escritos nos quais a maior parte das principais características já havia sido mencionada como se existisse antes do cataclisma e, então, obviamente, tais características não seriam novas. Mesmo as linhas costeiras não devem ter sido refeitas o bastante para ficarem evidentes em um mapa-múndi, pois os portos da Terra-média que os Númenóreanos haviam estabelecido estavam ainda presentes em épocas posteriores — notadamente Umbar.

Foi necessário, portanto, mapear poucas, se tanto, variações físicas que provavelmente ocorreram. Houve duas exceções notáveis, ambas quanto à vegetação: florestas e pântanos. O desmatamento das florestas havia começado devagar na Primeira Era e foi muito intensificado durante as atividades de exploração florestal de Númenor.[5] No começo da Terceira Era, apenas a Floresta Velha, Fangorn, e algumas matas esparsas restaram das vastas extensões de outrora.[6] Além disso, os poderes do "Mundo Secundário" destruíram as áreas verdes e criaram as terras ermas: a Desolação do Dragão[7] e a Desolação de Morannon.[8] A desnudação resultou na propagação de pântanos ao redor. Os charcos se espalharam a leste de Trevamata depois da chegada de Smaug.[9] Os Pântanos Mortos aumentaram durante a Terceira Era, engolindo os túmulos da Batalha de Dagorlad.[10]

Embora Sauron estivesse escondido em boa parte dessa Era, as forças malignas que ele havia liberado continuaram a causar estragos. Para os Elfos, era um período de espera, com envolvimento ocasional no que concerne aos outros Povos Livres.[11] Eles se fecharam em Lindon, Imladris, Lórien e no norte de Verdemata. Em tempos de conflito, muitos Elfos partiram dos Portos Cinzentos ou dos portos de Edhellond, próximo a Dol Amroth.[12] Para os outros povos era tempo de frequentes reviravoltas: conquistas, recuos, fugas e migrações. Orques, dragões, Homens, Anões e os previamente não mencionados Hobbits, todos migraram através das terras com as idas e vindas dos tempos — retirando-se quando necessário e mudando-se para terras melhores, conforme elas ficavam disponíveis.[13]

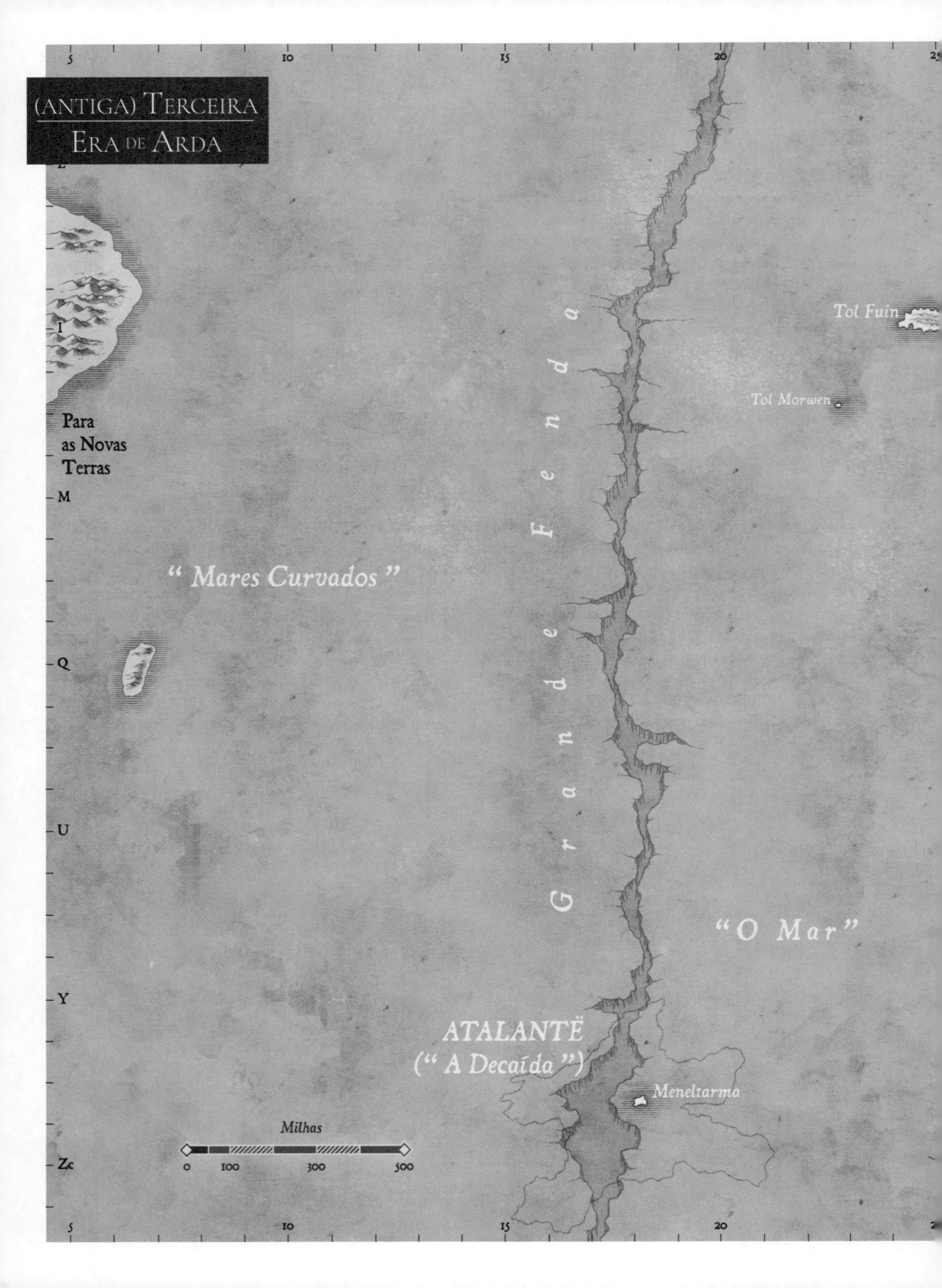

(ANTIGA) TERCEIRA
ERA DE ARDA

I

Para
as Novas
Terras

M

" *Mares Curvados* "

Q

U

Grande Fenda

Tol Fuin

Tol Morwen

"*O Mar*"

Y

ATALANTË
(" A Decaída ")

Meneltarma

Milhas

0   100   300   500

Zc

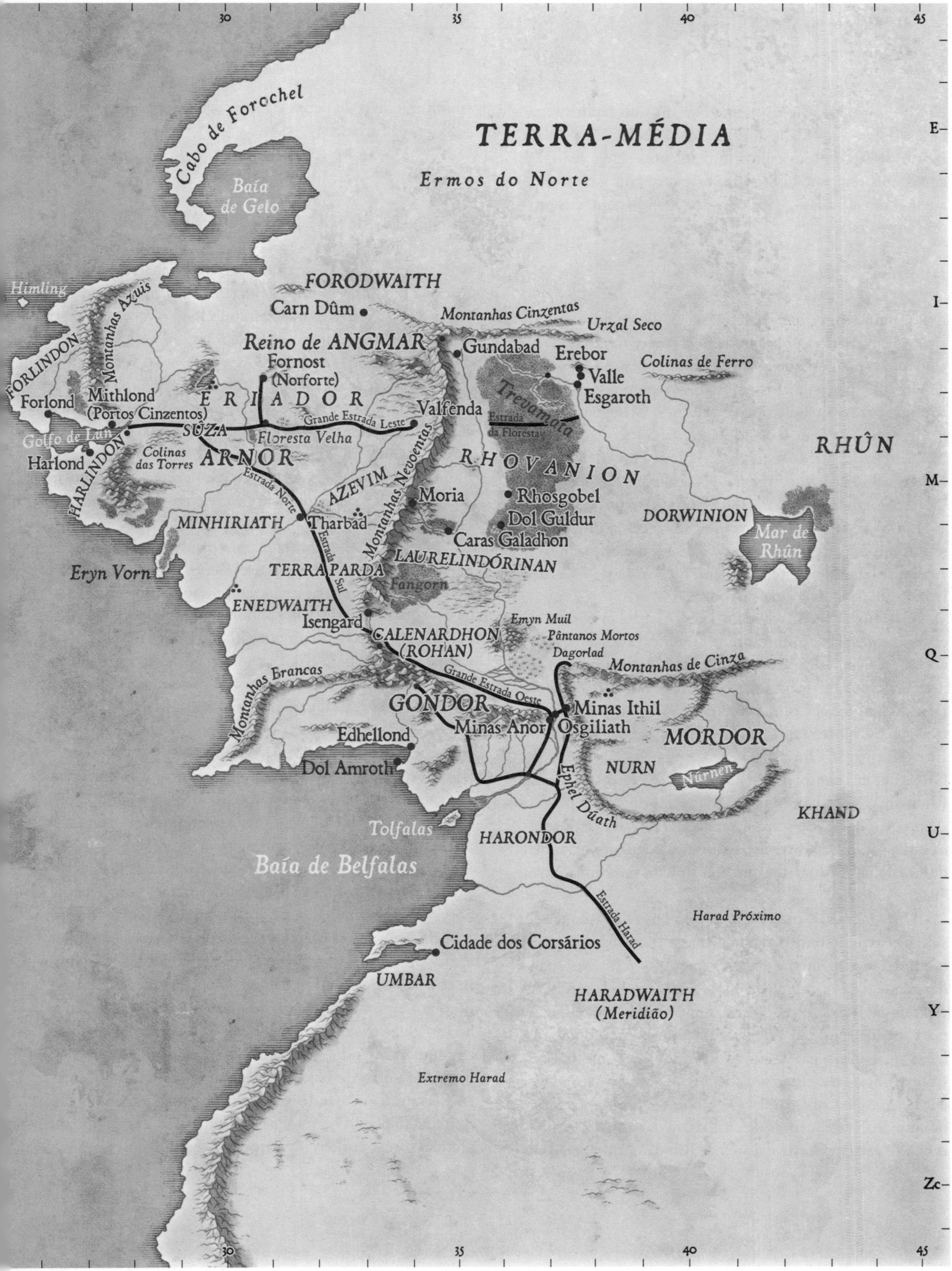

TERRA-MÉDIA

Ermos do Norte

Cabo de Forochel

Baía de Gelo

Himling

FORODWAITH

Carn Dûm •

Montanhas Cinzentas

Urzal Seco

FORLINDON

Montanhas Azuis

Reino de ANGMAR
Fornost
(Norforte)

• Gundabad

Erebor
• Valle
Esgaroth

Colinas de Ferro

Forlond •

Mithlond
(Portos Cinzentos)

E R I A D O R

Valfenda

Trevamata

RHÛN

Golfo de Lun

SUZA

Grande Estrada Leste

Floresta Velha

*Estrada
da Floresta*

Harlond •

HARLINDON

AR-NOR

*Colinas
das Torres*

AZEVIM

Montanhas Nevoentas

R H O V A N I O N

DORWINION

MINHIRIATH

Tharbad

Moria •

• Rhosgobel
Dol Guldur •

Estrada Norte

*Mar de
Rhûn*

Eryn Vorn

TERRA PARDA

Caras Galadhon •

Estrada Sul

LAURELINDÓRINAN

Fangorn

ENEDWAITH

Isengard

CALENARDHON
(ROHAN)

Emyn Muil

Pântanos Mortos

Dagorlad

Montanhas de Cinza

Montanhas Brancas

Grande Estrada Oeste

GONDOR

Edhellond •

Minas Anor

Minas Ithil
Osgiliath

MORDOR

Ephel Dúath

NURN

Núrnen

KHAND

Dol Amroth •

Tolfalas

Baía de Belfalas

HARONDOR

U

Harad Próximo

Estrada Harad

Cidade dos Corsários •

UMBAR

HARADWAITH
(Meridião)

Extremo Harad

Arnor e Gondor originalmente haviam sido feudos separados sob a autoridade máxima de Elendil.[1] Depois da morte dele e de seus filhos, funcionaram cada vez mais como dois reinos divididos, até que cessaram inclusive de atuar como aliados — cada um se ocupando com seus próprios interesses.[2]

Arnor

Arnor nunca se recuperou do massacre de seu povo no início da Era.[3] A esfera de sua influência parece nunca ter crescido muito mais do que provavelmente teve sob a liderança de Elendil.[4] Em sua maior extensão, as fronteiras desciam o Rio Lûn para o Sul e a costa para a foz do Griságua, subiam o Griságua, e então o Ruidoságua rumo às Montanhas Nevoentas; depois, a Oeste, para a Baía de Forochel,[5] embora possivelmente não abrangesse os Homens-das-Neves do Norte.[6] Totalizava cerca de 248.540 milhas quadradas.

Em 861, depois da morte do oitavo rei, a briga entre seus filhos era tão grande que o reino foi dividido em três: Arthedain, no Noroeste; Rhudaur, no Nordeste; e Cardolan, no Sul. Não havia mais Arnor.[7]

A fronteira de Arthedain com Cardolan vinha da costa, subia o Baranduin até a Grande Estrada Leste e, ao longo dela, até o Topo-do-Vento. De lá até o limite norte, Arthedain fazia fronteira com Rhudaur em uma faixa ao longo das Colinas do Vento. Rhudaur e Cardolan ficavam no Norte e no Sul, respectivamente, da Grande Estrada entre o Topo-do-Vento e acima das águas do Griságua, enquanto o Ângulo além do rio era parte de Rhudaur. Todos os reinos se encontravam no Topo-do-Vento, e o desejo de conquistar aquela fortaleza fronteiriça e sua palantír causou mais animosidade entre os reinos de Cardolan e Rhudaur, que não tinham nenhuma outra "Pedra Vidente".[8]

Arthedain era o maior e mais populoso dos três, tendo sido o centro do reino original;[9] mas mesmo a sua população tinha se tornado tão exaurida que Annúminas foi abandonada, e a nova capital se estabeleceu em Fornost.[10] As capitais das outras duas divisões nunca foram listadas, mas, pelo menos, pode-se fazer alguma suposição. Bombadil falou das ruínas nas Colinas-dos-túmulos,[11] que haviam sido os locais de enterro e, depois, o refúgio derradeiro das pessoas de Cardolan.[12] Os Hobbits cruzaram a vala e o muro ao Norte, depois de escaparem das cousas-tumulares.[13] No extremo Leste, na área de Rhudaur, Bilbo e Frodo viram muralhas de pedra e torres deterioradas nas colinas ao norte da Estrada.[14]

Gondor

Os Dúnedain do Sul não haviam sofrido tantas baixas na Guerra quanto os do Norte, e sua população nativa parece ter sido numerosa. A partir do núcleo original ao longo do Anduin, Gondor, em sua máxima extensão, incluía todas as terras a Oeste do Griságua/Sirannon; ao Norte, ao longo do Anduin até o Campo de Celebrant; a Leste, até o Mar de Rhûn; e ao Sul (excluindo Mordor), até o Rio Harnen ao longo da costa até Umbar. Haradwaith era uma terra tributária conquistada. A área sob domínio direto era provavelmente cerca de 716.425 milhas quadradas, com Harad possivelmente adicionando mais 486.775. Além disso, os Homens dos Vales do Anduin reconheciam a autoridade de Gondor e o reino tinha amizade com os Nortistas em Rhovanion.[15]

A Oeste do Anduin, o aumento da extensão de Gondor parece ser resultado de um crescimento natural, embora o domínio de alguma das terras remotas fosse muito tênue — os Terrapardenses certamente nunca foram incorporados.[16] Eles viviam na terra de Enedwaith, que "Nos dias dos Reis era parte do reino de Gondor, mas era de pouca importância para eles".[17] A leste do Anduin, a história era completamente diferente. Ithilien estava cercada por terras que eram ou inabitadas ou hostis. Contra estas, os Dúnedain retaliavam em autodefesa e/ou conquistavam para seu benefício. Depois da vitória da Última Aliança, Mordor ficou desolada e seus passos foram fortificados — o Morannon, Durthang, Cirith Ungol — mas a guerra nunca cessou nas fronteiras de Gondor.[18] A primeira menção a uma invasão específica foi em T.E. 490, quando Lestenses de Rhûn cruzaram Dagorlad. Eles não foram derrotados até cerca de 550.[19] Nessas batalhas, Gondor foi assistida por um príncipe de Rhovanion (que, naquela época, parecia abranger apenas uma área a leste de Verdemata).[20] Em 830, o interesse de Gondor mudou da defesa na terra para a ofensiva no mar. A primeira atitude foi a extensão do reino para o Su,l ao longo das costas a leste de Ethir Anduin[21] — aparentemente resultando no domínio da Gondor Sul. Em 933, o grande porto de Umbar foi sitiado e conquistado; mas isso levantou um mar de inimigos que batalharam no porto muralhado por 117 anos. Por fim, em 1050, o rei conduziu grandes forças por terra e derrotou os Haradrim.[22]

REINOS DOS DÚNEDAIN

Nortistas

Beornings

Valle

ARTHEDAIN

RHUDAUR

Homens-da-Floresta

CARDOLAN

RHOVANION

Terras-do-Leste
(Turambar – c.550)

GONDOR

MORDOR
(Desolado)

GONDOR SUL
(Falastur – c.830)

(Eärnil – 933)

UMBAR
(1050)

Haradwaith
(Hyarmendacil– 1050)

Aliados de Gondor	⸫ Ruínas
Reino do Sul de Gondor	● Cidade Conhecida ou Fortaleza
Reino do Norte de Arnor	▬ Muralha Fortificada
Tributários de Gondor	┅ Novas Terras Conquistadas em Batalha
	┄ Sub-reinos

BATALHAS
T.E. 1200–1634

Em 1050, Sauron reapareceu, estabelecendo uma morada em Dol Guldur. Como Gondor estava no auge do seu poder, Sauron escolheu atacar primeiro o Norte. Ele enviou Angmar, o chefe dos Nazgûl, para a terra ao norte da Charneca Etten, onde ordenou um reino dos dois lados das montanhas. Por volta de 1350, as linhagens reais tanto de Rhudaur quanto de Cardolan haviam acabado, e Rhudaur estava preparada para a tomada de poder dos malignos Homens-das-Colinas. Quando o Rei de Arthedain procurou reunificar o reino de Arnor sob sua coroa, Rhudaur resistiu, e houve uma batalha ao longo da fronteira comum nas Colinas do Vento. Em 1356, Arthedain fortificou as terras altas e, depois, estabeleceu guarda na fronteira de Cardolan. Por cinquenta anos eles contiveram o mal, e Valfenda também foi sitiada.

Em 1409, Angmar reuniu uma grande força. O Topo-do-Vento foi cercado e caiu, e a Torre de Amon Sûl foi destruída. Tomando a palantír, os Dúnedain recuaram, e Rhudaur foi invadida por Angmar. Dali, a terra de Cardolan foi atacada, e seu povo, forçado a voltar pelos campos de Tyrn Gorthad, as Colinas-dos-túmulos. Os Arthedain retornaram a Fornost e, com ajuda de Círdan, procuraram expulsar o inimigo das Colinas do Norte. Quando a ajuda de Lórien e Valfenda chegou na retaguarda, os ataques diminuíram.[1]

Enquanto o Reino do Norte lutava por sobrevivência, Gondor se enredava em conflitos internos e externos. Um tempo depois de Gondor ter alcançado sua extensão máxima, eles cederam as terras sul de Trevamata para o povo de Rhovanion como uma proteção contra os Lestenses. Em 1248, depois de os Lestenses novamente iniciarem escaramuças, uma grande força de Gondor destruiu não apenas os exércitos inimigos, mas também todos os acampamentos e assentamentos a leste do Mar de Rhûn. Depois disso, a costa oeste do Anduin foi fortificada, e as Argonath, esculpidas, como um aviso contra a entrada em Gondor;[2] mas a amizade com os Nortistas se fortaleceu, e o vigésimo rei até mesmo casou-se com uma princesa de Rhovanion.

Como algumas pessoas não queriam aceitar o meio-Dúnedain Eldacar como senhor, a Contenda-das-Famílias começou. Eldacar foi sitiado em Osgiliath em 1437 e escapou da cidade em chamas para o Norte. Depois de apenas dez anos, Castamir, o usurpador, foi repudiado e os Dúnedain se reuniram em torno do legítimo rei. Aldamir marchou para o sul e venceu a batalha no Erui. Castamir caiu, mas seus homens recuaram para Pelargir e escaparam, tornando-se os Corsários de Umbar.[3]

Aliados aos homens de Harad, os Corsários estavam constantemente em guerra, tanto na terra quanto no mar: em 1551, Hyarmendacil II derrotou os homens de Harad significativamente; em 1634, os Corsários devastaram Pelargir e mataram o rei; em 1810, Gondor retomou Umbar e destruiu os descendentes de Castamir.[4]

A GRANDE PESTE
T.E. 1636–37

O leitor que visualiza este mapa deve perceber que uma doença não diminui e nem cessa em uma linha finita, como fica implícito pelo padrão de um mapa. Ela gradualmente diminui a partir do centro de epidemia, seguindo as concentrações populacionais. Tolkien não deu nenhuma data específica, nenhuma lista de vítimas, mas reforçou a importância da resultante diminuição na população.

Em 1636, apenas um ano depois de o rei ter sido morto pelo ataque dos Corsários em Pelargir, um vento Leste maligno trouxe as sementes de mais desastres em Gondor. O novo rei e todos os seus filhos sucumbiram a uma doença devastadora.[5] Eles certamente não estavam sozinhos. A doença afetou os Lestenses e a terra de Rhovanion primeiro, e "Quando a Peste passou, diz-se que havia perecido mais da metade das pessoas de Rhovanion."[6] De Osgiliath, a peste rapidamente se espalhou por Gondor e grande parte das terras ocidentais.[7] Minhiriath, a porção meridional de Cardolan, foi duramente atingida. Todo o restante dos Dúnedain escondido entre as Colinas-dos-túmulos também morreu, e espíritos malignos de Angmar e Rhudaur estavam livres para entrar ali. Mais ao Norte, Arthedain foi apenas marginalmente afetada, de modo que seu povo conseguiu continuar defendendo Fornost.[8] O povo do Condado foi fortemente afetado.[9]

Fora de Rhovanion, Osgiliath teve o maior número de vítimas. Muitos fugiram da cidade para o interior e nunca retornaram, e a capital se mudou para Minas Anor. Foram tantos mortos, que as tropas estacionadas em campos remotos devem ter sido chamadas de volta, deixando os fortes que vigiavam Mordor desguarnecidos. Tal fraqueza poderia ter deixado Gondor totalmente vulnerável a ataques, mas seus inimigos (possivelmente tanto Lestenses quanto Sulistas) também sofreram.[10] Por quase dois séculos, Gondor não fez muito além de tentar, aos poucos, reconquistar a sua força.

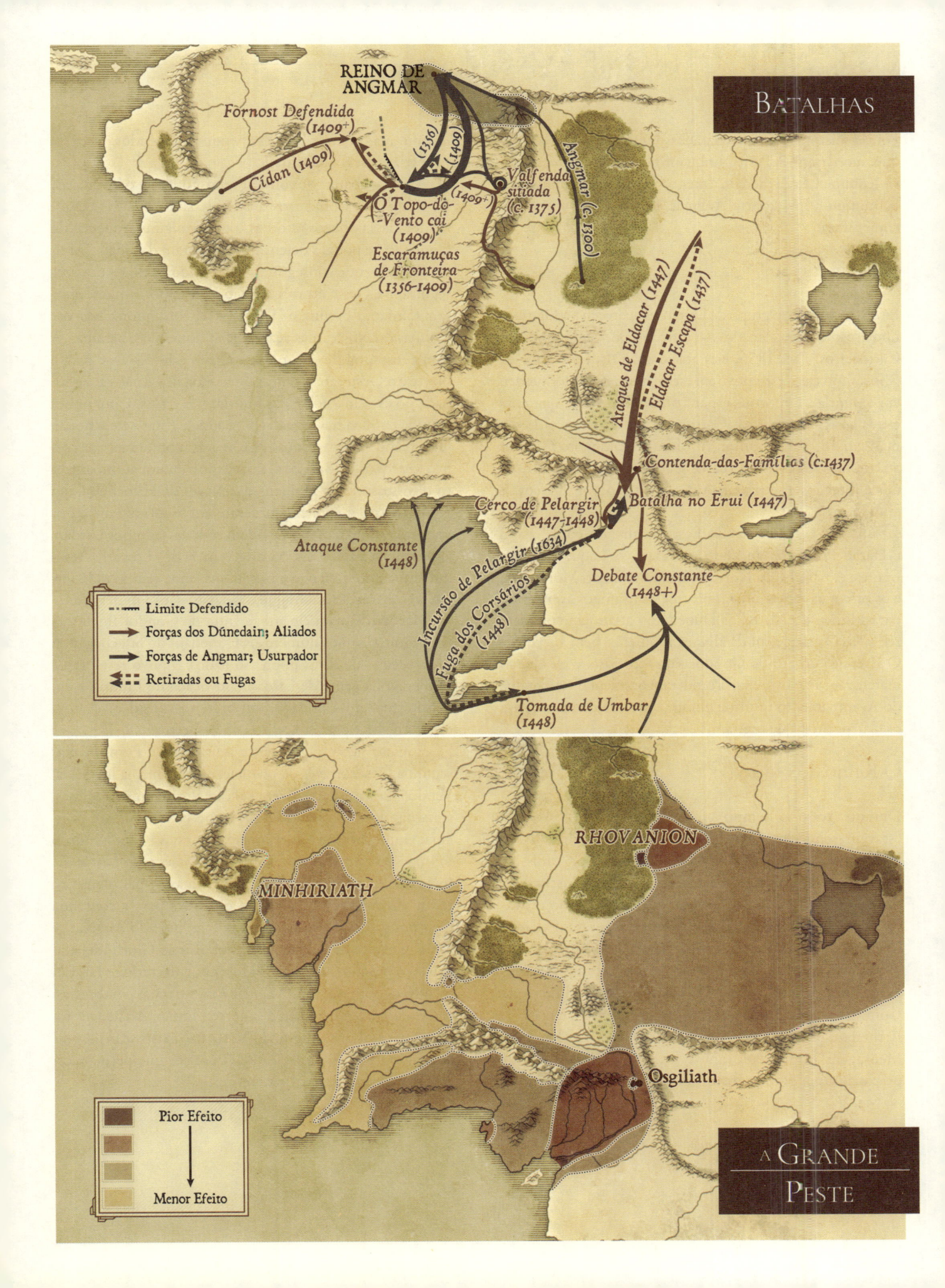

BATALHAS

REINO DE ANGMAR

Fornost Defendida (1409⁺)

Cidan (1409)

(1356)

(1409)

O Topo-do-Vento cai (1409)

(1409⁺)

Valfenda sitiada (c. 1375)

Angmar (c. 1300)

Escaramuças de Fronteira (1356-1409)

Ataques de Eldacar (1447)

Eldacar Escapa (1437)

Contenda-das-Famílias (c. 1437)

Cerco de Pelargir (1447-1448)

Batalha no Erui (1447)

Ataque Constante (1448)

Incursão de Pelargir (1634)

Debate Constante (1448⁺)

Fuga dos Corsários (1448)

Tomada de Umbar (1448)

Limite Defendido

Forças dos Dúnedain; Aliados

Forças de Angmar; Usurpador

Retiradas ou Fugas

MINHIRIATH

RHOVANION

Osgiliath

Pior Efeito

Menor Efeito

A GRANDE PESTE

OS CARROCEIROS E ANGMAR

T.E. 1851–1975

Poucas histórias foram relatadas durante os dois séculos que sucederam a Peste. Enquanto Gondor se recuperava lentamente, Arthedain (menos afetada pela epidemia) continuou a luta contra Angmar. Então, novas investidas começaram.

O Reino do Sul

Em 1851, um novo grupo de Lestenses apareceu no Oeste — numeroso e bem armado —, e ficou conhecido como os Carroceiros. Em, 1856, eles atacaram. O sul e o leste de Rhovanion caiu e seu povo foi escravizado; Gondor perdeu em Dagorlad e retirou-se para o Anduin. Pelos quarenta e três anos seguintes, os Carroceiros governaram o Leste, mas, em 1899, Rhovanion revoltou-se, enquanto Gondor atacou no Oeste. Dessa vez, os Carroceiros foram derrotados e forçados a se retirar. A paz retornou por quarenta e cinco anos.[1]

Em 1944, as pessoas do Leste se aliaram com Khand e Harad Próximo, lançando um massivo ataque em duas frentes. A batalha do Norte ocorreu diante do Morannon, e os orientais venceram. Conforme os inimigos avançavam para Ithilien do Norte, os Dúnedain batiam em completa retirada. O ataque sul da aliança foi menos bem-sucedido. O Exército do Sul de Gondor saiu vitorioso, e eles então marcharam ao Norte e surpreenderam os orientais. A Batalha do Acampamento resultou em uma derrota completa para os Carroceiros, que fugiram.[2]

O Reino do Norte

Durante todo o tempo em que as maiores invasões estavam sendo contidas no Sul, Arnor continuou sua luta contra Angmar. Rhudaur fracassou por omissão. Cardolan, por doença.[3] Apenas Arthedain persistiu, mas sua população estava decaindo e sua determinação provavelmente estava vacilando. Em 1940, eles juraram aliança novamente com o Reino do Sul, vendo, por fim, que estavam sendo confrontados por um inimigo comum, mas as perdas nas batalhas com os Carroceiros impediram que Gondor enviasse ajuda por muitos anos. Então, em 1973, Arthedain percebeu que Angmar preparava o golpe final. Mensagens implorando ajuda foram enviadas. Gondor preparou uma grande frota, conduzida pelo filho do rei Eärnur, mas quando a frota chegou, em meados de 1975, Arthedain estava perdida.[4]

Angmar abatera-se contra Fornost durante o inverno de 1974, quando os recursos dos Dúnedain estavam se esgotando. Havia poucos reforços, além de alguns arqueiros do Condado,[5] e poucos defensores escaparam da cidade. Muitos daqueles que conseguiram, incluindo os filhos dos reis, seguiram a Oeste através do Rio Lûn e, por fim, alcançaram Círdan. Arvedui, o "Último-rei", continuou a luta das Colinas do Norte, mas acabou abandonando a batalha.[6] A cavalo, escapou de seus perseguidores e apressou-se para o Norte e o Oeste, até alcançar uma mina dos Anãos abandonada no extremo norte das Montanhas Azuis. Com pouca comida e roupa inadequada para aquele clima setentrional, foi forçado a buscar ajuda. Próximo às montanhas, nas costas ocidentais da Baía de Gelo, encontrou um acampamento dos Lossoth, os Homens-das-Neves de Forochel. Com relutância no início, concordaram em socorrê-lo até a primavera. Em março, um grande navio, enviado por Círdan, apareceu na Baía. Contra a advertência dos Lossoth, Arvedui embarcou no navio e partiu, mas uma tempestade surgiu, a embarcação naufragou e todas as mãos submergiram.[7]

Mais tarde, naquele ano, a frota de Gondor finalmente chegou. Com os numerosos Dúnedain do Sul chegaram os cavaleiros de Rhovanion. Somados, o povo restante de Arthedain, a gente de Círdan convocada de Lindon e um contingente do Condado, um exército considerável marchou ao Norte para as Colinas de Vesperturvo.[8]

Angmar não esperou entre muralhas de Fornost, mas seguiu a Oeste através da planície, de encontro à investida. Vendo isso, a cavalaria foi enviada ao Norte rumo às colinas, aguardando e montando uma emboscada. A hoste principal tinha entrado em combate e já estava expulsando o inimigo do campo quando a cavalaria atacou do Norte. As forças de Angmar, tomadas entre as duas tropas ofensivas, foram dizimadas. O Rei-bruxo cavalgava para a contenda e Eärnur galopou em sua direção; mas, quando Angmar se virou, o cavalo de Eärnur se afastou. Então Glorfindel atacou — o mesmo que, com os Hobbits, enfrentou os Nazgûl séculos depois, no Vau. Angmar fugiu para as sombras do crepúsculo e desapareceu do Norte.[9] Então, Arthedain foi libertada; embora o Reino do Norte não existisse mais, pois seu povo fora destruído. Aqueles poucos que permaneceram se tornaram caminheiros errantes.[10]

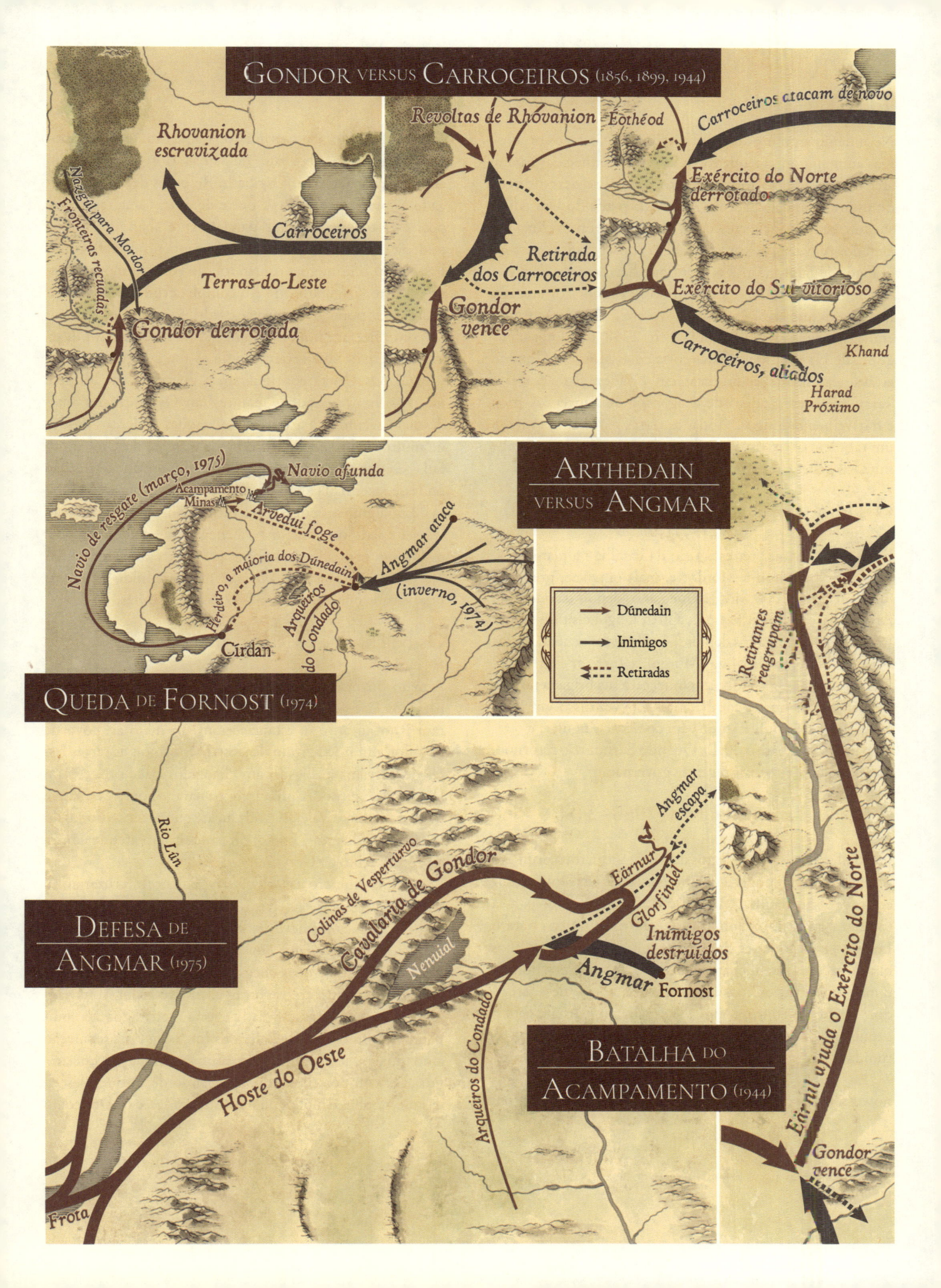

GONDOR VERSUS CARROCEIROS (1856, 1899, 1944)

Rhovanion escravizada

Nazgûl para Mordor

Fronteiras recuadas

Carroceiros

Terras-do-Leste

Gondor derrotada

Revoltas de Rhovanion

Retirada dos Carroceiros

Gondor vence

Eothéod

Carroceiros atacam de novo

Exército do Norte derrotado

Exército do Sul vitorioso

Carroceiros, aliados

Khand

Harad Próximo

ARTHEDAIN VERSUS ANGMAR

Navio de resgate (março, 1975)

Navio afunda

Acampamento Minas

Arvedui foge

Herdeiro, a maioria dos Dúnedain

Angmar ataca

Arqueiros do Condado

(inverno, 1974)

Cirdan

Retirantes reagrupam

QUEDA DE FORNOST (1974)

	Dúnedain
	Inimigos
	Retiradas

Rio Lûn

Colinas de Vesperturvo

Cavalaria de Gondor

Nenuial

Angmar escapa

Eärnur

Glorfindel

Inimigos destruídos

Angmar Fornost

DEFESA DE ANGMAR (1975)

Hoste do Oeste

Arqueiros do Condado

Eärnil ajuda o Exército do Norte

BATALHA DO ACAMPAMENTO (1944)

Gondor vence

Frota

No milênio seguinte ao fim do Reino do Norte, os problemas aumentaram até que todas as terras conhecidas foram afetadas de alguma forma. Muito do mal se deveu direta ou indiretamente a Sauron. Apesar da perda do Um Anel, sua força e influência cresceram até que o próprio clima foi afetado. Às vezes, as forças do bem conseguiam conter os avanços de Sauron, mas aqueles que haviam sido derrotados sempre eram logo substituídos. Gondor foi atacada repetidamente: em 2060 e de novo em 2475, de Mordor; em 2510, das Terras Castanhas; em 2758, de Umbar; em 2885, de Harad. Intercaladas entre os assaltos em Gondor estavam as incursões-órquicas em Eriador, Rohan e nas Terras-selváticas, saques de dragões, e dois invernos frios e terrivelmente longos.[1] Todas as terras pareciam se tornar um tabuleiro de xadrez em que as peças pretas* tinham ilimitados peões e uma variedade infinita de movimentos.

O Último dos Reis de Gondor (2000–2050)

Depois de Angmar ter escapado da batalha na planície de Vesperturvo, voltou a Mordor e, mais uma vez, preparou uma força. Em 2000, vinte e cinco anos depois da queda de Arnor, marchou pelo Passo de Cirth Ungol e sitiou Minas Ithil, que caiu dois anos depois.[2] A cidade foi ocupada pelos Nazgûl e renomeada Minas Morgul, a Torre de Feitiçaria.[3] Dessa nova morada, Angmar começou a sua brigada no Sul. Ele não enviou hostes combatentes. Em vez disso, em 2043 e em 2050, desafiou Eärnur para combate singular; e o rei foi para o Leste para o duelo. Quando Eärnur não retornou, não havia herdeiro, e os regentes governaram.[4]

A Paz Vigilante e seu Fim (2060–2480)

Gandalf, chamado pelos Elfos de Mithrandir, foi o primeiro a perceber que o poder maligno crescente em Dol Guldur era o próprio Sauron.[5] Em 2063, Mithrandir foi para a fortaleza do Senhor Sombrio, e Sauron se retirou para o Leste — mas pode ter sido apenas um blefe. Os próximos quatro séculos foram chamados de A Paz Vigilante, porque o mal estava menor, mas certamente não havia desaparecido. Os Orques continuaram a se espalhar. Os Anãos foram expulsos de Moria. Mais importante: Sauron usou a oportunidade para obter apoio adicional dos Homens no Leste.[6]

Em 2460, Sauron retornou a Dol Guldur com seus novos aliados e, mais uma vez, os servos estavam sob seu comando direto. Seu primeiro ataque foi quinze anos depois, em 2475. Os Uruks de Minas Morgul marcharam em Ithilien e atacaram Osgiliath. Reforços devem ter chegado às pressas de Minas Anor e de outras áreas ao redor, pois é certo que a cidade parcialmente abandonada não poderia ter resistido à investida por conta própria. Boromir I derrotou o inimigo e o mandou de volta às montanhas; no entanto, Osgiliath caiu em completa ruína. No combate, a grande ponte se quebrou e os últimos cidadãos fugiram — como fizeram muitos habitantes de Ithilien. Contudo, a derrota mais uma vez restringiu as forças enviadas pelos Nazgûl. Os Uruks continuaram a guerrilha em Ithilien, mas não houve batalhas maiores em Osgiliath por mais de meio século.[7] O acúmulo de ataques violentos vindos de muitos lados — de Mordor, no Leste, e de Umbar, no Sul — reduziu braço armado de Gondor até que o país não pudesse fazer nada além de defender suas próprias fronteiras. Em algumas épocas, teve dificuldade até mesmo com isso.[8] Impedindo ainda mais a chegada de qualquer ajuda, os Orques se espalharam por grande parte das Montanhas Nevoentas, bloqueando a passagem e agredindo as poucas pessoas que ousavam ficar perto das montanhas.

Os Balchoth e os Rohirrim (2510)

A maior investida seguinte veio do Norte. Depois da derrota dos Carroceiros, quando vários dos Nortistas deixaram Rhovanion e se estabeleceram em meio ao povo de Gondor, um novo grupo de Lestenses tomou as terras lestes de Trevamata. Eles foram chamados Balchoth, e eram aliados de Sauron. A princípio, passaram por Trevamata e incursionaram o Vale do Anduin, até que as terras do sul do Lis ficaram desertas. Então, prepararam um ataque contra o próprio reino de Gondor.[9]

Em numerosas balsas, os Balchoth cruzaram o Anduin, passando das Terras Castanhas para o Descampado. A princípio, deve ter havido pouca resistência nas planícies esparsamente povoadas de Calenardhon, até grande parte das tropas chegar. O Exército do Norte provavelmente contra-atacou antes e, em seu ardor, já haviam se dirigido para o Descampado e foram separados das companhias posteriores. Os Balchoth forçaram uma separação ainda maior, ao empurrá-los para o Norte pelo Limclaro. Por acaso ou por comando, um bando de Orques desceu das montanhas e bloqueou outras retiradas, e os Dúnedain

---

* Isto é, as peças que se movem em segundo lugar. [N. E.]

ANTES E DEPOIS DA PAZ VIGILANTE

Orques espalhados (c. 2480)

Dol Guldur

Balchoth (antes de 2510)

Gandalf ataca (2063)

Sauron se retira

Sauron retorna (2460)

Osgiliath defendida (2030, 2475)

2000

Minas Ithil cai (2002)

Futuro território de Rohan

Rohirrim

Orques

Balchoth

Exército do Norte

Exército do Sul

FORÇAS PARA O CAMPO DE CELEBRANT

Eorl conduz Éothéod

Bando de Orques

R. Limclaro

Exército do Norte encurralado

Rohirrim atacam a retaguarda

Balchoth

Cruzamento anfíbio

Exército do Norte isolado

Rohirrim dispersam o inimigo

Exército do Norte

Exército do Sul

BATALHA DE CELEBRANT

foram impelidos para o rio. Nessa hora, os Éothéod chegaram. Embora uma convocação tivesse sido enviada aos aliados de Gondor antes do ataque, demorou para que ela chegasse até os cavaleiros no extremo Norte. Com pressa, a hoste de Eorl galopou descendo pelo lado leste do Anduin, cruzou o rio nos Meandros, rompendo a retaguarda do ataque dos Balchoth — algo inesperado, seja por amigo ou inimigo.[10] Eles não só derrotaram os inimigos, mas cruzaram de volta ao norte de Gondor e dispersaram todos os Balchoth em Calenardhon também.

Como recompensa, Gondor deu aos Éothéod toda a terra despovoada de Calenardhon entre o Isen e o Anduin. Eles governavam o território como um reino separado, sob o comando de seus próprios reis. As terras de Gondor, mais uma vez, reduziram-se.[11]

Os Dias de Privação (2758–2760)

Durante os 250 anos seguintes à chegada dos Rohirrim, mais uma vez houve uma trégua. Em 2545, mais Lestenses invadiram o Descampado, mas foram expulsos pelos Senhores-de-cavalos.[12] Exceto pelo aumento no número de dragões saqueando as Minas dos Anãos do Norte, nenhuma outra dificuldade foi especificamente listada até 2740. Naquela época, os Orques iniciaram novas invasões em Eriador — mesmo no Extremo Oeste como o Condado, onde, em 2747, foram expulsos por Berratouro Tûk, na Batalha dos Verdescampos.[13]

O ano praticamente fatal foi 2758. Guerra e clima combinados quase acabaram com os ocidentais de Eriador a Gondor. Os Corsários de Umbar aliaram-se aos homens de Harad e enviaram três grandes frotas para atacar a costa de Gondor desde o Isen até o Anduin. Vários dos invasores estabeleceram cabeças-de-praia e adentraram a terra. Toda a Gondor estava em guerra.

Rohan não podia vir em auxílio a Gondor por causa de suas próprias dificuldades. Desde sua fundação, Rohan se opusera aos Terrapardenses, que viam os Nortistas como invasores. Quase imediatamente, escaramuças começaram ao longo do Isen — na fronteira entre Rohan e a Terra Parda. Em 2710, alguns Terrapardenses conseguiram tomar Isengard. A disputa entre o Rei Helm e um grande proprietário de terras dos Terrapardenses aumentou os agravos.[14] Quando os Lestenses cruzaram o Anduin ao mesmo tempo em que as frotas atacavam Gondor, os Terrapardenses tiraram vantagem da situação. Aliados a alguns Sulistas que desembarcaram no Isen e no Lefnui, atacaram Rohan pelo Oeste. O exército de Helm foi derrotado nas Travessias do Isen. Os Cavaleiros da Marca que escaparam dos conflitos foram forçados a se retirar para os vales das montanhas. A fortaleza de Aglarond e o antigo domínio do Fano-da--Colina foram provavelmente ocupados, ao passo que o líder dos Terrapardenses se entronizou em Edoras.[15]

Além das perdas militares, um longo e duro inverno se instalou. De novembro a março, a neve cobriu todas as terras de Forochel às Ered Nimrais. Faltava alimento e provisões, fazendo com que a fome virasse um problema no meio do inverno. A perda do gado e o plantio no final da primavera pioraram a situação, e milhares de pessoas pereceram por todo o Noroeste.

Os refugiados escondidos nas montanhas de Rohan fizeram desesperadas incursões ao acampamento do inimigo, e desses feitos veio a fama de Helm Mão-de-Martelo.[16] O clima era cruel para o inimigo também e, na primavera, tornou-se favorável aos Rohirrim, pois a água de degelo jorrava nas planícies. Quando um bando frenético conduzido pelo sobrinho de Helm expulsou os Terrapardenses de Edoras, os usurpadores não tinham para onde ir. Como o clima tinha sido mais ameno ao sul das montanhas, Gondor pôde combater seus atacantes e, na primavera, estava livre para ajudar Rohan. Com a chegada dos Dúnedain, os últimos inimigos foram expulsos. Até mesmo Isengard foi reconquistada, e permitiram que Saruman ocupasse Orthanc, na esperança de que ele conseguisse prevenir sua recaptura.[17]

Eventos Remanescentes Antes da Batalha dos Cinco Exércitos (2770–2940)

Os problemas continuaram depois dos Dias de Privação: Orques em Rohan, 2800–2864; Harad contra Gondor, 2885; Uruks em Ithilien, 2901; o Fero Inverno, 2911.[18] Esses problemas eram dispersos e de importância limitada. Muito mais notáveis eram as atividades dos Anãos — não apenas como um prelúdio de *O Hobbit*, mas também com parte da história maior. A derrota dos Orques em Moria, em 2799, e, depois, na Montanha Solitária, em 2941, ajudou a reduzir as tropas-órquicas do Norte presentes na Guerra do Anel. A morte de Smaug eliminou uma criatura que poderia ter sido usada por Sauron com efeito devastador.[19] Como os eventos aparecem em outros lugares, eles não são repetidos aqui.[20]

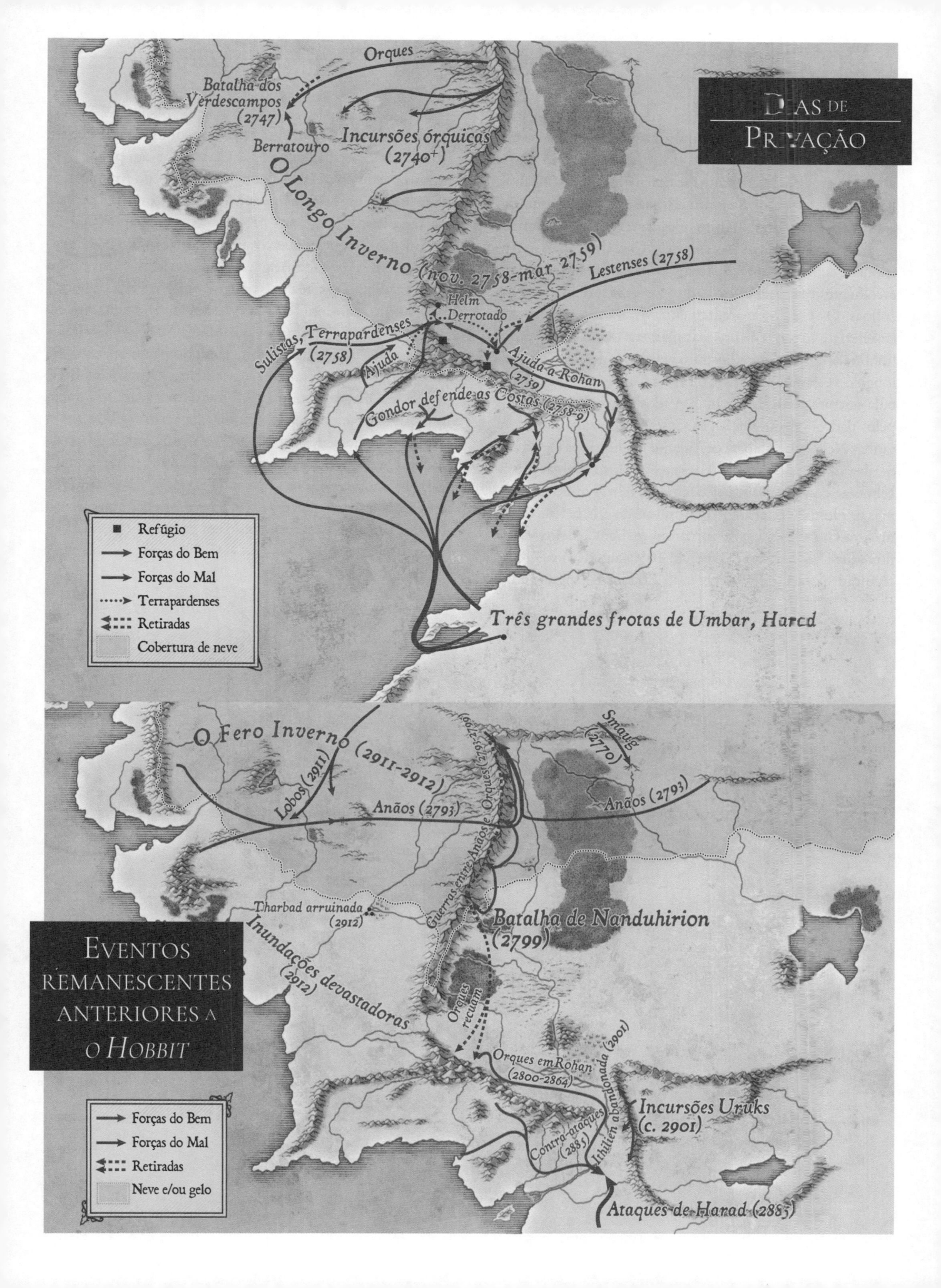

DIAS DE PRIVAÇÃO

- Orques
- Batalha dos Verdescampos (2747)
- Berratouro
- Incursões órquicas (2740+)
- O Longo Inverno (nov. 2758-mar. 2759)
- Lestenses (2758)
- Helm Derrotado
- Sulistas, Terrapardenses (2758)
- Ajuda
- Ajuda a Rohan (2759)
- Gondor defende as Costas (2758-9)
- Três grandes frotas de Umbar, Harad

Legenda:
- ■ Refúgio
- → Forças do Bem
- → Forças do Mal
- ⋯→ Terrapardenses
- ◀⋯ Retiradas
- Cobertura de neve

EVENTOS REMANESCENTES ANTERIORES A *O HOBBIT*

- O Fero Inverno (2911-2912)
- Lobos (2911)
- Anãos (2793)
- Guerras entre Anãos e Orques (2793-2799)
- Smaug (2770)
- Anãos (2793)
- Tharbad arruinada (2912)
- Inundações devastadoras (2912)
- Batalha de Nanduhirion (2799)
- Orques recuam
- Orques em Rohan (2800-2864)
- Incursões Uruks (c. 2901)
- Ithilien abandonada (2901)
- Contra-ataques (2885)
- Ataques de Harad (2885)

Legenda:
- → Forças do Bem
- → Forças do Mal
- ◀⋯ Retiradas
- Neve e/ou gelo

MIGRAÇÕES DOS HOBBITS

Por Eras, os Hobbits viveram tranquilamente em suas terras ancestrais, nos vales superiores do Anduin.[1] Com o passar dos anos, três grupos distintos se desenvolveram: Cascalvas, Pés-Peludos e Grados. Suas preferências quanto a habitações eram bem diferentes, embora eles talvez não ficassem tão separados como mostrado aqui. Os Cascalvas, mais setentrionais, eram um povo de terras florestais. Os Pés-Peludos escolheram terras altas, cavando seus lares nas encostas das colinas. Os Grados aparentemente viviam no extremo Sul e preferiam as terras baixas e as margens dos rios.[2] As terras hobbits originais foram ilustradas estendendo-se a Oeste, ao longo do Grande Rio, entre o Lis e a Carrocha — área habitada outrora pelos Rohirrim.[3] A localização é corroborada pelos padrões de migração: os Cascalvas cruzaram as Montanhas Nevoentas a norte de Valfenda,[4] enquanto os Grados escalaram o Passo do Chifre-vermelho.[5] Os Hobbits provavelmente continuariam perfeitamente felizes onde estavam, mas os Homens estavam se multiplicando e, lá perto, Verdemata, a Grande, estava se tornando maligna. Assim iniciaram seus Dias Errantes.[6] Em T.E. 1050, alguns Pés-Peludos seguiram para Oeste, adentrando Eriador — alguns até o Topo-do-Vento. Eles se juntaram, cerca de um século depois, aos Cascalvas e aos Grados. Os Cascalvas eram poucos e se misturaram com os Pés-Peludos e os Grados do Ângulo, mas muitos Grados se estabeleceram à parte, próximo a Tharbad, na Terra Parda.[7]

Em 1300, aqueles que viviam no Norte foram novamente forçados a fugir de Angmar. Alguns dos Grados foram para o Sul juntar-se aos seus parentes na Terra Parda; outros retornaram para as Terras-selváticas, onde habitaram ao longo do Lis[8] — ancestrais do infame Sméagol/Gollum;[9] mas a maior parte dos Hobbits se mudou para o Oeste. Os mais antigos e importantes assentamentos estavam em Bri e, especialmente, em Estrado.[10] Muitos outros vilarejos agradáveis também se estabeleceram, mas parecem ter sido abandonados e esquecidos depois. Em 1601, um grande grupo de Hobbits se mudou de Bri para o oeste do Rio Baranduin[11] e, trinta anos depois, os Grados da Terra Parda juntaram-se a eles;[12] e a maior parte de seu povo (mas certamente não todos)[13] acabou se estabelecendo em *Sûza* — O Condado.[14]

Esquerda: MIGRAÇÕES • Direita: TERRAS ANCESTRAIS

Migrações dos Anãos

Durin foi o primeiro dos Sete Pais dos Anãos a despertar,[1] e as outras famílias eram raramente mencionadas.[2] Alguns do povo de Durin rumaram a Oeste na Primeira Era, para as Ered Luin,[3] mas a maioria permaneceu em Khazad-dûm até T.E. 1980, quando escavaram tão fundo que despertaram o Balrog, o qual se escondera lá por quase 5500 anos. A maioria seguiu para o Norte, rumo às Montanhas Cinzentas; mas Thráin I, herdeiro do trono, vagou para a Montanha Solitária, onde estabeleceu o Reino sob a Montanha em 1999.[4] Em 2210, sob o comando de seu filho Thorin I, muitas pessoas se juntaram aos seus parentes nas ricas Montanhas Cinzentas, onde prosperaram até 2570.[5] Quando o rei foi morto por um draco-frio, os Anãos novamente abandonaram seu lar. Alguns retornaram a Erebor com Thrór, o filho mais velho do rei, enquanto outros seguiram para o Leste, rumo às Colinas de Ferro, com um irmão mais novo, Grór. Ambas as comunidades prosperaram e havia bastante comércio entre elas. Sauron deu a Thrór o primeiro dos Anéis dos Anãos e, com isso, um grande tesouro foi construído.[6] Portanto, o sucesso deles também foi sua ruína, pois em 2770, Smaug surgiu no portão e destroçou os salões. Muitos escaparam e se dispersaram. Alguns acompanharam Thrór, Thráin e Thorin, que vagaram para o Sul, parando onde encontrassem trabalho.[7]

Vinte anos depois, quando estavam ganhando a vida na Terra Parda, Thrór retornou a Moria e foi decapitado pelos Orques. Os Anãos se uniram vindos de todos os cantos — não somente o povo de Durin, mas também as "Casas de outros Pais" — para destruir os Orques, terminando com uma grande batalha em 2799.[8] Depois disso, Thráin conduziu seu povo a Oeste, para as Montanhas Azuis, e seu povo começou a se reunir. Mais uma vez, o poder maligno do Anel estava operando. Thráin conduziu uma pequena companhia a Leste, em direção a Erebor. Eles foram perseguidos e Thráin foi capturado e preso em Dol Guldur, para onde o Anel foi levado.[9] Antes de sua morte, Gandalf o encontrou lá,[10] e isso levou a tudo o que aconteceu depois: Thorin e Companhia, a Batalha dos Cinco Exércitos e o reestabelecimento de Erebor. Apenas mais duas grandes migrações restaram: a tentativa desastrosa de Balin de reocupar Moria[11] em 2989, e a colonização de Gimli nas Cavernas Cintilantes.[12]

MAPAS REGIONAIS

Introdução

Os mapas regionais a seguir incluem todos os nomes de lugares do noroeste da Terra-média, na época das demandas de Bilbo e de Frodo, conforme mencionados em *O Senhor dos Anéis* e *O Hobbit*. Alguns dos nomes mostravam a localização, como *Extremo Harad*, "extremo sul"; alguns eram descritivos, por exemplo, *Lithlad*, "planície de cinzas"; e alguns eram inspirados em características culturais da região, como *Ithilien*, "terra da lua", assim chamada por causa de Minas Ithil, "Torre da Lua Nascente".[1] O Condado e Rohan foram as únicas unidades regionais com limites estabelecidos por decreto,[2] então apenas as suas fronteiras foram desenhadas.

Exceto no Condado, não se conta nenhuma história aqui. Em vez disso, os textos que acompanham explicam como as decisões necessárias foram alcançadas para desenhar os mapas físicos de base.[3] Os mapas e os textos de Tolkien foram comparados uns com os outros e com o Mundo Primário, e a paisagem resultante foi explicada como se as formações ficassem no planeta Terra, e não na Terra-média. As marcações mostradas aqui correspondem a 100 milhas de distância, como nos originais de Tolkien, mas estão afastadas 50 milhas Leste-Oeste, e 25 milhas ao Norte na grade Norte-Sul.[4]

O Condado

Os Hobbits de Bri obtiveram permissão do alto rei em Fornost em 1601 para ocupar as terras entre o rio Brandevin e as Colinas Distantes. Os limites mostrados foram baseados nas distâncias afirmadas: das Colinas Distantes até a Ponte do Brandevin, quarenta léguas (120 milhas); e das charnecas *do Oeste* aos pântanos do Sul, cinquenta léguas (150 milhas).[5] Essa última medida é do Noroeste ao Sudeste, pois se a linha corresse de Norte a Sul, terminaria em colinas, não em pântanos. A área total tinha cerca de 21,4 mil milhas quadradas e foi dividida em quatro partes. Elas não têm nenhuma função oficial, mas enquadram-se nas sub-regiões do Condado: campos mais frios e secos do Norte; terras de colinas no Oeste; terras agrícolas protegidas do Sul; e as terras híbridas do Leste — florestas, pântanos, terras agrícolas e pedreiras. Duas áreas adjacentes foram acrescentadas ao Condado depois: o Marco do Leste (Terra-dos-Buques) e o Marco Ocidental. A Terra-dos-Buques foi ocupada em T.E. 2340, quase 700 anos antes da Guerra do Anel, ao passo que o Marco Ocidental foi concedido por Aragorn em Q.E. 32.[6]

Referências de toda sorte mencionavam outros assentamentos não mostrados no mapa de Tolkien, então se admitiu que eles ficavam além de seus limites.[7] O mapa ainda indicava a direção para várias cidades. Algumas indicações topográficas também foram dadas: Grã-*Cava* ficava nas Colinas Brancas (então, presumivelmente, *Cava* Miúda também); Ilhaverde ficava nas Colinas Distantes; Sob-as-Torres ficava no limite Leste das Colinas das Torres, as Emyn Beraid, onde Gil-galad construiu as Torres Brancas para Elendil após seu retorno de Númenor caída.[8] Elas foram dispostas ao longo da Grande Estrada Leste. Os próprios nomes também têm referências topográficas. *Frincha* Longa (um vilarejo ocupado pelos Tûks do *Norte*)[9] sugere um vale estreito que corta terras altas; enquanto *Vale* Comprido provavelmente fica no fundo de um rio (embora nenhum outro tenha sido mostrado naquela área, além do Brandevin). A história também deu pistas. O Vale Comprido era perto o suficiente para que se enviasse tabaco de modo conveniente pelo Vau Sarn, e Berratouro Tûk derrotou os Orques na Batalha dos Verdescampos na Quarta Norte — provavelmente não distante dos limites do Norte.[10]

Lobélia Sacola-Bolseiro era, originalmente, uma Justa-Correia de Tocadura. O nome significa literalmente "morada dura",[11] então a cidade ficava provavelmente em alguma área rochosa como as colinas; mas seriam as Colinas do Norte, do Sul, as Brancas ou as Distantes? Os Justa-Correias apareceram na área oeste da Ilha Cinta,[12] mas não havia indicação de Tocadura mesmo nas colinas de Escári próximas dali. A família tinha muitas lavouras de tabaco, e os Sacola-Bolseiros tinham terras na Quarta Sul, então Tocadura ficou estabelecida na ponta Sul das Colinas Brancas.[13] Outro vilarejo associado aos Sacola-Bolseiros nunca foi mencionado por Tolkien: Sacola. O autor usou o termo apenas como sobrenome, mas parece razoável que tenha existido um vilarejo ocupado por alguns membros da família dos Sacola-Bolseiros. A localização presumida se deve às plantações de tabaco dos Sacola-Bolseiros na Quarta Sul e à conexão entre os Bolseiros e os Justa-Correias.

Os Gamgis devem ter vindo, originalmente, da Quarta Oeste. Sua terra natal de Galabas era, provavelmente, próxima ao Campo-da-Corda, pois havia muita migração entre ambas. Duas coisas sugeriam a localização do Campo-da-Corda na Quarta Oeste: saindo do Campo-da-Corda, um primo se mudou *para* a Quarta Norte, e Sam disse que seu tio "teve uma cordoaria lá pro lado do Campo-da-Corda."[14]

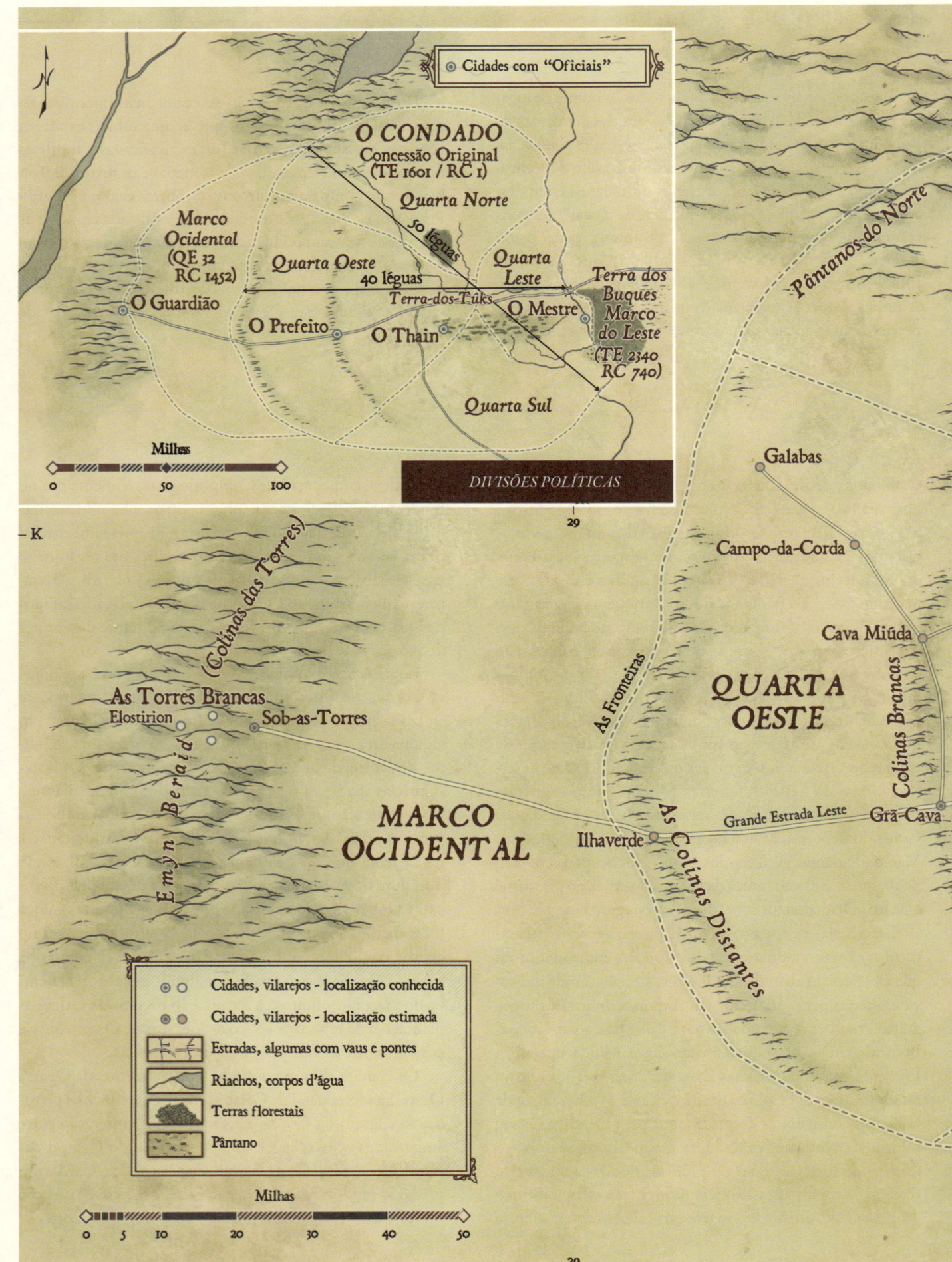

O CONDADO

Concessão Original
(TE 1601 / RC 1)

Quarta Norte

50 léguas

Marco Ocidental
(QE 32
RC 1452)

Quarta Oeste 40 léguas

Quarta Leste

Terra dos Buques Marco do Leste
(TE 2340
RC 740)

O Guardião

O Prefeito

O Thain

Terra-dos-Túks

O Mestre

Quarta Sul

Cidades com "Oficiais"

Milhas

0   50   100

DIVISÕES POLÍTICAS

29

– K

(Colinas das Torres)

As Torres Brancas

Elostirion

Sob-as-Torres

Emyn Beraid

MARCO OCIDENTAL

Pântanos do Norte

Galabas

Campo-da-Corda

Cava Miúda

QUARTA OESTE

As Fronteiras

Colinas Brancas

Grande Estrada Leste

Grã-Cava

Ilhaverde

As Colinas Distantes

Cidades, vilarejos - localização conhecida

Cidades, vilarejos - localização estimada

Estradas, algumas com vaus e pontes

Riachos, corpos d'água

Terras florestais

Pântano

Milhas

0   5   10   20   30   40   50

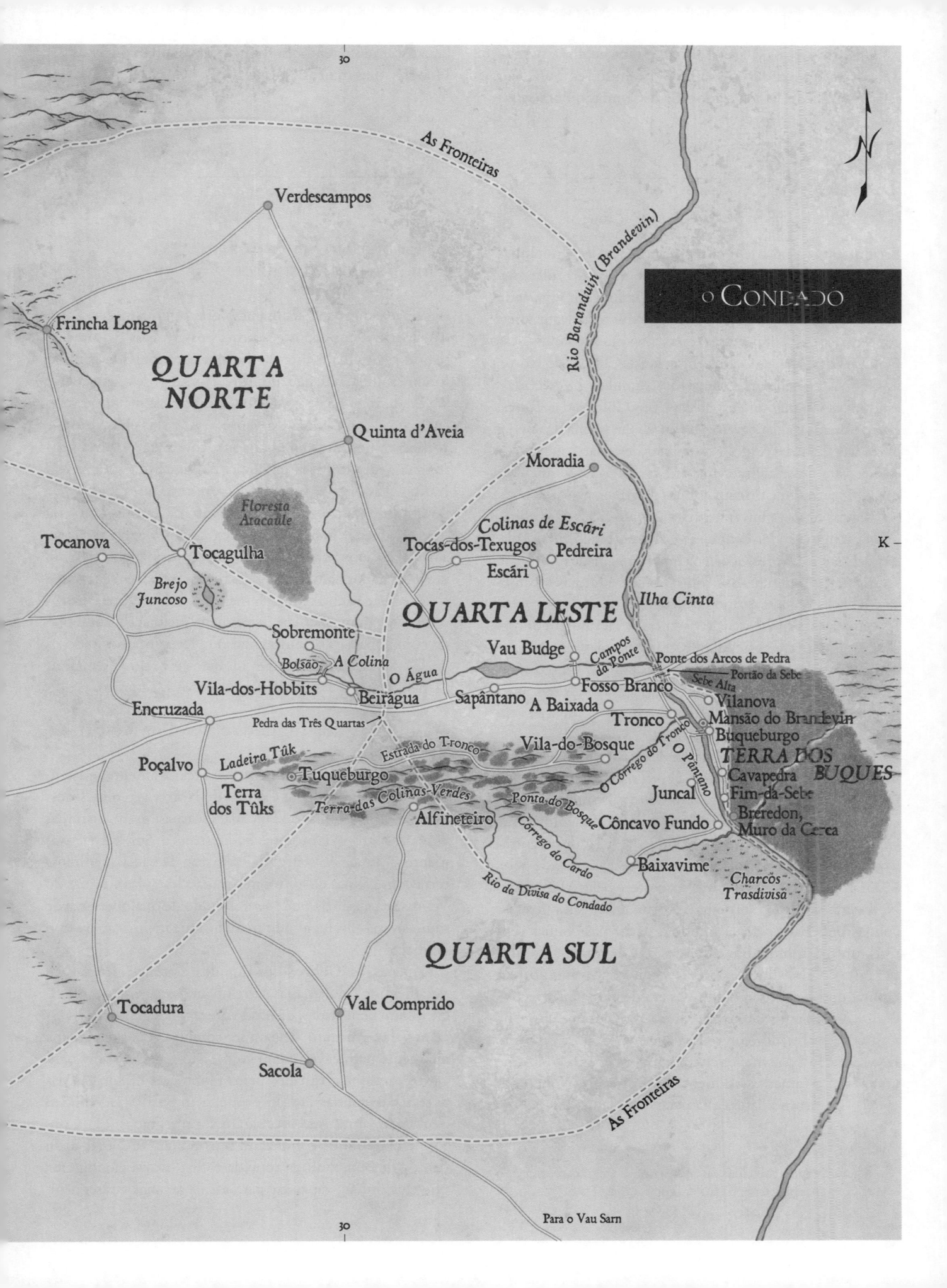

Uma vez que os vilarejos foram estabelecidos, as estradas foram estendidas até eles. O produto, embora não seja autenticado, ajuda a mostrar o Condado como era: bem-assentado, embora pouco povoado, com muitos Hobbits, mas muitos espaços livres.

ERIADOR

Eriador era o nome de todas as terras entre as Montanhas Nevoentas e as Montanhas Azuis.[1] No mapa de Tolkien, a região apareceu como um todo integrado, com uma série de terras altas cujos eixos longitudinais formavam anéis concêntricos.[2] Muitas dessas terras altas eram colinas — as Colinas Distantes, as Colinas Brancas, as Colinas do Norte, as Colinas do Sul e as Colinas-dos-túmulos. Intercaladas, estavam as Colinas de Vesperturvo e as Colinas das Torres, que também se encaixavam no padrão em forma de anel; a Terra das Colinas-Verdes e as colinas de Escári, que não se encaixavam nesse padrão e pareciam correr perpendicularmente às terras que tinham colinas de giz.[3]

Alguns leitores talvez tenham ouvido falar das colinas de giz sem entender o que são (diferente de outras colinas).* Essas elevações ocorrem quando camadas de rocha sedimentar se retraem das colinas ou montanhas e começam a se erodir, descascando camada por camada de rocha. As camadas de rocha mais resistentes se elevam em longas cristas, às vezes se estendendo por centenas de milhas,[4] enquanto os sedimentos mais fracos sofrem erosão mais rapidamente, formando terras baixas. As cristas têm uma face erodida alcantilada chamada *escarpa* e uma *encosta* longa e suavemente inclinada.

Cristas circulares de colinas se desenvolvem mais comumente ao redor de um *domo*, como o Descampado e as Colinas perto de Fangorn. De modo mais raro, as cristas concêntricas podiam sofrer erosão a partir das colinas que envolvem uma ampla bacia arredondada. Eriador se centrava nas Colinas do Vento, mas também era circundada pelas Montanhas Azuis, a Oeste e a Noroeste, e pelas Montanhas Nevoentas a Leste, Nordeste e Norte; então suas diversas colinas poderiam estar erodindo a partir das colinas centrais, ou das montanhas distantes, ou de ambas. As únicas pistas dadas foram sobre as Colinas-dos-túmulos e a Colina-de-Bri, que são discutidas em detalhe na respectiva seção. A avaliação dessas duas características resultou na ilustração de Eriador como uma bacia redonda gigantesca. Essa forma mais ou menos circular foi preservada conforme uma série de camadas sedimentares se erodiu ao longo dos éons — cristas circulares e planícies complementares.

As Colinas do Vento e os Pântanos dos Mosquitos

A camada de rocha sedimentar que originalmente ficava na superfície foi exposta a processos erosivos pelo maior período. Gradualmente, as bordas exteriores da camada foram erodidas, até que, por fim, a única porção intacta foi o elevado remanescente de quase mil pés acima do terreno em volta — as Colinas do Vento.[5] As cristas eram áridas e rochosas, indicando que a base rochosa era possivelmente uma pedra calcária, tal como as Flint Hills do leste do Kansas. Essa pedra permeável permitiria um escoamento de água tão rápido que o crescimento de árvores não seria possível devido à excessiva aridez do solo. Parte da água, acumulada em uma fenda, poderia ter formado a nascente descoberta por Sam e Pippin ao pé do Topo-do-Vento.[6]

A camada subjacente era menos resistente, e sua erosão resultou em uma planície. A pequena inclinação, combinada com a glaciação continental que teria interrompido os cursos dos riachos, deixaram numerosos brejos e pântanos — mais conhecidos como Pântanos dos Mosquitos.

As Colinas-dos-túmulos e a Colina-de-Bri

O terceiro grupo de sedimentos era relativamente resistente. Dele se originaram as Colinas do Norte, as Colinas-dos-túmulos e as Colinas do Sul. Suas escarpas foram ilustradas voltadas para o Noroeste, Sudoeste e o Sul, respectivamente — longe do centro da formação da bacia. Nenhuma terra com colinas de giz foi mostrada a leste das Colinas do Vento. Sua ausência pode ser resultado de qualquer uma de muitas variáveis, incluindo mudanças de inclinação ou tipo de rocha.

Apenas as Colinas-dos-túmulos foram descritas em detalhes por Tolkien. Elas não tinham drenagem na superfície e eram bem áridas, de modo que apenas gramíneas cresciam nelas. Portanto, deviam ser compostas por uma rocha altamente permeável, como greda, isto é, giz.[7] Para visualizar os caminhos trilhados pelos Hobbits, a orientação das cristas das colinas era de primeira importância. Tolkien deu várias pistas que precisaram ser integradas: (1) Conforme os Hobbits conduziam seus pôneis ao Norte além da casa de Bombadil, o "topo da colina" ficava tão íngreme que eles tinham de apear para escalá-la; mas conseguiam

---

* A autora está fazendo uma distinção entre as palavras *downs* e *hills* em inglês. Ambas podem ser traduzidas como *colinas*. [N.E.]

descer facilmente as suaves encostas atrás. (2) Continuando ao *Norte* em direção à estrada, escalavam a face íngreme e desciam a longa encosta das colinas, crista após crista. (3) No topo de uma colina voltada para o *Leste*, os Hobbits conseguiam ver "crista após crista na manhã". (4) Depois de deixarem o topo da colina em que ficaram debaixo de neblina, os Hobbits atravessaram o vale cavalgando para o *Norte*. (5) Quando Frodo ouviu gritos pedindo ajuda, voltou-se para o *Leste* e subiu a colina abruptamente.[8] Quase todas essas referências indicam que as escarpas das colinas se voltavam para o Sul, e as cristas em si iam do Leste ao Oeste. O longo vale Norte–Sul era uma série de *lacunas* em meio às cristas.[9] Essa orientação, porém, não concorda com o padrão circular das colinas de giz mostrado no mapa e nem com o processo encontrado no mundo real: ambos requerem que as colinas se voltem mais para o Oeste. Como um meio-termo, o longo eixo foi ilustrado orientado do Noroeste ao Sudeste — uma explicação razoável em vista do fluxo distinto do sudoeste do Voltavime.

O montículo desnudo na Floresta Velha e a Colina-de-Bri podem ser associados geologicamente com as Colinas-dos-túmulos. O montículo não estava longe do limite leste da floresta; e quando Bombadil guiou os quatro Hobbits para o limite noroeste das colinas, alertou-os a seguirem por apenas quatro milhas até alcançarem o Pônei Empinado.[10]

O Condado

A Oeste do círculo interno das colinas, a planície do Brandevin fica em uma área de camadas de rocha fraca. O curso do rio se encorpava no sentido Oeste a partir das Colinas do Norte, até o norte do Vau Sarn. Na planície, duas áreas elevadas surgiam: a Terra das Colinas-Verdes e as colinas de Escári. Essas provavelmente não eram terras com colinas de giz, pois corriam perpendicularmente a elas e, notavelmente, Tolkien não descreveu esses montes como "downs", ou seja, como colinas de giz. Talvez fossem velhos montes que restaram de rochas muito resistentes, cobertas por uma camada de sedimentos fracos que mais tarde sofreram erosão. Na Quarta Norte, havia ainda outra formação — os Pântanos do Norte.[11] Os pântanos desse tipo, chamados de *moors* em inglês, são planaltos pouco drenados que podem ocorrer sobre o granito.[12] Se havia algo assim no Condado, as pedras cinzentas da Terra das Colinas Verdes,[13] a pedreira perto de Escári e as charnecas talvez fossem todas de granito.

A oeste da Terra das Colinas Verdes ficavam as Colinas Brancas e as Colinas Distantes. Nada foi dito sobre as Colinas Distantes, mas as Colinas Brancas eram certamente feitas de greda. Não apenas o nome baseado na cor do leito de rochas, é um indício, como também o pobre Prefeito Pealvo ficou soterrado de greda quando o teto a Toca Municipal desabou.[15]

As Colinas das Torres e as Colinas de Vesperturvo

Tolkien visivelmente escolheu chamá-las de *colinas* [hills], em vez de *colinas de giz* [downs], mesmo que à primeira vista, no mapa pictórico de *O Senhor dos Anéis*, elas pareçam ter o mesmo padrão de anéis concêntricos. Mesmo assim, é evidente que as Colinas de Vesperturvo eram muito mais extensas do que quaisquer terras com colinas de giz. Os mapas "hachurados" na *História* são mais reveladores e claramente mostram a topografia de maneira mais complexa.[16] Como essas colinas ficam próximas às Montanhas Azuis, elas devem ter sido resultado de dobramentos em vez de meros produtos da erosão de camadas de rochas sedimentares. As Colinas das Torres, embora não fossem mais extensas, deviam ser bem íngremes. Em seu sonho, Frodo teve de se esforçar para alcançar as Torres Brancas no topo da crista.[17]

As Montanhas Azuis

As Ered Luin foram pouco descritas, pois ficavam à margem de todos os contos de Tolkien. Deviam ser mais baixas do que as Montanhas Nevoentas, pois as Montanhas Azuis não foram uma barreira tão significativa para as primeiras migrações em direção ao Oeste. A cordilheira parecia correr em cristas duplas em alguns lugares — especialmente como mostrado no mapa de *O Silmarillion*. As montanhas foram ilustradas no atlas como dobramentos com os picos erodidos por riachos — *anticlinais com brechas*, um padrão erosivo que ocorre mais comumente em rocha sedimentar. As camadas externas parecem ter sido sustentadas por rochas metamórficas formadas pelo contato com numerosas intrusões ígneas. Um ambiente assim é frequentemente necessário para produzir veios de minérios como os extraídos pelos Anões dos dias antigos.[18]

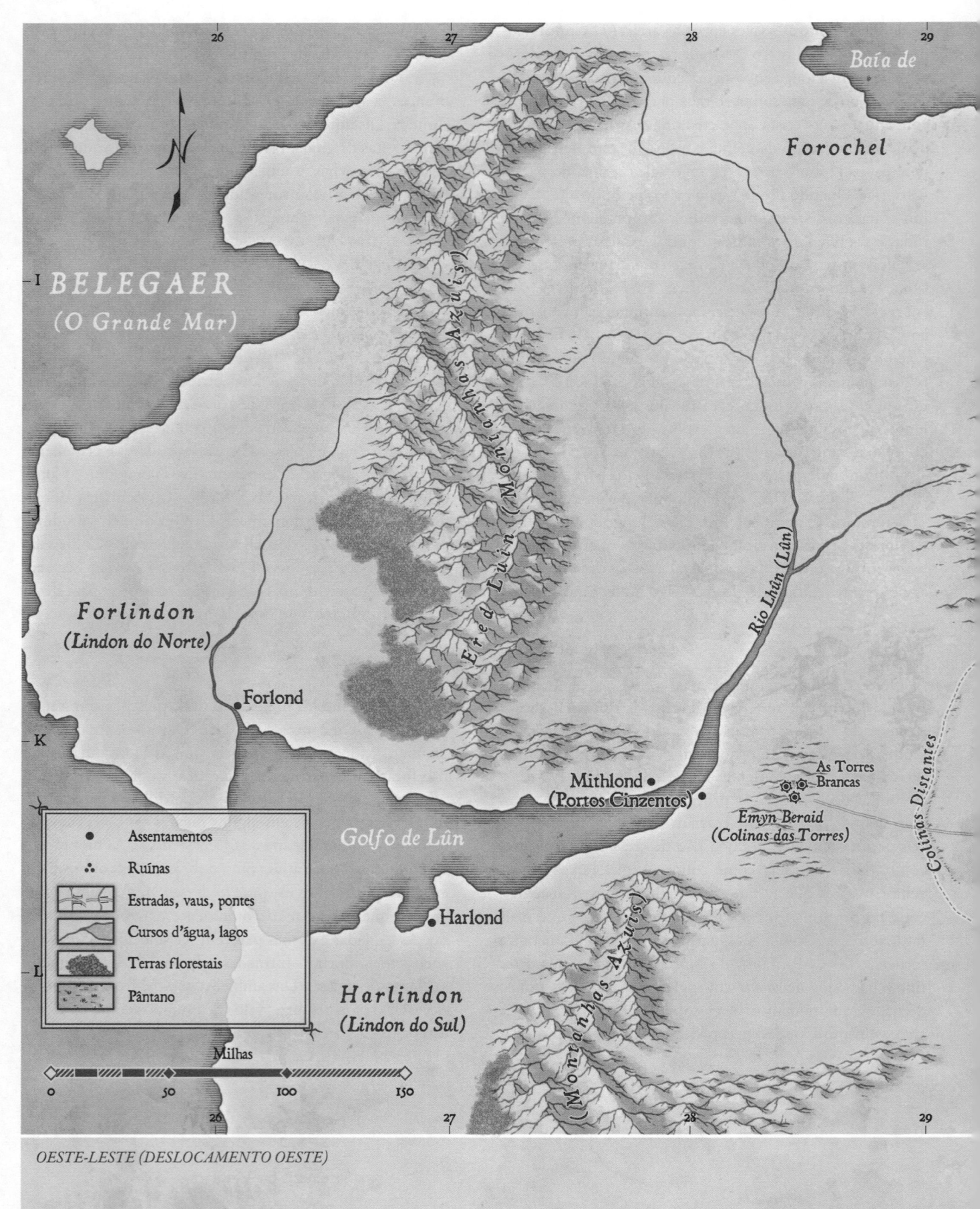

BELEGAER
(O Grande Mar)

Forlindon
(Lindon do Norte)

Forlond

Mithlond
(Portos Cinzentos)

Golfo de Lûn

Harlond

Harlindon
(Lindon do Sul)

Forochel

Baía de

Rio Lhûn (Lûn)

As Torres
Brancas

Emyn Beraid
(Colinas das Torres)

Colinas Distantes

Assentamentos

Ruínas

Estradas, vaus, pontes

Cursos d'água, lagos

Terras florestais

Pântano

Milhas

0   50   100   150

OESTE-LESTE (DESLOCAMENTO OESTE)

Lindon
(Planície Costeira)

Montanhas Azuis

Golfo
de Lûn

Colinas
das Torres

Marco
Ocidental

Colinas
Distantes

Colinas
Brancas

Colinas
Verdes

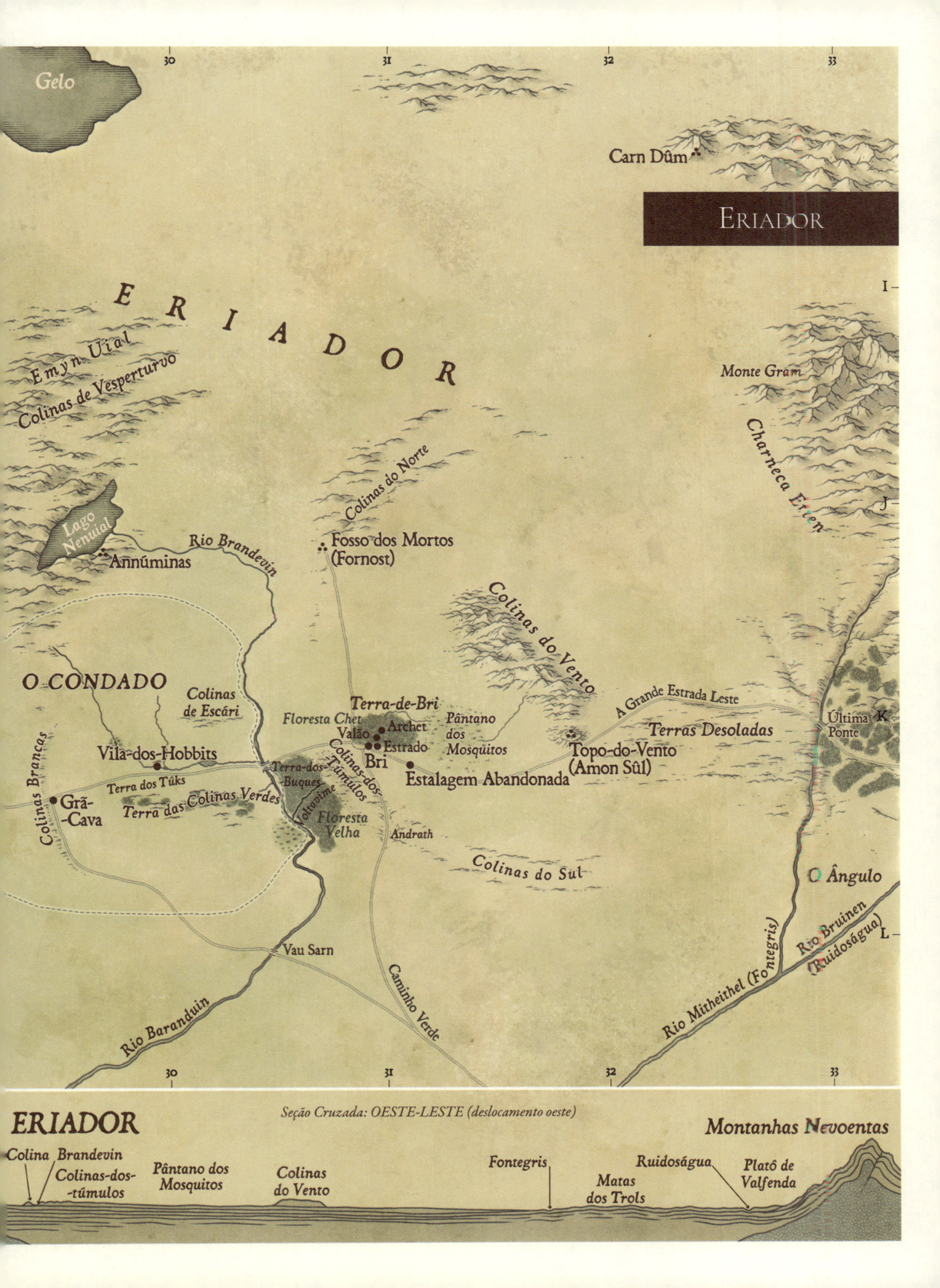

Gelo

30 31 32 33

Carn Dûm

ERIADOR

I

E R I A D O R

Emyn Uial
Colinas de Vesperturvo

Monte Gram

Charneca Etten

J

Lago
Nenuial

Rio Brandevin

Colinas do Norte

Annúminas

Fosso dos Mortos
(Fornost)

Colinas do Vento

O CONDADO

Colinas
de Escári

Terra-de-Bri
Floresta Chet
Valão
Archet
Estrado
Bri

Pântano
dos
Mosquitos

A Grande Estrada Leste

Terras Desoladas

Última
Ponte
K

Colinas Brancas

Vila-dos-Hobbits

Terra dos Tûks

Terra-dos-
-Buques
Terra das Colinas Verdes
Toltavime

Colinas-dos-
-Túmulos

Estalagem Abandonada

Topo-do-Vento
(Amon Sûl)

Grã-
-Cava

Floresta
Velha

Andrath

Colinas do Sul

O Ângulo

Vau Sarn

Caminho Verde

Rio Mitheithel (Fontegris)

Rio Bruinen
(Ruidoságua)
L

Rio Baranduin

30 31 32 33

ERIADOR

Seção Cruzada: OESTE-LESTE (deslocamento oeste)

Montanhas Nevoentas

Colina Brandevin

Colinas-dos-
-túmulos

Pântano dos
Mosquitos

Colinas
do Vento

Fontegris

Ruidoságua

Matas
dos Trols

Platô de
Valfenda

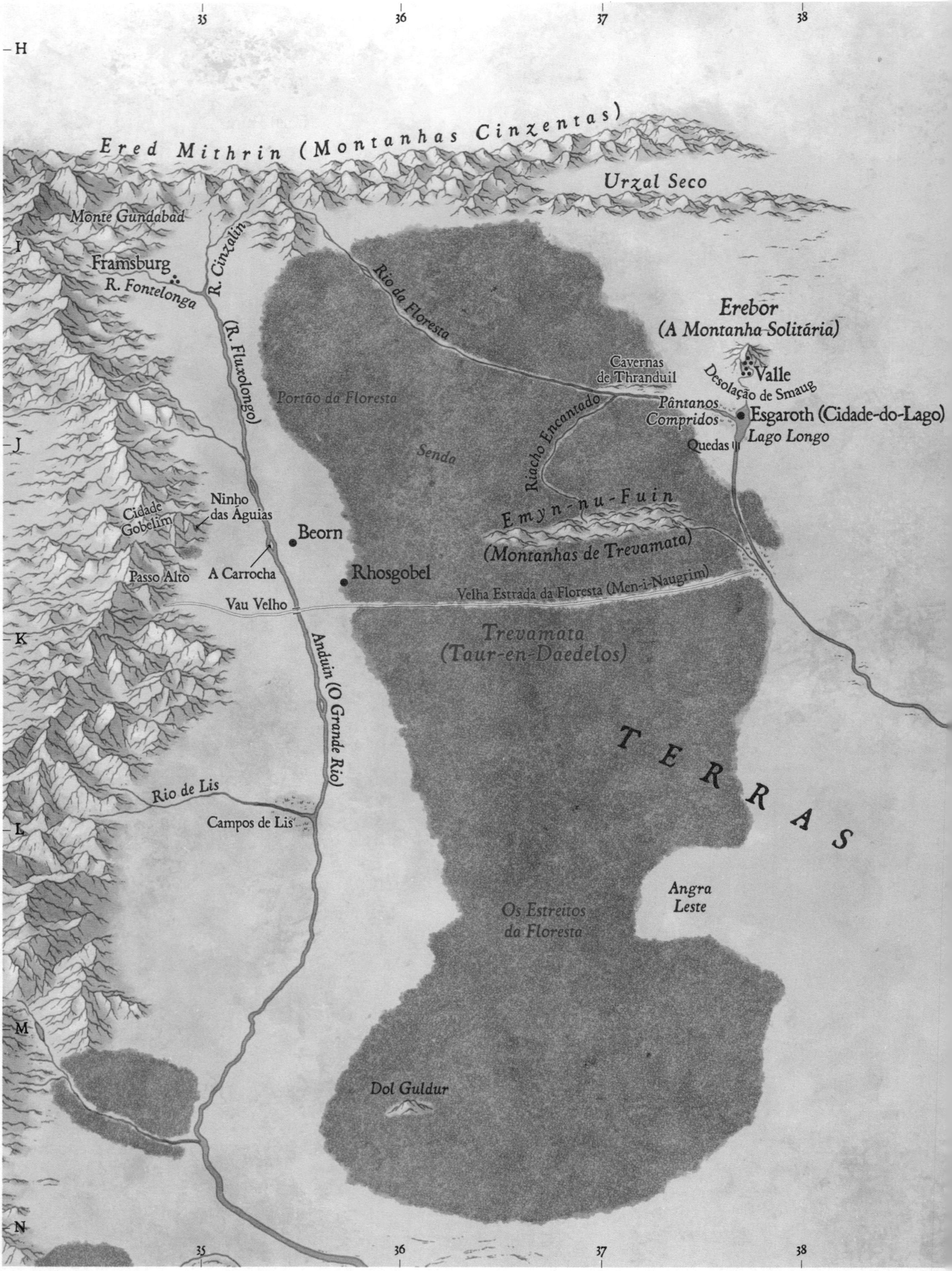
35
36
37
38
H
I
J
K
L
M
N
Ered Mithrin (Montanhas Cinzentas)
Urzal Seco
Monte Gundabad
Framsburg
R. Fontelonga
R. Cinzalin
(R. Fluxolongo)
Rio da Floresta
Erebor
(A Montanha Solitária)
Cavernas de Thranduil
Valle
Desolação de Smaug
Pântanos Compridos
Esgaroth (Cidade-do-Lago)
Lago Longo
Quedas
Portão da Floresta
Senda
Riacho Encantado
Emyn-nu-Fuin
(Montanhas de Trevamata)
Cidade Gobelim
Ninho das Águias
Beorn
A Carrocha
Passo Alto
Rhosgobel
Velha Estrada da Floresta (Men-i-Naugrim)
Vau Velho
Trevamata
(Taur-en-Daedelos)
Anduin (O Grande Rio)
TERRAS
Rio de Lis
Campos de Lis
Angra Leste
Os Estreitos da Floresta
Dol Guldur

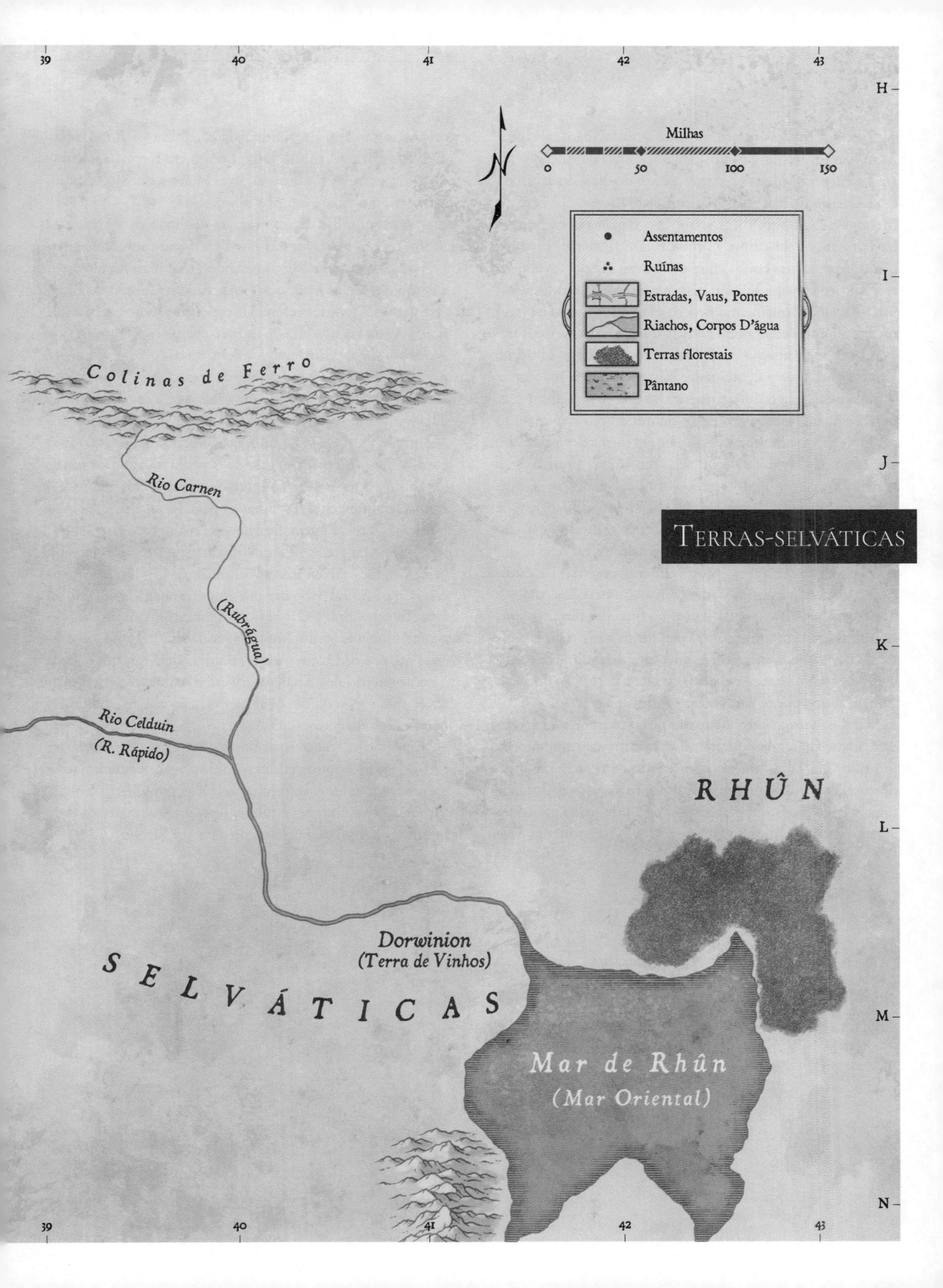

Milhas

0   50   100   150

●	Assentamentos
⁘	Ruínas
	Estradas, Vaus, Pontes
	Riachos, Corpos D'água
	Terras florestais
	Pântano

Colinas de Ferro

Rio Carnen

(Rubrágua)

Rio Celduin
(R. Rápido)

TERRAS-SELVÁTICAS

RHÛN

SELVÁTICAS

Dorwinion
(Terra de Vinhos)

Mar de Rhûn
(Mar Oriental)

As Terras-selváticas foram mostradas no mapa de Tolkien como sinônimo de Rhovanion,[1] mas uma definição mais ampla incluiria todas as terras a leste do Vau do Bruinen e o norte de Lórien — a área conhecida como "O Ermo".[2] Menos coisas foram ditas sobre essa região talvez porque havia menos a ser dito e porque foram fornecidas menos pistas. Apenas três coisas eram evidentes: (1) provavelmente havia calcário solúvel nas moradas de Thranduil; (2) uma glaciação continental ocorrera; e (3) o núcleo de pelo menos algumas colinas era constituído de rocha cristalina.

O caminho através de Trevamata tomado por Thorin e Companhia era aparentemente bastante plano, mas havia subidas e descidas o suficiente para fazer com que Bilbo nem percebesse que estava no fundo de um amplo vale quando subiu no grande carvalho.[3] Esse vale em forma de bacia pode ter sido uma cavidade — ou seja, um vale em que a água penetra no calcário e flui para os rios subterrâneos. Ficava perto o suficiente da morada do Rei Thranduil para que estivesse em um leito rochoso de calcário solúvel. O palácio subterrâneo de Thranduil, com pilares de "pedra viva" e "um rio debaixo da terra",[4] era provavelmente cavernas de calcário, supostamente aprimoradas com assistência dos Anãos.[5]

Os extensos brejos e pântanos no final das duas estradas florestais, os Pântanos Compridos junto ao Rio da Floresta, a "terra acidentada" entre a Montanha Solitária e suas vizinhas ao Nordeste,[6] e especialmente a descrição do Lago Longo, tudo aponta para os efeitos de uma glaciação continental. Os "seixos" empilhados ao pé do promontório perto da Cidade-do-lago[7] poderiam facilmente ser resultado de um tilito glacial — um conglomerado de rochas variando de cascalhos a pedregulhos capturados e carregados por uma geleira. Mais importante, o Lago Longo "enchia com águas fundas o que antigamente devia ter sido um vale rochoso grande e profundo".[8] Isso lembra os *finger lakes* de Nova York. O sul do Lago Longo era menos acidentado, pois, entre as fímbrias de Trevamata e do Rio Rápido, Rhovanion ocupara "amplas planícies".[9]

As Montanhas Cinzentas, as Colinas de Ferro, e a Montanha Solitária, todas eram ricamente mineralizadas. Erebor guardava ouro e joias, sendo que a mais fabulosa era a Pedra Arken.[10] O principal minério das Colinas de Ferro é evidente. Não se fez referência específica ao que as Montanhas Cinzentas produziam, fala-se apenas que eram ricas.[11] As Montanhas Cinzentas podem ter sido originalmente parte das extensas Montanhas de Ferro. Essa suposição é baseada em três pistas: (1) uma vez que a localização das Thangorodrim foi estabelecida, a posição aproximada das Montanhas de Ferro se alinhava perfeitamente com essa cordilheira posterior.[12] A grande cordilheira anterior talvez tenha sido apenas parcialmente destruída pelos Valar, deixando remanescentes espalhados pela Terra-média. (2) Ao norte das Ered Engrin ficavam as "regiões de frio sempiterno".[13] Ao norte das Ered Mithrin estavam os "Ermos do Norte".[14] Eles talvez fossem sinônimos. (3) Dragões procriavam no Urzal Seco mesmo antes da chegada de Thorin I na Terceira Era.[15] Orques dominaram por muito tempo a região ao redor do Monte Gundabad.[16] Tanto os dragões quanto os Orques eram criaturas de Morgoth e, com o rompimento das Thangorodrim, a realocação mais provável para eles seria em qualquer porção remanescente das Montanhas de Ferro.

Levando-se tudo isso em conta, as Terras-selváticas tinham muito potencial, mas foram historicamente atormentadas por Homens e criaturas malignos — Lestenses, Orques, Trols, dragões e lobos. Apesar dos longos anos de assentamento, elas continuaram a ser "O Ermo".

AS MONTANHAS NEVOENTAS

As torreantes Montanhas de Névoa eram indubitavelmente um dos pontos mais importantes da Terra-média. É muito provável que, assim como as Montanhas Brancas, elas tenham sido inspiradas nos Alpes Europeus que Tolkien havia trilhado em 1911.[1] As Hithaeglir, erguidas por Melkor no começo da Primeira Era como um obstáculo para as cavalgadas de Oromë, foram um obstáculo para as primeiras migrações em direção ao Oeste[2] e para as demandas de Bilbo e de Frodo. A orientação Norte-Sul de umas 900 milhas também bloquearia os ventos predominantemente úmidos do Oeste. O levantamento orográfico, alcançando possivelmente 12 mil pés,[3] teria produzido as condições nebulosas que não apenas deram o nome à cordilheira como também tiveram importância mais local, como inspirar o nome Fanuidhol (Cabeça-de-Nuvem), e, especialmente, produzir a tremenda batalha de trovões devido à qual Thorin e Companhia buscaram abrigo.[4]

Morfologia da Paisagem

Poucas pistas foram dadas por Tolkien para permitir qualquer análise das forças envolvidas no surgimento das Montanhas Nevoentas. Se elas fossem comparáveis aos Alpes, deveriam ser formadas por uma complexa mistura de falhas, dobramentos, domeamentos e atividades vulcânicas.[5] O terreno acidentado se estendia à área oeste das montanhas, produzindo terras tortuosas por todo o caminho desde a Charneca Etten no Norte,[6] através do platô extremamente fendido ao redor de Valfenda, com suas muitas voçorocas, ravinas e vales profundos,[7] nas terras acidentadas de colinas atravessadas pelos Nove Caminhantes em Eregion,[8] e descendo até os montanhosos solos ermos da Terra Parda.[9] A leste da cordilheira, o Anduin seguia um curso relativamente reto em meio ao um amplo vale verde até atingir os descampados ao sul de Lórien.

O único processo que claramente operou em algum momento foi a glaciação alpina. Dois termos-chaves dados por Tolkien designam formas de relevo modificadas por desgaste do gelo: *chifre*, o pico pontiagudo cortado pelo gelo em três ou mais lados, e *grota*, um vale erodido por uma geleira até ficar em forma de U — amplo e com paredões íngremes. Algumas outras formas de relevo descritas por Tolkien também pareciam ter origem glacial. Por exemplo, uma geleira que avança pode formar *degraus de rocha*, enquanto uma que recua pode deixar *morainas recessivas*.

Qualquer processo conseguiria barrar os alagados, ou *tarns*, que poderiam se despejar nas barragens em quedas ou corredeiras.[10] Muitas dessas características eram encontradas na região de Moria: Caradhras significava o

Chifre-vermelho;[11] depois de derrotar o Balrog, Gandalf ficou no topo do Pico-de-Prata no "duro chifre";[12] bem depois do ponto onde os Nove Caminhantes voltaram do Passo do Chifre-vermelho, a senda corria para "uma *grota* larga e rasa";[13] e o Veio-de-Prata "descia saltando para o *fundo* do vale".[14] Corredeiras borbulhavam pela *Escada* do Riacho-escuro até o Espelhágua. O próprio Espelhágua era um exemplo clássico de um lago represado de morainas — "longo e oval penetrando a ravina superior". O Veio-de-Prata, contudo, não corria diretamente do lago, mas filtrava-se pelo tilito solto da moraina e surgia de uma fonte gelada cerca de uma milha abaixo.[15] O vale no portão oeste de Moria também fora possivelmente entalhado por ação glacial, pois era relativamente plano, com paredões altos, e o lago represado pelo Vigia na Água era longo e estreito.[16]

Como a glaciação alpina se fez notar na parte central das montanhas, ela provavelmente aconteceu nas elevações altas por toda a cordilheira — especialmente, no Norte mais frio. O desenho de Tolkien do portão dos Gobelins conforme visto pelo ninho das águias[17] e sua descrição dos picos como "agulhas de rocha"[18] reforçavam a impressão de que os topos das montanhas eram denteados. Mesmo no Sul, o alto Methedras era coberto de neve.[19]

Tipo de Rocha

Cadeias de montanhas normalmente têm uma mistura de tipos de rochas tão complexa quanto seu processo de formação. Nas Montanhas Nevoentas, apenas três pistas poderiam ajudar a discernir as bases rochosas: cor, minérios e formas de relevo.

A maioria das cores mencionadas não dizia respeito à cadeia principal, mas sim às terras das colinas a Oeste. Menciona-se que havia pedras vermelhas perto de Valfenda e Moria. Na Mata dos Trols, a Estrada Leste cortava "paredes íngremes e úmidas de pedra vermelha"[20] em sua última etapa, descendo ao Vau do Bruinen, onde os Cavaleiros Negros atacaram. Na parte ocidental da Mata dos Trols, Thorin e Companhia cruzaram um rio "de um vermelho apressado", indicativo de que carregava sedimentos do solo vermelho (embora se fosse o rio Mitheithel ["fonte *gris*"], vermelho não era sua cor usual).[21] Perto de Moria, a Sociedade se arriscou em uma região árida de "pedras vermelhas", ao norte do Sirannon, que também tinha "pedras do seu leito, pardas e manchadas de vermelho".[22] A rocha a oeste de Moria talvez fosse a mesma que a do oeste de Valfenda. Possivelmente era arenito ou quartzito, pois ambos podem ser vermelhos.

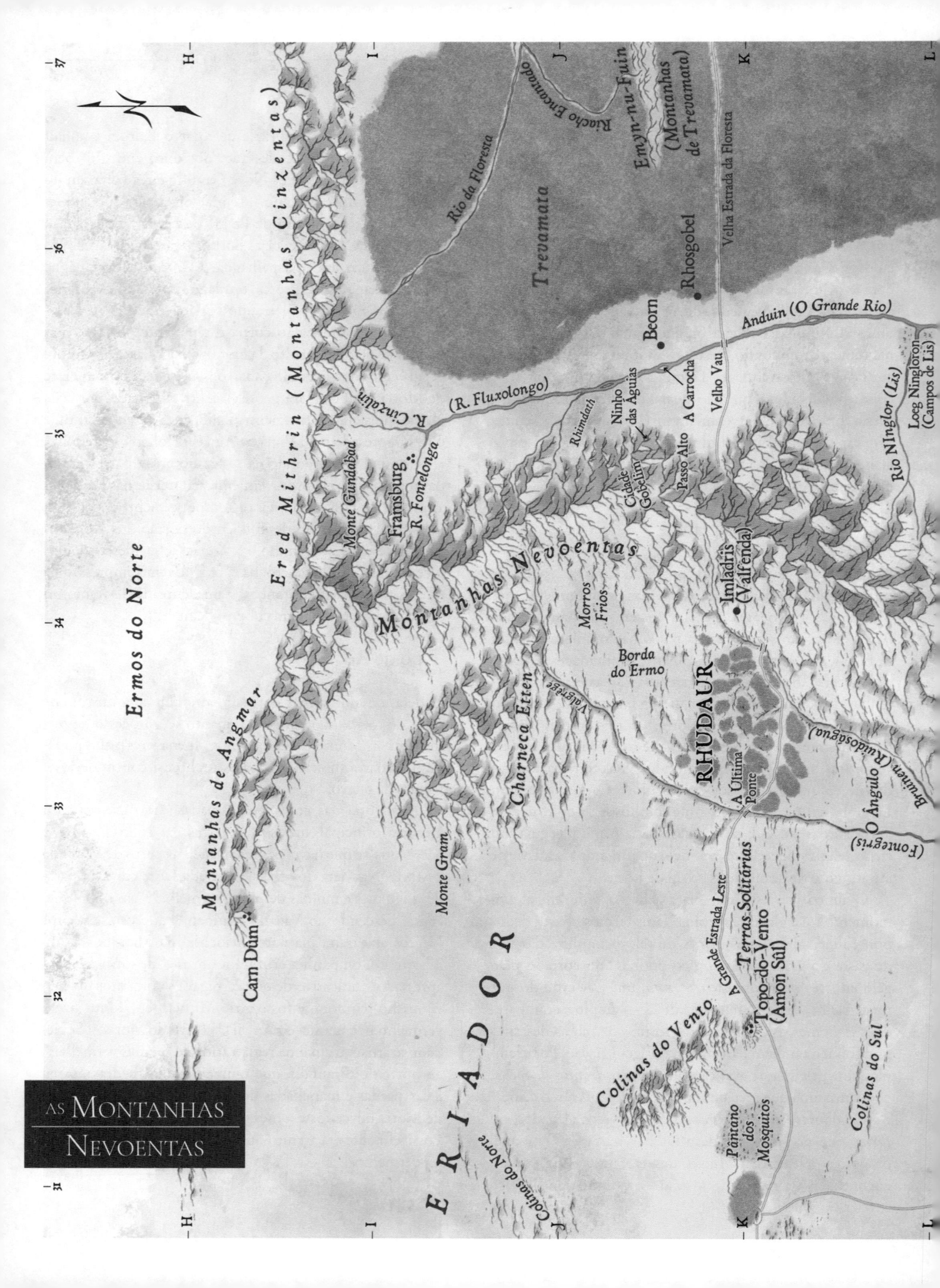

AS MONTANHAS NEVOENTAS

Ermos do Norte

Ered Mithrin (Montanhas Cinzentas)

Montanhas Nevoentas

Montanhas de Angmar

Trevamata

Emyn-nu-Fuin (Montanhas de Trevamata)

Rio da Floresta

Riacho Encantado

Velha Estrada da Floresta

Rhosgobel

Beorn

Anduin (O Grande Rio)

Velho Vau

A Carrocha

Ninho das Águias

Rhimdath

Passo Alto

Cidade Gobelim

Log Ningloron (Campos de Lis)

Rio Ningloro (Lis)

Imladris (Valfenda)

(R. Fluxolongo)

R. Cinzalin

Monte Gundabad

Framsburg

R. Fontelonga

Morros Frios

Borda do Ermo

Valégrče

RHUDAUR

Bruinen (Ruidoságua)

O Ângulo

A Última Ponte

(Fontegris)

Carn Dûm

Monte Gram

Charneca Etten

Colinas do Norte

E R I A D O R

A Grande Estrada Leste

Terras Solitárias

Topo-do-Vento (Amon Sûl)

Colinas do Vento

Pântano dos Mosquitos

Colinas do Sul

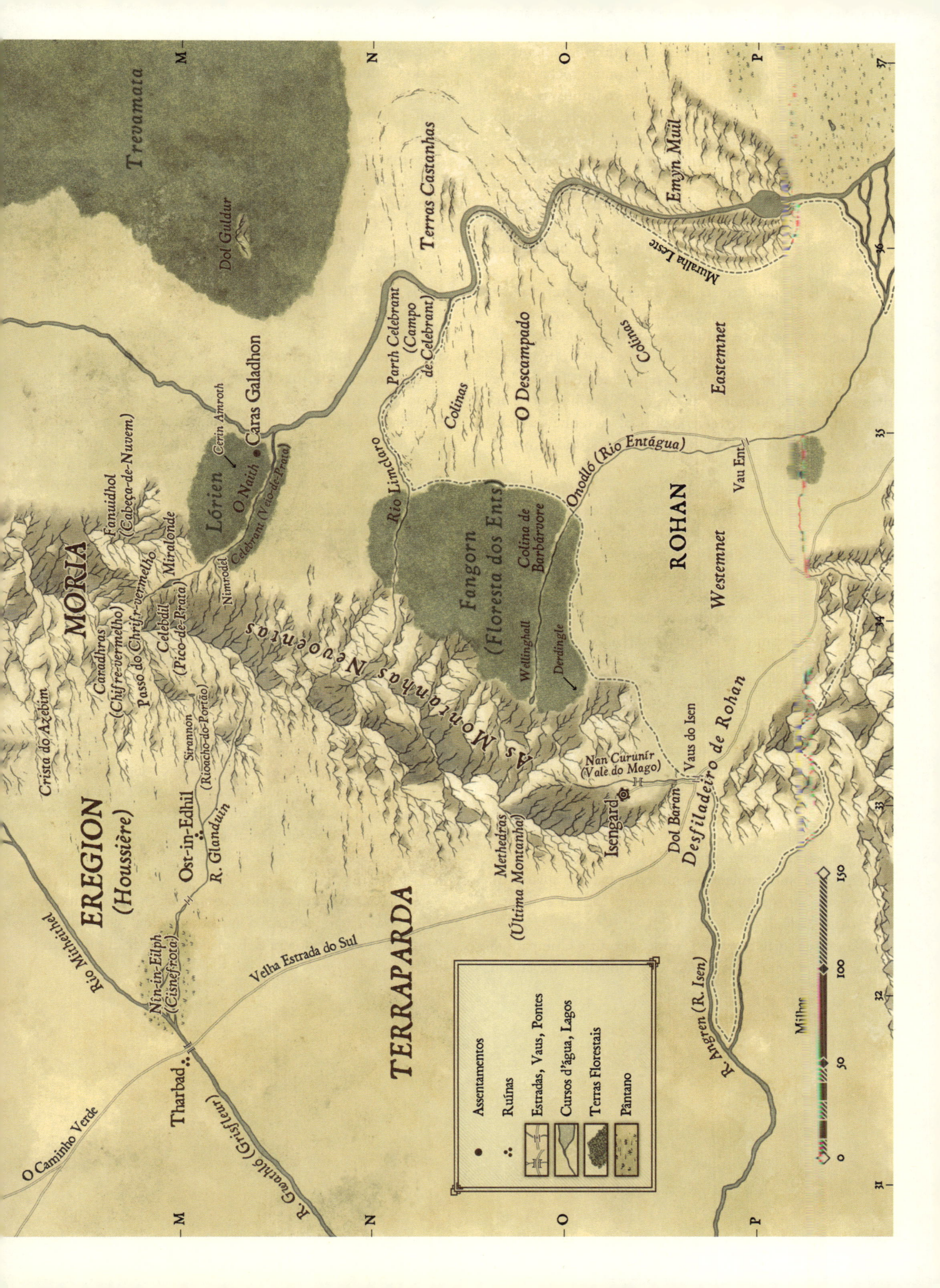

Na própria cordilheira, apenas Caradhras foi apontada como "Chifre-*vermelho*", enquanto a outra rocha montanhosa foi descrita como cinza.[23] Parece improvável que Caradhras, a mais alta das Montanhas de Moria, teria sido composta da mesma base rochosa encontrada nos sopés — especialmente porque os demais picos eram obviamente de outro material. Uma das duas coisas deve ter contado para sua cor: sua base rochosa era de um terceiro tipo de pedra, diferente dos sopés e das montanhas ao redor, ou sua base rochosa não era vermelha, apenas refletia os raios do sol nascente.[24]

Outro fator pode trazer luz à questão: a mineralização. Os veios de mithril, um minério não encontrado em nenhum outro lugar, rumavam "para o norte, na direção de Caradhras".[25] Os veios de minérios preciosos normalmente resultavam de intrusões ígneas repetidas nas falhas.[26] Se tivesse ocorrido intrusões, as extrusões também deviam estar presentes; e o Chifre-vermelho talvez tenha sido um pico isolado de rocha ígnea, como pórfiro de andesito, que é rosa opaco ou vermelho.

As outras montanhas na área eram, conforme mencionado, cinzentas na superfície. Há tantos tipos de rocha cinzenta que seria inútil tentar qualquer especulação sem mais informações. Porém, a rocha no núcleo era provavelmente cristalina. Moria era uma área altamente mineralizada, com veios de prata, ouro e ferro. As joias de Moria, "Berilo, pérola, opala em chama,"[28] eram uma mistura tão improvável que algumas não devem ter sido mineradas ali, e talvez fossem adquiridas por comércio — especialmente as pérolas, as quais são normalmente "extraídas" de animais de água doce ou salgada, e não da rocha, a menos, é claro, que se referissem a pérolas de caverna, que às vezes se formam em sistemas de caverna de gesso.[29] Talvez uma explicação melhor seja que Tolkien originalmente listou rubi, uma pedra que teria muito mais probabilidade de aparecer junto às outras.[30]

É difícil determinar se as formações em outras partes das montanhas eram as mesmas de Moria. Processos parecidos podem ter ocorrido no Sul, pois Isengard não só era vulcânica,[31] como também os minérios para os pilares de cobre e de ferro foram provavelmente extraídos naquelas proximidades.[32]

Na parte Norte da cadeia, onde Thorin e Companhia "deram uma volta" nos túneis dos Gobelins, havia um processo bem diferente — a formação de cavernas. A caverna do Gollum, com a ilha limosa e o lago subterrâneo que desaguava em um riacho escuro,[33] era formada, provavelmente, de calcário solúvel. Blocos de um calcário mais resistente podem ter constituído uma "encosta larga e íngreme de rochas caídas" que os Anãos tumultuaram fugindo dos Gobelins.[34] A mesma rocha deve ter formado a "ampla plataforma" na remota montanha onde as águias fizeram seus ninhos.[35] Conforme ilustrado por Tolkien, o pico parecia ser coberto por camadas de calcário.[36]

Rios e Estradas

Em um aspecto, este mapa revisado se diferencia do que aparece no primeiro *Atlas* e em *O Senhor dos Anéis*: o curso do rio Bruinen e a rota da Grande Estrada Leste entre o Topo-do-Vento e o Vau do Bruinen. Conforme mais material foi sendo publicado, Tolkien acabou por decidir: "'... onde for possível e não prejudicar a história, tomar os *mapas* como "corretos" e ajustar a narrativa.'"[37] Aparentemente, essa foi uma decisão para a segunda edição de *O Senhor dos Anéis*. A primeira edição "mostra a Estrada correndo ao longo do Ruidoságua 'por muitas léguas para o Vau'", enquanto na segunda edição, isso foi mudado para "'ao longo da borda das colinas.'"[38] O curso do rio mostrado aqui é um meio-termo com base nas análises mais detalhadas na *História*.

O mapa original de Tolkien mostrava curvas da Grande Estrada Leste muito mais largas, mas, quando refeito por Christopher Tolkien para a publicação, ele percebeu em retrospecto que havia achatado as curvas da estrada:

> Em 1943, fiz um mapa elaborado... o curso da Estrada do Topo-do-Vento ao Vau é mostrado exatamente como nos mapas de meu pai, com as grandes oscilações para o Norte e para o Sul. No mapa que fiz em 1954..., porém, a Estrada fazia apenas uma curva suave entre o Topo-do-Vento e a Ponte do Fontegris, e então corre em linha reta para o Vau.[39]

Aqui, assim como acontece com o Rio Bruinen, o mapa foi revisado para refletir o intuito original de Tolkien, conforme esclarecido em dois mapas rascunhados a partir da *História*.[40]

As Terras Castanhas, o Descampado, as Colinas e as Emyn Muil

Tolkien mapeou e remapeou essa área repetidamente, mudando bem mais do que apenas os nomes. Quatro desenhos distintos mostraram a evolução das terras de colinas através das quais o Anduin fluía. No primeiro mapa, Nen Hithoel ficava 120 milhas ao Norte, situando-se bem ao sul das Colinas Verdes, que corriam de Leste a Oeste quase na mesma localização mostrada para o Descampado e as Terras Castanhas. As Colinas Fronteiriças mais ao Sul situavam-se perto da localização das Emyn Muil do Leste.[1] Como Nen Hithoel se deslocou para o Sul, três mapas adicionais mostraram o desenvolvimento das Emyn Muil (chamadas na época de Sarn Gebir, mas o termo acabou sendo aplicado apenas para as corredeiras).[2] As colinas foram inicialmente mostradas como uma simples crista de Leste a Oeste que gradualmente se torna uma complexa série curva de cristas centradas no lago.[3] Apesar de os mapas não mostrarem claramente a formação da área do Descampado, as ilustrações aqui foram cuidadosamente desenhadas para se adequarem tanto à história quanto às características e processos do Mundo Primário.

Todas essas áreas se relacionavam quanto aos tipos de rocha e morfologia. Foram interpretadas como camadas de sedimento suavemente dobradas ao longo de um eixo Sudeste-Nordeste. O resultado foi uma dobra convexa ou *anticlinal* que se estreita no nordeste. Isso foi complementado por uma dobra côncava ou *sinclinal* que se estreita no sudoeste. As Terras Castanhas, o Descampado e as Colinas passaram por um dobramento convexo, enquanto as Emyn Muil, por um dobramento côncavo. Na borda leste do dobramento, as camadas não apenas se curvaram como também se romperam, originando o paredão que Sam e Frodo tiveram tanta dificuldade para descer.

As Terras Castanhas, o Descampado e as Colinas

Wold [traduzido aqui como Descampado] é um termo do inglês médio comparável ao inglês antigo *weald*, uma área florestada.[4] No sudeste da Inglaterra, existe uma região abobadada de colinas chamada "The Weald". O Descampado de Tolkien era estruturalmente muito parecido, embora sem florestas. Também era uma crista convexa ou *anticlinal*, em que camadas sedimentares com graus de resistência variados sofreram erosão, formando anéis concêntricos de colinas — as Colinas de Giz.

As colinas de giz ocorriam ao norte e ao sul do Descampado. A companhia atravessou as colinas do Norte depois de passar pelo Limclaro. Vários dias depois, a grande corrida em direção a Isengard levou grande parte da companhia ao longo da borda oeste das colinas do sul. Dez milhas a Oeste ficava o Entágua.[5] As colinas eram mais secas do que

os fundos dos vales, então os Orques se mantiveram perto delas para terem uma base mais sólida.

Essas colinas eram baixas porque os estratos eram relativamente finos. Inclinavam-se suavemente a partir do centro do Descampado, mas tinham uma queda mais abrupta voltada para o lado de dentro — "encostas verdes erguendo-se a cristas nuas".[6] Talvez os sedimentos fossem de giz, um tipo de calcário. As *Downs* da Inglaterra são de giz e tão permeáveis que "são notoriamente desprovidas de água e usadas como áreas de pastagens para ovelhas".[7] As colinas de giz ao norte do Descampado eram "morros ondulados de capim murcho",[8] e ao sul eram "longas encostas desprovidas de árvores"[9] em cujos pés "o solo era seco e a relva era curta".[10]

O Descampado foi descrito como desolado e desprovido de árvores e mais alto que as Colinas. O Descampado e as Terras Castanhas eram, na verdade, parte do mesmo relevo, simplesmente divididos pelo Anduin. A rocha resistente foi muito fendida. O Descampado talvez fosse adequado para algum cultivo, assim como as Terras Castanhas certa vez floresceram sob os cuidados das Entesposas, antes que o Inimigo tivesse "arruinado a região".[11]

Como na região chamada "Weald" na Inglaterra, um vale provavelmente ficava entre o Descampado e as escarpas das Colinas voltadas para dentro, ao Norte e ao Sul. As intersecções desses vales com as curvas a oeste do Anduin criaram os Meandros do Norte e do Sul, utilizados tanto pelos Balchoth quanto pelos Éothéod para atravessar mais facilmente o rio na Batalha de Celebrant.[12]

As Emyn Muil

A espessura variável e o grau de resistência desempenharam um papel na formação do Descampado e das Colinas, e o mesmo aconteceu nas Emyn Muil. Esses estratos eram muito mais espessos do que os das Colinas de Giz. Três principais camadas de sedimento de dobra côncava constituíam a terra rochosa. Essas apareciam mais claramente nas Emyn Muil do Oeste, onde "corriam do Norte ao Sul em duas longas cristas acidentadas".[13] As três camadas apareciam como: (1) a crista interna oriental, que era a mais alta e, portanto, a mais espessa; (2) a crista externa ocidental, com cerca de 120 pés de espessura, "vinte braças"[14] sobre a terceira camada; (3) a "plataforma larga e acidentada que terminava de súbito na beira de um penhasco escarpado: a Muralha Leste de Rohan".[15]

A camada de dentro sofreu erosão de todas as direções, deixando apenas um remanescente em formato de tigela, chamado de *vale sinclinal*. Tinha encostas internas relativamente longas e penhascos íngremes voltados para fora. As corredeiras de Sarn Gebir se agitavam pelo penhasco norte dessa camada. A rocha mais próxima ao rio nesse local

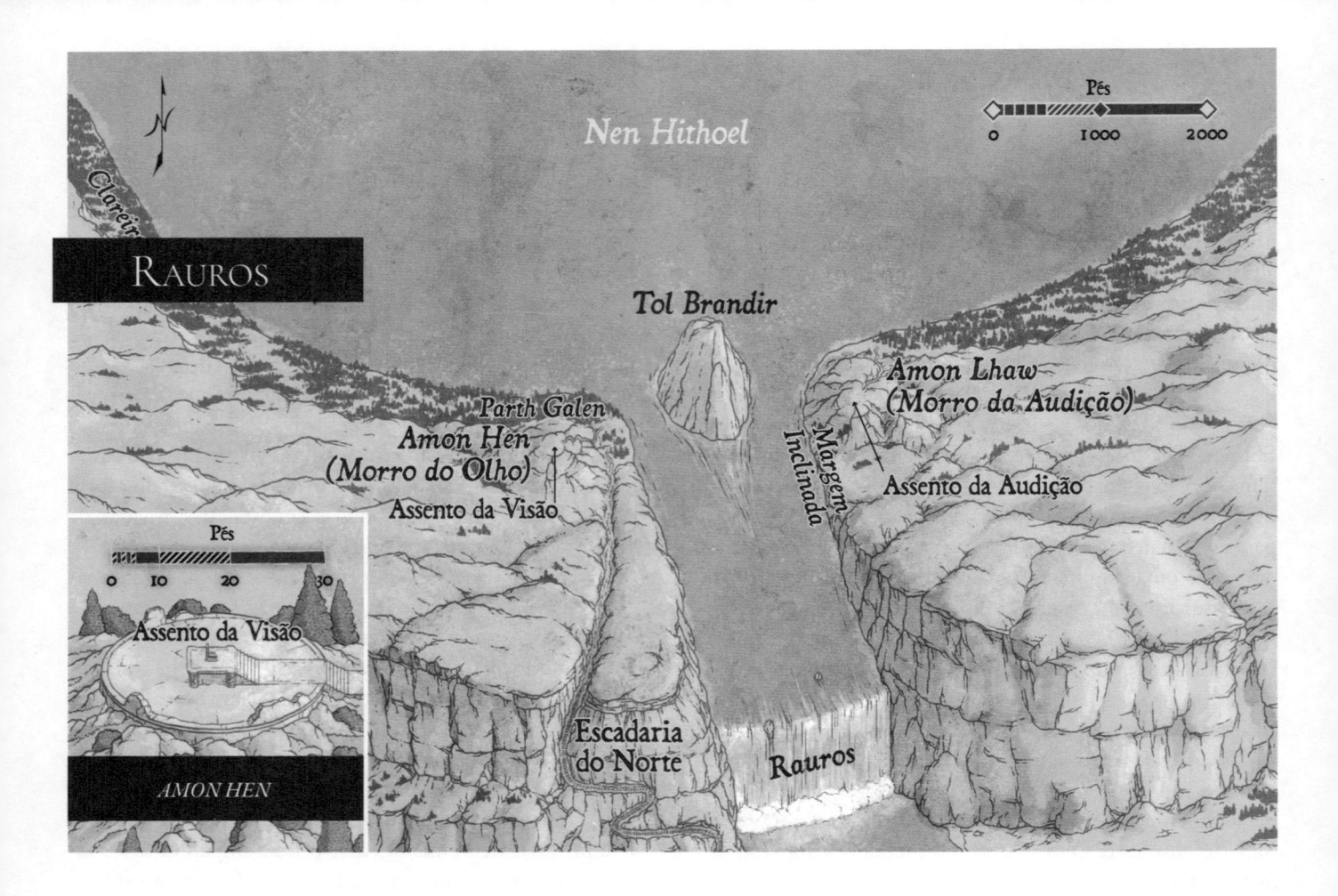

sofreu grande erosão, deixando "chaminés". O calcário deve ter sido quimicamente dissolvido em algumas partes, pois havia alguns traços de *topografia cárstica*, como a encontrada na Caverna do Mamute (Kentucky) nos Estados Unidos e na região da Dalmácia na antiga Iugoslávia. Nos lugares em que a rocha abaixo da superfície foi dissolvida e os estratos sobrepostos colapsaram, *dolinas* de tamanho variado apareceram. Assim, conforme a Sociedade se esforçava para cobrir a milha entre o rio e o caminho de varação, encontrou muitos "buracos ocultos" e "depressões repentinas".[16]

Entre Sarn Gebir e as Argonath, o rio sofreu grande erosão, de modo que os penhascos "erguiam-se de ambos os lados até alturas inimaginadas".[17] Nen Hithoel, o lago atrás da barragem natural da crista sul, também se posicionava na base de altos penhascos. Esses penhascos sofreram erosão de alguma forma, e restaram terraços aluviais nas bases, como a relva de Parth Galen e a "margem inclinada", onde Sam e Frodo esconderam o barco.[18] Ao sul do lago, o rio deve ter erodido a crista, formando três colinas. A Leste e Oeste estavam Amon Hen e Amon Lhaw, os Morros do Olho e da Audição, com suas cimeiras ameadas e os altos assentos de pedra da Visão e da Audição. No centro, cercado por águas correntes, ficava Tol Brandir.[19] Além daquela ilha, as três camadas convergiam, formando o penhasco que Rauros golpeava. Era tão íngreme que o transporte só era possível descendo a antiga Escadaria do Norte.[20]

Conforme Aragorn, Gimli e Legolas perseguiam os Orques, eles escalaram, rumo ao Oeste, a encosta Leste mais gradual, então desceram um vale profundo no Oeste. Na base do penhasco, um "vale corria como uma depressão pedregosa entre as colinas sulcadas".[21] Esse vale marcava a separação de dois estratos rochosos maiores. A crista externa estava em conformidade com o padrão da interna. Tinha uma encosta suave ascendendo a partir do leito do riacho e uma escarpa íngreme voltada para as planícies de Rohan.

A leste de Nen Hithoel, Sam e Frodo devem ter cruzado as mesmas camadas, mas diferenças na inclinação, algumas falhas e outros fatores substituíram as duas cristas distintas e a plataforma das Emyn Muil do oeste por um "estranho e retorcido agrupamento de morros".[22] Havia evidentemente uma linha de falhas na borda leste, mais alta no Sul. Na direção Norte, "o cume do morro afundava rumo ao nível da planície".[23]

Erosão e desgaste massivo provavelmente tornaram a terra acidentada, onde o penhasco "deslizou e rachou [...] deixando grandes fissuras e longas bordas inclinadas que em alguns lugares eram largas, quase como degraus".[24] Ainda assim, o comprimento do sulco era cerca de 108 pés (dezoito braças)[25] e, no fim das contas, foi necessária a maior parte da corda de Sam de "trinta varas, mais ou menos"[26] para ajudá-los a escapar das Emyn Muil.

AS TERRAS DE COLINAS

Legenda
- • Assentamentos
- Estradas, vaus, pontes
- Riachos, lagos
- Terras Florestais
- Pântanos

Trevamata

Dol Guldur

Montanhas Nevoentas

Nimrodel

Lórien

Caras Galadhon

Celebrant (Veio-de-Prata)

Anduin (O Grande Rio)

Rio Limclaro

Parth Celebrant (Campo de Celebrant)

Meandro do Norte

Terras Castanhas

Fangorn (Floresta Ent)

Colinas de Giz

O Descampado

Meandro do Sul

Colina de Barbárvore

Colinas de Giz

Onodló (Rio Entágua)

Muralha Leste de Rohan

Emyn Muil

Sarn Gebir

Ocidental

Oriental

ROHAN (A Marca)

Westemnet

Eastemnet

Argonath

Pântanos Mortos

Vau Ent

Nen Hithoel

Terras de Ninguém

Edoras

Cataratas de Raúros

Nindalf (Campo Alagado)

Rio Glanhir

Ribeirão Mering)

Fozes do Entágua

Anórien (Terra do Sol)

Cair Andros

Ered Nimrais (Montanhas Brancas)

Milhas

0   50   100   150

Minas Tirith

NORTE-NOROESTE PARA O SUL-SUDESTE

Montanhas Nevoentas | Rio Limclaro | Colinas do Norte | O Descampado | Colinas do Sul | Muralha de Rohan | Emyn Muil — Ocidental · Nen Hithoel · Oriental | Nindalf

As Montanhas Brancas

A segunda maior cadeia de montanhas se estendia por cerca de 600 milhas, de Leste a Oeste. As Montanhas Brancas estavam presentes na Primeira Era[1] e é bem provável que tenham sido erguidas ao mesmo tempo que as Torres de Névoa. O flanco Norte parecia ser uma extensão da cadeia Norte-Sul, meramente erodida no Desfiladeiro de Rohan. A oeste do Fano-da-Colina e ao sul do Abismo de Helm, onde as forças que constituíam as cadeias Leste-Oeste e Norte-Sul se encontravam, a terra foi elevada e retorcida em um *nó*. Lá estavam provavelmente alguns dos picos mais altos nas terras conhecidas da Terra-média (depois da destruição das Thangorodrim e das Montanhas de Ferro) — possivelmente ainda maiores que os dos Alpes. Muitas das outras porções das Montanhas Brancas deviam ser também tão altas quanto as Montanhas Nevoentas, ou mesmo maiores, visto que conservavam suas coberturas de neve mesmo em latitudes mais meridionais. As linhas de contorno do mapa de Tolkien em *O Retorno do Rei* dão a impressão de que o Monte Mindolluin e o Picorrijo não eram tão mais altos do que as Emyn Muil ou Ephel Dúath; mas esses picos eram cobertos de neve, enquanto essas outras terras altas não eram. Originalmente, Tolkien afirmou que as Montanhas Brancas (então chamadas de "Negras") "não eram muito altas, mas muito íngremes no lado norte".[2] Pelo menos a primeira parte dessa visão deve ter mudado, porque para elas serem cobertas de neve deveriam ter pelo menos 9,5 mil pés de altura.[3] Também, devido à elevação ou à topografia acidentada ou mesmo a uma combinação das duas, aparentemente não havia passos, do contrário, Aragorn não ficaria tão desesperado em se arriscar nas Sendas dos Mortos.

Morfologia da Paisagem

Mais uma vez, Tolkien deu pistas de que a glaciação alpina ocorreu na área do Fano-da-Colina. *Pico*-rijo [no original Stark-*horn*] tinha um pico irregular com neve sempiterna.[4] Serraferro era "serrilhada"[5] — uma descrição apropriada para uma série de picos irregulares formados pelas cabeças de geleiras ou *circos*, cortando até se encontrarem, formando *arêtes*.[*] Mesmo a essa latitude mais ao sul, as geleiras tinham aparentemente se estendido até o vale principal do Riacho-de-Neve. Era profundo, com encostas íngremes, como qualquer grande vale montanhoso seria. As pistas que indicam

glaciação são a largura de "pouco mais de meia milha", onde os cavaleiros de Théoden cruzaram[6] e dois vales tributários que ficavam acima do fundo do vale principal. O riacho no vale ocidental corria para uma "garganta estreita" e esvaziava-se sobre o penhasco por "cascatas",[7] então provavelmente não era glacial, mesmo que o vale principal fosse. Atravessando o rio a Leste, a estrada dos Homens-Púkel, aos poucos, serpenteava o penhasco torrente "algumas centenas de pés acima do vale" rumo a "um amplo planalto"[8] que os homens chamavam de Firienfeld. A fenda corria fundo nas montanhas até terminar na "parede íngreme" da Montanha Assombrada.[9] Esse vale alto tem as características típicas de um *vale suspenso* glaciar — amplo e longo, sendo que a geleira forma paredões íngremes nas laterais e despedaça a rocha na cabeceira, formando um anfiteatro majestoso.[10]

Paisagens glaciares não foram mencionadas em nenhum outro lugar na cadeia de montanhas, embora talvez existissem, especialmente no "nó". Atipicamente, o Vale das Carroças-de-pedra foi descrito como uma "*trough*" [traduzido aqui como *grota*], mas sua pouca elevação indica que não era glaciar, então o termo deve ter sido aplicado de forma vaga. O vale poderia ter sido cortado por um riacho, embora não houvesse nenhum riacho ali na Terceira Era. Poderia ser uma falha ou dobra convexa, ou talvez não fosse uma forma de relevo natural, mas uma pedreira colossal, conforme sugerido por Ghân-buri-Ghân.[11]

Tipo de Rocha

Apenas dois tipos de rocha podem ser identificados nas Montanhas Brancas com certeza: calcário (metamorfoseado em mármore em certas áreas) e rochas ígneas intrusivas. É evidente que havia calcário solúvel na região do Abismo de Helm e sua existência pode ser inferida perto do Monte Mindolluin, devido à proximidade das formações de calcário nas Emyn Muil, nas Colinas de Giz e Ithilien do Norte. As paredes brancas de Minas Tirith eram provavelmente de calcário extraído na área, e de um tipo resistente. A Torre de Ecthelion, que brilhava "como um espigão de pérola e prata",[12] deve ter sido mármore branco.

As Cavernas Cintilantes de Aglarond foram basicamente formadas em uma camada de calcário solúvel. As formações eram típicas de extensos sistemas de cavernas — colunas, asas, cordões, cortinas, lagos subterrâneos. Menos comuns eram as "gemas e cristais e veios de minério precioso",[13] que talvez tenham resultado de intrusões ígneas. Alguns dos melhores rubis e safiras de nosso mundo são encontrados como depósitos secundários em cavidades no norte da Birmânia.[14] Não foi feita menção a qualquer

---

[*] Palavra francesa que significa "espinha de peixe", "relevo ósseo", ou, mais especificamente, "linha que separa duas encostas de uma montanha". [N. T.]

minério ou depósitos em outro lugar na cordilheira, embora isso não signifique necessariamente que eles não existiam. Em contraste com Aglarond, as Sendas dos Mortos eram secas "como pó".[15] Cavernas secas podem ocorrer como galerias superiores, mas nenhuma formação de tipo cavernoso foi mencionada, então elas provavelmente não eram cavidade dissolvidas. Em vez disso, podem ter surgido a partir de água, geada ou mesmo de lava que entrou, ampliando fendas e juntas preexistentes, e depois saiu do canal. As Sendas podem ser produto de qualquer uma dessas causas e até mesmo terem sido minadas, parcial ou completamente. As pistas dadas pelas cores na região sustentam a possibilidade de rocha ígnea, que frequentemente é preta. A visão do nascer do sol revelava picos que eram "de pontas brancas e rajadas de preto",[16] e a Montanha Assombrada era chamada de "a negra Dwimorberg".[17] Apesar da predominância de rocha branca usada na construção de Minas Tirith, a própria colina pode ter sido vulcânica. A muralha exterior era da mesma rocha negra inquebrável que constituía Orthanc, e a "vasta projeção de pedra" poderia facilmente ter sido uma "vala" resistente às intempéries, como as que às vezes são encontradas em cones vulcânicos extintos e se erodindo.[18]

As Terras Baixas

Os flancos das Montanhas Brancas se estendiam até o Sul, alguns quase até a Baía de Belfalas. Entre as cristas ficavam vales de rios profundamente fendidos, como os do Morthond, onde a Companhia Cinzenta desceu das Sendas dos Mortos — "uma grande enseada que dava contra as escarpadas faces meridionais das montanhas".[19] Esses vales aluviais coalesceram conforme se aproximavam da baía, produzindo as belas e verdejantes terras costeiras de Anfalas e Belfalas.

A ampla planície ao norte das Montanhas Brancas e ao sudeste das Nevoentas era inteiramente drenada por um imenso sistema fluvial, o do Entágua. Embora ele tivesse sua fonte nas nascentes saltitantes do Monte Methedras, acima da morada de Barbárvore,[20] a maioria de seus afluentes corria a partir das Montanhas Brancas. Ele também drenaria parte das colinas de giz do sul e do Descampado por uma passagem de água subterrânea. O Entágua tinha uma característica incomum, o grande delta interior. Tal informação pode dar a impressão de que o rio era bem turvo, mas um delta *interior* não é indicativo que um rio carrega grandes quantidades de sedimento. Em vez disso, esse padrão se desenvolve onde há uma redução repentina no declive desde as montanhas extremamente altas até o fundo do vale plano. A mudança abrupta reduz drasticamente a capacidade do rio de carregar partículas em suspensão e o acúmulo de sedimento resultante interrompe o principal canal do rio.

Essa ação é aparente no Entágua desde o curso entrelaçado mostrado acima do delta.[21] A quebra da corrente reduz ainda mais a capacidade de transporte, causando mais acúmulo. Os riachos vagueiam adiante e o ciclo continua até se ajustar e o rio se reconsolidar ou, como no caso do Entágua, desaguar em outro rio.

Gramíneas de pradarias normalmente aparecem em áreas relativamente secas; contudo, a planície certamente se alagava com facilidade. Depois do Inverno Longo, ela se tornou "um vasto pântano"[22] e, mesmo nos dias mais secos, Scadufax conduziu o caminho em torno de "lagoas ocultas e ... lodaçais úmidos e traiçoeiros" entre Fangorn e Edoras.[23] Aparentemente, havia água o suficiente para originar as pradarias maravilhosamente exuberantes de Rohan.

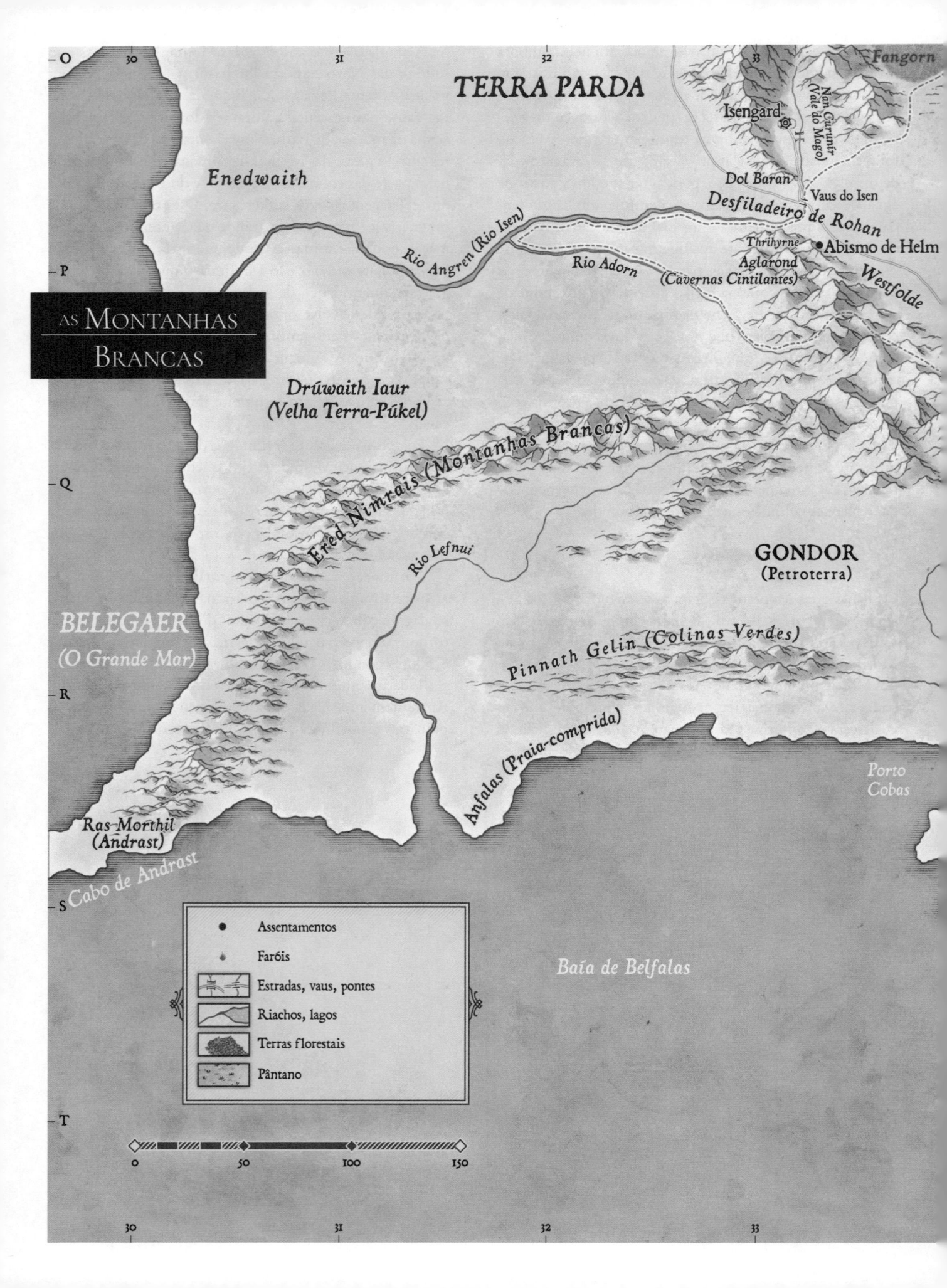

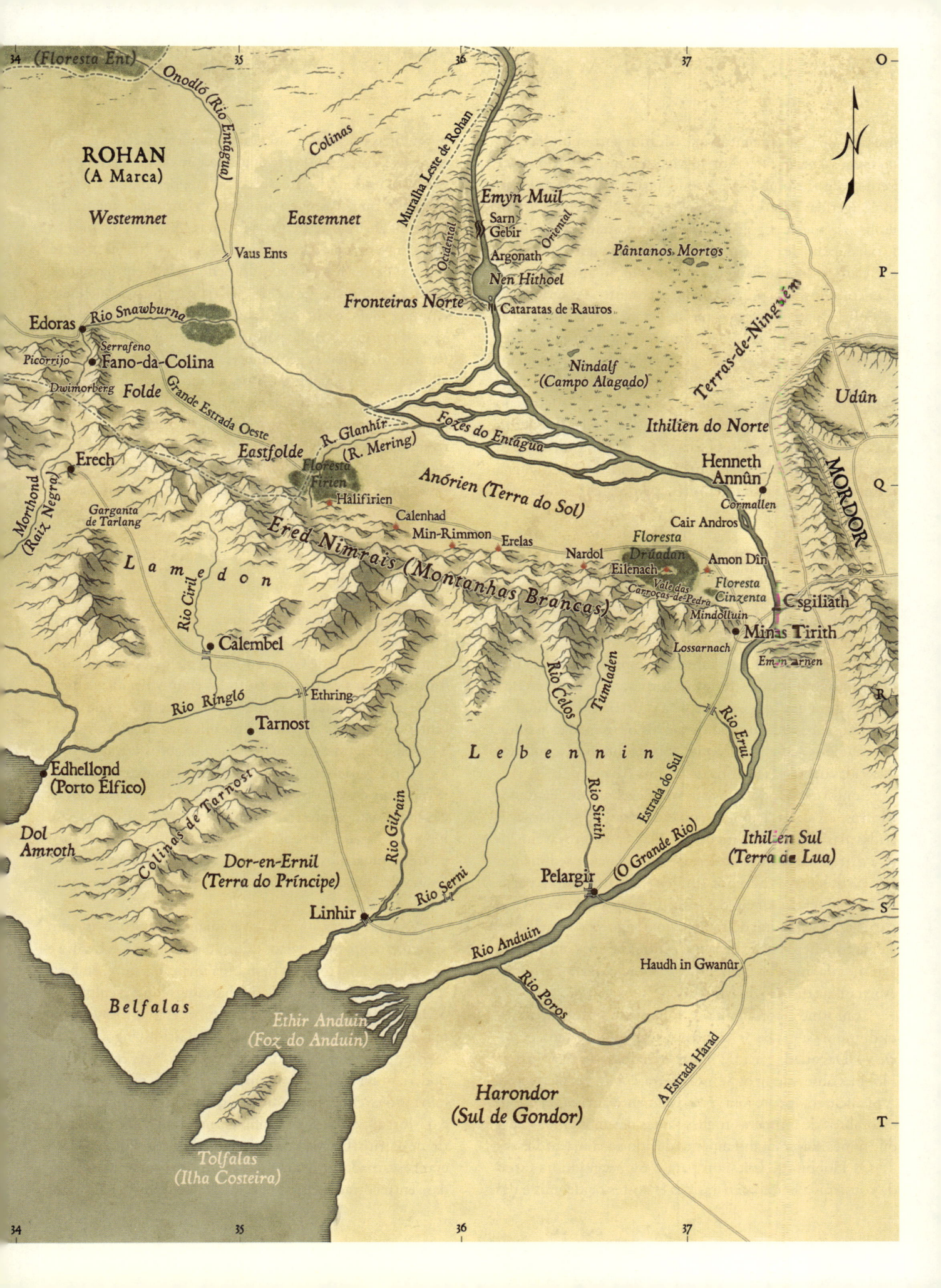

Tolkien uma vez comentou que Mordor correspondia mais ou menos à bacia vulcânica do Mediterrâneo, e o Monte da Perdição, ao Stromboli.[1] Em todo lugar a atividade vulcânica é sugerida: Mordor, a Terra Negra; Ephel Dúath, montanhas de rocha negra; Ered Lithui, montanhas de cinza, Lithlad, planície de cinza; Gorgoroth, um platô vulcânico; e, é claro, o Monte da Perdição, um vulcão ativo. A paisagem era sinistra, condizente com seu mestre. As terras fora da Ephel Dúath (a "cerca exterior") eram notavelmente não vulcânicas: Ithilien do Norte, uma terra com riachos e grutas; terras pantanosas; charnecas das Terras-de-Ninguém; e mesmo Dagorlad, a planície da dura batalha. Estas também contribuíam para a atmosfera misteriosa. As terras no Nordeste, próximo ao Morannon, onde o poder de Sauron era mais forte, caíram sob seu poder e foram arruinadas, mas Ithilien só havia sofrido com sua influência maligna recentemente e "ainda retinha um desgrenhado encanto de dríade".[2]

As Terras Adjacentes

As terras do Norte eram varridas pelos violentos ventos do Leste que carregavam fumos dos montes de escória e do cada vez mais ativo Monte da Perdição.[3] O clima se tornou árido e a paisagem foi lentamente despida das coisas que crescem. Conforme as terras se tornavam mais estéreis, a pouca chuva que caía escorria pela superfície dos planaltos próximos, abastecendo cada vez mais os tremedais pardos. Os Pântanos Mortos cresceram até engolirem as sepulturas escavadas depois da batalha da Última Aliança.[4]

Conforme Frodo e os outros deixaram os Pântanos Mortos, escalaram "longas encostas rasas" das "charnecas áridas das Terras-de-Ninguém".[5] Elas eram provavelmente a extremidade que recuava de uma camada sedimentar que prosseguia ao Sul, por Ithilien, desparecendo a partir da Ephel Dúath. A beirada dos sedimentos sofreu erosão a partir da cordilheira, deixando "um longo vale semelhante a uma trincheira, que se estendia entre ela e os contrafortes externos da muralha montanhosa" sobre o qual os Hobbits espiaram na direção do Morannon.[6]

Conforme a cordilheira se voltava para o Leste, a crista diminuía e o vale se ampliava, tornando-se uma planície — Dagorlad, cena de muitas batalhas — pela qual os Hobbits observaram os Sulistas entrarem no Portão Negro. A planície era "pedregosa", provavelmente um *pedimento* — escombros de inúmeras rochas saídas das montanhas, mas que nunca sofreram intempéries devido ao clima árido.[7]

Os Hobbits se voltaram para o Sul, seguindo a estrada construída entre as cristas das encostas ocidentais e das montanhas orientais. Passaram por uma terra cada vez mais agradável, com grande precipitação que chegava junto com os ventos úmidos do Sudeste da Baía de Belfalas.[8] Lá, a água abastecia numerosos riachos que caíam rapidamente no Anduin, abrindo íngremes gargantas. Às vezes, os riachos encontravam uma abertura e seguiam as frágeis fissuras sob a superfície, reaparecendo bem abaixo, em nascentes. Uma determinada "gruta" foi selada para formar Henneth Annûn.[9] Mais ao sul, os sedimentos devem ter continuado a cavar de forma abrupta, porque, após deixarem o refúgio de Faramir, os Hobbits permaneceram a Oeste da estrada até alcançarem a garganta do Morgulduin. Virando-se para o Leste, escalaram continuamente, e "sempre que desciam um pouco, o aclive oposto era mais longo e íngreme." Por fim, tiveram de enfrentar "uma grande cadeia de *colinas escarpadas*"[10] — uma cadeia de cristas afiadas feita de sedimentos resistentes, com uma encosta excedendo 45° e uma escarpa ainda mais íngreme.[11] Além da Encruzilhada ficavam as "terras acidentadas" de Mordor.[12]

Mordor

A terra de Sauron era composta por três características principais: as montanhas, que eram "partes de uma grande muralha"; o platô de Gorgoroth; e as planícies de Lithlad.[13] Todas as terras eram áridas e todas eram vulcânicas. Escalando as montanhas, os Hobbits se viram cercados de constantes exemplares de rocha vulcânica, as quais tornavam a cadeia predominantemente negra. Gabros talvez se projetassem e pode ser que houvesse basaltos extrudados em níveis mais baixos ou aparentes em gargalos e valas. Todos eles poderiam conferir à terra a sua aparência escura. Ao longo da Escada Tortuosa, os Hobbits passaram por "altos pilares e pináculos denteados de pedra... grandes fendas e fissuras".[14] Talvez fossem resultado do intemperismo colunar do basalto.

Ao redor deles, os picos se erguiam bem alto, mas eram aparentemente mais baixos que os das Montanhas Branca e Nevoentas. Não foi feita nenhuma menção à neve, embora se diga que "invernos olvidados haviam roído e esculpido as pedras sem sol".[15] Ainda assim, os picos eram provavelmente bem altos, pois o topo do passo de Cirith Ungol ficava a mais de 3 mil pés acima da Encruzilhada.[16] As cordilheiras poderiam ter sofrido dobramentos e falhas também. Uma falha provavelmente produziu a grota entre a Ephel Dúath e o Morgai por onde os Hobbits rumaram ao Norte a partir de Cirith Ungol. "As faces orientais de Ephel Dúath eram escarpadas" e as encostas do Morgai eram desordenadas, entrecortadas, irregulares.[17] Falhas transversais eram aparentes também, pois Sam e Frodo beberam de um sulco que parecia ter sido "fendido por um enorme machado".[18] Na extremidade norte da Ephel Dúath, na junção com as Ered Lithui, ficava um vale circular profundo cercado de estéreis penhascos escuros e íngremes — Udûn. Tolkien descreveu o vale como circundado por flancos das duas cordilheiras.[19] A simetria do vale sugere ser ou uma *caldeira* ou um *dique anelar*. Uma caldeira é um vestígio de um vulcão que explodiu e/ou colapsou. Um dique anelar é um espinhaço circular de rocha ígnea fria cercando um vale profundo. Isso ocorre quando um bloco redondo afunda numa câmara magmática subjacente, e o magma fluido é forçado para cima, ao redor das bordas. Frequentemente, a ressurgência é intermitente, formando passagens como a Boca-ferrada e Cirith Gorgor.[20] Qualquer um desses processos poderia resultar nas características apresentadas por Tolkien, ainda que, se comparadas com o nosso mundo, ambas teriam sido gigantescas. Imagine a altura original de um vulcão com a base de quarenta e cinco milhas. Esse colosso chegaria a quase 29 mil pés de altura! Em contraste, o Monte da Perdição tinha apenas sete milhas de diâmetro e 4,5 mil pés de altura.[21]

Conforme os Hobbits se voltavam para o leste e o sul de Udûn, encararam a trilha final através de Gorgoroth, um *platô de lava*.[22] Seu nível era mais alto do que o de Udûn ("um vale fundo") e a planície de Lithlad.[23] Camadas extremamente grossas de *inundações de basalto* foram depositadas ao longo dos anos por ressurgência vagarosa a partir de muitas fissuras que marcavam a paisagem. Elas foram suplementadas por fluxos de vulcões, a maioria dos quais havia sido ativa, mas eles deixaram apenas os esqueletos — gargalos e valas, montes baixos e, no Sudeste, onde a erosão era mais avançada, mesas e morros testemunhos. Na época da demanda do Anel, as fissuras eram numerosas, e os

vestígios da atividade vulcânica deram ao platô sua aparência maligna e acidentada;[24] embora nada fosse mais imponente do que o pico fumegante bem no centro de tudo — o Monte da Perdição.

O platô era árido e, se toda Mordor tivesse aquela formação, Sauron teria pouco para alimentar suas incontáveis tropas; mas as condições eram, de certa forma, melhores em Lithlad — a planície de cinza. Lá, os fluxos de material mais sólido eram aparentemente menores, ou sofreram mais erosão. Se a rocha fosse altamente intemperizada, o solo resultante seria bem fértil. No clima semiárido, faltava água, pois o inóspito Mar de Núrnen (com sua drenagem interna) era salgado.[25] Mas uma camada recente de cinzas teria ajudado na preservação de água (pois a cinza é uma cobertura altamente eficaz, reduzindo a evaporação),[26] possibilitando a agricultura de sequeiro nos "grandes campos cultivados por escravos".[27]

Originalmente, a geografia de Mordor era bem diferente, especialmente no Noroeste. Gorgoroth estava presente desde o começo, mas estendia-se quase até o Mar de Núrnen, e apenas a crista Leste com Barad-dûr na ponta foi mostrada.[28] A falha de Gorgoroth, que acabou sendo bloqueada pela fortaleza do Morannon, foi um dia o local de Cirith Ungol.[29] O Vale de Udûn e a Boca-ferrada, a crista do Morgai e as cordilheiras oriental e ocidental separando Gorgoroth de Lithlad estavam todos ausentes até um estágio avançado da história.[30] O semicerco de Gorgoroth e o acréscimo de Nurn ao sul, no mapa de *O Senhor dos Anéis*, deixou Lithlad em sua localização original — *leste* de Gorgoroth, sul das Montanhas de Cinza.[31] Mesmo a Ephel Dúath meridional foi alterada, orginalmente avolumando-se em dois arcos de quase 150 milhas de largura em direção a Harad, estreitando-se apenas no Passo de Nargil, na nascente do rio meridional que desembocava no Mar de Nurnen.[32]

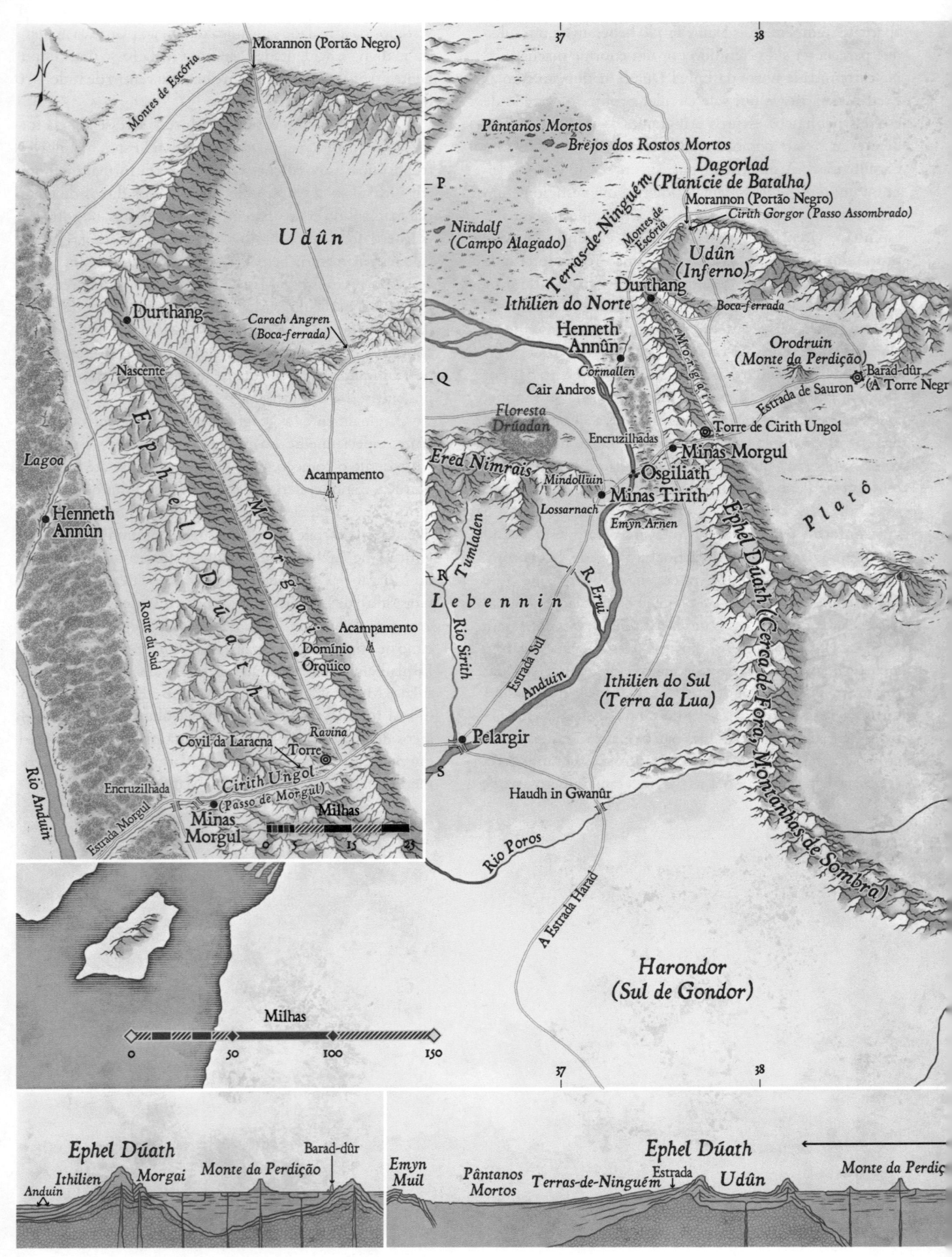

Seção cruzada à esquerda: LESTE-OESTE • Seção cruzada à direita: NORDESTE-SUDESTE

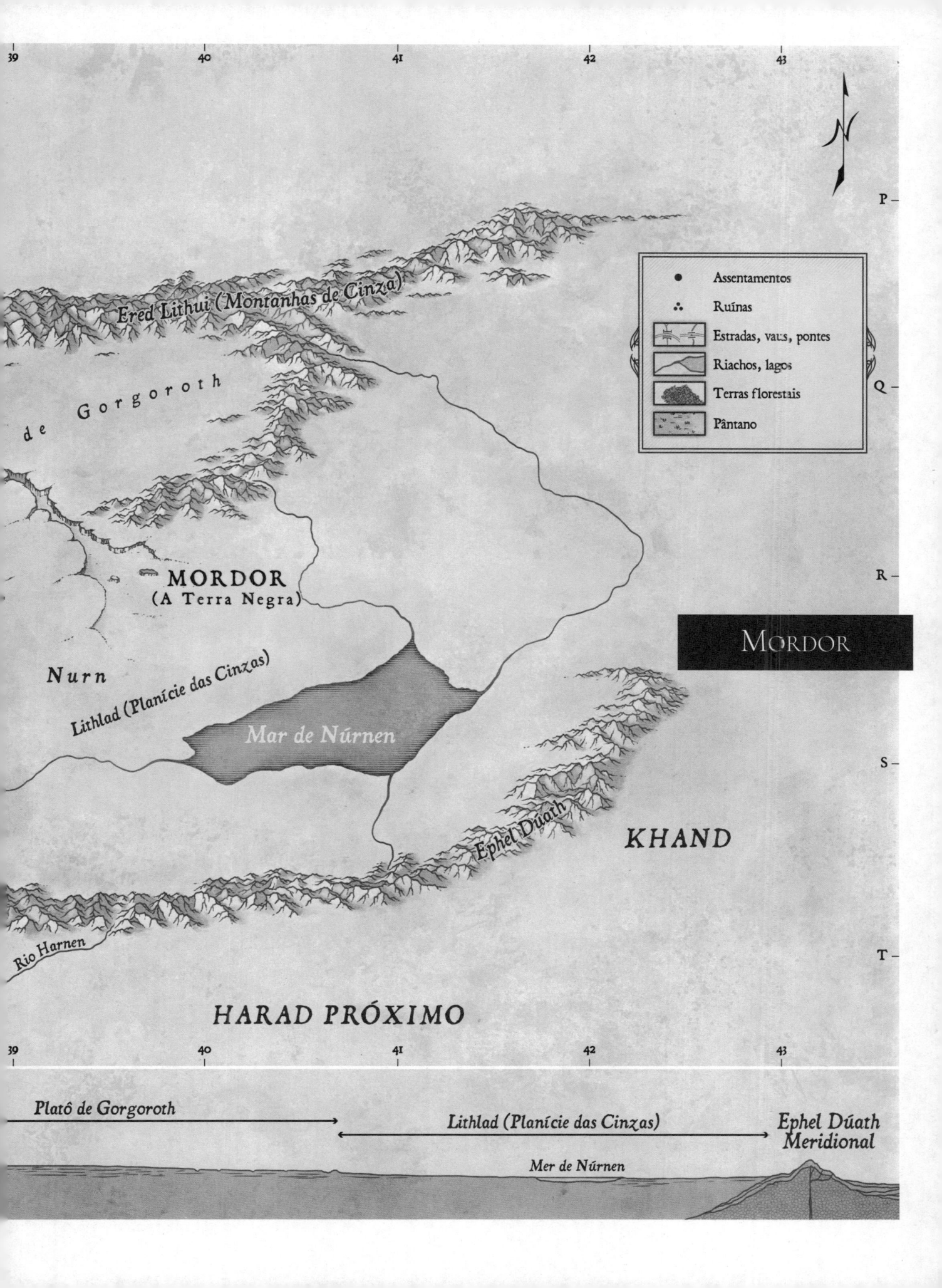

39 40 41 42 43

Ered Lithui (Montanhas de Cinza)

de Gorgoroth

MORDOR
(A Terra Negra)

Nurn

Lithlad (Planície das Cinzas)

Mar de Núrnen

Ephel Dúath

KHAND

Rio Harnen

HARAD PRÓXIMO

P —
Q —
R —
S —
T —

MORDOR

●	Assentamentos
⦂	Ruínas
	Estradas, vaus, pontes
	Riachos, lagos
	Terras florestais
	Pântano

Platô de Gorgoroth

Lithlad (Planície das Cinzas)

Ephel Dúath
Meridional

Mer de Núrnen

o HOBBIT

INTRODUÇÃO

Em *O Hobbit*, Tolkien forneceu algumas descrições vívidas, mas deu poucas datas e nenhuma distância, e tampouco mostrou a escala no mapa original das Terras-selváticas. Portanto, os mapas dos trajetos só poderiam ser desenhados usando a escala do mapa e outras informações de *O Senhor dos Anéis*. O Calendário do Condado explicava o sistema de dia/data, o que permitiu a análise de algumas datas de *O Hobbit*.[1] Uma vez que a quantidade de dias de viagem foi estabelecida, foi possível calcular as milhas percorridas diariamente por simples medição, combinada com pistas ocasionais, tais como levantar-se cedo, viajar tarde, e fatores que podem ter alterado a velocidade da companhia.

É dito que todas as datas fornecidas para a Guerra do Anel tiveram como referência o Calendário do Condado,[2] então ele foi usado aqui como base para as datas de *O Hobbit* também. É possível que Tolkien ainda não tivesse planejado o Calendário do Condado quando *O Hobbit* foi escrito, mas mesmo se o nosso próprio calendário fosse usado, isso resultaria em apenas alguns dias de variação. Apenas três datas puderam ser precisamente identificadas na jornada para o Leste: 27 de Abril — saída da Vila-dos-Hobbits na quinta-feira, "antes do mês de maio";[3] Dia do Meio-do-Ano — partida de Valfenda numa manhã do meio-do-verão (interpretado como sinônimo de solstício de verão);[4] e 22 de Setembro — chegada à Cidade-do-lago.[5] O Encontro com os trols se deu quando Bilbo resmungou que logo seria junho.[6]

De Bolsão a Valfenda

O número de dias que eles passaram viajando entre Bolsão e Valfenda pôde ser calculado apenas em retrospecto. A companhia deixou Bolsão em 27 de abril, e Valfenda, no Dia do Meio-do-Ano (onde passaram "catorze dias pelo menos"),[7] então eles talvez tenham ficado na estrada por até cinquenta e um dias. A distância de Bolsão a Valfenda era de pouco mais de quatrocentas milhas, então a companhia deve ter percorrido, em média, oito milhas por dia. Talvez não estivessem com pressa no caminho. O clima até o final de maio estava bom e as estalagens eram numerosas, ao passo que acampar na chuva e passar fome os teria encorajado a se apressar um pouco mais na jornada, depois. Talvez tenham ficado mais do que duas semanas em Valfenda — os mortais pareciam ter grande dificuldade em contar o tempo nas cidades élficas. Em média, o resultado estimado foi que eles viajaram por trinta e oito dias e passaram vinte e sete em Valfenda — ainda assim, uma distância de apenas cerca de dez milhas por dia!

Como Frodo e seus amigos posteriormente viajaram entre os mesmos dois pontos, o mapa a oeste de Valfenda lista, por comparação, as distâncias cobertas tanto em *O Hobbit* quanto em *O Senhor dos Anéis*. Mesmo com pôneis, os Anãos pareciam viajar a passo de tartaruga, enquanto Frodo era continuamente forçado a marchar. Apenas uma vez os Anãos pareciam mais rápidos que os Hobbits: nas Matas dos Trols. A inconsistência surgiu da distância entre o rio corrente e a clareira onde Bilbo encontrou os Trols. O rio não foi nomeado em *O Hobbit*, embora a versão revisada da história mencione especificamente que tinha uma ponte de pedra.[8] Como a *Última* Ponte cruza o Fontegris, então as distâncias não batem. A fogueira dos Trols estava tão próxima ao rio que podia ser vista a "alguma distância deles",[9] e provavelmente não levou mais de uma hora até os Anãos chegarem lá. Por outro lado, Passolargo conduziu os Hobbits para o norte da estrada, onde eles perderam a trilha e passaram quase seis dias tentando alcançar a clareira onde encontraram os Trols-de-pedra. Perdidos ou não, parece quase impossível que o caminheiro apressado teria passado seis dias tentando alcançar um lugar que os Anãos encontraram em uma hora. A *História* ajuda a explicar a discrepância: o acréscimo da ponte de pedra se deu em uma reescrita elaborada feita em 1960, que nunca foi publicada. A revisão proposta era a de que Thorin e Companhia cruzassem a Última Ponte bem de manhã e alcançassem o acampamento próximo aos Trols apenas de noite, depois de viajarem por muitas milhas.[10]

Infelizmente, até mesmo essa revisão não melhora significativamente a situação de Frodo e Companhia, ao passo que altera drasticamente o fio narrativo de *O Hobbit*. Talvez a solução mais efetiva seja a mostrada por Strachey: interpretar os eventos como se tivessem ocorrido perto de um riacho menor (não mapeado por Tolkien) mais próximo ao Bruinen, e ignorar tanto a presença da ponte quanto a afirmação de que a nascente do rio ficava nas montanhas.[11] A rota alternativa mostrada é baseada em um mapa rascunhado na *História*, com o riacho acrescentado. Essa é a indicação mais clara da verdadeira intenção de Tolkien, mas mesmo assim não é o ideal, já que a distância até o Vau é curta, dado o tempo e a milhagem percorrida depois de Frodo e seus amigos encontrarem Glorfindel.[12] Consistentemente, os Anãos seguiram mais devagar que os Hobbits na estória posterior, em todas as suas viagens. Podemos apenas supor as razões para tal variação. É possível que Tolkien tivesse distâncias maiores em mente para as viagens de *O Hobbit* e que também não checou o efeito da escala colocada no mapa no livro posterior, ou escolheu ignorar isso. Se a escala do mapa das Terras-selváticas fosse o dobro da do resto da Terra-média, o ritmo dos Anãos seria mais próximo do normal. Tolkien "estava muito preocupado em harmonizar a jornada de Bilbo com ... *O Senhor dos Anéis*, ... mas nunca deu a essa obra uma solução definitiva."[13] Mais do que analisar tão de perto, é preferível que tenhamos apenas uma impressão geral da labuta, aparentemente interminável, necessária para alcançar a Montanha Solitária.

De Valfenda à Montanha Solitária

Oitenta e quatro dias se passaram entre a partida de Valfenda no Dia do Meio-do-Ano e a chegada à Cidade-do-lago em 22 de setembro. Todo esse tempo foi passado na estrada, exceto o dia de descanso na casa de Beorn e os dias de cativeiro nas cavernas do Rei-élfico. O período pode ser dividido em quatro estágios: as Montanhas Nevoentas, o vale do Anduin, Trevamata e as cavernas de Thranduil. O primeiro estágio da jornada eles passaram escalando montanhas. Valfenda ficava a oeste da cordilheira, então a companhia tinha de alcançar e cruzar os sopés e as partes mais baixas das montanhas antes mesmo de começar a longa e fatigante escalada para o Passo Alto. Os Anãos estavam indo tão devagar que Bilbo pensou, "Vão fazer a colheita e catar amoras antes que nós comecemos a descer pelo outro lado, neste ritmo."[14] Durante o atalho de dois dias através dos túneis dos gobelins, em uma terça e uma quarta-feira, ele encontrou "amoreiras [que] ainda estavam só com flores ... e comeu três morangos silvestres".[15] Naquela latitude, os pés de morangos provavelmente dariam frutos e as amoreiras floresceriam entre meados de junho e meados de julho,[16] e os comentários posteriores sobre haver ali "uma bruma, como a de outono" apesar de ser "alto verão"[17] sugerem a última data: meio de julho. Isso resultaria em uma subida de vinte e cinco dias entre Valfenda e a Varanda da Frente dos Gobelins — certamente maior do que as "duas marchas" que Gandalf estimou que a Sociedade do Anel precisaria para alcançar o topo do Passo do Chifre-vermelho.[18]

Depois de escapar pela porta dos fundos dos gobelins, a companhia desceu correndo as beiras orientais das montanhas e, com a assistência das águias, alcançaram a casa de Beorn no dia seguinte. Nos pôneis, fizeram um bom tempo, galopando ao longo do vale relvado do Anduin — respeitáveis vinte milhas por dia. Embora tenham deixado a casa de Beorn logo depois do meio-dia, percorreram "muitas milhas" antes do anoitecer e continuaram ao Norte por mais três dias. Viajaram particularmente tarde no segundo dia e começaram ao amanhecer no último, assim poderiam alcançar o Portal da Floresta no começo da tarde.

A pé em Trevamata, o progresso foi lento e "os dias seguiam aos dias" — mesmo antes de Bombur cair no Riacho Encantado e ter de ser carregado, atrasando-os ainda mais.[19] O comprimento da trilha da floresta era de 188 milhas, das quais eles já haviam percorrido 143 quando chegaram ao riacho. Sua marcha dali para o Leste levou

cerca de uma semana, então eles podem ter passado até quatro semanas cruzando a floresta, percorrendo pouco mais do que seis milhas e meia por dia. O tempo passado no cativeiro das cavernas de Thranduil foi exaustivo.[20] Levou "uma semana ou duas" para Bilbo encontrar Thorin, e ele ainda teve de planejar e implementar sua fuga — possivelmente exigindo mais duas semanas.[21] Quando, por fim, colocou seu plano em ação, era tarde de 21 de setembro. Aquela tarde e todo o dia seguinte se passaram na travessia dos barris para a Cidade-do-lago, a tempo de chegarem no aniversário de Bilbo.

A companhia fez preparativos para a última etapa da jornada, e só depois de "quinze dias" pediu a ajuda do Mestre da Cidade-do-lago.[22] Considerando que foram necessários, pelo menos, dois dias para juntar provisões, eles teriam partido em cerca de 9 de outubro. Remaram por três dias até o Lago Longo e o Rio Rápido, então seguiram para a Montanha. Acamparam por pouco tempo a oeste de Montecorvo, e então mudaram o acampamento para um vale entre os contrafortes ocidentais e novamente para o recanto escondido na encosta da montanha. Lá, ficaram até que o Dia de Durin os deixasse abrir a porta secreta e entrar. Calculando em retrospecto, considerando-se o tempo para a marcha dos exércitos, o cerco, a batalha e o retorno de Bilbo à casa de Beorn, antes do Iule,[23] o Dia de Durin não passaria de 30 de outubro. Essa foi a estimativa demonstrada, mas se o cálculo preciso do Dia de Durin estava além das habilidades dos Anãos, certamente estaria além da minha.

A Terceira Era, Ano 2941–42

As datas importantes de *O Hobbit* aparecem na cronologia seguinte. Deve-se lembrar que apenas 27 de abril, o Dia do Meio-do-Ano; 22 de setembro de 2941, e 1º de maio de 2942,[24] foram mencionados por Tolkien ou são claramente rastreáveis. Todas as outras datas foram calculadas e são altamente especulativas.

25 de abril.	Gandalf visita Bilbo em Bolsão.
26 de abril.	Quarta-feira. A festa inesperada.
27 de abril.	Thorin e Companhia saem da Vila-dos-Hobbits às 11h da manhã.
29 de maio.	A companhia cruza o rio e é capturada pelos trols.
4 de junho.	Eles atravessam o Bruinen e chegam a Valfenda ao anoitecer.
1º Lite.	Véspera do Meio-do-Verão. Elrond descobre as letras-da-lua no mapa de Thror.

Dia do Meio-do-Ano.	A companhia deixa Valfenda.
16 de julho.Segunda-feira.	Eles são capturados pelos Gobelins durante a noite.
19 de julho.Terça-feira.	Gandalf e os Anãos escapam, Bilbo encontra o Anel, conhece Gollum, escapa. A Companhia é encurralada pelos lobos e resgatada pelas águias.
20 de julho.	Eles fogem para a Carrocha e chegam à casa de Beorn no meio da tarde.
22 de julho.	Eles saem da casa de Beorn no início da tarde.
25 de julho.	Gandalf parte com os pôneis na fronteira oeste de Trevamata.
16 de agosto.	A Companhia cruza o Rio Encantado. Bombur entra em transe.
22 de agosto.	Eles deixam a trilha à noite.
23 de agosto.	Antes do amanhecer, Thorin é capturado pelos Elfos-da-floresta, e os outros Anãos, pelas aranhas gigantes. Bilbo resgata os Anãos.
24 de agosto.	Ao anoitecer, os Anãos são capturados pelos Elfos-da-floresta e levados aos salões do Rei-élfico.
21 de setembro.	A companhia escapa do Rei-élfico pela tarde e chega às cabanas dos balseiros ao anoitecer.
22 de setembro.	Eles chegam à Cidade-do-lago logo depois do pôr do sol.
9 de outubro.	A companhia parte da Cidade-do-lago de barco.
12 de outubro.	Eles deixam o rio e seguem para a Montanha Solitária.
14 de outubro.	O acampamento se muda para o vale ocidental.
19 de outubro.	Bilbo descobre a trilha escondida. O acampamento se muda para o recanto escondido.
30 de outubro.	Dia de Durin. A Porta Secreta é aberta ao anoitecer. Bilbo visita Smaug e retorna aos Anãos à meia-noite.
1º de novembro.	Bilbo retorna à câmara de Smaug durante a tarde. À noite, Smaug destrói a porta, ataca a Cidade-do-lago e é morto.
2 de novembro.	Gobelins, Beorn e Gandalf ficam sabendo da morte de Smaug.
3 de novembro.	A hoste do Rei-élfico deixa Trevamata. Thorin recebe notícias.
4 de novembro.	Elfos se voltam para a Cidade-do-lago.
6 de novembro.	Elfos chegam à Cidade-do-lago. Dáin é convocado.
12 de novembro.	Elfos alcançam os Homens-do-lago passando a extremidade Norte do Lago Longo.
15 de novembro.	As forças conjuntas chegam a Valle ao anoitecer.
16 de novembro.	A Montanha Solitária é sitiada.
22 de novembro.	Bilbo entrega a Pedra Arken ao Rei-élfico e a Bard.
23 de novembro.	Dáin chega cedo de manhã. A Batalha dos Cinco Exércitos. Thorin e Bolg são mortos.
27 de novembro.	Gandalf, Bilbo e Beorn deixam a Montanha Solitária.
30 de dezembro.	Eles chegam à casa de Beorn e ficam até a primavera.
1º de maio.	Gandalf e Bilbo chegam a Valfenda.
8 de maio.	Eles partem para a Vila-dos-Hobbits, chegando em junho.

"De Bolsão a Valfenda"
versus *O Senhor dos Anéis*

Thorin e Companhia - Estimados 38 dias

Frodo e amigos - 28 dias

Bolsão

27 de Abril · 28A · 29A · 30A

23 de Setembro · 24S

25S

26-27S

1º de Maio · 2M · 3M

Bri · 29S

28S · 4M · 5M · 6M · 7M · 8M · 9M · 10M · 11M · 12M · 13M · 14M · 15M

30S · 1º de Outubro · 2O · 3O · 4O · 5O · 6O · 7O

16M · 17M

Caminhos Alternativos

Bri · 29S · 4M · 5M · 6M · 7M · 8M · 9M · 10M · 11M · 12M · 13M · 14M

30S · 1º de Outubro · 2O · 3O · 4O · 5O · 6O · 7O

Valfenda para
Montanha Solitária

Montanhas Nevoentras

25J
18 milhas
24J
25 milhas
23J
20 milhas
22J
19 milhas

26 de Julho a 23 de Agosto,

Cidade dos Gobelins · Ninho das Águias

18J · 19J

17J

Clareira

A Carrocha · Casa de Beorn
20 e 21 de Julho

Segunda-feira, 16 de Julho

1º-15 de Julho, estimadas 4 milhas por dia

Lite

Dia do Meio-do-Ano

Valfenda

Anduin (O Grande Rio)

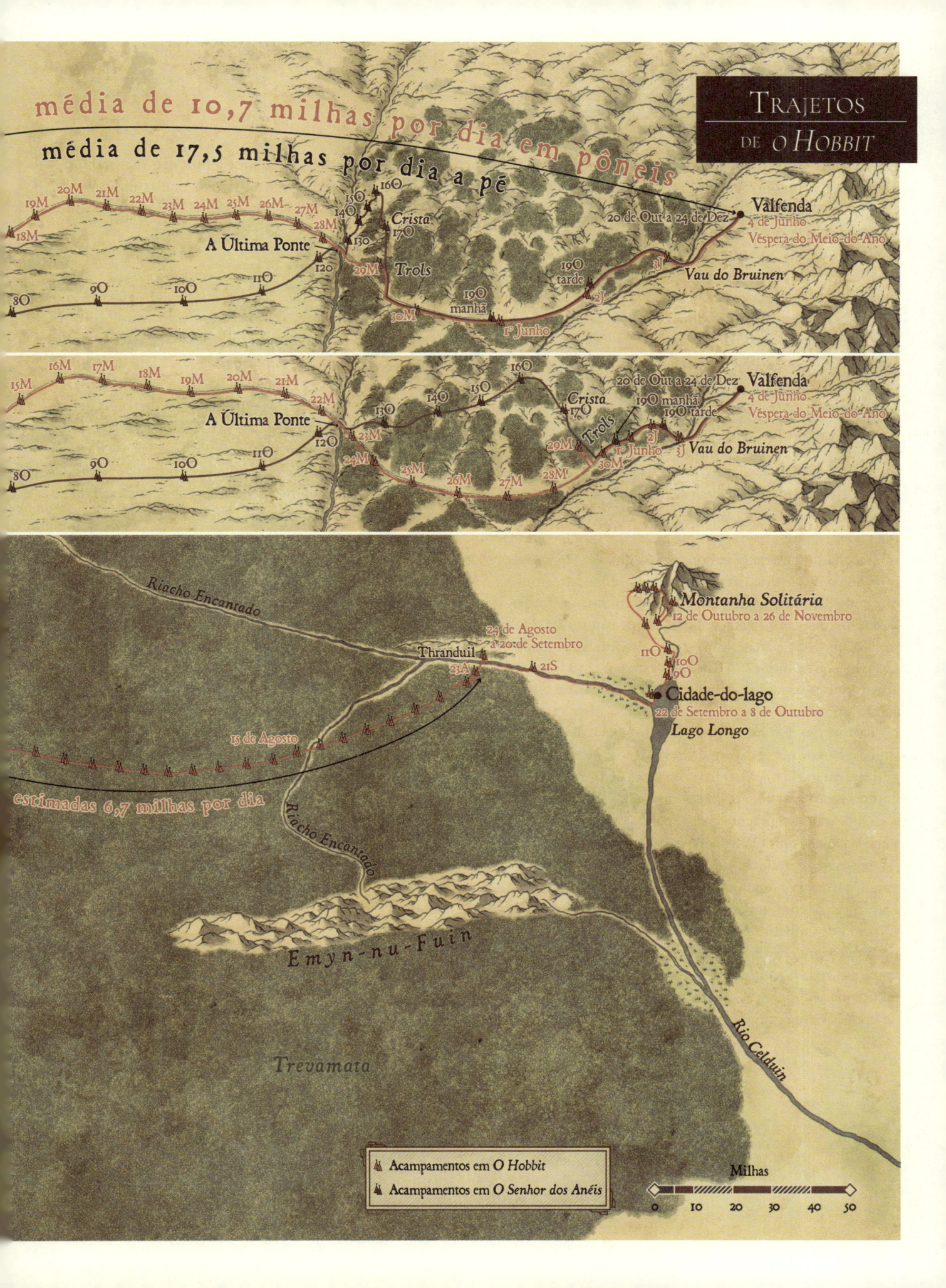

média de 10,7 milhas por dia em pôneis

média de 17,5 milhas por dia a pé

TRAJETOS DE *O HOBBIT*

19M 20M 21M 22M 23M 24M 25M 26M 27M
18M 28M
A Última Ponte 29M
12O
8O 9O 10O 11O

15O 16O
14O
Crista
13O
17O
Trols
19O tarde
19O manhã
30M 1º Junho

20 de Out a 24 de Dez
Valfenda
4 de Junho
Véspera do Meio-do-Ano
3J
2J
Vau do Bruinen

15M 16M 17M 18M 19M 20M 21M
22M
A Última Ponte 23M
12O 24M
8O 9O 10O 11O 23M 26M 27M 28M

16O
14O 15O
13O
Crista
17O
29M Trols
30M 1º Junho
2J

20 de Out a 24 de Dez
19O manhã
19O tarde
Valfenda
4 de Junho
Véspera do Meio-do-Ano
3J Vau do Bruinen

Riacho Encantado

24 de Agosto a 20 de Setembro
Thranduil
23A 21S

15 de Agosto

estimadas 6,7 milhas por dia

Riacho Encantado

Emyn-nu-Fuin

Trevamata

Montanha Solitária
12 de Outubro a 26 de Novembro
11O 10O
9O
Cidade-do-lago
22 de Setembro a 8 de Outubro
Lago Longo

Rio Celduin

Acampamentos em *O Hobbit*
Acampamentos em *O Senhor dos Anéis*

Milhas
0 10 20 30 40 50

Sobre Monte e Sob Monte: Cidade dos Gobelins

Procurando abrigo durante uma tempestade na montanha, a companhia encontrou uma caverna próxima ao topo do Passo Alto, que acabou sendo a mais nova abertura para uma vasta e intrincada rede de passagens e cavernas habitadas por Gobelins.[1] A entrada principal, no passado, abria-se para "um passo diferente, por onde era mais fácil viajar",[2] possivelmente no extremo Sul e mais próximo da Estrada Leste. Os túneis foram estimados com trinta e cinco milhas desde a Varanda da Frente à porta dos fundos, pois os Anãos passaram cerca de dois dias e meio, andaram "milhas e milhas" e atravessaram "direto o coração das montanhas" até um ponto oeste da Carrocha.[3]

A Captura

A própria entrada da caverna tinha um "um belo de um tamanho, mas não era grande nem misteriosa demais".[4] Na parede de trás, havia uma porta habilmente escondida: uma rachadura negra.[5] Ela conduzia a uma larga passagem que descia quase imediatamente e logo se juntava a outras que eram "encruzilhadas e enroladas em todas as direções."[6] A companhia foi forçada a percorrer os caminhos o mais rápido que pôde, mas houve tempo o suficiente para os Gobelins que conduziam os pôneis estarem tão à frente dos Anãos que as bagagens já haviam sido removidas e estavam sendo vasculhadas.[7] Sem mais nenhuma pista, a distância da caverna do Grande Gobelim foi estimada em cinco milhas. Parece que a caverna não era impressionantemente grande, então ela foi ilustrada com cerca de trezentos pés de comprimento por cem pés de altura.

Depois de escaparem da caverna, a vantagem dos Anãos deve ter sido significativa. A princípio, eles conseguiam ouvir os gritos dos Gobelins "ficando cada vez mais fracos"; então, correram e "demorou muito até conseguirem parar, e naquela altura deviam estar bem no coração da montanha".[8] Quando os Gobelins os alcançaram, os Anãos estavam em um ponto em que a passagem seguia por uma leve curva, e correram reto por um tempo antes de fazerem uma curva acentuada. Ali perto, Gandalf e Thorin se viraram para se defender e conseguiram surpreender e dispersar totalmente seus perseguidores. A escaramuça lhes deu mais tempo, e os Anãos percorreram "uma distância muito, muito longa" antes de serem atacados novamente.[9] Na confusão, Bilbo caiu e ficou para trás.

A Fuga de Bilbo

Bilbo provavelmente tomou o mesmo caminho que Gandalf, pois seguiu o caminho principal e parece apenas ter perdido a curva na menor passagem lateral que conduzia ao lado de fora. Em vez disso, seguiu a rota para a caverna de Gollum, onde a passagem parou.[10] A distância que ele percorreu sozinho provavelmente não era longa, pois Bilbo notou quase imediatamente os túneis laterais que, quando ele voltou, pareciam estar a apenas uma milha da caverna.[11]

A caverna de Gollum era natural: a água escorrendo dissolvera um tanto da rocha sobrejacente, levando o resíduo até o lago e indo para o pequeno riacho subterrâneo que Gollum encontrara da primeira vez.[12] No centro do lago, ficava a "ilha de pedra coberta de limo" que era o lar de Gollum. O lago era "extenso, e fundo, e mortalmente frio"; embora tenha sido mostrado apenas com quatrocentos pés de diâmetro, porque, da ilha, Gollum conseguia ver Bilbo, podia facilmente levar uma conversa e conseguia remar rapidamente para a margem.[13]

No retorno, quando Bilbo estava fugindo, Gollum contou as passagens laterais: "'Uma na esquerda, sim. Uma na direita, sim. Duas na direita, sim, sim. Duas na esquerda, sim, sim.' ... 'Sete na direita, sim. Seis na esquerda, sim!'".[14] A última era o caminho para a porta dos fundos, e não era distante, porque Gollum podia sentir o cheiro dos Gobelins na sala da guarda. A passagem a princípio seguia para baixo, depois para cima, depois subia íngreme, virava numa esquina, ia um pouco para baixo, então, finalmente, virava em outra esquina — bem na entrada da sala da guarda.[15] A sala estava centrada na grande porta de pedra e devia ser relativamente pequena, pois os Gobelins estavam "caindo um por cima do outro", tentando encontrar Bilbo. Uma vez que atravessou a porta externa, Bilbo saltou alguns degraus e entrou no vale.[16]

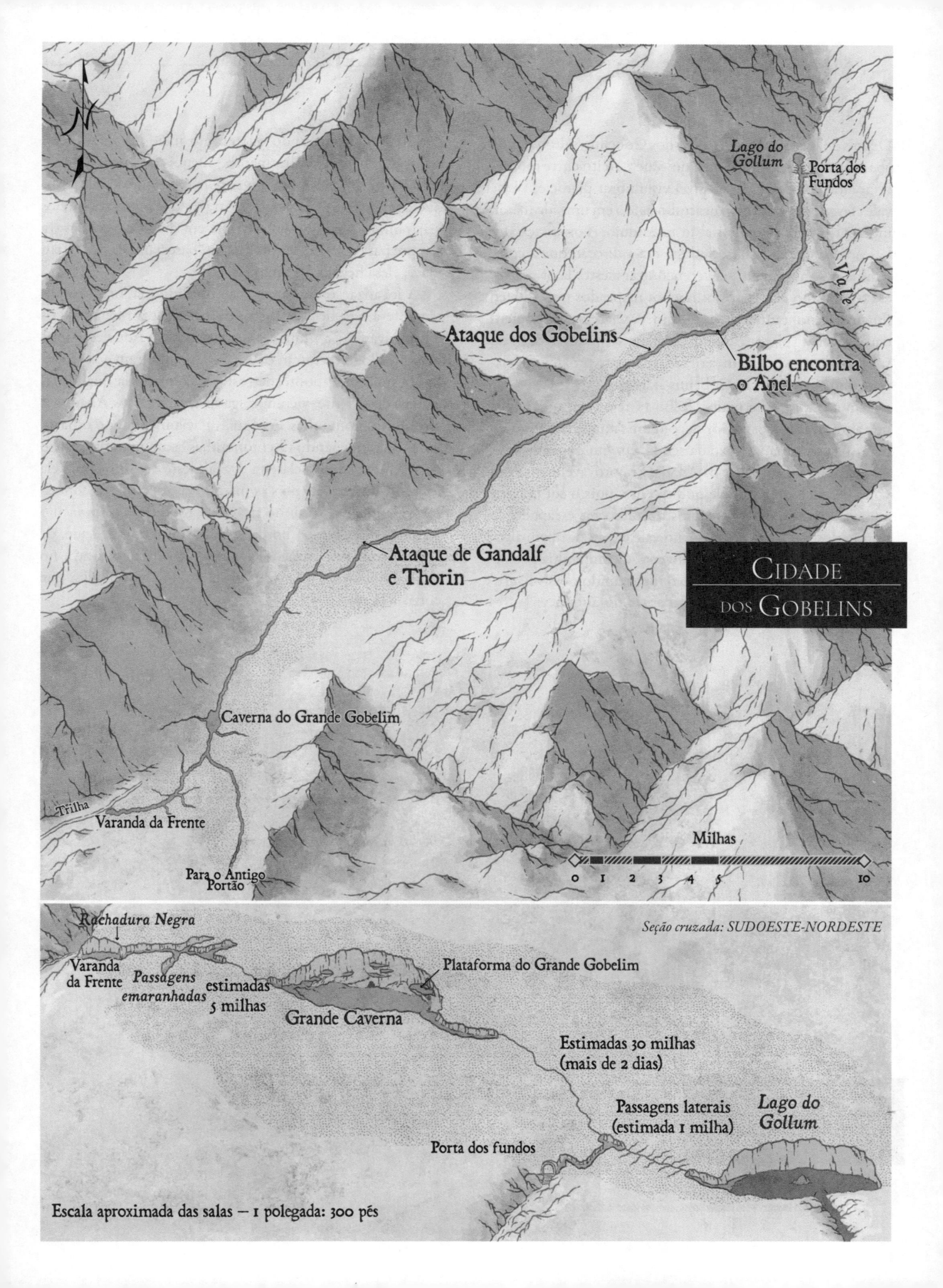

Lago do Gollum

Porta dos Fundos

Vale

Ataque dos Gobelins

Bilbo encontra o Anel

Ataque de Gandalf e Thorin

Cidade dos Gobelins

Caverna do Grande Gobelim

Trilha

Varanda da Frente

Para o Antigo Portão

Milhas

0 1 2 3 4 5 10

Rachadura Negra

Seção cruzada: SUDOESTE-NORDESTE

Varanda da Frente

Passagens emaranhadas

estimadas 5 milhas

Grande Caverna

Plataforma do Grande Gobelim

Estimadas 30 milhas (mais de 2 dias)

Passagens laterais (estimada 1 milha)

Lago do Gollum

Porta dos fundos

Escala aproximada das salas — 1 polegada: 300 pés

FORA DA FRIGIDEIRA

Depois de Bilbo deixar os túneis dos Gobelins, saltou escada abaixo para um caminho em "um vale estreito entre montanhas altas" de onde era possível vislumbrar planícies.[1] Esse vale elevado foi mostrado desembocando em um vale maior, indo para o sudeste, em direção ao Anduin. A orientação foi baseada em várias pistas: Sudeste era a direção que a companhia desejava seguir para reencontrar a estrada principal; era o caminho que todos os riachos mapeados por Tolkien fluíam das montanhas até o Anduin; os vilarejos dos homens das matas nas "planícies ao sul" podiam ser vistos a partir do vale mais baixo e deviam ser razoavelmente próximos à clareira onde os lobos e os Gobelins atacariam.[2]

Uma vez no vale maior, Bilbo rastejou em uma trilha que abraçava a encosta Norte, com uma muralha se erguendo à sua esquerda. Abaixo da senda, em um pequeno vale, ele encontrou Gandalf e os Anãos. Era provavelmente por volta de cinco da tarde de quinta-feira, pois o sol já havia começado a se pôr logo depois de Bilbo ter escapado do portão dos Gobelins. O pequeno vale era ainda "bem alto", então, depois de uma breve conversa, a companhia prosseguiu pelo caminho acidentado o mais rápido possível, cruzou um pequeno riacho, e logo antes do anoitecer (cerca de 20h30, considerando que era no meio do verão), eles encontraram um deslizamento.[3] Depois de escorregarem até a base da rocha, voltaram-se para o bosque de pinheiros que cobria o vale mais baixo. Através das matas, os Anãos viajaram ao longo de uma "trilha em diagonal que levava sempre para o sul" e, depois do que "pareciam ter sido eras a mais", eles chegaram a uma clareira.[4]

A localização da clareira não foi indicada, mas aparentemente ainda ficava nos contrafortes, pois ouviam-se os lobos uivarem "ao longe, morro abaixo."[5] Aqueles Wargs malignos logo cercaram os Anãos e se juntaram aos Gobelins, e estavam a ponto de tostar a companhia quando as águias, de repente, vieram resgatar e carregar os Anãos até seu ninho montanhês. As águias haviam escutado o barulho e "saíram voando das montanhas" para investigar.[6] Isso parece indicar que a clareira ficava a leste do ninho, mas ela foi mostrada ao sul; pois as matas ficavam entre os contrafortes, enquanto o ninho ficava no topo de "um pináculo solitário de rocha na borda leste das montanhas", que, de acordo com as ilustrações e mapas de Tolkien, ficava no meio da planície, na extremidade de uma cordilheira que corria a Leste.[7]

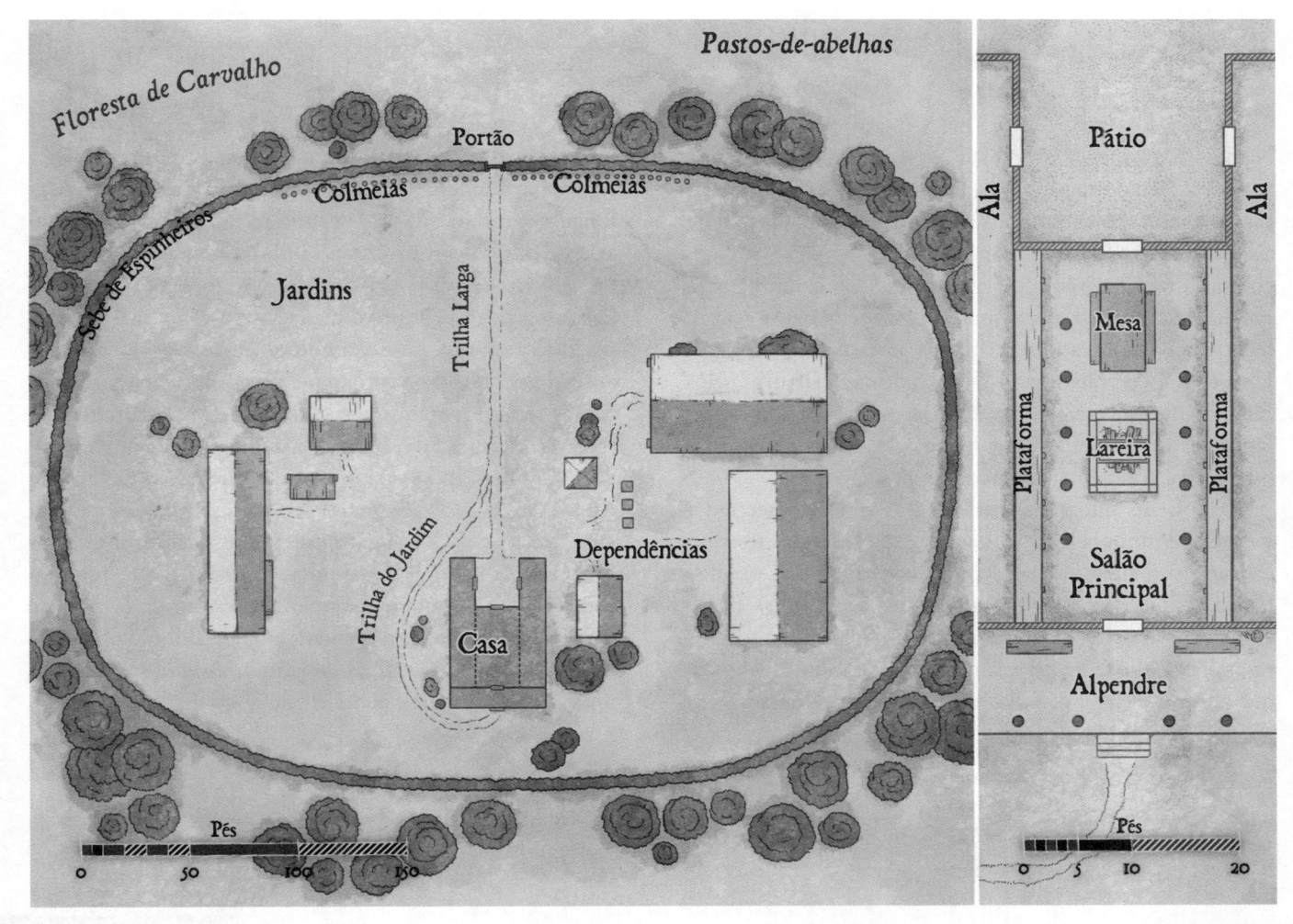

Esquerda: FAZENDA • Direita: CASA

VASTOS SALÕES DE MADEIRA DE BEORN

A fazenda de Beorn ficava ao leste da Carrocha e a companhia caminhou boa parte do dia para alcançá-la. Eles sabiam que estavam perto quando chegaram a "grandes aglomerados de flores ... [e] pastos-de-abelhas."[1] Um cinturão de carvalhos e uma sebe de espinheiros cercavam a fazenda, e só era possível passar pela sebe no local em que ela era interrompida por um alto e largo portão de madeira. Dentro do portão e além das colmeias ao Sul havia mais jardins e uma larga trilha que conduzia a "uma grande casa baixa de madeira" e suas dependências: "celeiros, estábulos, armazéns".[2]

A casa aparentemente tinha formato de U, pois a trilha chegava ao lado aberto de um pátio que era cercado no fundo pela casa e nos lados pelas duas longas alas.[3] A parte central era provavelmente o salão ao qual Beorn conduziu os dois visitantes — o mesmo salão onde a companhia mais tarde comeu e dormiu. A ilustração de Tolkien dá muitas informações sobre o salão:[4] era mais longo do que largo, e se a mesa cavalete temporária tivesse cerca de quatro pés por oito, a sala teria cerca de vinte por trinta e cinco pés, e a lareira central, cerca de seis por oito pés. Ao longo das paredes laterais havia plataformas elevadas em que as tábuas e os cavaletes para a mesa foram guardados e onde as camas dos viajantes foram colocadas.[5] As paredes laterais provavelmente eram adjacentes às alas, então não havia janelas, fazendo com que o salão fosse pouco iluminado.[6] A porta mostrada no desenho de Tolkien era provavelmente a que saía para a varanda. O agradável alpendre se voltava para o Sul e tinha degraus que conduziam a um caminho que passava pelos jardins e por trás da casa até a trilha principal. Era por esse caminho que os Anões apareciam conforme Gandalf contava sua história.[7]

ARANHUÇA, ARANHUÇA

Na dura travessia por Trevamata, os Anãos viram as fogueiras élficas fora do caminho. Contra todos os conselhos, deixaram a trilha. A distância mostrada baseou-se no fato de a fogueira estar "um tanto ao longe".[1] Os esforços da companhia foram em vão, pois os Elfos ao redor da fogueira imediatamente desapareceram. Duas vezes mais essa cena se repetiu, sendo que cada fogueira "não [estava] muito longe".[2] Uma terceira tentativa resultou na captura de Thorin pelos Elfos-da-floresta, nos outros Anãos vagando e sendo capturados por aranhas, e em Bilbo sendo deixado sozinho apenas para acabar parcialmente enredado em uma teia.[3]

Depois de Bilbo ter matado a aranha, ele acertadamente adivinhou a direção que os Anãos tinham tomado e alcançou o círculo delas depois de seguir "por certa distância".[4] Considerou-se que a clareira das aranhas ficava ainda mais afastada da trilha do que os círculos das fogueiras, pois ambos se mantiveram livres de aranhas.[5] Uma vez que chegou à clareira, Bilbo viu os Anãos pendurados em uma corda do outro lado. Ele apedrejou a criatura prestes a envenenar Bombur, então tentou conduzir as aranhas para longe da clareira. Muitas seguiram, mas outras fecharam as entradas no entorno, então Bilbo foi forçado a retornar brevemente e abrir uma entrada. Então continuou a distraí-las, antes de rastejar de volta, deixando as aranhas caçadoras na floresta. Ele conseguiu libertar sete dos doze Anãos antes de as raptoras retornarem, e então lutou enquanto os Anãos restantes eram libertados. Para sair da batalha que estava sendo perdida, Bilbo, mais uma vez, escolheu afastar as aranhas, indo sozinho para a direita, enquanto instruía os Anãos, sob o comando de Balin, a avançarem "para a esquerda ... para o lugar onde vimos pela última vez as fogueiras dos elfos."[6] As aranhas se dividiram e seguiram Bilbo e os Anãos, então a companhia exausta ainda tinha de parar frequentemente para lutar, quando Bilbo voltou para ajudar. Por fim, as aranhas desistiram assim que a companhia encontrou uma clareira élfica.

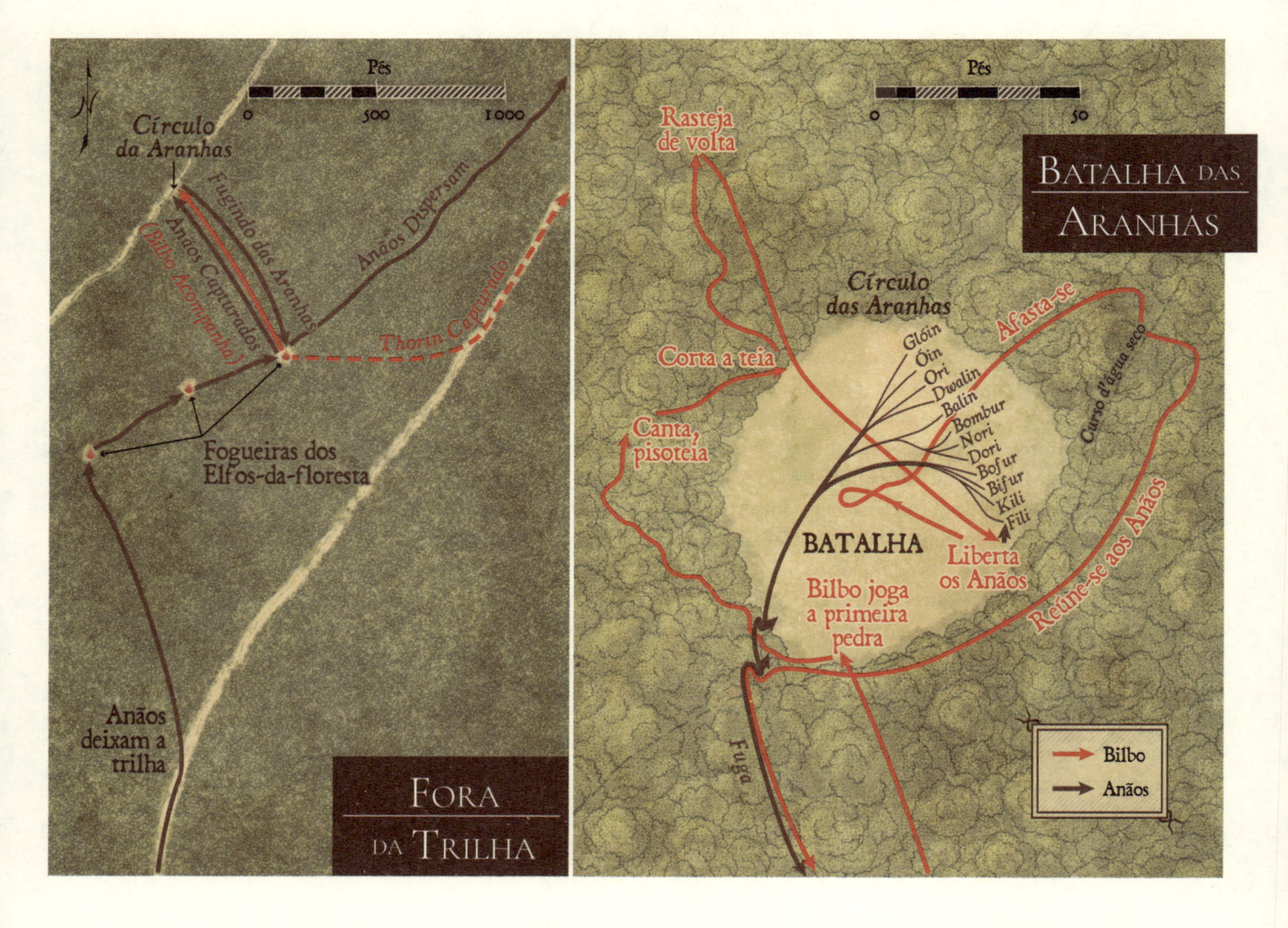

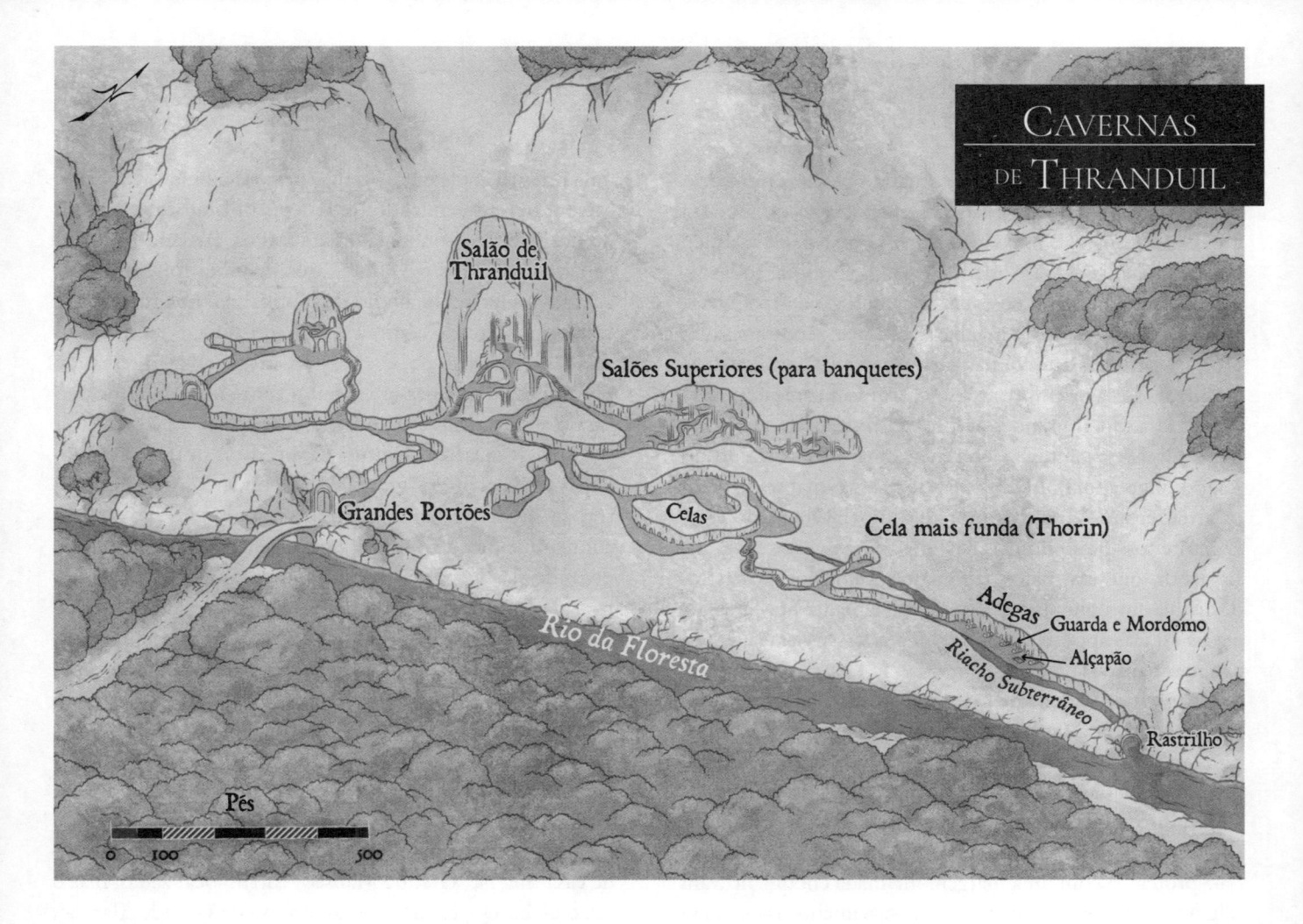

Mapa com rótulos:
Salão de Thranduil • Salões Superiores (para banquetes) • Grandes Portões • Celas • Cela mais funda (Thorin) • Adegas • Guarda e Mordomo • Alçapão • Rio da Floresta • Riacho Subterrâneo • Rastrilho • Pés — 0 100 500

CAVERNAS DE THRANDUIL

AS CAVERNAS DE THRANDUIL

O Rei-élfico era Thranduil, que certa vez havia morado com Thingol e Melian, então suas moradas compreensivelmente lembravam Menegroth e Nargothrond:[1] ficavam sob uma colina arborizada ao lado de um rio, com uma ponte de pedra conduzindo aos grandes portões; tinham um grande salão com pilares, usado como a sala do trono, e muitas passagens tortuosas que conduziam a outros cômodos de tamanhos variados em níveis diferentes; tudo foi aprimorado pelos esforços mineradores dos Anãos.[2] A morada de Thranduil era diferente de duas maneiras: embora extensa, parecia ser, de certa forma, menor do que os reinos subterrâneos antigos; e tinha um riacho subterrâneo. O Rio da Floresta aparentemente caía de modo abrupto entre o portão e o riacho, pois a passagem principal conduzia para as galerias superiores, enquanto o riacho se originava no coração da colina e "corria sob parte das regiões mais baixas do palácio e se unia ao Rio da Floresta um pouco mais ao leste, além da encosta íngreme na qual a entrada principal se abria".[3]

Quando os Elfos-da-floresta os capturaram, os Anãos foram conduzidos pela ponte até uma escada cortando a margem, por um terraço relvado, pelos portões que "se fechavam por magia" e desceram as passagens tortuosas até o grande salão de Thranduil.[4] Como se recusaram a contar ao Rei-élfico o seu propósito, foram presos em "doze celas em partes diferentes do palácio". A cela de Thorin estava em "em uma das cavernas mais profundas, com fortes portas de madeira".[5] Uma das mesmas masmorras deve ter sido usada anos depois para prender Gollum.[6] Pouco foi dito sobre o restante das salas exceto que havia salões superiores grandes o suficiente para acomodar banquetes e que as "adegas mais baixas" ficavam acima do túnel do riacho subterrâneo.[7] Foi a essas adegas que Bilbo conduziu os Anãos para que escapassem: primeiro Balin e, por fim, Thorin, cuja cela "por sorte, não [era] muito longe das adegas."[8] O guarda e o mordomo estavam na câmara menor, adjacente àquela com o alçapão, e Balin os vigiou enquanto Bilbo colocava os Anãos em barris. Uma vez que os Elfos atiraram os barris no riacho, a distância parecia bem curta até o local em que flutuaram sob o rastrilho arqueado até o rio principal.[9]

CIDADE-DO-LAGO

Conforme os barris passavam flutuando pelo promontório que formava os portões rochosos entre o Rio da Floresta e o Lago Longo, Bilbo viu o vilarejo que parecia único na Terra-média — a Cidade-do-lago. Embora todas as cidades que Tolkien descreveu — e muitas vilas pequenas também — tivessem alguma barreira física, sendo muradas e/ou construídas em colinas ou embaixo da terra, apenas a Cidade-do-lago empregava água como proteção contra o mal. Usando as grandes árvores da floresta de Trevamata, as estacas gigantescas que mergulhavam no fundo do Lago Longo apoiavam uma plataforma na qual se erguiam os armazéns, as lojas e as moradias dos Homens-do-lago. Durante os prestigiosos dias dos Anãos, a cidade de Esgaroth, que era maior, ficava no mesmo local, mas foi destruída em algum momento (possivelmente por Smaug), e suas estacas apodrecidas podiam ainda ser vistas quando as águas baixavam.[1]

O mapa da Cidade-do-lago foi baseado quase que inteiramente em uma ilustração de Tolkien, a partir da qual o tamanho e a orientação poderiam ser estimados; e mesmo as casas poderiam ser localizadas pela linha dos telhados.[2] A plataforma era paralela à costa oeste do lago, ao norte do Rio da Floresta. No abrigo do promontório havia uma baía protegida com uma margem inclinada em que ficavam "algumas cabanas e construções", provavelmente usadas para estocagem de barris coletados ali.[3] Uma era uma guarita no fim da grande ponte de madeira que conduzia à cidade.[4]

Na extremidade da ponte ficavam os portões, e além deles havia um vilarejo bem pequeno, apenas cerca de dois quarteirões de tamanho, mas com numerosos edifícios de dois andares construídos com aberturas estreitas entre eles, utilizando cada metro quadrado. Dependendo do tamanho das famílias e das casas, a minúscula área poderia abrigar uma população de quatrocentas pessoas ou mais. Um largo cais foi deixado em todos os lados da plataforma, a partir do qual degraus conduziam para a água. Passando entre as construções perto da ponte, a companhia foi conduzida além de "um círculo amplo de água calma" que funcionava como um mercado central.[5] Ao descer uma das numerosas escadas dessa enseada, era possível chegar ao lago remando por um canal que passava sob um túnel arqueado que perfurava as passarelas e até mesmo um prédio.

Apenas quatro estruturas específicas foram mencionadas no vilarejo: o "grande salão", onde os Anãos encontraram o Mestre banqueteando-se, a grande casa onde a companhia morou durante a sua estada, o Salão da Cidade de onde eles partiram, e a "Grande Mansão", que foi destroçada por Smaug.[6] Um ou mais termos desses podem, na verdade, ter se referido à mesma localização. É tentador correlacionar o salão do banquete com o Salão da Cidade, mas o primeiro ficava próximo à enseada do mercado, enquanto o segundo tinha degraus que conduziam ao próprio lago. O grande salão de banquetes, portanto, foi mostrado na localização de um prédio grande no centro do desenho de Tolkien, enquanto o Salão da Cidade foi interpretado com a estrutura proeminente no canto da ponte. Nem a "grande casa" nem a "Grande Mansão" foram localizadas, mas o salão de banquetes deve ser sinônimo de Grande Mansão, pois os prédios ao redor da enseada eram todos "casas maiores" e o salão de banquetes parece ter sido o maior.[7]

Todos os prédios eram de madeira, tornando-os muito vulneráveis ao ataque de um dragão cuspidor de fogo. Apesar dos valentes esforços e uma fonte de água abundante, os prédios estavam fadados à destruição mesmo antes de Smaug se arruinar. A cidade foi, subsequentemente, reconstruída "mais bela e ampla", mais distante ao norte da costa.[8]

CIDADE-DO-LAGO

Velhas Estacas

Grande Salão

Enseada
do mercado

Grande Ponte

Portão

Salão
da Cidade

Cais

Túnel

Guarita

Baía

Lago Longo

Promontório

Rio da
Floresta

Pés

0   50   100   200

A Montanha Solitária

O mapa de Thror indicava que o diâmetro da Montanha Solitária era igual a cerca da metade da distância até o Lago Longo, que ficava mais ou menos vinte milhas ao sul.[1] O cume era alto o suficiente para ser coberto de neve até pelo menos o final da primavera, então, tinha possivelmente 3,5 mil pés de altura.[2] O formato dos esporões da montanha foi mostrado claramente no mapa de Thror: seis cristas irradiando do pico central. Dentro do amplo vale voltado para o Sul, ficavam as ruínas de Valle, outrora uma próspera cidade dos Homens.[3] O Rio Rápido, que se originava de uma nascente bem dentro do Portão da Frente,[4] descia por duas quedas,[5] contornava Valle em uma grande curva que passava primeiro no esporão Leste, depois a Oeste, além do Montecorvo, antes de dar a volta ao Leste e ao Sul para o Lago Longo.[6] Bem ao norte de Montecorvo, no lado ocidental, a companhia fez seu primeiro acampamento. Depois de alguns dias, mudaram-se para um vale mais estreito, com cerca de três milhas de comprimento, entre os dois esporões ocidentais. Lá, na ponta Leste, bem atrás de um penhasco pendente de 150 pés, estava o recanto escondido com sua porta secreta.[7] Bilbo descobriu o caminho na "parte baixa do vale ... em seu canto sul".[8] Havia degraus ásperos que ascendiam ao topo da crista Sul e seguiam ao longo de uma plataforma estreita através da cabeça do vale. Bem acima do acampamento, o caminho virava a Leste, atrás de uma rocha, no recanto de paredes escarpadas. Sentado com as costas na parede oposta, Bilbo podia ver o Oeste na direção das Montanhas Nevoentas, mas a abertura era tão estreita que parecia apenas uma rachadura. Além do terraço relvado, a trilha continuava ao longo da face da montanha, mas os Anãos não foram muito além, pois tinham certeza de que aquela era a "soleira da porta".[9]

No Dia de Durin, Thorin abriu a Porta Lateral por onde era possível entrar nos túneis antigos de Erebor, o reino sob a Montanha. Dos vários "salões, e alamedas, e túneis, e becos, e adegas, e mansões e passagens",[10] os únicos mencionados foram o túnel secreto conduzindo à "parte mais profunda do grande porão", e as escadas e os salões ascendendo até "a grande câmara de Thror", perto do Portão da Frente, que era a única entrada restante.[11] O túnel secreto era considerado pequeno, embora tivesse "Cinco pés de

altura a porta, e três podem entrar lado a lado".[12] Ele descia em uma suave linha reta até a câmara de Smaug. Como a masmorra ficava na "raiz da Montanha"[13] e o recanto ficava no lado leste do vale, o túnel foi estimado com duas milhas de comprimento. No escuro, esgueirando-se para não fazer barulho, Bilbo passou cerca de três horas percorrendo essa distância.[14]

No salão estava o tesouro de Smaug, atestando a riqueza de ouro e joias que foram extraídas ali.[15] Uma ilustração de Tolkien permite uma estimativa do tamanho do salão.[16] Smaug parecia ter cerca de sessenta pés de comprimento, dando a impressão de que a sala tinha, pelo menos, 180 pés de comprimento. Seu vasto tamanho era ainda mais enfatizado pelo chamejar da tocha de Bilbo, que ia diminuindo "a uma boa distância".[17] Duas grandes escadarias saíam pelas portas arqueadas na parede Leste. Thorin conduziu a companhia por uma delas para alcançar o Portão da Frente. "Subiram longas escadarias, e viraram e desceram por largos caminhos ecoantes, e viraram de novo e subiram ainda mais escadas, e mais escadas ainda de novo".[18] Como a câmara inferior ficava no coração da Montanha, e o Portão da Frente, no centro da face sul, as passagens deviam ir, no geral, para o Leste, então Sul, e Oeste de novo. No final da escadaria, entraram na grande câmara de Thror e, depois de passarem por ali, chegaram à nascente do Rio Rápido, que desaguava em um canal estreito reto até uma queda no portão. Ao lado, corria uma larga estrada que passava por baixo de um alto portal arqueado e chegava a um terraço rochoso.[19]

A velha passagem e a ponte abaixo do terraço haviam desmoronado, mas, do outro lado do riacho, as escadas da margem Oeste estavam ainda intactas e conduziram a companhia a um caminho que ascendia o esporão Sudoeste até o posto de vigia em Montecorvo: o único posto descrito entre vários presentes.[20] Tinha uma grande câmara exterior e uma pequena interior. A companhia ficou lá por pouco tempo, então retornou para o Portão Principal, onde murou o arco e inundou o terraço (incluindo o caminho antigo), deixando apenas uma estreita plataforma a Oeste para se aproximar do portão. Lá, eles aguardaram os exércitos chegarem.[21]

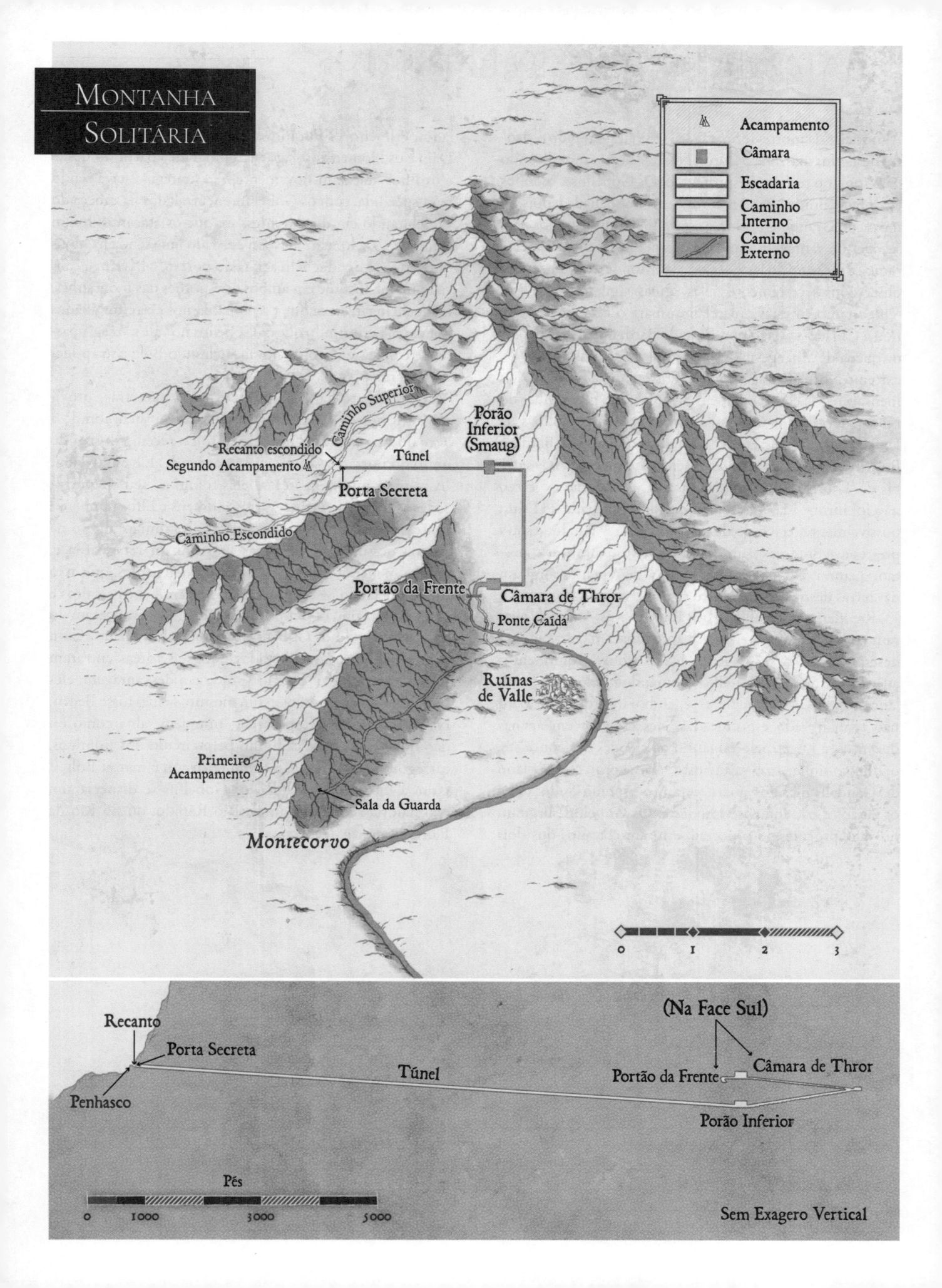

A Batalha dos Cinco Exércitos

As notícias da morte de Smaug se espalharam rápido e, dentro de alguns dias, boa parte do Norte estava se mobilizando para tomar o tesouro desprotegido. Os Gobelins e os lobos já tinham unido grandes forças em Gundabad depois da morte do Grande Gobelim e estavam bem-preparados para se valer da vantagem inesperada. Imediatamente, começaram a se mover pelo leste através das Montanhas Cinzentas, observados secretamente pelas águias vigilantes.[1] O Rei-élfico também estava marchando para o leste, mas retornou à Cidade-do-lago por apelo de Bard. Onze dias depois da queda de Smaug, suas forças combinadas passaram pelo extremo Norte do Lago Longo.[2] Entretanto, Thorin enviou mensagens via corvo para seus parentes "nas montanhas do Norte", especialmente ao seu primo Dáin nas Colinas de Ferro,[3] a cerca de duzentas e cinquenta milhas dali. Bard e o Rei-élfico chegaram primeiro e, em resposta às recusas severas de Thorin, sitiaram a Montanha. A duração do cerco não foi informada, mas terminou com a chegada de Dáin: possivelmente, cerca de dez dias depois. A batalha estava prestes a acontecer assim que Dáin tentou alcançar o portão, quando os Gobelins e os lobos, de repente, surgiram das terras destruídas no Norte.[4]

Rapidamente, os Elfos, os Homens e os Anãos se aliaram contra os inimigos que se aproximavam. Estavam em desesperadora desvantagem: Dáin trouxe "quinhentos anãos soturnos";[5] o Rei-élfico comandou pelo menos mil lanceiros, além de arqueiros;[6] e, embora as forças de Bard não tenham sido especificadas, eles estavam em apenas duzentos, a julgar pelo tamanho da cidade. Em contraste, o inimigo tinha uma "vasta hoste".[7] De acordo com o plano de Gandalf, os Elfos guarneceram o esporão Sudoeste, e os Anãos e os Homens, o Sudeste. Os Gobelins surgiram no vale, procurando o portão, e foram atacados dos dois lados. Primeiro, os Elfos investiram do Oeste e, sem trégua, Dáin e os Homens-do-lago mergulharam a partir do Leste, e os Elfos atacaram novamente. A estratégia estava sendo bem-sucedida, com os Gobelins encurralados na cabeça do vale, lutando em duas frentes, até que os atacantes foram atacados. Os Gobelins haviam escalado uma senda na montanha que se dividia bem acima do portão, e haviam alcançado maior altitude em ambos os esporões das montanhas. Daquele lugar, atacaram a retaguarda dos exércitos aliados por cima, permitindo que os Gobelins no vale se reagrupassem e trouxessem tropas novas, incluindo Bolg e sua poderosa guarda pessoal.[8]

Os Elfos tinham sido empurrados para trás, próximo a Montecorvo, e Dáin e Bard estavam sucumbindo a leste do rio, quando Thorin quebrou o recém-construído muro do portão e saltou para a contenda. Ele esbravejou: "A mim, ó minha gente!", e eles foram ao seu encontro: todas as forças de Dáin e vários Homens e Elfos também.[9] Juntos, investiram contra o âmago do inimigo, direto na guarda pessoal de Bolg, mas não tinham retaguarda e, gradualmente, foram cercados. Os defensores que não tinham deixado os esporões enfrentaram novos assaltos e não podiam ajudar. Bem a tempo, as águias avançaram do Oeste, lançando os Gobelins das mais altas cristas. Com as Montanhas assim liberadas, todas as forças entraram no vale para ajudar Thorin. Ainda em desvantagem, eles poderiam ser derrotados assim mesmo, se não fosse Beorn. Na última hora, ele apareceu, "ninguém sabia como ou de onde", e, abrindo caminho pelo círculo dos inimigos, carregou Thorin caído, e então retornou e matou Bolg.[10] Com a morte de seu líder, os Gobelins se dispersaram, e a maioria se perdeu ou no Rio Rápido, ou no Rio da Floresta, ou em Trevamata.

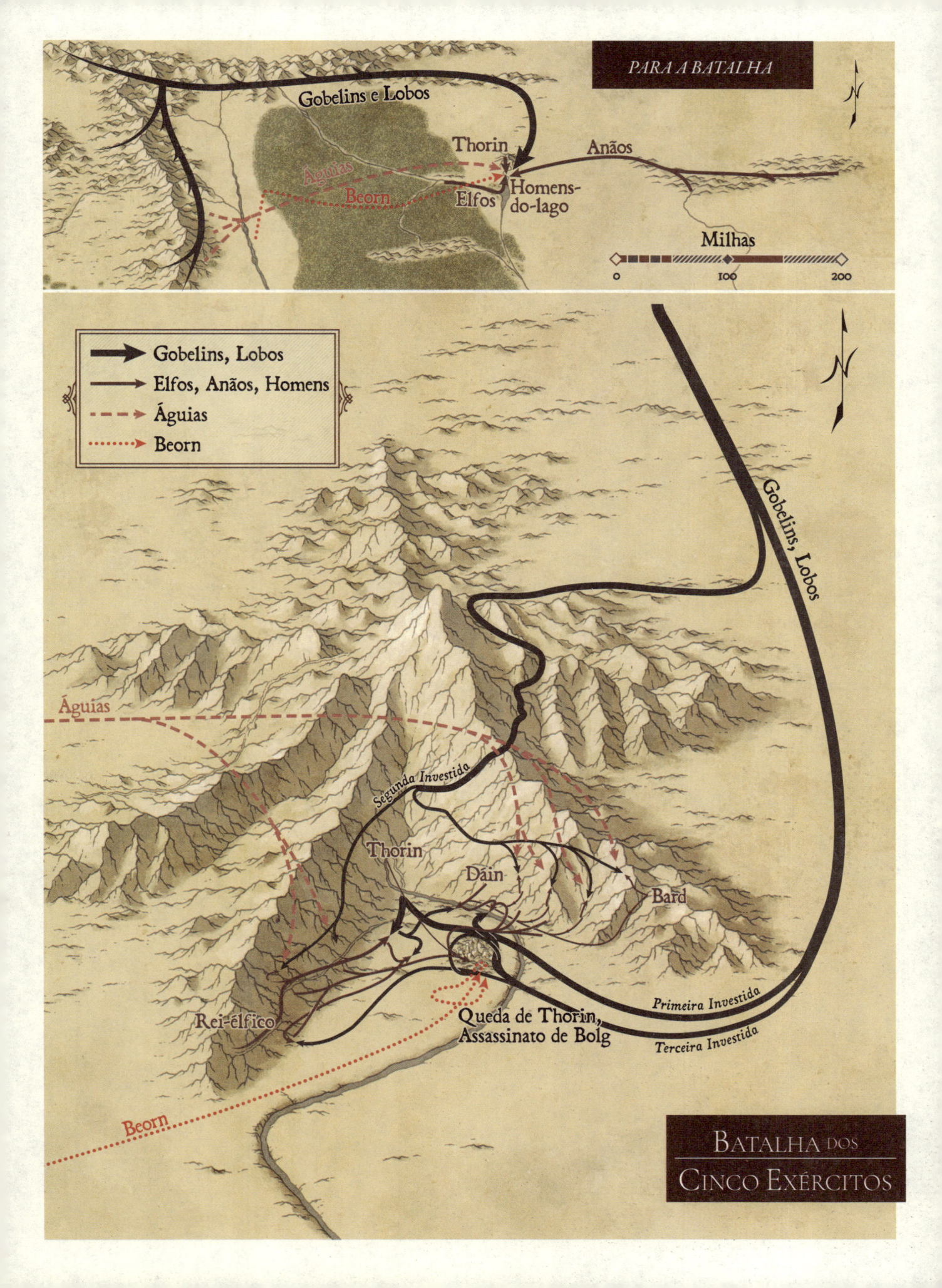

O SENHOR DOS ANÉIS

Introdução

Durante os setenta e sete anos entre a descoberta do Anel por Bilbo e a demanda de Frodo para destruí-lo, Sauron reestabeleceu seu poder em Mordor; Balin tentou recolonizar Moria; Saruman se voltou totalmente para o mal; Aragorn realizou grandes jornadas; Bilbo se mudou para Valfenda; e Gollum partiu em busca do Bolseiro *Ladrão*.[1] Gollum deixou sua caverna na montanha em 2944, e suas andanças o levaram, passando por Trevamata, a Esgaroth e Valle. Em 2951, ele estava indo em direção a Oeste para o Condado quando foi atraído para Mordor. Espreitou nas fronteiras até que foi capturado em 3017, e mais tarde, naquele ano, recebeu a permissão para sair, apenas para ser capturado de novo — dessa vez, por Aragorn.[2] Foi detido por Thranduil em Trevamata, mas resgatado por Orques, e alcançou Moria.[3]

A prisão de Gollum em Mordor permitiu a Sauron descobrir que Bilbo encontrara o Anel, mas não onde ficava o Condado. Depois da Batalha por Osgiliath,[4] os Nazgûl cruzaram o rio e passaram pelo Vale do Anduin, buscando, sem sucesso, pelos Pequenos. Era meio de setembro quando retornaram e foram enviados por Sauron a Isengard para obter informações. Dali, cavalgaram a Oeste, em direção ao Condado.[5] Enquanto isso, a traição de Saruman atrasou Gandalf. No final de junho, Gandalf tinha ido às fronteiras do Condado e, enquanto viajava pelo Caminho Verde, encontrou Radagast e soube da cavalgada dos Nazgûl e da oferta de ajuda de Saruman.[6] Passou a noite em Bri, então seguiu para Isengard, onde foi preso no topo de Orthanc até 18 de setembro.[7] Depois de Gwaihir, a águia, levá-lo até Edoras, ele domou Scadufax. Naquele que era o mais veloz dos corcéis, galopou como o vento até a Vila-dos-Hobbits, mas chegou tarde demais: Frodo já havia partido, com os Cavaleiros Negros no encalço.[8]

VILA-DOS-HOBBITS E BOLSÃO

A Vila-dos-Hobbits foi mapeada e ilustrada por Tolkien, dando-nos um conhecimento sólido sobre a vila e o campo ao redor.[1] A vila era tão pequena que não tinha nenhuma estalagem ou taberna, e seus habitantes eram forçados a caminhar "uma milha ou mais" para Beirágua para visitar a *Moita de Hera* ou o *Dragão Verde*.[2] Seus principais estabelecimentos eram o Moinho do Ruivão no Água e a Granja no lado oeste da estrada para a Colina.[3] Ao Sul, através da ponte, dos dois lados da Estrada de Beirágua estavam a maior parte das casas,[4] mas as mais luxuosas da vila (na verdade, da região) estavam ao Norte — Bolsão, Sotomonte.[5]

O Bolsão não era um edifício, é claro, mas uma toca Hobbit cavada no lado da única colina adequada nas proximidades.[6] Abaixo dela, nos flancos ao Sul, estavam outras tocas menores, incluindo a do número 3 da Rua do Bolsinho, ocupada pelo Feitor Gamgi e seu filho Sam.[7] Entre a Rua do Bolsinho e a porta de Bolsão havia um grande campo aberto, o local da grande festa de Bilbo. Para a festa, uma nova abertura tinha sido feita através da encosta para a estrada, com degraus e um portão. Na esquina Norte foi erguida "uma enorme cozinha ao ar livre", e mais longe ao sul, estava a Árvore da Festa em torno da qual o pavilhão da família havia sido erguido.[8]

Bolsão

A residência de Bolsão serpenteava da grande porta verde até a lateral da colina. A porta se abria em um *hall* que devia ter até quinze pés de largura, a julgar por um dos desenhos de Tolkien.[9] A porta ficava de frente para o Sul, com a abertura feita na encosta por onde o caminho corria a Leste, antes de virar ao Sul, para o portão. No alpendre, Bilbo falou com Gandalf, os Anões deixaram seus instrumentos, e Frodo deixou a bagagem enquanto se preparava para partir.[10]

O *hall* em si servia como um *closet* de entrada, com ganchos para casaco e muito espaço para colocar os presentes de despedida que Bilbo havia deixado.[11] Depois da entrada, abriam-se as portinhas, "primeiro de um lado e depois do outro".[12] Os melhores cômodos ficavam "todos do lado esquerdo (de quem entrava)", pois tinham janelas que davam para a encosta, e algumas delas com vista para a cozinha e os jardins floridos a oeste do campo aberto da "Festa".[13] Entre esses cômodos, estava a sala de visitas, onde os Anões encontraram Gandalf e Bilbo, a sala de jantar, uma salinha de estar onde Bilbo e Gandalf conversaram antes da Festa, e o escritório onde Frodo conversou com os Sacola-Bolseiros e, mais tarde, com Gandalf.[14] Pelo menos o escritório e a sala de visitas tinham lareiras.[15] Além disso, havia uma outra sala de visitas onde Bilbo foi "reanimado", dois ou mais quartos, alojamentos, uma cozinha, "adegas, despensas (muitas dessas)."[16] Ou seja, era uma residência muito confortável.

Vila-dos-Hobbits: Antes de Depois

Antes da Guerra do Anel, a Vila-dos-Hobbits ficava em meio à paisagem pitoresca de campos bem cuidados, separados por agradáveis sebes, onde as alamedas arborizadas conduziam a chalés aconchegantes e tocas rodeadas de jardins reluzentes. Depois da guerra, os Hobbits retornaram e tiveram uma visão muito diferente. Ao longo da estrada de Beirágua, todas as árvores foram cortadas, assim como todos os castanheiros no caminho para a Colina. As sebes estavam destruídas e os campos, secos. Uma chaminé gigantesca, presumivelmente uma fornalha, sufocava o ar; casas deterioradas havia aos montes ao longo da estrada; e o Moinho do Ruivão foi substituído por uma construção maior, que se estendia sobre o Água, poluindo o riacho. A velha quinta depois do moinho fora transformada em uma oficina com muitas outras janelas.[17] A Granja se fora, e barracões alcatroados ocuparam o seu lugar. A Rua do Bolsinho era "uma pedreira escancarada de areia e cascalho", Bolsão mal podia ser visto por causa das grandes cabanas construídas bem na altura de suas janelas, o campo da "Festa" "era um amontado de terra, como se toupeiras tivessem enlouquecido nele", e a Árvore da Festa se foi![18] Era uma visão triste, mas um ano de trabalho restaurou a vila, e "Tudo está bem quando acaba Melhor!"[19]

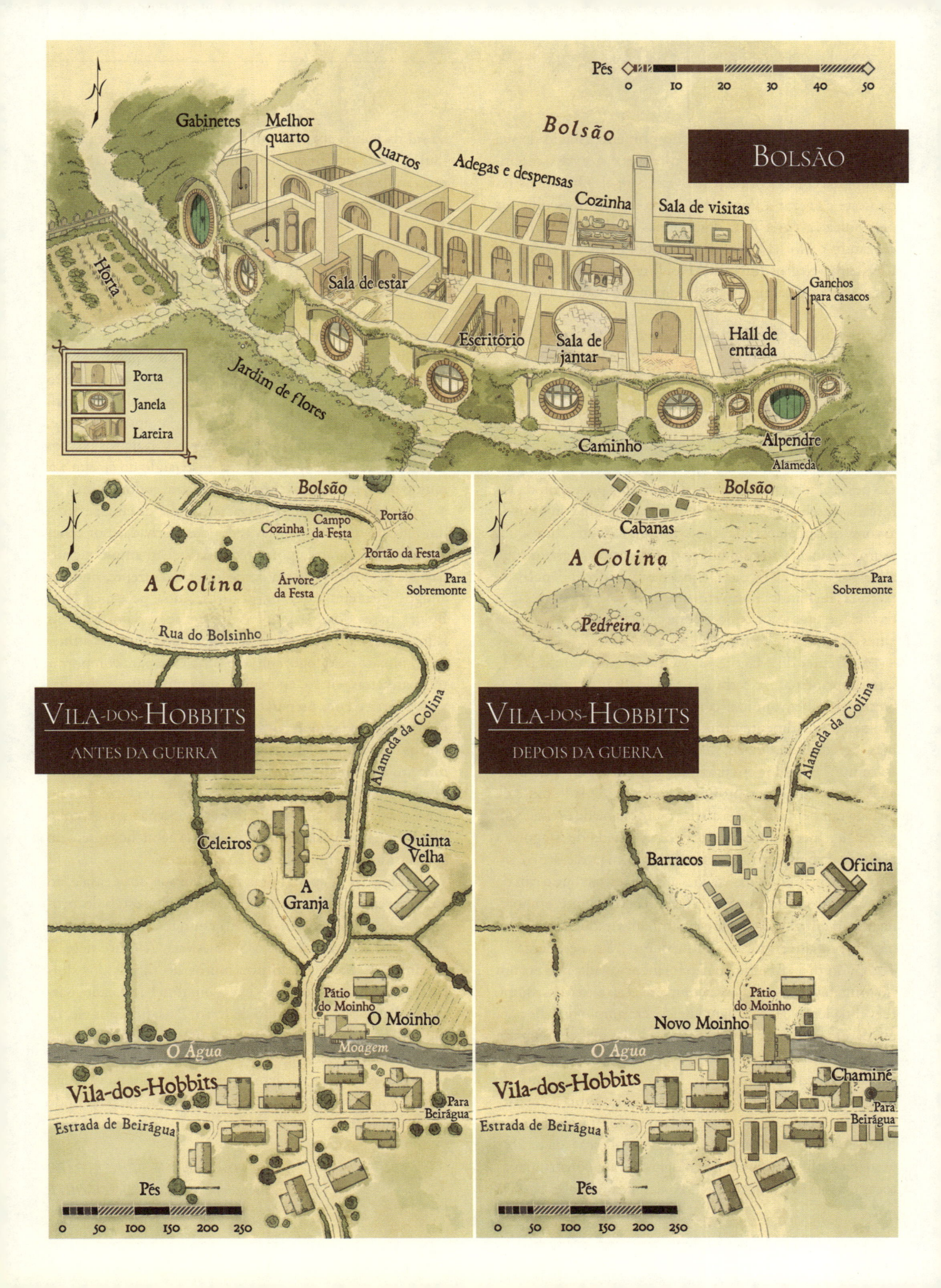

Quando Frodo deixou Bolsão no primeiro estágio de sua demanda, seguiu a Leste, em direção à sua casa recém-comprada em Cricôncavo. Em vez de ir pela Grande Estrada Leste e cruzar a Ponte dos Arcos de Pedra, escolheu ir pelo Sul, através da Terra das Colinas Verdes e do Pântano, cruzando o rio na Balsa de Buqueburgo. A aparição dos Cavaleiros Negros forçou os Hobbits a saírem da estrada, então eles alcançaram a Balsa de um modo pouco ortodoxo.

A Fazenda do Velho Magote e a Balsa

Cruzando o lado leste da Vila-do-Bosque, os Hobbits seguiram pelos campos bem-cuidados do Pântano. Passaram pela borda de um campo de nabos, quando Pippin, de repente, percebeu onde estavam: na fazenda do Velho Magote.[1] Estavam, na verdade, invadindo a propriedade, até que, pelo portão pesado, foram até a borda do campo e para além da via cercada de sebes. Seguindo em frente, havia um conjunto de árvores que ocultava a fazenda. Entre as árvores, ficava um muro de tijolos alto com um portão de madeira grande que abria para uma alameda. Dentro havia as dependências da fazenda (incluindo, possivelmente, recintos para os três cães ferozes), e uma casa onde a companhia comeu um pouco antes de o Magote conduzi-los até a Balsa.[2]

A fazenda do Magote ficava a uma milha ou duas da estrada principal. A terra a oeste do Brandevin era aparentemente bem úmida, como a palavra *Pântano* sugere. Tolkien originalmente tinha mostrado apenas uma estrada, mas logo decidiu que era necessário erguer a estrada sobre os campos e prados circundantes em um elevado de margens altas.[3] Um dique profundo ao longo do lado oeste da estrada também ajudava a aliviar o problema de drenagem.[4] Cerca de cinco milhas ao norte da Alameda de Magote, a alameda da balsa corria direto a Leste, cem jardas até o cais. Isso também mudou das versões anteriores, em que o cais da balsa foi substituído ao Sul da fazenda do Magote, embora, na história final, é dito que eles "tinham virado demais para o sul.... podiam entrever... Buqueburgo... à sua esquerda".[5]

A largura do Brandevin não foi mencionada, mas era um rio principal, possivelmente comparável ao alto Mississippi. Ele "fluía lento e largo diante deles", era amplo demais para um cavalo atravessar a nado, e os Hobbits mal conseguiam discernir o Cavaleiro Negro "sob os lampiões distantes".[6]

Na margem leste do rio, havia outra plataforma de desembarque a partir da qual um caminho subia para a estrada que passava pela Mansão do Brandevin e por Buqueburgo. A Mansão do Brandevin foi escavada na face oeste da Colina Buque e, nos flancos, foram construídas as tocas e casas de Buqueburgo.[7] A alameda da balsa passava ao sul da colina até uma intersecção com a estrada Norte-Sul da Terra-dos-Buques. Seguindo a estrada principal por meia milha, os Hobbits pegaram uma alameda que os conduziu, por mais algumas milhas, até Cricôncavo.[8]

Cricôncavo

Cricôncavo era uma casa pequena, originalmente construída como um refúgio da Mansão do Brandevin, e seu isolamento a tornou ideal para os propósitos de Frodo.[9] A casa ficava escondida por uma sebe espessa, dentro da qual havia um cinturão de árvores baixas. Passando por um portão estreito na sebe, os viajantes cruzaram um "amplo círculo de grama" ao longo de um caminho verde.[10] Havia, aparentemente, jardins na frente e atrás, pois quando os Cavaleiros Negros entraram pelo portão, Fofo os viu "rastejando do jardim"; e, saindo pelos fundos, também correu "através do jardim".[11]

A casa era "comprida e baixa, sem andar de cima; e tinha um telhado de relva, janelas redondas [fechadas por venezianas] e uma grande porta redonda".[12] Um amplo saguão passava pelo meio da casa desde a porta da frente, onde os amigos entraram, até a porta dos fundos, pela qual Fofo Bolger fugiu dos Nazgûl.[13] A portas se abriam dos dois lados do saguão. Uma porta no fundo abria em um banheiro iluminado pelo fogo, amplo o suficiente para comportar três banheiras, então, enquanto os caminhantes se banhavam, Merry e Fofo prepararam um segundo jantar na cozinha "do outro lado do corredor".[14] O número e o tipo dos outros cômodos na casa não foram fornecidos, mas dado o formato e o tamanho relativamente pequeno da casa, provavelmente não eram muitos. Não deveria ter nem mesmo uma sala de jantar, pois o jantar foi servido na mesa da cozinha.[15] Era, no fim das contas, um chalé aconchegante, sem a necessidade de uma disposição elaborada.

Frodo passou apenas uma noite em sua nova casa e, ao amanhecer, eles pegaram os pôneis de um estábulo próximo[16] e cavalgaram até o ponto em que a Floresta Velha estava cercada pela Sebe: a Sebe Alta.[17] A oeste dela, o caminho descia, cercado por muros de tijolos dos dois lados. Bem debaixo da Sebe havia um túnel arqueado, barrado a Leste por um portão de ferro. Passando por ele, os Hobbits se viram no solo de uma depressão sem árvores, e a cerca de cem jardas longe dali o caminho subia para o limite da Floresta Velha — densa e ameaçadora, uma vastidão interrompida apenas pela Clareira da Fogueira, para onde se encaminharam.[18]

Detalhe superior: CRICÔNCAVO
Detalhe inferior: FAZENDA DO MAGOTE

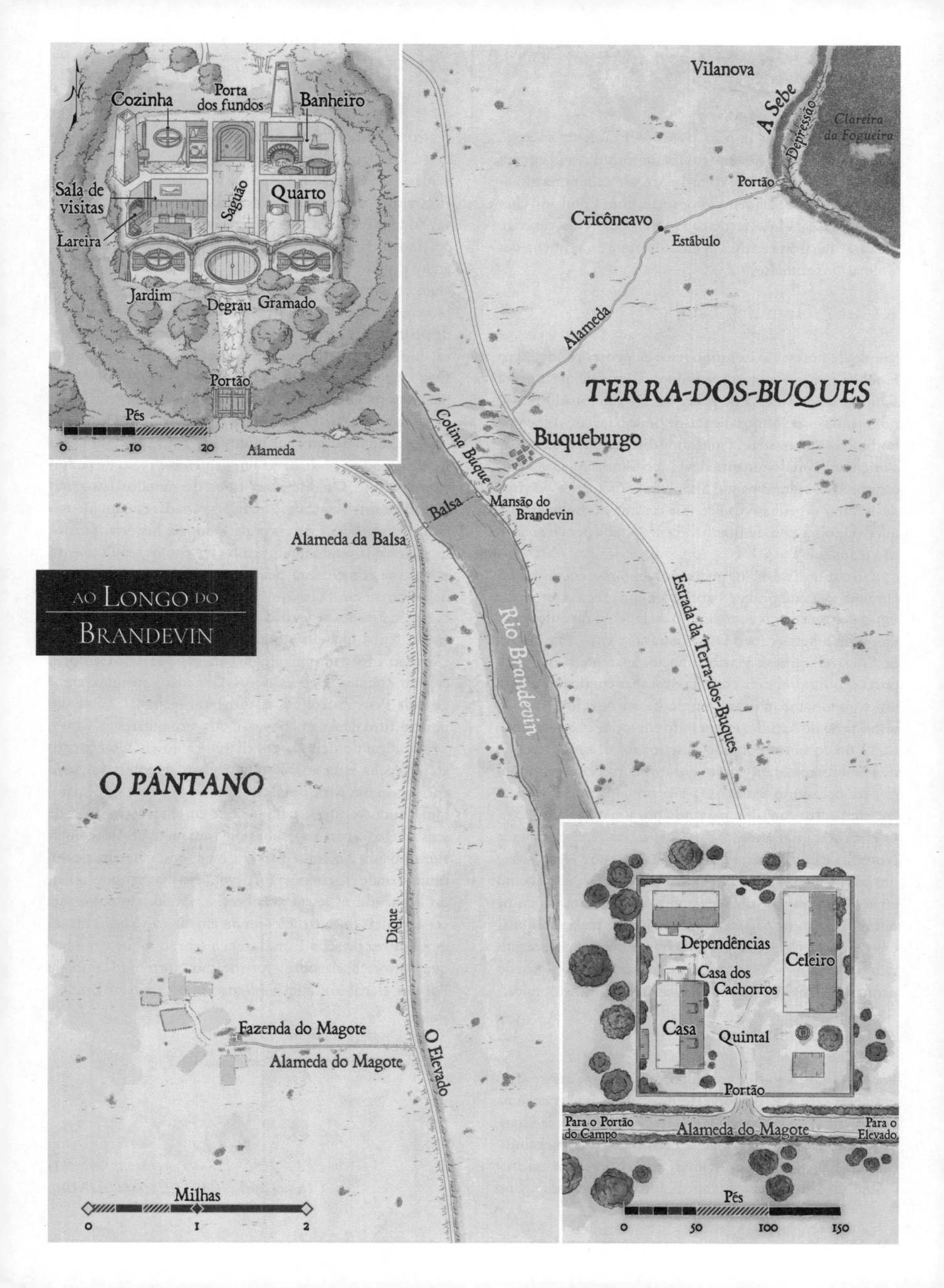

AO LONGO DO BRANDEVIN

Cozinha
Porta dos fundos
Banheiro
Sala de visitas
Lareira
Saguão
Quarto
Jardim
Degrau
Gramado
Portão
Pés
0 10 20
Alameda

Vilanova
A Sebe
Clareira da Fogueira
Depressão
Portão
Cricôncavo
Estábulo
Alameda

TERRA-DOS-BUQUES

Colina Buque
Buqueburgo
Balsa
Mansão do Brandevin
Alameda da Balsa
Estrada da Terra-dos-Buques

Rio Brandevin

O PÂNTANO

Dique
O Elevado
Fazenda do Magote
Alameda do Magote

Milhas
0 1 2

Dependências
Casa dos Cachorros
Celeiro
Casa
Quintal
Portão
Para o Portão do Campo
Alameda do Magote
Para o Elevado
Pés
0 50 100 150

Enquanto tentavam ir para o Norte através da Floresta Velha, Frodo e seus três amigos foram forçados a ir, em vez disso, para o Sul, para o Voltavime, onde caíram na armadilha do Grande Salgueiro.[1] Por sorte, Tom Bombadil chegou para resgatá-los e levou os Hobbits pelo Voltavime até sua casa, que ficava entre a beira da floresta e a primeira das Colinas-dos-túmulos.

A Casa de Tom Bombadil

Saindo da floresta, o caminho feito de pedras conduziu os Hobbits por um monte gramado e, além dele, para outra subida até onde a casa de pedra de Tom Bombadil ficava, no topo de uma colina saliente, de onde o jovem Voltavime borbulhava em quedas.[2] Conforme discutido em "Eriador", a orientação predominante das Colinas indicava que a face escarpada se voltava para o Sudoeste.[3] Porém, o Voltavime devia varar o penhasco, visto que ele caía borbulhante em quedas, pois a casa de Bombadil era voltada para o *Oeste* e não o *Sudeste*.[4]

Cruzando a soleira de pedra, os Hobbits se encontraram em uma sala comprida e baixa, com uma mesa comprida, uma lareira, cadeiras com assento de junco e, do outro lado da porta, a bela Fruta d'Ouro sentava-se entre suas bacias de lírios reluzentes.[5] Havia também, aparentemente, uma porta dos fundos, uma cozinha e escadas conduzindo para um segundo andar, pois Tom podia ser ouvido (mas não visto) fazendo barulho e cantando em todos esses lugares.[6]

O único outro cômodo descrito foi o *alpendre* onde os Hobbits tomaram banho e dormiram. Para chegar até ele, era necessário passar pela sala principal, pela porta, e "por um curto corredor, passando por um canto abrupto".[7] O espaço era um anexo baixo, que ficava na extremidade Norte da casa. Tinha janelas voltadas para o Oeste (sobre um jardim florido) e o Leste (sobre uma horta), assim como espaço para quatro colchões numa parede e um banco na outra.[8] Depois de passarem duas noites naquela acomodação confortável, os Hobbits pegaram seus pôneis e seguiram o caminho por trás da casa e rumaram até o norte do penhasco.[9] Eles haviam entrado nas Colinas-dos-túmulos.

As Colinas-dos-túmulos

Por volta do meio-dia, os Hobbits já tinham atravessado inúmeras cristas e, do topo de uma delas, avistaram uma linha escura que pensaram ser as árvores ao longo da Grande Estrada Leste. Mais aliviados, decidiram parar para almoçar. A colina que escalaram tinha o topo plano com um anel "como uma tigela rasa de borda verde amontoada" e, no centro, havia uma pedra fincada. As colinas eram maiores a Leste, "e todas essas colinas estavam coroadas de montículos verdes, e em algumas havia pedras fincadas."[10] Todos os esses elementos — anéis, montes de terras e pedras — eram provavelmente remanescentes de funerais e sepulturas.

Assim como na Inglaterra, os grandes *bell barrows*⁎ eram, provavelmente, muito pouco comuns. Esses montes eram construídos com relvas cuidadosamente dispostas, e, às vezes, cercados por um *peristalith*, um círculo fechado de pedras. As pedras talvez tivessem importância ritualística, ou talvez fossem apenas suportes físicos para o túmulo. O círculo côncavo onde os Hobbits comeram pode também ter sido um tipo de túmulo, pois em Exmoor, na Inglaterra, "a maior parte dos túmulos [*barrows*] é em forma de *bacia*, como uma forma de pudim invertido [e] ... [no] caso de cremações ... pode haver um pequeno círculo de pedras empilhadas".[11] Os diferentes tipos de túmulos [*barrows*] devem estar relacionados a práticas variadas em um mesmo momento ou em diferentes períodos na história, pois os montes haviam sido usados como terreno de sepultamento mesmo na Primeira Era, pelos antepassados dos Edain antes de entrarem em Beleriand.[12] Quando os Dúnedain retornaram, a área foi reocupada e fortificada, e novos enterros foram feitos quando a região era conhecida como Tyrn Gorthad, e foi o último refúgio para as pessoas de Cardolan contra Angmar. Depois de os Dúnedain sucumbirem à Grande Peste, as colinas se tornaram malignas, habitadas por espíritos de Angmar — as Cousas-tumulares.[13]

Cavalgando devagar em fila única do círculo côncavo até a brecha vista ao Norte, os quatro Hobbits se viram encarando um par de pedras fincadas e os cavalos dispararam. Frodo voltou-se para o Leste em direção às vozes de seus amigos e, para isso, subiu encostas íngremes das colinas rumo ao Sul. No cimo plano ficava a sombra escura de um túmulo onde ele também foi pego.[14] No dia seguinte, quando Bombadil os levou pela brecha, Frodo não conseguia ver as pedras fincadas. Eles foram em direção à linha escura que, em vez de ser a Estrada, era a sebe, o dique e o muro que outrora havia sido a fortificação Norte de Cardolan. Por fim, eles alcançaram a estrada e cavalgaram até Bri.[15]

⁎Túmulos em forma de sino/campânula. [N. T.]

Direita superior: AS COLINAS
Direita inferior: CASA DE TOM BOMBADIL

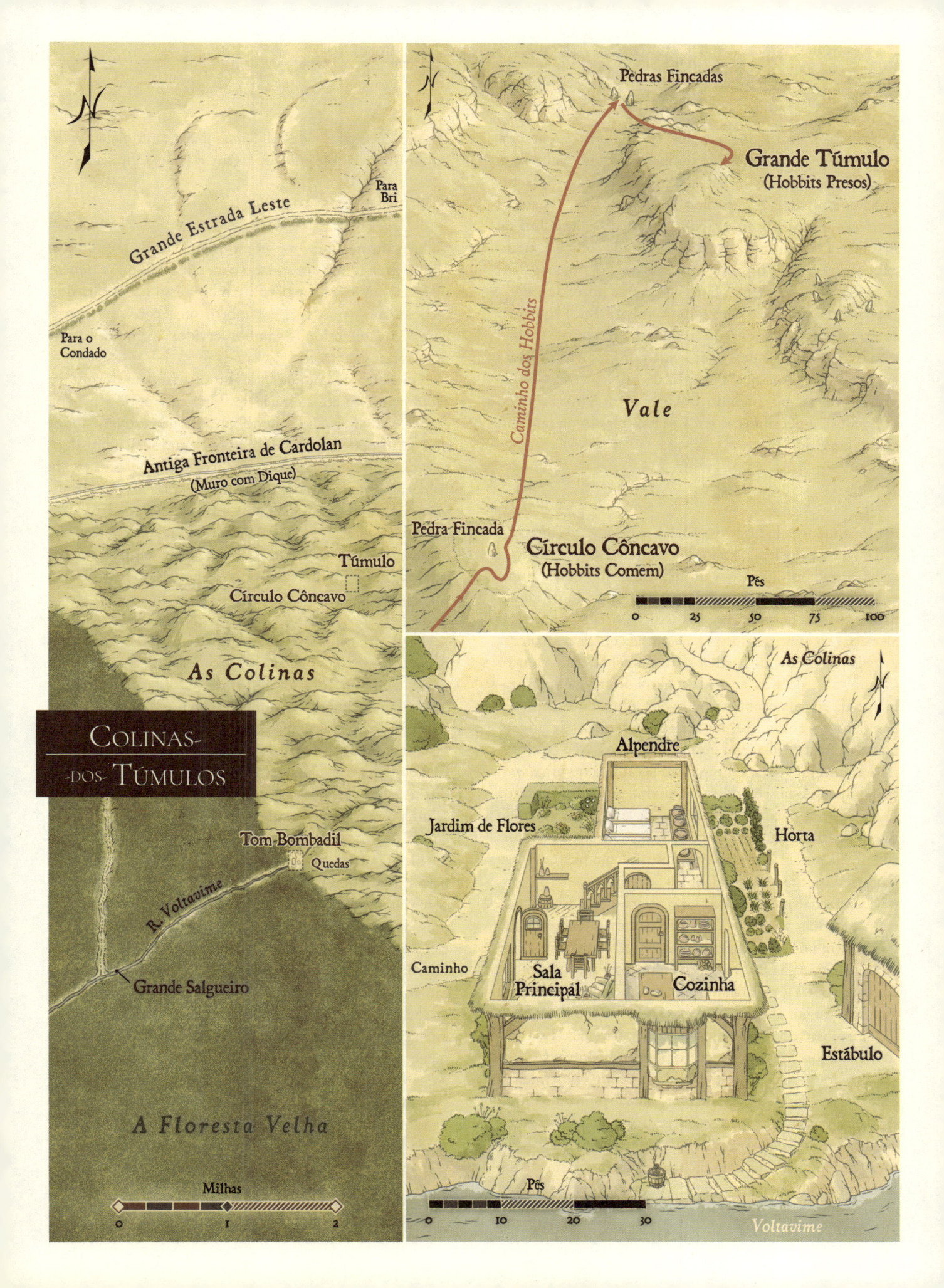

A leste das Colinas-dos-túmulos, os Hobbits chegaram a Bri, "uma pequena região de campos e bosques cultivados com apenas algumas milhas de largura".[1] A região de Bri tinha quatro vilas: Bri, Estrado, Valão e Archet. Os assentamentos se agrupavam ao redor das encostas da colina de Bri: Bri a Oeste, sob o carrancudo topo da colina; Estrado nas encostas suaves do Sudeste; Valão em um vale nos flancos orientais; e Archet na Floresta Chet, a norte de Valão.[2] Das quatro, a maior e mais importante era Bri. Pequenina como era, a região se curvou ao fluxo e o refluxo de muitos séculos, pois havia sido estabelecida por Homens de Terra Parda nos Dias Antigos.[3] Por volta de 1300, o Povo Grande se uniu aos Hobbits fugindo de Angmar,[4] e o Povo Pequeno se assentou especialmente em Estrado, mas havia também alguns em Bri.[5]

Bri

A proeminência de Bri provavelmente resultou da intersecção de duas principais estradas: a Grande Estrada Leste e a velha Estrada do Norte. A última tinha sido mais importante durante o início da Primeira Era, quando os Dúnedain passaram entre Fornost, ao Norte, e Tharbad, e mais além, para o reino de Gondor. Depois da queda de Arnor, a estrada era raramente usada e se tornou conhecida como o Caminho Verde, pois era toda coberta de capim.[6] O cruzamento da estrada era bem a oeste da Colina-de-Bri e, assim como muitos assentamentos antigos, os homens de Bri tentaram proteger a vila com obstáculos físicos. Não construíram muros, mas cavaram uma vala profunda ou um *dique*, com uma espessa sebe do lado interno. A Grande Estrada Leste passava pela vila, então um elevado foi construído acima do dique na entrada da Estrada, a Oeste, e na saída, ao Sul. Na sebe, a Estrada foi bloqueada com portões resistentes, constantemente vigiados.[7]

Dentro da vila, a Estrada virava para o Sul, ao redor da colina, e então virava para o Leste de novo.[8] Um desenho nos mostra um caminho com curvas ao Norte, a partir da Grande Estrada, uma ramificação subindo a crista da colina, enquanto outra leva para uma pequena abertura na sebe para uma rota menor até Valão e Archet. No mesmo desenho, o dique é mostrado como sendo quase semicircular.[9] Essa área suavemente inclinada não era tão popular quanto a Colina-de-Bri, pois a maioria das casas de Bri eram construídas a leste da Estrada, com algumas entre aquele ponto e o dique. A vila tinha cerca de cem casas de pedra, principalmente nas encostas mais baixas da colina. A Leste e acima delas, havia tocas de Hobbits.[10] Apenas quatro estruturas foram especificamente mencionadas: os dois alojamentos para cada um dos porteiros, a casa de Bill Samambaia (a última antes do Portão-sul), e a excelente estalagem, o Pônei Empinado.

O Pônei Empinado

Tolkien afirmou que *bree* [nome original de Bri] significava "colina", um termo apropriado para o lugar;[11] mas também pode ser um jogo de palavras (embora isso não tenha sido mencionado), pois *bree* é também uma palavra escocesa para "licor" ou "caldo" — ambos servidos em grandes quantidades por Carrapicho.[12]

Em busca de comida e de um quarto para dormir, os Hobbits foram até a estalagem. Ela ficava onde a Estrada começava a virar para o Leste, embora não estivesse longe do Portão-oeste, pois os Hobbits passaram apenas por algumas casas antes de alcançar o espaço.[13] As janelas da frente voltavam-se para o oeste da Estrada, e duas alas voltavam-se para a colina, com um pátio entre elas. Como havia três andares na estalagem, tinha uma arcada no centro que permitia a entrada para o pátio, além de sustentar os cômodos superiores. Os Hobbits deixaram os pônei no pátio, e Bob foi designado para guardá-los — possivelmente no térreo da ala Sul, onde não se mencionam portas ou degraus.[14]

Para entrar na estalagem, era necessário subir os largos degraus do lado esquerdo, sob o arco.[15] Ao entrar, Frodo quase trombou com Carrapicho, que estava carregando uma pilha de canecas "saindo por uma porta e entrando em outra".[16] Ele provavelmente estava indo da cozinha para a salão comum, que normalmente ficaria perto da porta da frente para a conveniência dos aldeões. O taverneiro conduziu os Hobbits por uma pequena passagem até "uma bela salinha de estar". Era pequena e aconchegante, tinha uma lareira, algumas cadeiras e uma mesa.[17]

Eles também foram conduzidos às suas acomodações para se lavarem. Provavelmente ficavam mais afastadas, no corredor da ala Norte,[18] e deviam ficar na extremidade; pois, apoiada na colina, talvez não houvesse espaço o suficiente para um quarto amplo, mas apenas para caminhas de Hobbits. A localização também é corroborada pela afirmação de Passolargo, o qual disse que as janelas eram próximas ao chão;[19] e embora fossem necessários degraus na frente da estalagem, nos fundos, o andar mais baixo era na verdade menor do que os superiores devido à encosta ascendente.[20] Aquelas janelas baixas eram tão vulneráveis que o guardião sabiamente insistiu para que os Hobbits passassem a noite na salinha de estar. A cozinha, uma sala de jantar privada usada por Gandalf (em uma versão anterior), o quarto de Carrapicho e uma porta lateral também estariam convenientemente colocadas no andar térreo.[21]

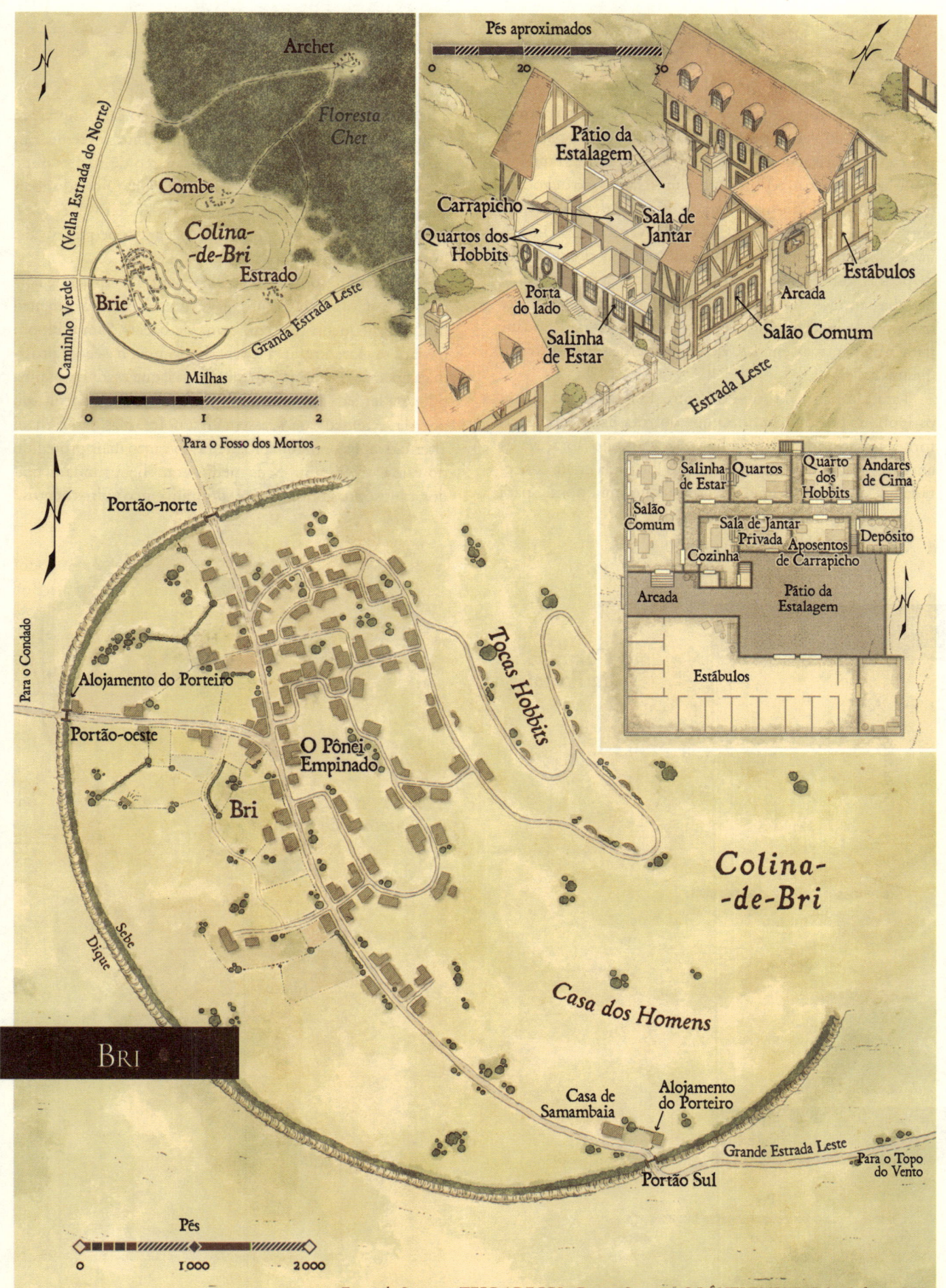

Esquerda Superior: TERRA DE BRI • Direita Superior: O PÔNEI EMPINADO • Inferior: BRI

TOPO-DO-VENTO

No extremo leste de Bri ficava o Topo-do-Vento, a mais alta das Colinas do Vento, posicionado ligeiramente à parte, na ponta Sul da crista ondulante. Seu cume se erguia a mil pés sobre as planícies ao redor, dando uma clara visão de todo o território e elevando-o aos ares do alto que deram à colina outro nome: Amon Sûl, a Colina do Vento.[1] Em cima, o Topo-do-Vento era plano e coroado por um círculo caído de pedras, tudo o que restara da torre de vigia construída nos dias antigos de Arnor.[2] A torre e as colinas ao Norte haviam sido mais fortificadas depois da queda de Rhudaur para Angmar, mas em 1409 tudo se perdeu, e a torre foi queimada.[3]

Para alcançar o Topo-do-Vento, Passolargo conduziu os Hobbits por um caminho que outrora havia servido as fortalezas ao longo das Colinas. O caminho abraçava as encostas ocidentais, continuando ao longo da crista conectada até que subisse uma encosta, como uma ponte, para a borda Norte do Topo-do-Vento.[4] Dali, o caminho ia até o cume, alcançando o topo na última subida íngreme. Em meio ao anel enegrecido ficava um marco de rochas onde estava a pedra com a mensagem de Gandalf. Olhando abaixo, na Estrada Leste, Frodo espiou os Cavaleiros Negros, e os viajantes correram colina abaixo para o pequeno vale, onde planejavam acampar.[5]

Na encosta Noroeste da colina, contra a crista que corria para as Colinas do Vento, havia uma depressão e, dentro dela, um pequeno vale em forma de bacia.[6] Sam e Pippin haviam explorado a área e descoberto uma nascente próxima à encosta da colina e rochas caídas, que escondiam uma pilha de lenha.[7] Próximo à nascente, Passolargo encontrou pegadas e temeu que ficassem ali à noite; mas não tinham alternativa. Fizeram uma fogueira no canto mais protegido do vale e esperaram.[8] Seus medos eram bem fundamentados, pois sobre a borda Oeste surgiram cinco vultos negros.[9]

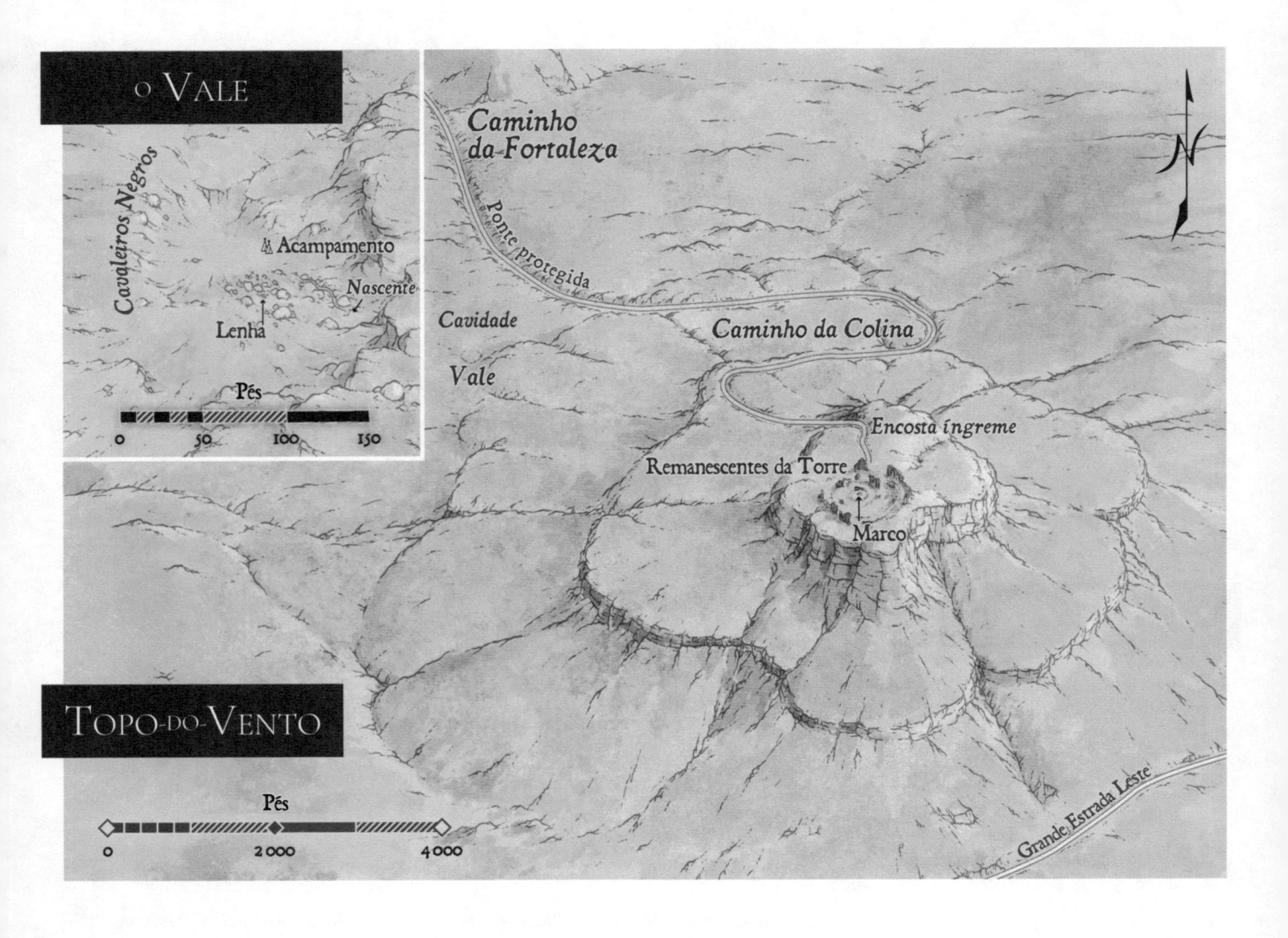

VALFENDA

Depois da queda de Ost-in-Edhil, em S.E. 1697, Elrond conduziu os Elfos de Eregion ao Norte e fundou o refúgio de Imladris — Valfenda.[1] O assentamento subsequentemente sediou muitos membros da Última Aliança, ajudou nas batalhas contra Angmar, e abrigou os herdeiros de Isildur por muitas gerações.[2] Lá, Aragorn conheceu Arwen, Thorin e Companhia descansaram, e Frodo foi levado para se recuperar de seu ferimento.[3]

O vale profundo era um dos muitos que cortavam as charnecas, subindo as encostas das Montanhas Nevoentas.[4] Suas laterais eram tão íngremes que o cavalo de Gandalf quase escorregou na beirada enquanto ele conduzia os Anãos a Leste, e os membros da companhia "deslizaram e escorregaram ... descendo o caminho íngreme em zigue-zague."[5] Aparentemente, havia pelo menos um outro caminho na encosta Sul, pois quando os Anãos encontraram os Elfos em uma clareira, os anfitriões os conduziram a uma "boa trilha", possivelmente a que é mostrada na ilustração de Tolkien, descendo um grande lance de escadas.[6] O caminho passava pela ponte estreita, que cruzava o Rio Bruinen acima das cascatas, e seguia para a casa de Elrond.[7]

A Última Casa Hospitaleira era "'uma casa grande ... Sempre ... [com] um pouco mais para descobrir.'"[8] Havia pelo menos dois grandes salões: o Salão de Elrond, onde o banquete ocorreu, e o colunado Salão do Fogo, que ficava bem do outro lado da passagem.[9] Eles eram evidentemente próximos à porta da frente, pois Frodo podia ver o brilho da luz do fogo do lado de fora, antes da partida da Sociedade.[10] Apenas três elementos da casa foram mencionados: o quarto de Frodo, que ficava no andar de cima;[11] o quarto de Bilbo, que estava no térreo, virado para o Sul, e tinha uma lareira, uma janela e uma porta para o jardim;[12] e a varanda voltada para o Leste, onde Frodo se reencontrou com os amigos e onde o Conselho de Elrond ocorreu.[13] O desenho de Tolkien também mostrava uma varanda na frente e uma pequena torre central, onde talvez estivessem os sinos usados para sinalizar as refeições e o Conselho.[14] Fora da casa, havia jardins ao Leste e ao Sul e um caminho que levava pelo terraço a um assento de pedra onde Gandalf, Bilbo e Sam se encontraram.[15] Talvez houvesse também estábulos, onde Bill ficava; e uma forja, onde Andúril foi preparada para Aragorn.[16]

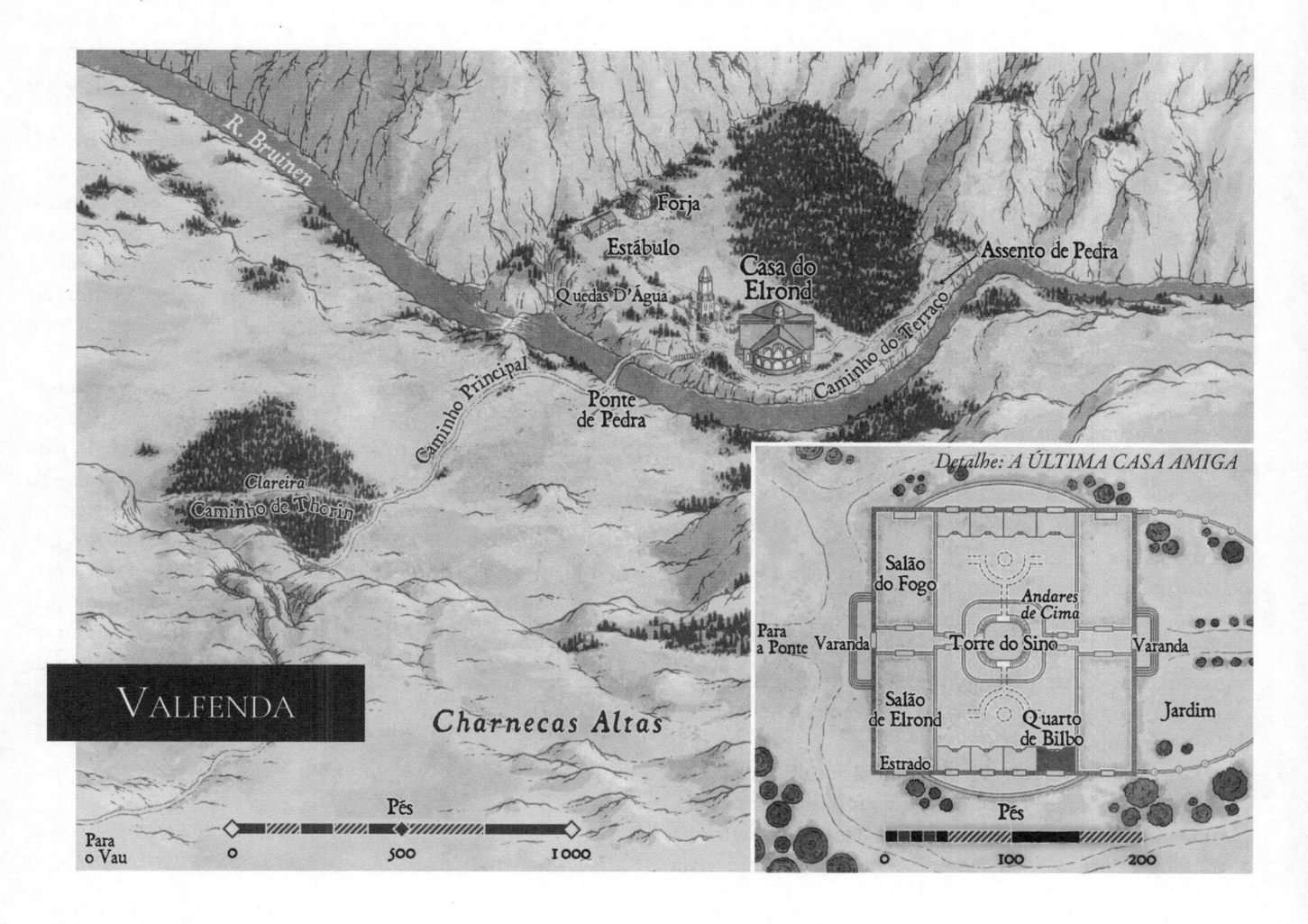

Nas profundezas da Primeira Era, Durin descobriu as cavernas sobre Azanulbizar, o Vale do Riacho-escuro, e lá fundou o que se tornaria o maior de todos os reinos dos Anãos — Khazad-dûm.[1] Os Anãos permaneceram lá, cavando minas que eram "vastas e intrincadas além da imaginação",[2] até T.E. 1980, quando um Balrog foi libertado e o reino, abandonado.[3] Desde então, as minas eram mais comumente chamadas de Moria, o *abismo negro*.[4]

As Montanhas de Moria

As minas ficavam nas entranhas de três montanhas torrentes: Caradhras, Chifre-vermelho; Celebdil, Pico-de-Prata; e Fanuidhol, Cabeça-de-Nuvem.[5] O Chifre-vermelho era o mais alto e o mais setentrional e lá estavam os veios de prata de mithril.[6] A localização dos outros dois picos não foi informada, mas o mapa de Tolkien mostrava um a oeste do Espelhágua, e outro a Leste. O Pico-de-Prata foi colocado a Oeste porque lá estava a Escada Interminável, conduzindo à Torre de Durin, onde Gandalf lutou na Batalha do Pico;[7] e como todos os túneis mencionados estavam a oeste do Vale do Riacho-escuro, aquela grande passagem em espiral provavelmente estaria ali também.

Ao sul de Caradhras ficava um caminho íngreme e sinuoso, pelo qual se podia atravessar as Montanhas Nevoentas: o Portão do Chifre-vermelho.[8] A estrada oeste "dava voltas e subia, em muitos lugares quase desaparecera".[9] No extremo leste, ela descia para um vale profundo, próximo a uma "escada infinda de breves cascatas".[10] Gandalf imaginou que levaria "mais de duas marchas" para alcançar o topo da passagem; mas a Sociedade foi forçada a descer pela neve, e então foi para o Sudoeste para o Portão de Azevim.[11]

A Porta-oeste

Durante a primeira parte da Segunda Era, os Elfos noldorin haviam construído a cidade de Ost-in-Edhil, na região de Eregion, a oeste de Khazad-dûm. Uma estrada corria entre as duas cidades, ao longo do Rio Sirannon, terminando na Porta-oeste de Covanana.[12] O portão se abria em uma plataforma que ficava "cinco braças" (trinta pés) acima do leito do rio, sobre o qual Sirannon originalmente caía em cascatas. Ao lado da Cachoeira da Escada, havia degraus íngremes, mas "a estrada principal se curvava para a esquerda e subia, em várias voltas", como mostrado claramente no desenho de Tolkien.[13]

O vale raso tinha cerca de três oitavos de milha entre as cascatas e o portão, e possivelmente duas milhas de ponta a ponta.[14] Originalmente, a estrada atravessava a plataforma entre sebes,[15] mas a Sociedade descobriu que o vale havia sido represado e inundou, deixando apenas um aro estreito ao redor da borda. Eles contornaram a água, atravessando um arroio na extremidade Norte (possivelmente a nascente do Sirannon), e alcançaram as Portas de Durin.[16]

As Minas

Gandalf calculou pelo menos "quarenta milhas da Porta-oeste ao Portão-leste em linha reta".[17] Depois dos degraus na entrada, havia voltas no túnel, muitas passagens para todas as direções e rachaduras e buracos no chão.[18] Por fim, Gandalf chegou a um ponto onde uma arcada se abria em três passagens para o Leste: uma subindo, uma descendo e outra reta. Os viajantes acamparam ao lado da arcada, em uma sala de guarda com um poço.[19] A sala foi apresentada com cerca de 3,9 mil pés de profundidade, mas havia sons de martelo saindo do poço em um nível mais baixo.[20] As minas poderiam ter 12,5 mil pés de profundidade, ainda dentro dos limites de nosso Mundo Primário.[21]

A passagem ascendente subia em grandes curvas, sem túneis interligados até chegar a um alto salão colunado, com entradas em cada lado: O Vigésimo Primeiro Salão da Extremidade Norte.[22] Eles acamparam em um canto, longe da porta oeste,[23] e, na manhã seguinte, seguiram pela porta Norte em direção a uma luz, e viram o brilho do sol vindo de uma câmara pequena, do lado direito do corredor — a Câmara dos Registros, que guardava o túmulo de Balin.[24] Eles foram atacados, mas escaparam pela porta Leste, descendo uma escada íngreme (que aparentemente corria para o Leste, pois Gandalf foi jogado de costas nos degraus).[25] Para alcançar os Grandes Portões, Gandalf havia dito para olhar para as "trilhas que vão para a direita e para baixo", embora ele não tenha dado nenhuma volta, pois a passagem que estavam percorrendo "parecia seguir na direção que ele queria".[26]

Depois de descerem muitos lances de escada e tendo seguido uma milha ou mais, alcançaram o Segundo Salão na Primeira Profunda; mas a passagem deve ter desviado para o Sul ao longo daquela distância, pois entraram no salão ao Norte com os Portões "para além da extremidade leste, à esquerda".[27] O salão era muito maior do que os outros que haviam visto. A Sociedade estava na extremidade Leste, entre um abismo de fogo ardente e o precipício atravessado pela Ponte de Durin.[28] Depois de Gandalf e o Balrog caírem no precipício, os demais correram "não mais de um quarto de milha ... subindo por uma escada larga, seguindo um caminho amplo, atravessando o Primeiro Salão e para fora!"[29]

Inferior à esquerda: EXTREMIDADE OESTE
Inferior à direita: EXTREMIDADE LESTE

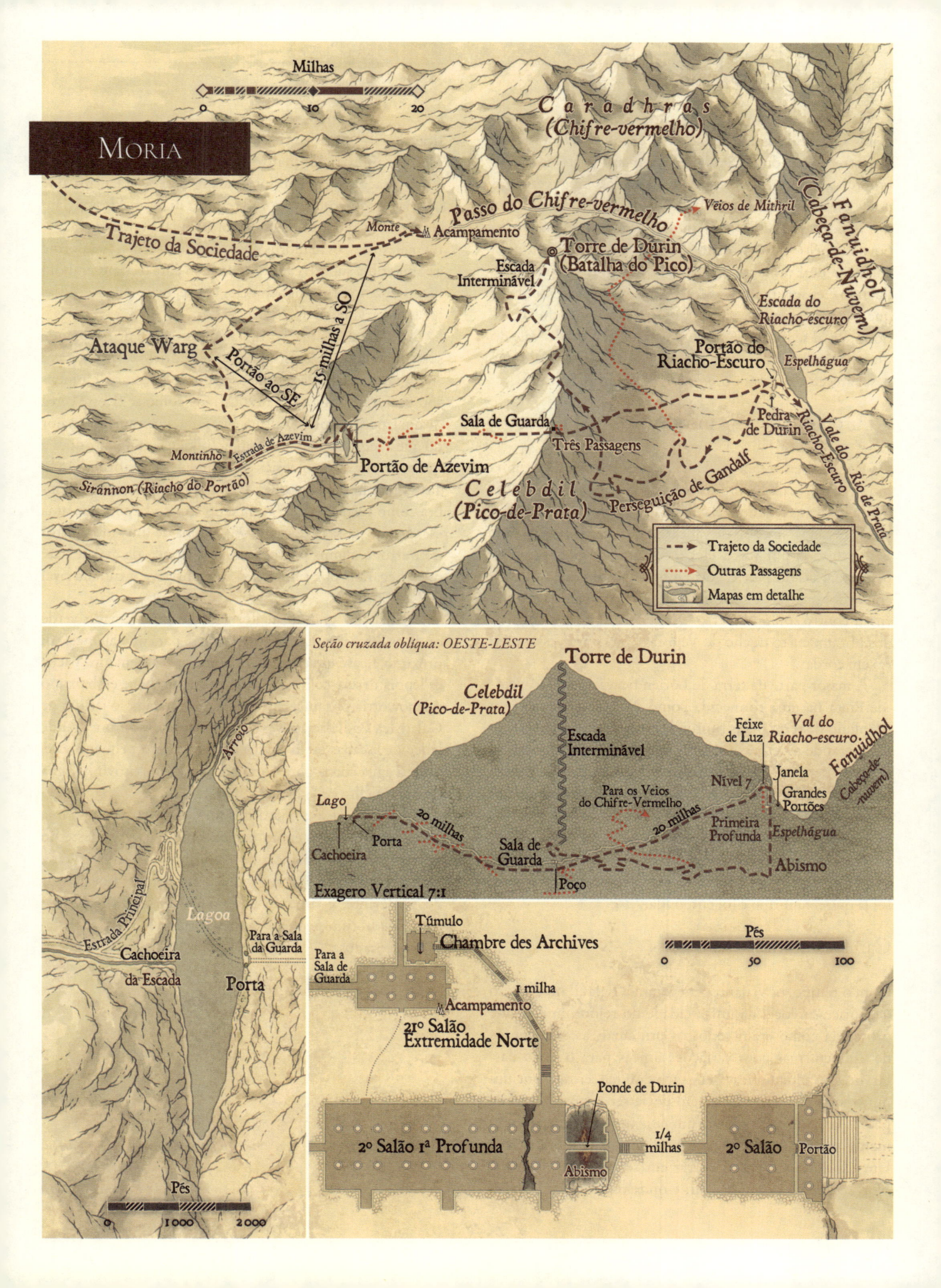

Caras Galadhon era a "cidade das árvores".[1] O nome era Silvestre, adaptado ao Sindarin, e a maior parte dos habitantes era de origem silvestre,[2] embora fossem governados por Celeborn, um dos Sindar, e Galadriel, a mais nobre dos Noldor que ainda estavam na Terra-média.[3] Lórien foi povoada pelos Elfos Silvestres na Primeira Era, quando foi chamada de Lórinand, mas havia diferentes versões sobre quando eles se juntaram a Celeborn e Galadriel.[4] Conta-se que Galadriel plantou os *mellyrn* e, sob o poder do anel, a floresta real se tornou *Laurelindórenan*, a Terra do Vale do Ouro Cantante; mas, com o passar dos séculos, esse nome desapareceu e se tornou *Lothlórien*, a Flor-do-Sonho.[5]

Nimrodel e Cerin Amroth

Os viajantes entraram na Floresta Dourada cerca de uma milha ao norte de Nimrodel — o riacho que era assim chamado por causa da donzela élfica que outrora viveu próximo às cascatas.[6] Depois de vadear a água, decidiram dormir nas árvores e, por sorte, eles escolheram a que era usada pelos guardas do Norte.[7] Os Hobbits passaram a noite no *eirado* dos guardas, enquanto o resto da companhia dormia em um outro *eirado* ali perto.[8] No dia seguinte, foram guiados por um curto trecho do Veio-de-Prata e atravessaram o rio em cordas.[9]

A maior parte da terra de Lórien ficava a leste do Veio--de-Prata na área conhecida como *Naith* ou Gomo (um triângulo de terra). Nas profundezas da floresta, chegaram a um grande morro, coroado com dois anéis de árvores: as de fora eram brancas, e as de dentro, douradas. No centro havia um mallorn torreante, sobre o qual foi construído um *eirado*, outrora a casa de Amroth, o amado de Nimrodel. O monte era Cerin Amroth, e era "o coração do antigo reino, tal como foi há muito tempo".[10] Lá Arwen e Aragorn se comprometeram um com o outro e, depois da morte dele, foi lá que ela morreu e foi enterrada.[11]

Caras Galadhon

Com o tempo, os viajantes chegaram a Egladil no coração de Lórien,12 local da única cidade do reino: uma cidade protegida como eram todos os principais assentamentos de Tolkien, mas com variações únicas para o Povo-das--árvores. A cidade ficava em uma colina, cercada por um muro, mas ele era *verde*, então devia ser terroso e não de pedra. Fora do muro, havia um *fosso*, um dique, aparentemente sem água, pois estava perdido "em sombra suave". Um caminho de pedra corria em semicírculo da trilha Norte até uma ponte no Sul; e onde os Grandes Portões

ficavam, os muros se sobrepunham, formando uma "alameda profunda" por dentro.[13]

A característica mais inusitada da cidade era, claro, que não havia construções e torres; em vez disso, os Elfos viviam em *eirados* (ou *talans*) e casas construídas dentro das árvores majestosas, os *mallorns* que cobriam a colina. Conforme a companhia subia o caminho sinuoso para o cume, embora não tenham visto ninguém, eles conseguiam ouvir e ver as luzes nas árvores acima.

No topo da colina ficava o maior mallorn de todos, que sustentava a casa de Celeborn e Galadriel. A morada era "tão grande que quase teria servido de paço aos Homens sobre a terra".[14] A árvore foi ilustrada como se tivesse cerca de quatrocentos pés de altura e largura, ligeiramente maior do que a sequoia mais alta,[15] mas Tolkien certamente queria que as árvores fossem vistas como imensas, ao afirmar: "Sua altura não podia ser estimada, mas erguiam-se na penumbra como torres vivas".[16] Acima do tronco largo havia uma escada que passava por *eirados*, "alguns de um lado, outros do outro, e alguns postos junto ao tronco da árvore", até que chegaram por fim, à casa que abrigava a câmara oval de Celeborn.[17]

Abaixo do grande mallorn havia um gramado verde onde os Elfos levantaram um pavilhão para os viajantes. Ali próximo, ficava uma fonte cintilante que caía em uma bacia, e depois descia colina.[18] Na encosta sul, bem embaixo, o riacho corria por uma cavidade desarborizada: o jardim de Galadriel. Podia-se atravessar pela sebe e descer um grande lance de escadas até o ponto mais baixo do pequeno vale, onde a água corria para outra bacia e, assim, provinha água para o Espelho de Galadriel.[19]

Depois de visitar o jardim com Galadriel, a companhia ficou mais um dia, então partiu, indo para o sudeste do portão para a confluência do Anduin e do Veio-de-Prata. O trajeto passava por um muro e entrava em um gramado verdejante, e subindo um pouco o riacho, havia um *atracadouro* (um pequeno porto),[20] onde seus barcos estavam ancorados.[21]

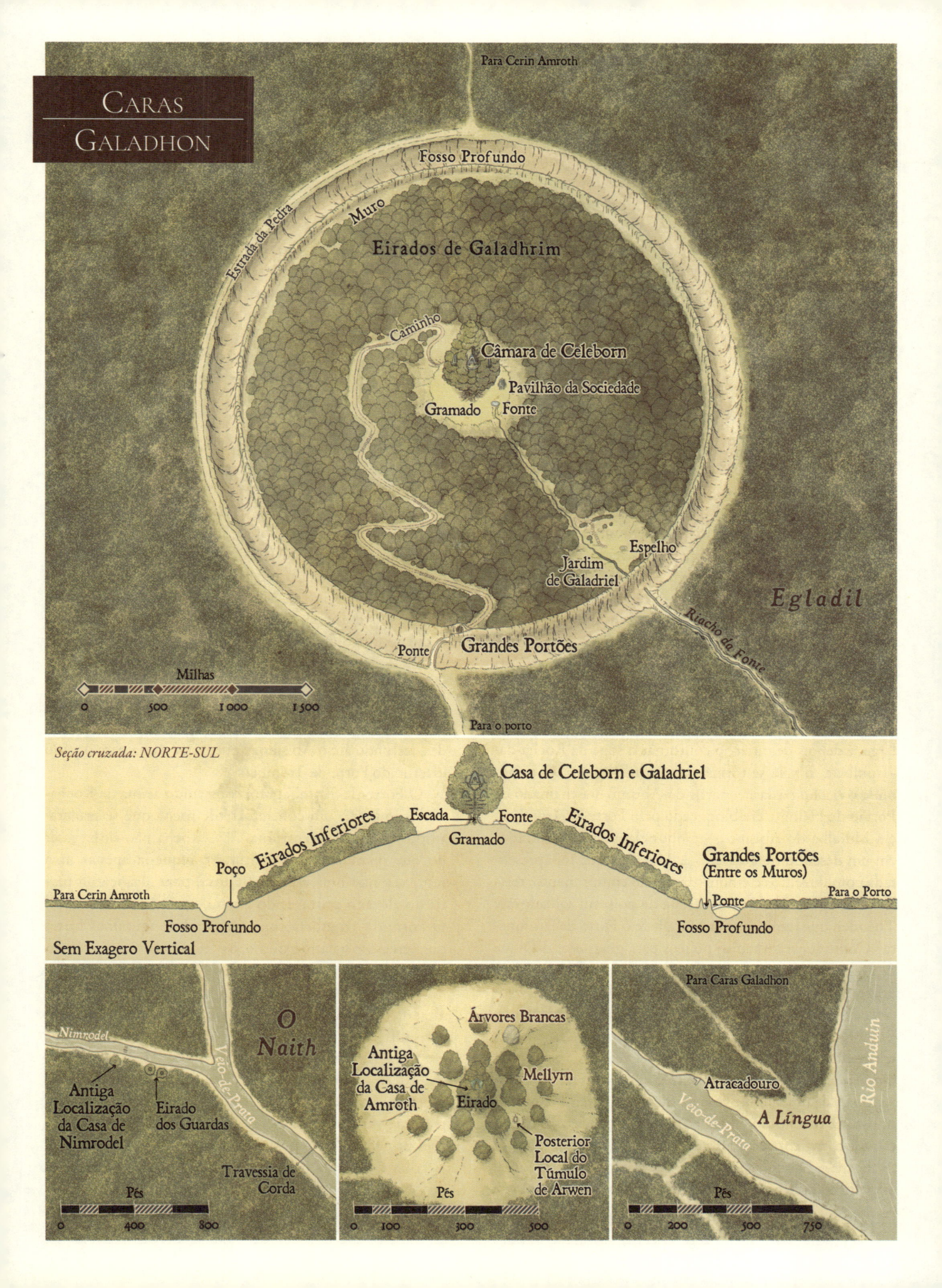

CARAS GALADHON

Para Cerin Amroth

Fosso Profundo

Estrada da Pedra

Muro

Eirados de Galadhrim

Caminho

Câmara de Celeborn

Pavilhão da Sociedade

Gramado · Fonte

Espelho

Jardim de Galadriel

Egladil

Ponte

Grandes Portões

Ponte

Riacho da Fonte

Milhas

0   500   1 000   1 500

Para o porto

Seção cruzada: NORTE-SUL

Casa de Celeborn e Galadriel

Eirados Inferiores

Escada · Fonte

Gramado

Eirados Inferiores

Poço

Grandes Portões
(Entre os Muros)

Para Cerin Amroth

Fosso Profundo

Ponte

Fosso Profundo

Para o Porto

Sem Exagero Vertical

Nimrodel

O Naith

Veio-de-Prata

Antiga Localização da Casa de Nimrodel

Eirado dos Guardas

Travessia de Corda

Pés

0   400   800

Árvores Brancas

Antiga Localização da Casa de Amroth

Mellyrn

Eirado

Posterior Local do Túmulo de Arwen

Pés

0   100   300   500

Para Caras Galadhon

Atracadouro

Rio Anduin

Veio-de-Prata

A Língua

Pés

0   200   500   750

O Abismo de Helm

Nos primeiros dias após Gondor ter se estabelecido, os Dúnedain fortificaram o vale que sai de Aglarond, as Cavernas Cintilantes.[1] Quando a terra foi cedida aos Éothéod, eles tomaram posse de suas fortalezas também; e, em T.E. 2758, quando Rohan foi invadida pelos Lestenses e Terrapardenses, Helm Mão-de-Martelo se retirou para aquele refúgio, e muitos de seu povo ficaram lá durante o cerco e o Inverno Longo que se seguiram. Os feitos desesperados de Helm durante aquele tempo fez com que se tornasse um dos mais famosos reis de Rohan, e o refúgio foi denominado em sua homenagem: Abismo de Helm.[2]

O Abismo

O refúgio inteiro era frequentemente chamado de Abismo de Helm, mas, no sentido estrito, o título se referia apenas à estreita garganta cortada pelo Riacho-do-Abismo entre a entrada de Aglarond e a Rocha-da-Trombeta. A presença das cavernas, combinada com um vale muito defensável, fez o Abismo ideal para fortificação. As cavernas eram "vastas e lindas ... sala após sala ... ainda as trilhas que ... [se insinuavam conduziam] ao coração das montanhas".[3] A água das lagoas no fim das contas devia se encaminhar para o Riacho-do-Abismo, que próximo à entrada da caverna cortava os Estreitos, onde os Orques foram encurralados na primeira vez em que se arrastaram através da vala para dentro do Abismo.[4]

Longe das cavernas, a ravina era, de certa forma, mais larga, e depois de o riacho contornar o sopé da Rocha-Trombeta, o vale se tornava muito mais vasto. O ponto onde o riacho passava a partir do Abismo era chamado de Portão de Helm[5] e era bloqueado pelo Forte-da-Trombeta e a Muralha do Abismo — ambos claramente mostrados em um desenho de Tolkien.[6] A Muralha, que foi apresentada com duzentos e cinquenta pés de comprimento, teria sido bem guarnecida com a tropa de dois mil soldados de Théoden que lutou sobre a Muralha e o Forte-da-Trombeta.[7] Contudo, eram muito poucos para guarnecer o Dique de Helm, que ficava a apenas um quarto de milha abaixo do Forte, embora se estendesse por uma milha ou mais através da Garganta-do-Abismo que se alargava rapidamente. Embora o Dique tenha sido descrito como uma "antiga trincheira e baluarte escavado", era, na verdade, visto como um penhasco de vinte pés de altura em alguns pontos, curvando-se de um lado a outro na muralha íngreme e montanhosa. O Riacho-do-Abismo caía na garganta abaixo, e a estrada corria cortando ao lado do rio.[8]

Entre o Dique e o Abismo ficava um gramado, onde estavam os morros tumulares dos cavaleiros de Eastfolde e Westfolde que caíram na batalha.[9] Ainda que o Abismo de Helm tenha sito descrito como sinuoso a partir do Norte, aparentemente ele seguia em direção ao Leste, pois dois dos mapas de Tolkien mostravam o vale indo de Norte a Leste, e a Rocha-da-Trombeta era parte do penhasco *setentrional*.[10] As "colinas cada vez mais altas", que beiravam a Garganta do Abismo, eram muito íngremes para escalar pelo Leste, mas tinham encostas compridas e baixas a Oeste.[11] As tropas de Saruman foram encurraladas entre as colinas íngremes a Leste, Gandalf a Oeste, Théoden no Dique e os Huorns mais abaixo no vale. Portanto, eles caíram e os montes de carniça foram, mais tarde, deixados em uma vala comum cavada pelos Huorns a uma milha abaixo do Dique: a Colina da Morte. Os Terrapardenses foram enterrados com mais honra em um monte separado, abaixo do Dique.[12]

O Forte-da-Trombeta

Embora a destruição das forças de Saruman tenha chegado à Garganta, o combate mais importante ocorreu durante a noite, na ameia principal: o Forte-da-Trombeta e a Muralha do Abismo. A Muralha se estendia desde parede externa do Forte-da-Trombeta, passava sobre o riacho, e então ao longo da garganta. Ela ficava a vinte pés de altura, era larga o suficiente para quatro homens lado a lado, inclinando-se como um "penhasco escavado pelo mar", e era encimada por um parapeito. Tinha um largo aqueduto através do riacho, uma torre própria, três lances de escadas descendo até o Abismo, e outro que subia para o pátio externo do Forte-da-Trombeta.[13]

O Forte-da-Trombeta foi construído acima da Rocha-da-Trombeta, "um contraforte de rocha que se projetava do penhasco setentrional".[14] A Rocha não tinha mais do que quarenta pés de altura, e requeria apenas uma rampa, e não uma estrada sinuosa, para alcançar, a partir do elevado e através do riacho, os Grandes Portões.[15] O Forte-da-Trombeta consistia em duas muralhas fortes que cercavam o pátio externo, o pátio interno e a torre central (que, às vezes, era chamada de "o Forte").[16] As muralhas foram mostradas como ligeiramente mais grossas e altas do que a Muralha do Abismo, pois eram consideradas mais difíceis de serem atacadas.[17] A torre, embora "altiva", era mais bem mais baixa do que Minas Tirith.[18] A muralha externa do Forte-da-Trombeta tinha três entradas: os Grandes Portões; a Porta Lateral ao lado do penhasco, pela qual Aragorn e Éomer passaram para defender os portões principais,[19] e o portão traseiro, pelo qual Aragorn e Legolas escaparam dos Orques no Abismo.[20] A escadaria da Muralha do Abismo provavelmente também poderia

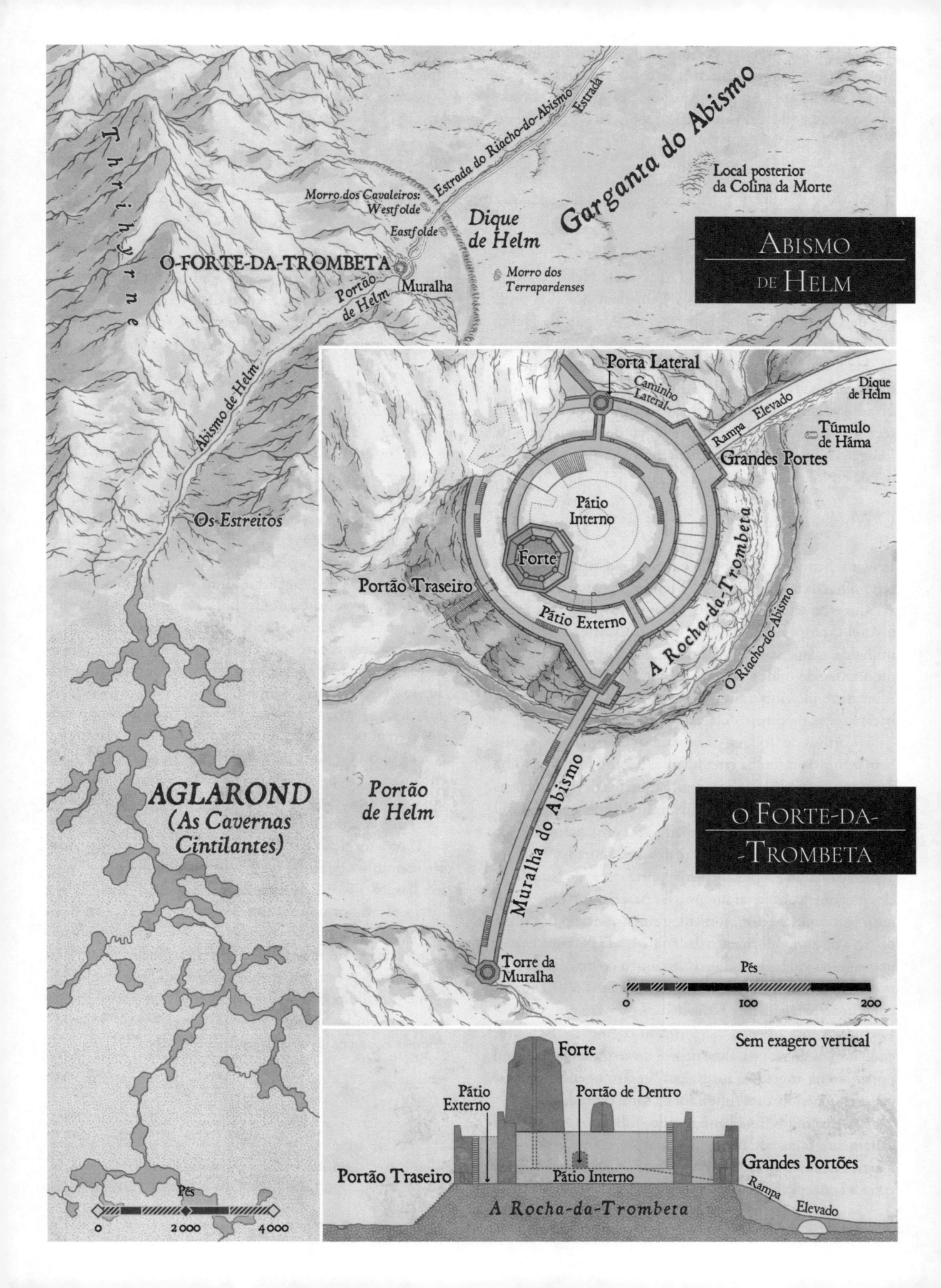

ser fechada. Os Grandes Portões eram encimados por um arco de pedra que aparentemente tinha uma passarela na parte de trás, pois Aragorn postou-se acima deles, observando o nascer do sol. Um tempo depois, os portões foram escancarados, e Aragorn se uniu à guarda de Théoden (que estava montando os cavalos no pátio interno, onde ficavam os estábulos), e então investiram sobre os escombros para a batalha.[21]

ISENGARD

Assim como as fortificações do Abismo de Helm, as obras em Isengard foram feitas pelos Dúnedain nos dias antigos de Gondor,[1] mas, ao contrário do Abismo de Helm, Isengard não foi dada aos Éothéod quando Rohan foi cedida. Ela foi mantida por Gondor, mas, em dado momento, foi abandonada. Depois de T.E. 2758, quando Rohan foi invadida e Isengard, tomada pelos Terrapardenses, Saruman recebeu as chaves de Orthanc,[2] e o grande vale ao redor de Isengard foi nomeado *Nan Curunír*, o Vale de Saruman — o Vale do Mago.[3]

O Anel e a Torre

Isengard ficava na parte ocidental de Nan Curunír, a dezesseis milhas da entrada do vale e a uma milha a oeste do Isen.[4] As duas características mais notáveis de Isengard eram o Anel exterior e a torre de Orthanc. O Anel media uma milha de diâmetro e "destacava-se do abrigo do flanco da montanha, de onde se afastava e aonde retornava depois".[5] A planície interior era um tanto côncava, formando uma bacia rasa, e, no centro dela, estava a torre.[6]

Desenhos de Tolkien indicaram que Orthanc se erguia bem acima da muralha circundante.[7] Como Orthanc tinha mais de quinhentos pés de altura, a muralha devia ter apenas cem pés ou talvez menos: os Ents alcançavam o mesmo nível sem muitas dificuldades. Orthanc era, evidentemente, de uma rocha muito mais resistente do que a muralha. Embora a torre tenha sido moldada pelos construtores de Númenor, eles meramente a alteraram; pois ela parecia "um objeto não feito pelo artifício dos Homens, e sim arrancado dos ossos da terra no antigo tormento das colinas."[8] Ela se parece mais uma agulha vulcânica ou *neck* vulcânico como o Shiprock, no Novo México. Se a rocha externa menos resistente do cone fosse parcialmente removida por erosão ou extração, a remanescente poderia ter formado o Anel de Isengard; enquanto os densos basaltos negros do respiradouro central poderiam ter tomado a forma dos "quatro imensos pilares" que os Númenóreanos fundiram na torre central.[9]

Nos desenhos mais antigos de Tolkien, Orthanc foi claramente feita por mãos humanas — uma estrutura de multicamadas sobre uma ilha. O último rascunho mostrava a concepção final, segundo a qual "a 'rocha' [insular] de Orthanc se torna ela mesma a 'torre'".[10] Contudo, uma breve nota indicava que a visão final verdadeira nunca foi desenhada: uma combinação das visões mais antigas com as mais recentes, explicando a descrição de Orthanc como "um pico e ilha de rocha".[11]

A Fortificação

Até T.E. 2953, doze anos depois da Batalha dos Cinco Exércitos, Isengard era verde e agradável, com muitos bosques, avenidas sombreadas e uma lagoa formada pelas águas das montanhas; mas quando Saruman fortificou Isengard (rivalizando a recém-construída Barad-dûr), os bosques foram cortados e a lagoa, drenada.[12] Embora um desenho antigo do Anel de Isengard mostrasse um pequeno portão ao Norte, ele foi substituído por uma única entrada: um túnel arcado cavado na parede rochosa ao Sul e fechado em cada ponta com portões de ferro. Dentro do túnel à esquerda (de quem entra) havia uma escada que conduzia à sala de vigia, onde Merry e Pippin serviram almoço aos amigos. A sala parecia bem grande: tinha mais de uma janela que davam para o túnel, uma grande mesa, uma lareira e a parede oposta se abria para dois depósitos onde os Hobbits encontraram as provisões. No canto mais longínquo de um dos depósitos, havia uma escada que levava para uma abertura estreita acima do túnel.[13]

Uma ilustração de Tolkien mostrava, dentro da bacia, oito caminhos de pedra (alguns margeados por pilares) que irradiavam a partir de Orthanc para todo o Anel.[14] Nele, foram escavados todos os aposentos dos diversos serviçais de Saruman, incluindo recintos para lobos. Assim, a bacia ficou cercada de milhares de janelas voltadas para a planície. Entre as estradas radiais, a terra era pontilhada com numerosos domos de pedra, que abrigavam poços e respiradouros vindos de várias obras subterrâneas, "tesouros, depósitos, arsenais, forjas e grandes fornalhas".[15]

Direita, de cima para baixo: ISENGARD ORIGINAL, O JARDINÁRVORE, ORTHANC, OS PORTÕES

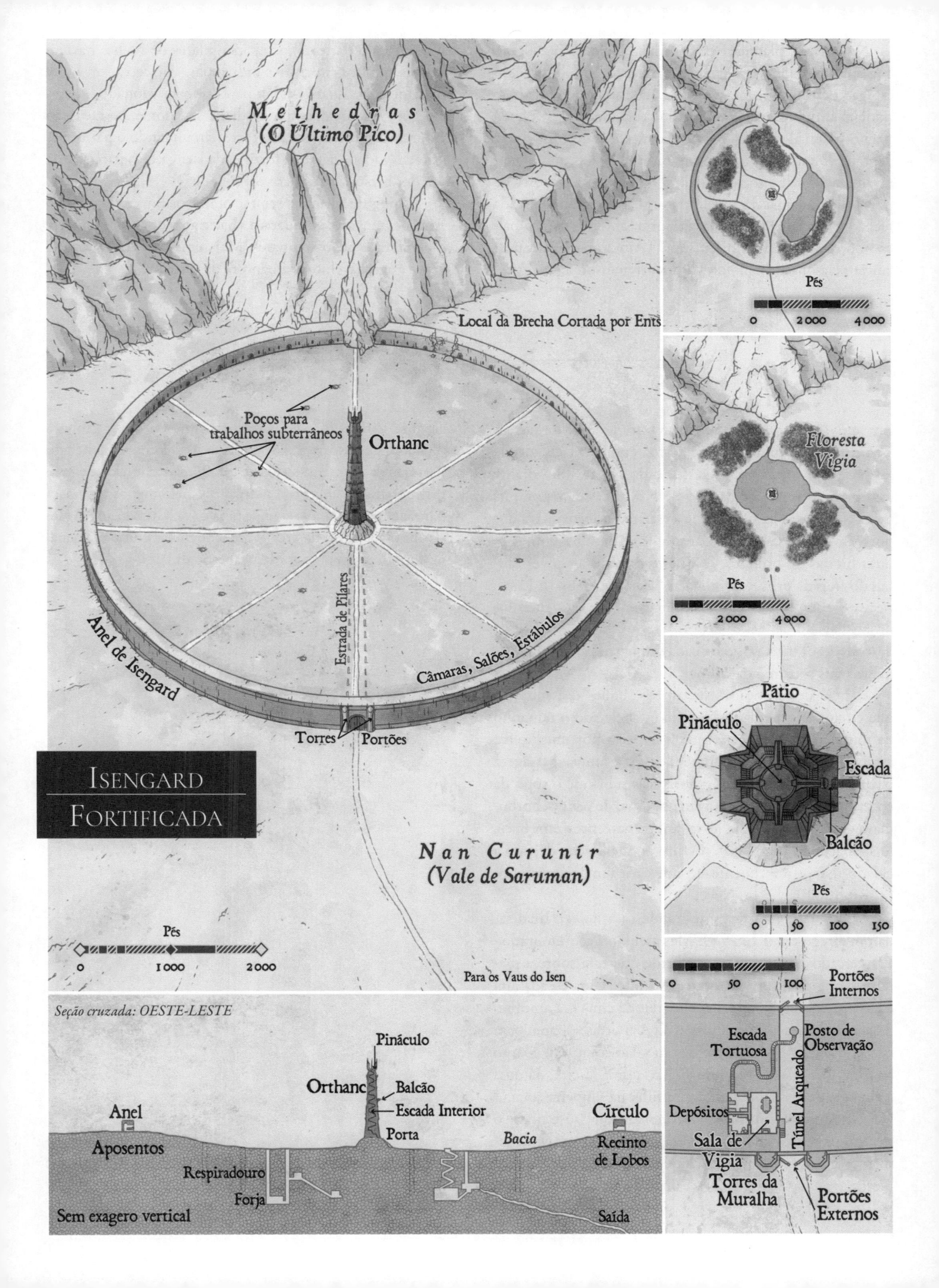

Methedras
(O Último Pico)

Local da Brecha Cortada por Ents

Poços para trabalhos subterrâneos

Orthanc

Estrada de Pilares

Anel de Isengard

Câmaras, Salões, Estábulos

Torres Portões

ISENGARD
FORTIFICADA

Nan Curunír
(Vale de Saruman)

Pés

0   1 000   2 000

Para os Vaus do Isen

Seção cruzada: OESTE-LESTE

Pináculo

Orthanc — Balcão
— Escada Interior

Anel   Círculo
                            Porta
Aposentos   Recinto
                            Bacia   de Lobos
Respiradouro
         Forja
Sem exagero vertical   Saída

Pés
0   2 000   4 000

Floresta Vigia

Pés
0   2 000   4 000

Pátio

Pináculo

Escada

Balcão

Pés
0   50   100   150

0   50   100

Portões Internos

Escada
Tortuosa

Posto de Observação

Depósitos

Túnel Arqueado

Sala de
Vigia

Torres da
Muralha

Portões Externos

No cento da planície ficava Orthanc, soldada por algum engenho desconhecido em um brilhante e multifacetado espigão de rocha negra, tão forte que mesmo os Ents não podiam atingi-lo.[16] Sua única entrada era uma porta voltada para o Leste, alcançada por uma alta escada de vinte e sete degraus. Dentro da torre, havia muitas janelas que espreitavam através de profundos vãos. A maioria foi mostrada por Tolkien acima do nível da porta. Uma grande arcada fechada, diretamente acima da porta, abria-se para o balcão do qual Saruman discursava.[17] Ainda maior era uma janela pela qual Língua-de-Cobra arremessou a palantír.[18]

No pináculo da torre, os quatro pilares de rochas haviam sido esculpidos em chifres individuais que cercavam a alta plataforma na qual Gandalf havia sido aprisionado.[19] Esses espigões afiados deram a Orthanc seu nome, a "Elevação Bifurcada",[20] e a simetria da torre, circundando o pátio, e as estradas radiais deram à fortificada Isengard a aparência de um dos brasões heráldicos de Tolkien.[21]

Depois de Saruman ser derrotado, os Ents destruíram o Anel de Isengard, inundaram a bacia ao redor do pé da torre e plantaram novos pomares. Mais uma vez, ele se tornou verde e agradável: o Jardinárvore de Orthanc.[22]

EDORAS

Em um sopé solitário que ficava fora das Montanhas Brancas "como uma sentinela", foi erguida a cidade de Edoras, "As Cortes".[1] Do Oeste ou do Norte, um viajante era obrigado a cruzar o Riacho-de-Neve e cavalgar por uma estrada esburacada. Conforme a estrada se aproximava dos portões, ela passava pelo Campo-dos-Túmulos, com suas duas fileiras de túmulos.[2] A Oeste ficavam as nove tumbas dos reis da primeira linhagem: Eorl até Helm. A Leste, ficavam aqueles da segunda linhagem: os sete túmulos de Fréalaf a Thengel e, depois da Guerra do Anel, o de Théoden.[3] O mais velho de cada linhagem provavelmente ficava mais próximo da colina.

Depois dos túmulos estavam os diques e a muralha que circundava a cidade. Não foi estabelecido o tamanho da muralha, mas era "enorme" e coberta por uma "cerca espinhosa".[4] Dentro, os portões, e uma ampla passagem pavimentada com escadas esporádicas subia até o topo da colina. Ao lado do caminho em um canal de pedras, borbulhava um riacho que se lançava de uma nascente e uma bacia logo abaixo do Paço.[5] Não foi dito onde o riacho deixava a cidade, mas provavelmente era através de um desaguadouro próximo ao Riacho-de-Neve.

Acima da colina ficava a grande casa do rei, finalizada por Brego em T.E. 2969: Meduseld, o Paço Dourado.[6] Era cercado por um gramado verde que caía sobre a plataforma na qual o paço fora construído. Uma escada alta e larga subia o gramado, cujo degrau de cima era amplo o suficiente para acomodar assentos.[7] As portas voltadas para o Norte abriam para dentro de um salão comprido e largo com muitos pilares. No centro, havia uma lareira, da qual a fumaça podia subir para lanternins na empena acima.[8] Na extremidade sul, havia um tablado que sustentava o assento de Théoden.[9] O paço era, aparentemente, multiuso, servindo como salão de banquetes e um salão oficial de recepção;[10] mas não parecia ser um local de dormir,[11] como

eram as antigas fortalezas medievais na Europa.[12] Embora o salão parecesse preencher toda a casa, como evidenciado pelas janelas em seus muros de fora,[13] talvez houvesse câmaras construídas em torres nos cantos, pelo menos uma para Théoden, uma para Éowyn, e uma onde Gríma Língua-de--Cobra guardava sua arca.[14] Dependências como o arsenal deviam ficar em uma construção por ali.[15]

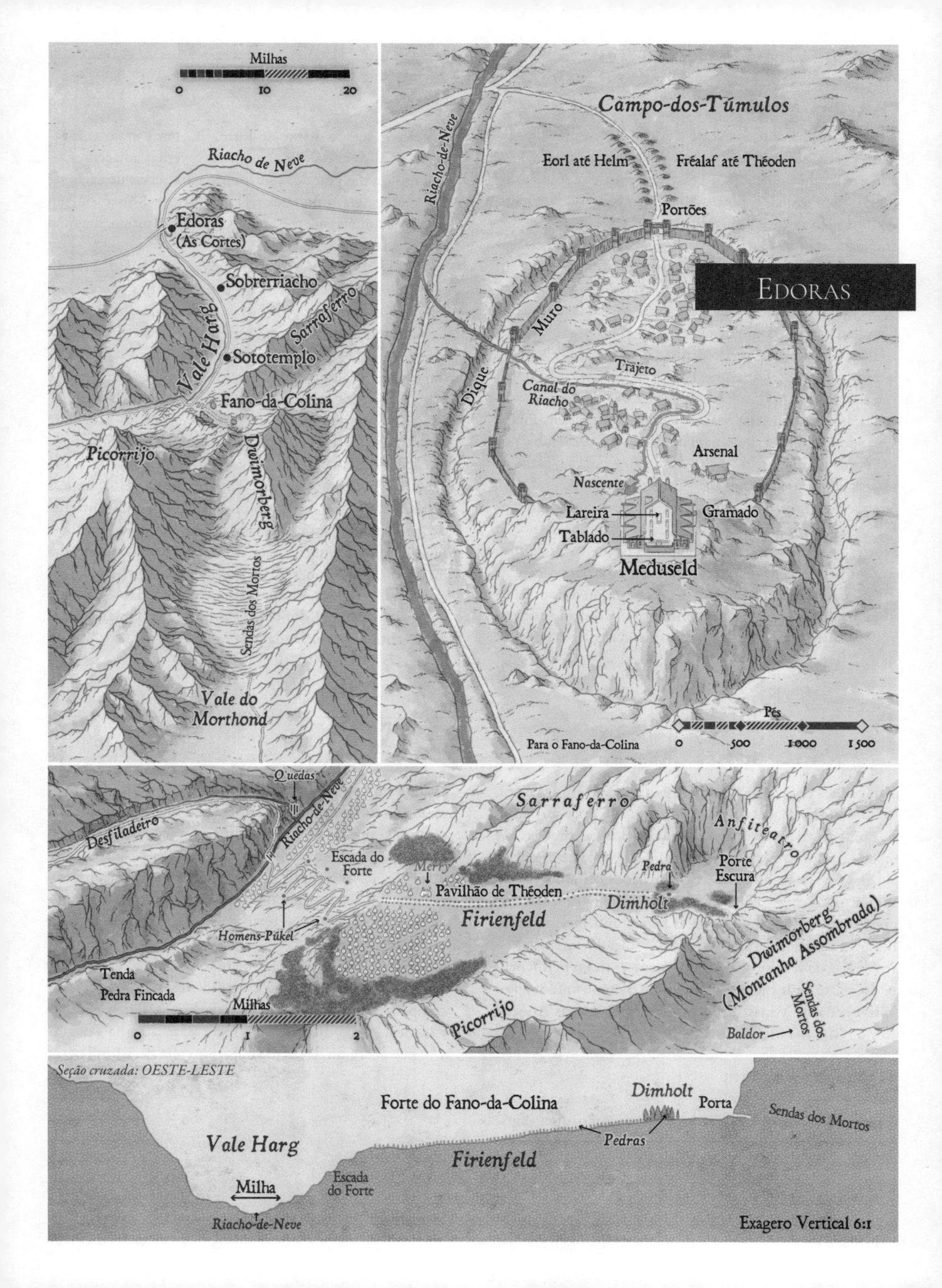

Milhas

0   10   20

Riacho de Neve

Edoras (As Cortes)

Sobrerriacho

Vale Harg

Sarraferro

Sototemplo

Fano-da-Colina

Picorrijo

Dwimorberg

Sendas dos Mortos

Vale do Morthond

Campo-dos-Túmulos

Eorl até Helm   Fréalaf até Théoden

Portões

EDORAS

Muro

Trajeto

Dique

Canal do Riacho

Arsenal

Nascente

Lareira

Gramado

Tablado

Meduseld

Riacho-de-Neve

Pés

0   500   1·000   1 500

Para o Fano-da-Colina

Quedas

Desfiladeiro

Riacho-de-Neve

Escada do Forte

Merry

Sarraferro

Anfiteatro

Pedra

Porte Escura

Pavilhão de Théoden

Dimholt

Firienfeld

Homens-Púkel

Tenda Pedra Fincada

Milhas

0   1   2

Picorrijo

Dwimorberg (Montanha Assombrada)

Sendas dos Mortos

Baldor

Seção cruzada: OESTE-LESTE

Forte do Fano-da-Colina

Dimholt   Porta

Sendas dos Mortos

Vale Harg

Firienfeld

Pedras

Milha

Escada do Forte

Riacho-de-Neve

Exagero Vertical 6:1

FANO-DA-COLINA

Algumas milhas rio acima de Edoras, um campo de planalto ficava "algumas centenas de pés acima do vale".[16] Essa área era conhecida como o Forte do Fano-da-Colina: um refúgio desenvolvido no início da Segunda Era.[17] Quando Théoden retornou do Abismo de Helm, os Cavaleiros entraram no Vale Harg, o vale do Riacho-de-Neve, através de um desfiladeiro na encosta Oeste e vadearam o rio em sua base. No lado leste do fundo do vale (que nesse ponto tinha meia milha de largura) havia algumas das tendas dos Cavaleiros, assim como cavalos.[18]

Para alcançar o topo do penhasco a Leste, foi feita uma estrada sinuosa: a Escada do Forte.[19] Vista em seção transversal, a aparência dos degraus era mais evidente. Em cada curva da estrada, Merry via as estátuas dos Homens-Púkel. Quando o caminho virava para o Leste no topo, ele subia por um corte em Firienfeld.[20] O caminho atravessava o planalto margeado por pedras fincadas. Ao Sul, o caminho era mais largo, e a maioria das tendas dos Cavaleiros e suas famílias foi armada ali, perto do penhasco. No meio do campo, ao Norte, havia um amplo pavilhão para Théoden, e próximo à sua entrada, uma pequena tenda foi colocada para Merry.[21]

A visão acerca do Fano-da-Colina mudou do ponto de vista histórico e topográfico conforme a narrativa se desenvolvia. Historicamente, o planalto semicircular era apenas o "colo" gramado diante do forte.[22] O Forte era o anfiteatro natural além do campo, com as cavernas adjacentes — incluindo uma grande o suficiente para servir de salão de banquetes para quinhentos Cavaleiros de Rohan ou um salão de reunião para três mil.[23] O local era antigo, mas não tinha nada de sobrenatural.[24]

Topograficamente, o Firienfeld era conhecido como "o colo do Fano-da-Colina" e foi descrito várias vezes como estando "ao lado ... nos joelhos da montanha" e que os "braços da montanha o abraçavam".[25] A nascente do Riacho-de-Neve era as encostas acima do anfiteatro, e o riacho fluía sobre o campo e caía para o vale, onde já era largo e profundo o suficiente para requerer uma ponte de pedras.[26] Nas visões posteriores, o pico no extremo sul do Vale Harg foi alterado de Fano-da-Colina para Picorrijo, Serraferro foi acrescentado no Norte, com o Firienfeld encravado no meio. O Riacho-de-Neve não mais fluía pelo campo e exigia apenas um vau.[27] Conforme a Companhia Cinzenta cavalgava a Leste através do Firienfeld, eles passaram sob a Dimholt, uma pequena mata de árvores negras, pela pedra fincada de aviso e, ao final do profundo vale estreito, alcançaram a Porta Escura, uma fissura no paredão escarpado de Dwimorberg, a Montanha Assombrada. Passando pela Porta, entraram nas Sendas dos Mortos.[28]

MINAS TIRITH

Nos primeiros anos de Gondor, a Fortaleza de Minas Anor, a "Torre do Sol Poente", foi construída para proteção contra os homens selvagens dos vales das Montanhas Brancas.[1] A cidade e sua torre foram reconstruídas conforme as necessidades, então os muros e as construções certamente não foram todos originalmente erguidos por Anárion três mil anos antes.[2] A função da cidade havia também se alterado durante aquele período: de posto avançado fortificado a residência de verão do rei, depois tornou-se casa permanente do rei até virar capital.[3] Até mesmo o nome mudou, pois após queda de Minas Ithil, em T.E. 2002, Minas Anor se tornou Minas Tirith, "Torre de Guarda".[4]

A Colina da Guarda

Tolkien mapeou a Colina da Guarda como uma elipse quase circular.[5] Apenas dois elementos quebravam a simetria: a plataforma estreita que unia a Colina à massa da montanha, e o espetacular bastião de pedra: "... de aresta afiada como uma quilha de nau voltada para o leste", que se erguia atrás dos Grandes Portões até o nível da Cidadela, e de onde se podia "olhar desde o pico, na vertical, para o portão, setecentos pés abaixo".[6] Como faltava essa característica distintiva nos desenhos de Tolkien, só se pode conjecturar seu efeito no padrão dos muros.[7] A seção transversal é um meio-termo entre o texto e os desenhos para minorar essa dificuldade.

Tolkien não revelou a dimensão da colina, exceto pela elevação — 700 pés;[8] mas elas podem ser estimadas ao se comparar os dois desenhos, um de Minas Tirith e um da Cidadela.[9] Se o diâmetro da Torre Branca tinha cerca de 150 pés, a largura da cidade teria por volta de 3,1 mil pés.[10]

Superior à esquerda: A CIDADE
Centro: A CIDADELA
Superior à direita: A TORRE BRANCA

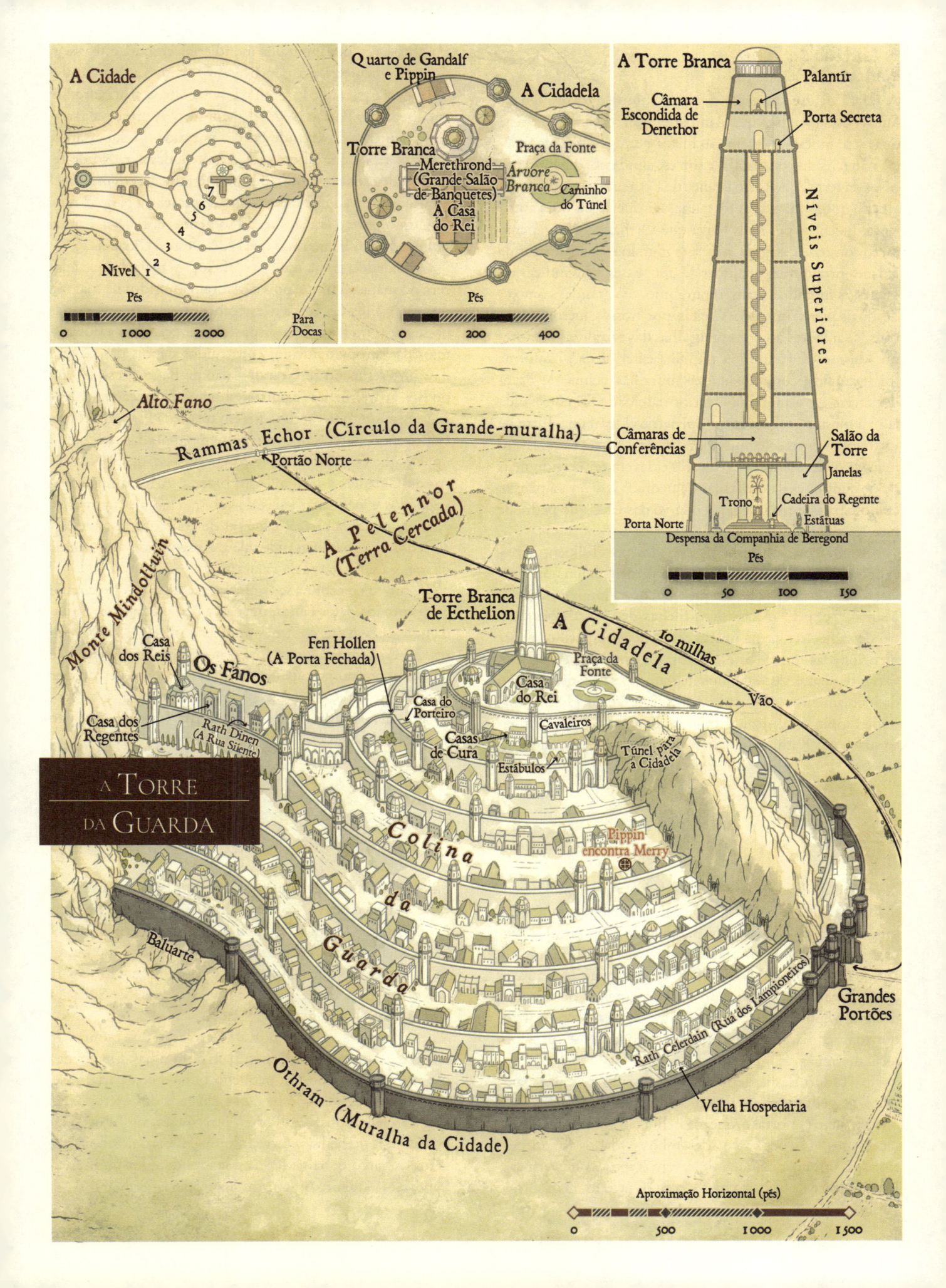

A Cidade

Nível 1 2 3 4 5 6 7

Pés

0 — 1000 — 2000

Para Docas

A Cidadela

Quarto de Gandalf e Pippin

Torre Branca

Merethrond (Grande Salão de Banquetes)
A Casa do Rei

Árvore Branca

Praça da Fonte

Caminho do Túnel

Pés

0 — 200 — 400

A Torre Branca

Câmara Escondida de Denethor

Palantír

Porta Secreta

Níveis Superiores

Câmaras de Conferências

Salão da Torre

Janelas

Trono

Cadeira do Regente

Estátuas

Porta Norte

Despensa da Companhia de Beregond

Pés

0 — 50 — 100 — 150

Alto Fano

Rammas Echor (Círculo da Grande-muralha)

Portão Norte

A Pelennor (Terra Cercada)

Monte Mindolluin

Casa dos Reis

Os Fanos

Casa dos Regentes

Rath Dínen (A Rua Silente)

Torre Branca de Ethelion

A Cidadela

Fen Hollen (A Porta Fechada)

Casa do Porteiro

Casa do Rei

Praça da Fonte

Cavaleiros

Casas de Cura

Estábulos

Túnel para a Cidadela

10 milhas

Vão

A Torre da Guarda

Colina da Guarda

Pippin encontra Merry

Baluarte

Grandes Portões

Rath Celerdain (Rua dos Lampioneiros)

Othram (Muralha da Cidade)

Velha Hospedaria

Aproximação Horizontal (pés)

0 — 500 — 1000 — 1500

A Cidade de Pedra

A tarefa de escavar e construir os muros e torres, lares e fanos dessa fortaleza quase impenetrável foi por si só épica. Suas sete muralhas "eram tão fortes e antigas, que ela parecia não ter sido construída, e sim esculpida por gigantes nos ossos da terra".[11] A Torre Branca de Ecthelion se erguia mais alta do que as mais altas fortalezas europeias, embora ainda fosse duzentos pés mais baixa que Orthanc.[12] Não apenas duas, como de costume, mas sete muralhas concêntricas da cidade enfrentavam qualquer desafio. Esses fatos indicavam que essas muralhas eram, no mínimo, tão grandes como as de quaisquer construções feitas por nossos meros ancestrais,[13] e maiores do que as muralhas das fortalezas menores no Abismo de Helm.[14] A muralha exterior da plataforma foi levantada como baluarte: muralhas acima de grandes aterros, e a muralha exterior da cidade foi construída com a mesma rocha negra impenetrável usada na Torre de Orthanc.[15] Essas sete muralhas com suas torres totalizavam mais de quarenta mil pés lineares e devem ter exigido mais de dois milhões de toneladas de pedra.[16] Isso leva a pensar, como Ghân-Buri-Ghân, que o Povo das Casas-de-pedra de fato "comia pedra".[17]

Os círculos, conforme desenhados por Tolkien, deixavam bastante espaço para a estrada principal, uma ou mais vielas menores (tais como aquela em que Pippin encontrou Merry),[18] e, pelo menos duas fileiras de construções dentro de cada círculo. As únicas construções especificamente mencionadas foram: os estábulos, a Velha Hospedaria e as Casas de Cura. Os estábulos ficavam no sexto nível, perto dos alojamentos dos mensageiros.[19] A Velha Hospedaria, onde Pippin encontrou o filho de Beregond, era o primeiro nível, em Rath Celerdain.[20] As Casas de Cura ficavam no sexto círculo, na muralha meridional, embora estivessem suficientemente a Leste para ficarem próximas ao portão-da-Cidadela e para que Faramir e Éowyn olhassem a Nordeste em direção ao Portão Negro de Mordor.[21] A principal estrada serpenteava do Grande Portão por cada nível, passando pelos portões que alternavam entre Sudeste e Nordeste. Depois de cada curva, o caminho mergulhava em um túnel arqueado escavado no esporão que se projetava para o Leste. O sétimo portão era alcançado somente subindo um túnel iluminado por lamparinas que ia do Oeste à Cidadela.[22]

A Cidadela tinha muitos edifícios — mais do que aparece no mapa seguinte, pois eles foram omitidos na maioria dos rascunhos de Tolkien e receberam apenas referências passageiras no texto.[23] A disposição parecia com a dos castelos da Europa ocidental construídos depois das Cruzadas.[24] Merethrond (o Grande Salão de Banquetes), a Casa do Rei, apartamentos e outros edifícios de função não definida estavam todos agrupados em torno da Praça da Fonte. Outros podem ter sido construídos nas muralhas, tais como um em que Gandalf e Pippin foram hospedados.[25] No centro da Cidadela estava a Torre Branca. A torre mantinha depósitos e pequenas salas de refeição no andar inferior para a guarda da torre,[26] câmaras de conferências menores ao redor e acima do grande salão, e, escondida sob o cume da torre, a sala secreta da Palantír.[27]

A encosta da colina se erguia apenas até o quinto círculo e era coroada pelos Fanos, uma área completamente murada que guardava as enormes tumbas dos Reis e dos Regentes. As Casas dos Mortos foram mostradas no desenho de Tolkien com domos apenas ligeiramente menores do que os do Panteão.[28] O único acesso a Rath Dínen, "a Rua Silente", era pela passagem que descia a partir de uma entrada no sexto círculo: Fen Hollen, "a Porta Fechada".[29]

O MORANNON

No início da Terceira Era, depois de Sauron ter sido derrotado pela Última Aliança, Gondor construiu fortalezas ao longo das cercas de Mordor para vigiar as criaturas malignas dali.[1] As principais delas eram as de Cirith Gorgor, o "Passo Assombrado", pois ali ficava a saída mais fácil através das montanhas.[2] Depois do despovoamento de Gondor durante a época da Grande Peste, as fortalezas foram abandonadas[3] e, diante do retorno de Sauron, elas se tornaram local de vigilância incessante.[4]

O "fundo desfiladeiro" era bloqueado por um parapeito de pedra em que foi colocado "um único portão de ferro" com três portas arqueadas.[5] Era o Morannon, o "Portão Negro". Os penhascos de ambos os lados foram perfurados "em uma centena de cavernas e tocas de vermes".[6] Lançando-se da boca do passo, com os pés em meio ao vale parecido com uma trincheira sob as montanhas, havia duas colinas nuas e negras, coroadas com as Torres dos Dentes: Narchost, o Dente-de-fogo; o Carchost, o Forte Presa.[7] Suas janelas voltavam-se para "o norte e o leste e o oeste" sobre as estradas que conduziam ao Morannon: Norte para Dagorlad, Leste para Rhûn; e a Oeste e depois Sul para Minas Morgul e além, para Harad.[8]

A norte das estradas ficava a desolação dos montes de escórias e lamaçais que se estendiam por milhas. Em um dos montes foi escavado um pequeno buraco e, a partir dele, Frodo, Sam e Gollum espiaram a chegada dos exércitos do Sul.[9] Do lado oposto ao Portão Negro estavam "dois grandes morros de pedra e terra fulminada" cercados por "um grande charco de lama fétida e lagoas de odor imundo".[10] Sobre eles, Aragorn organizou sua tropa para a batalha.

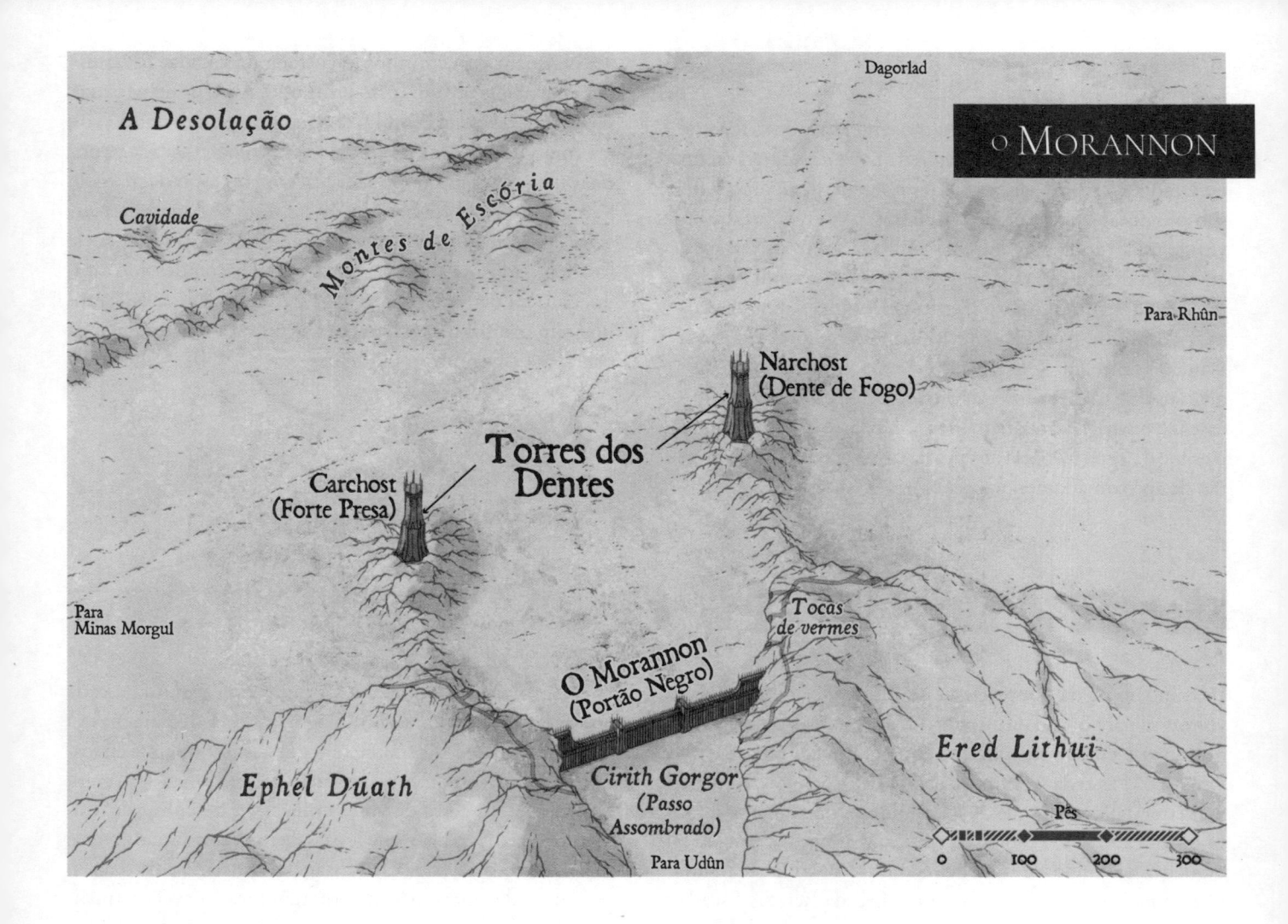

Dagorlad

A Desolação

Cavidade

Montes de Escória

Para-Rhûn

Narchost
(Dente de Fogo)

Torres dos
Dentes

Carchost
(Forte Presa)

Para
Minas Morgul

Tocas
de vermes

O Morannon
(Portão Negro)

Ered Lithui

Ephel Dúath

Cirith Gorgor
(Passo
Assombrado)

Pés

Para Udûn

0   100   200   300

HENNETH ANNÛN

Depois de Sauron tomar Minas Ithil em T.E. 2901, Gondor construiu refúgios para suas tropas, de modo que uma base de apoio pudesse ser mantida in Ithilien.[1] A maior e a que foi usada por mais tempo era Henneth Annûn, a "Janela do Poente".[2] O refúgio ficava abaixo de um córrego que corria da Ephel Dúath para o rio Anduin próximo a Cair Andros. Sam e Frodo se lavaram em uma lagoa no alto do rio, perto da Estrada.[3] Henneth Annûn ficava dez milhas a oeste, de acordo com Faramir[4] (um número que concorda com a localização do mapa de Tolkien[5]); embora Henneth Annûn devesse ser tão próxima ao Campo de Cormallen nas margens do Anduin que era possível ouvir o barulho das águas caindo através da *portão* rio acima.[6]

O Refúgio

A última milha do trajeto para Henneth Annûn foi apenas conjecturada por Frodo: o rio estava sempre à direita e ficava cada vez mais barulhento. Próximo ao fim, "Subiram um pouco ... foram apanhados e carregados para baixo, para baixo por muitos degraus, e deram a volta em um canto". Quando estava sem a venda, Frodo se viu no *umbral* de uma caverna: uma extensão de pedra se projetava da boca da caverna para a cachoeira. Atrás do degrau estava um arco áspero e baixo pelo qual o riacho certa vez se derramou.[7] Contudo, o arco não era a entrada do refúgio. Em vez disso, os degraus foram talhados na rocha e alcançavam a caverna por meio de uma porta na parede lateral.[8]

A caverna era ampla e tosca "com um teto irregular e inclinado". Embora não fosse "majestosa", era larga o bastante para comportar os duzentos homens que haviam lutado na batalha, assim como mesas e mantimentos necessários.[9] No fundo, os trabalhadores devem ter fechado o velho canal que havia escavado a gruta, pois a caverna era mais estreita ali e uma reentrância estava parcialmente encoberta por cortinas, dando a Faramir e seus convidados alguma privacidade.[10]

A Bacia

Os trabalhadores direcionaram o riacho para um canal que provavelmente fora o curso original antes de as águas terem esculpido a caverna. Portanto, em vez de desaparecer no subsolo e reaparecer em quedas baixas, o riacho corria através de uma funda garganta, borbulhava sobre os terraços, em torno de um curso, e mergulhava sobre o penhasco em uma cascata com o dobro da altura original.[11] Era "a mais bela de todas as cascatas de Ithilien",[12] então talvez fosse a maior também. Considerando-se o comprimento dos degraus de torreão, a insegurança da plataforma alta sobre a cascata, o perigo para quem mergulha da boca da caverna, e o golpe da água na bacia aos pés da cascata, tem-se a impressão de aproximadamente oitenta pés de altura.[13]

No meio do caminho da entrada da escada, havia um patamar abaixo de um fosso profundo. A partir do patamar, uma segunda escada conduzia para a esquerda, "dando voltas como uma escada de torreão". A principal escada continuava a subir para a entrada da caverna no topo da margem Sul, e dali Frodo foi conduzido a Oeste ao longo da margem, com uma caída íngreme à sua direita. Ainda que ele fosse cuidadoso, a encosta da margem deve ter descido rápido, embora de modo suave, pois nenhum degrau ou caminho sinuoso foi necessário para alcançar a extremidade da bacia, onde encontrou Gollum.[15]

O Caminho para Cirith Ungol

Próximo ao pé da ponte Oeste de Minas Morgul, Gollum voltou-se para o lado da estrada de Morgul, passou pelo vão no muro e entrou no caminho que conduzia para Cirith Ungol: o "Passo da Aranha".[1] A trilha, a princípio, conduzia pela lateral Norte do vale do Morgulduin, mas quando estava oposta ao portão Norte de Minas Morgul, virava para a esquerda ao longo de uma beirada estreita ao lado de um vale tributário[2] e começava a subir a Escada Reta. A Escada era protegida em cada lado por paredes escarpadas de altura crescente, mas era tão longa que os Hobbits começaram a temer a queda atrás deles.[3] Ainda que tivesse 600 pés em linha reta, poderia medir 900 de baixo até em cima!

Depois da Escada Reta, o caminho continuava subindo uma ladeira áspera, mas menos íngreme, que "parecia prosseguir por milhas" até que acabava em uma plataforma larga com uma queda abrupta à direita.[4] Mais além, estava a Escada Tortuosa, que dava voltas ao longo da face de um penhasco reclinado. Em certo momento, Frodo conseguiu ver a estrada Morgul em uma ravina bem abaixo.[5]

Originalmente, Cirith Ungol foi imaginada como lar de muitas aranhas, e a toca ficava entre as duas escadas. No processo de escrita, Tolkien inverteu a ordem para a posição final, e aparentemente só foi perceber isso depois.[6]

A apenas uma milha após o fim dessa segunda escada estava a entrada para Torech Ungol: a "Toca de Laracna". O largo túnel arqueado era reto e regular, subindo uma encosta íngreme. Seu comprimento não foi informado, mas foi mostrado com cerca de vinte milhas. Os desenhos de Tolkien pareciam indicar que a passagem era bem mais curta, mas a cronologia exige essa distância; e mesmo para Sam "o tempo e a distância logo se tornaram incalculáveis ... quantas [horas] haviam passado naquele buraco sem luz? Horas — dias, semanas, isso sim".[7]

Havia muitas passagens que conduziam para longe em ambos os lados, mas os Hobbits pareciam ter atravessado a maior parte da distância antes de chegarem a uma larga abertura à esquerda — o caminho para a cova da aranha.[8] Não muito longe, o túnel bifurcava: uma porta bloqueava a passagem à esquerda, que seguia até o Portão-de-Baixo na torre da guarda; o túnel da direita conduzia à principal (mas não a única) saída. Além da saída, cerca de 600 pés de degraus subiam para a Fenda — Cirith Ungol.[9] Tinha cerca de 3 mil pés de altura,[10] e na extremidade oposta da estrada, ultrapassava a torre e se juntava novamente à estrada de Morgul.[11]

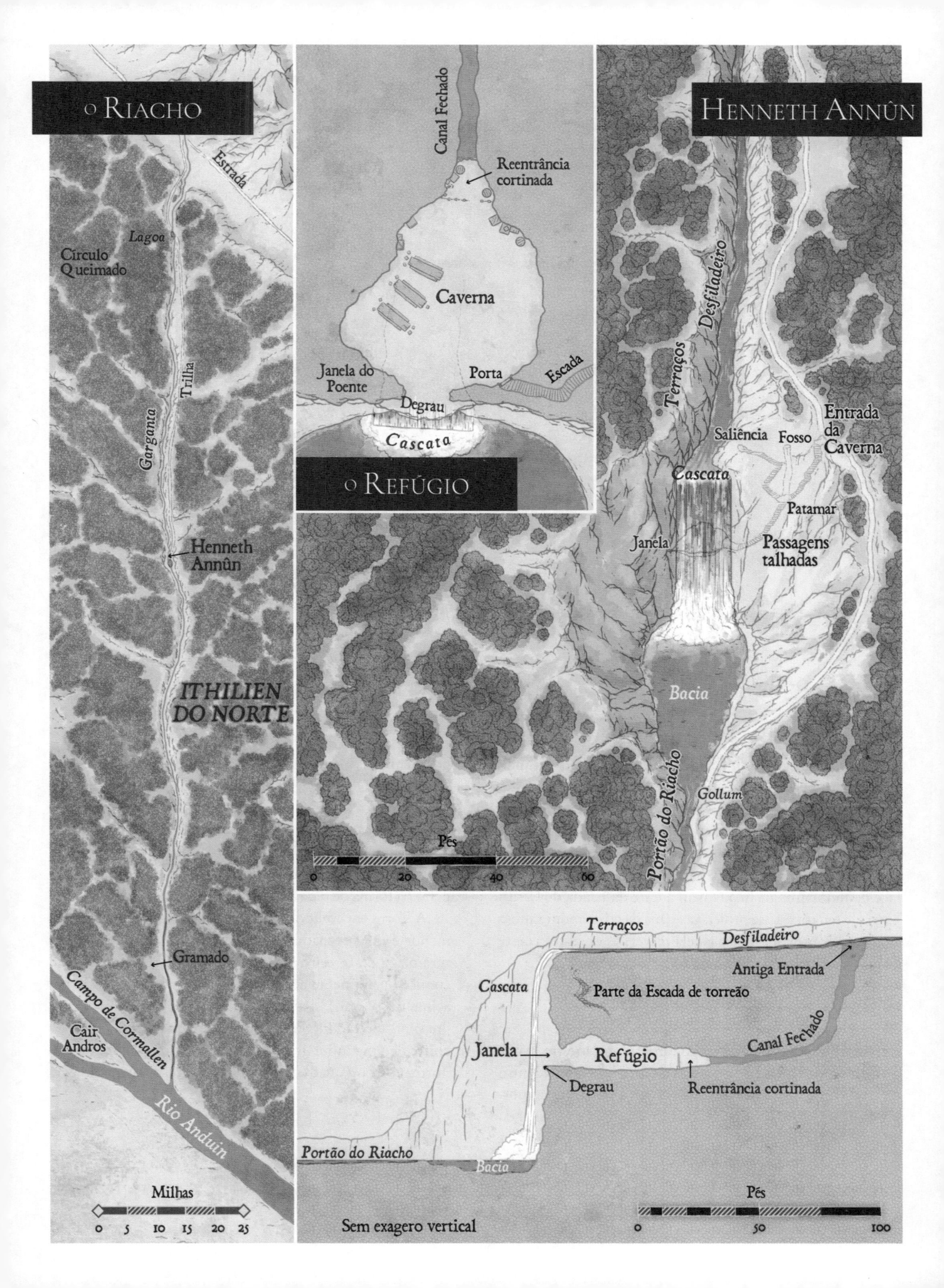

O RIACHO

Estrada

Lagoa

Círculo
Queimado

Garganta

Trilha

Henneth
Annûn

ITHILIEN
DO NORTE

Gramado

Campo de Cormallen

Cair
Andros

Rio Anduin

Milhas

0 5 10 15 20 25

Canal Fechado

Reentrância
cortinada

Caverna

Janela do
Poente

Porta

Escada

Degrau

Cascata

O REFÚGIO

HENNETH ANNÛN

Desfiladeiro

Terraços

Saliência Fosso

Entrada
da
Caverna

Cascata

Patamar

Janela

Passagens
talhadas

Bacia

Portão do Riacho

Gollum

Pés

0 20 40 60

Terraços

Desfiladeiro

Cascata

Antiga Entrada

Parte da Escada de torreão

Janela

Refúgio

Canal Fechado

Degrau

Reentrância cortinada

Portão do Riacho

Bacia

Sem exagero vertical

Pés

0 50 100

A TORRE DE CIRITH UNGOL

Ao ver toda a extensão da Torre de Cirith Ungol pela primeira vez, Sam percebeu que "aquele baluarte fora construído não para manter os inimigos fora de Mordor, mas sim para mantê-los dentro". Era, de fato, uma das fortalezas que Gondor havia construído no início da Terceira Era para vigiar Mordor depois da queda de Sauron.[1] A Torre encostava na face da montanha inclinada bem a leste da Fenda de Cirith Ungol, e seu torreão se projetava acima da crista montanhosa com a tocha próxima de sua janela visível aos viajantes a oeste da passagem, e ainda a oeste da Toca de Laracna.[2]

A Torre

Em uma ilustração de Tolkien, o caminho foi mostrado serpenteando por uma encosta atrás da fortaleza "ao encontro da estrada principal, sob os sisudos muros próximos ao portão da Torre".[3] Uma borda inclinada precipitava-se a partir da beirada de fora da estrada do portão e da muralha do forte a Nordeste, evitando qualquer aproximação ou fuga, exceto ao longo da estrada.[4] O portão ficava a Sudeste e não era barrado por nenhuma porta visível, apenas pela malícia das Duas Sentinelas.[5] Do lado de dentro, um "pátio estreito" cercava a torre, exceto a Oeste, e foi desenhado com cinquenta pés de comprimento. Era delimitado por um muro de trinta pés de altura que se inclinava no topo "como degraus invertidos".[6] No rascunho de Tolkien, o muro era encimado por um parapeito na forma de uma cerca de pontas de lanças gigantes.

A Torre era composta por três grandes lances, cada um menor e mais recuado em relação ao de baixo.[7] A cobertura plana do terceiro lance ficava bem abaixo da crista do cume e ligeiramente acima da fenda da passagem (200 pés acima do portão).[8] Acima dela erguia-se um torreão com um pináculo tão íngreme que, de certa distância, parecia o chifre de uma montanha.[9] O único desenho de Tolkien da Torre mostrava quatro lances mais o torreão (reduzido para

Direita superior: PASSAGENS DA TORRE
Direita inferior: PASSAGENS DO TORREÃO

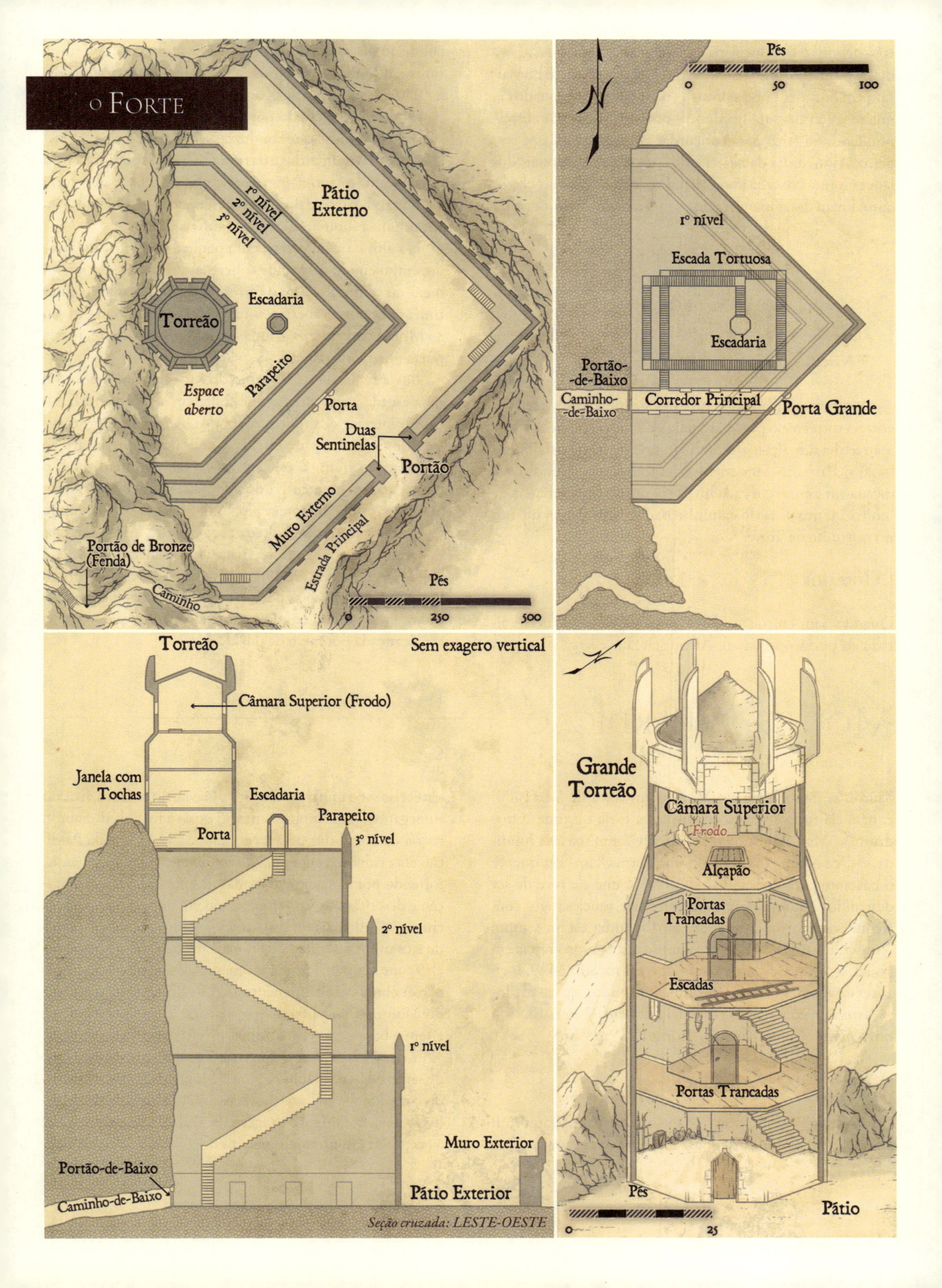

o Forte

(Quadrante superior esquerdo — planta)

r° nível
2° nível
3° nível

Pátio Externo

Escadaria

Torreão

Espace aberto

Parapeito

Porta

Duas Sentinelas

Portão

Muro Externo

Estrada Principal

Portão de Bronze (Fenda)

Caminho

Pés
0 250 500

(Quadrante superior direito — planta)

N

r° nível

Escada Tortuosa

Escadaria

Portão-de-Baixo

Caminho-de-Baixo

Corredor Principal

Porta Grande

Pés
0 50 100

(Quadrante inferior esquerdo — seção)

Torreão

Sem exagero vertical

Câmara Superior (Frodo)

Janela com Tochas

Escadaria

Porta

Parapeito

3° nível

2° nível

r° nível

Muro Exterior

Portão-de-Baixo

Caminho-de-Baixo

Pátio Exterior

Seção cruzada: LESTE-OESTE

(Quadrante inferior direito — corte da torre)

Grande Torreão

Câmara Superior

Frodo

Alçapão

Portas Trancadas

Escadas

Portas Trancadas

Pés
0 25

Pátio

três, depois) e os muros aparentavam ser redondos; embora desde o início o texto dissesse que "[a face oriental] ressaltava em bastiões pontiagudos ... com flancos empinados ... que se voltavam para nordeste e sudeste".[10] O mapa correspondente foi feito para concordar com o texto a esse respeito. As medidas da altura e da largura proporcionais dos lances foram baseadas no rascunho de Tolkien, mas elas se aproximam das dimensões finais indicadas no manuscrito.[11]

	Altura	Profundidade (Vista do Topo)
1º Nível	100 Pés	40 Jardas
2º Nível	75 Pés	30 Jardas
3º Nível	50 Pés	20 Jardas

A cobertura plana do lance de cima media sessenta pés entre o torreão e o parapeito baixo do muro. Embora o torreão tenha sido descrito como "grande" e tivesse o diâmetro largo o bastante para envolver corredores atravessando a escada em espiral em cada nível, ela tinha uma aparência de "chifre", tanto vista do caminho para Cirith Ungol quanto no rascunho da Torre.[12]

O Interior

Quando Sam entrou na torre, passou por uma porta voltada ao portão principal. Além dele, uma larga passagem conduzia de volta à montanha. Havia muitas portas e aberturas em ambos os lados do corredor e, na extremidade, havia uma grande arcada barrada por portas duplas: o Portão-de-Baixo.[13] Além do portão, havia o Caminho-de-Baixo, o túnel sinuoso que conduzia à Toca de Laracna.[14] Uma abertura não muito longe das grandes portas conduzia para uma escada tortuosa íngreme à direita. Havia aberturas ocasionais a partir das escadas para outros níveis, mas Sam continuou a subir até alcançar o fim da escada.[15]

No alto da escada, havia um pequeno recinto abobadado, empoleirado na grande cobertura do lance superior, no meio do caminho entre o torreão e o parapeito. O recinto tinha duas portas abertas: uma voltada a Leste, em direção ao Monte da Perdição, e uma olhando para o Oeste, para a porta do grande torreão.[16]

Do lado de dentro da porta do torreão, Sam encontrou uma escada à sua direita, que subia em sentido anti-horário no interior dos muros redondos. A escada contornava metade do torreão até chegar a uma porta que levava ao interior. Em frente à porta, ficava a janela voltada para o Oeste, através da qual Frodo vira a luz vermelha da tocha. Subindo outro meio-círculo, Sam chegou ao segundo andar, com sua janela voltada para o Leste. Ali os degraus cessavam, então ele se voltou para a porta aberta, que levava até a passagem central. Logo descobriu que estava em um beco sem saída, com as portas da direita e da esquerda trancadas. Frodo estava em uma câmara superior, que só podia ser alcançada por meio de um alçapão.[17]

MONTE DA PERDIÇÃO

Sauron se estabeleceu em Mordor em cerca de S.E. 1000[1] e, naquela terra cercada, encontrou a forja máxima: Orodruin, a "Montanha do Fogo Ardente".[2] Em sua lava fundida, ele fez o Um Anel, e nenhuma outra chama era quente o bastante para derretê-lo, então foi lá que ele teve de ser destruído.[3] Sauron aparentemente usava aqueles fogos com frequência, pois a estrada até a Montanha estava sempre "consertada e desimpedida".[4] Sempre que Sauron crescia em poder, as erupções se renovavam, e foi na S.E. 3429, logo antes de seu ataque à recém-fundada Gondor, que as explosões fizeram com que os Dúnedain dessem à Montanha um novo nome: Amon Amarth, Monte da Perdição.5

A Montanha

O Monte da Perdição ficava no meio do Platô de Gorgoroth no noroeste de Mordor, embora naquela terra de vulcanismo parecesse ser o único vulcão ativo. Havia, no entanto, fissuras fumegantes como aquelas entre as quais a Estrada de Sauron corria de Barad-dûr para a Montanha.[6] O Monte da Perdição era evidentemente um vulcão *composto* ou *estratovulcão*, formado por camadas alternadas de cinza e lava. Sua elevação e descrição provam que ele não era um simples cone de cinzas: "Os flancos confusos e acidentados ... subiam a cerca de três mil pés acima ... com mais metade dessa altura, seu alto cone central."[7] Ainda assim, sua elevação de 4,5 mil pés não era impressionantemente alta[8] — bem mais baixa que a do Monte Etna, na Itália, que alcança 11 mil pés de altura e tem a base de noventa milhas de circunferência (cerca de vinte e nove milhas de diâmetro).[9] Foi apresentada uma base de sete milhas de diâmetro para o Monte da Perdição, fazendo com que sua encosta média tivesse típicos 20° (embora o leitor deva notar que o exagero vertical da seção transversal a faz parecer muito mais íngreme).[10]

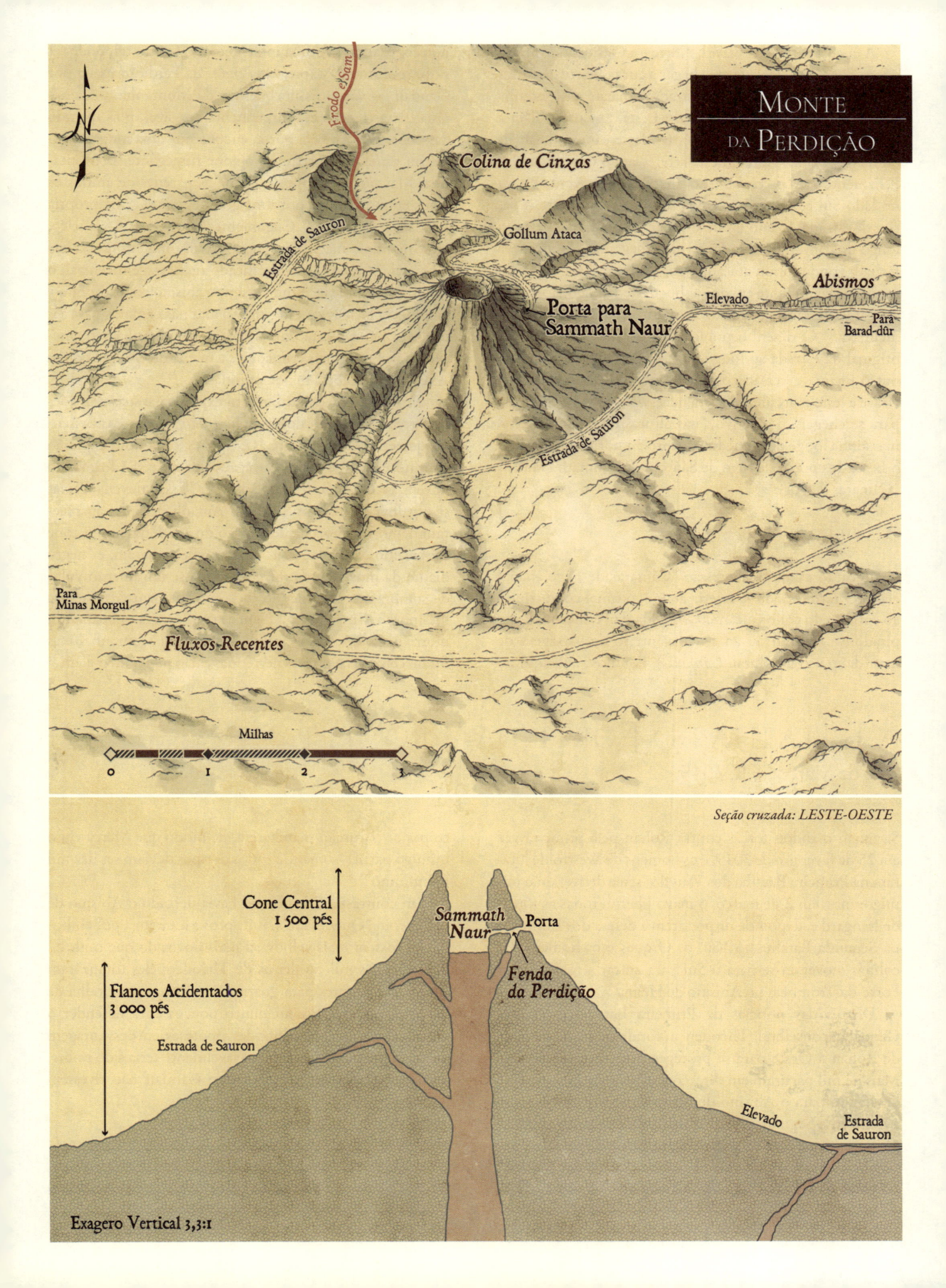

MONTE
DA PERDIÇÃO

Frodo e Sam

Colina de Cinzas

Estrada de Sauron

Gollum Ataca

Abismos

Elevado

Para
Barad-dûr

Porta para
Sammath Naur

Estrada de Sauron

Para
Minas Morgul

Fluxos Recentes

Milhas

0   1   2   3

Seção cruzada: LESTE-OESTE

Cone Central
1 500 pés

Sammath
Naur

Porta

Fenda
da Perdição

Flancos Acidentados
3 000 pés

Estrada de Sauron

Elevado

Estrada
de Sauron

Exagero Vertical 3,3:1

A encosta era mais suave a Norte e a Oeste, onde Frodo e Sam fizeram a escalada até chegar à curva Norte da Estrada de Sauron.[11] Diz-se que a estrada subia até a Montanha por meio de um elevado no lado Leste, então envolvia a base como uma serpente.[12] Três fendas escancaradas mais ou menos a Sul, Oeste e Leste arrefeciam o cone central.[13] Felizmente para os Hobbits, o fluxo da lava recente estava no lado Sul e, então, não havia tumultuado a parte superior da estrada. Como Frodo e Sam caminharam a Leste ao longo do caminho ascendente, eles chegaram a uma curva fechada, onde foram atacados por Gollum. Essa curva foi mostrada claramente em dois esboços de Tolkien, nos quais ela parecia estar bem abaixo do ponto em que a encosta se inclinava.[14] O desenho publicado mostrava a localização original da estrada ao longo da base do cone central, mas outro incluía a versão correta.[15] Neste, quando a estrada virava a leste mais uma vez, era necessário cortar pela rocha para se chegar ao objetivo, "nas alturas do cone superior, mas ainda longe do cume fumegante": a porta voltada para o Leste dos poços de fogo de Sauron, as Sammath Naur, as "Câmaras de Fogo".[16]

As Sammath Naur

A aplicação exata da expressão "Câmaras de Fogo" não é clara. O termo pode se referir ao longo túnel conduzindo ao coração do cone vulcânico; à Fenda da Perdição; ao respiradouro central; ou ao sistema inteiro de passagem de lava (daí o uso do plural, *Câmaras*). Foi mostrado aqui no núcleo, usando a última interpretação. Como tal, pode ter sido sinônimo da expressão *Fendas* da Perdição usada por Gandalf — várias fissuras dentro da Montanha.[17] Apenas uma dessas fendas era diretamente acessível, pois quando Sam se esgueirou pela porta, encontrou "uma longa caverna, ou túnel, que perfurava o cone fumegante da Montanha. Mas pouco adiante o piso e as paredes de ambos os lados eram fendidos por uma grande fissura ... na própria Fenda da Perdição".[18] Claramente, esse não era o núcleo, pois quando o magma ardente borbulhou, iluminou o *teto* do túnel.[19] Se Frodo tivesse ficado na passagem central, o *céu* estaria sobre ele. Ainda assim, o abismo era profundo e amplo, e a lava devia estar muito alta nas câmaras para ter produzido uma luz tão alta no cone. A montanha permaneceu estável para mais erupções, e a queda de Gollum com o Anel desencadeou a maior de todas.

Orodruin era, de fato, muito explosiva, e suas erupções provavelmente eram do tipo *vulcanianas*, com lavas viscosas que encrostavam entre as erupções, cada nova explosão emitindo cinzas e "gases carregados de cinzas ... formando nuvens escuras como couves-flores".[20] Essas nuvens fétidas se espalharam mais no Dia sem Amanhecer, mas apareceram de novo depois da destruição do Anel, quando o cone foi partido em pedaços, as cinzas se derramaram, e "negro diante da mortalha de nuvens, erguia-se um imenso vulto de sombra ... preenchendo todo o firmamento", visto até mesmo em Minas Tirith.[21] Sam e Frodo escaparam para "um morro baixo de cinzas, empilhado ao pé da Montanha", mas foram cercados por lavas derretidas e não puderam ir além.[22]

A BATALHA DO FORTE-DA-TROMBETA

3–4 de Março, T.E. 3019

Saruman mandou forças contra Rohan pela primeira vez em 25 de fevereiro de 3019, e os homens de Westfolde lutaram na Primeira Batalha dos Vaus do Isen e detiveram o inimigo; mas, em 2 de março, o mago liberou todas as forças de Isengard e, depois de dispersarem a defesa dos Rohirrim na Segunda Batalha do Vau, os Orques e os homens das colinas moveram-se para o Sul para atacar a fortaleza do Forte-da-Trombeta no Abismo de Helm.[1]

Depois das notícias da Primeira Batalha dos Vaus, Gandalf aconselhou Théoden a conduzir os Cavaleiros de Rohan a Oeste para se protegerem de novos ataques.[2] Mais de mil partiram em direção aos Vaus do Isen,[3] mas se desviaram para o Abismo de Helm depois de ouvir sobre a desastrosa Segunda Batalha dos Vaus, enquanto Gandalf partiu a galope para reagrupar os Rohirrim dispersos e conseguir apoio dos Ents, que ele sabia estarem em Isegard.[4] Por acaso, os Ents chegaram a Isengard logo antes de as tropas de Saruman marcharem, de modo que Merry viu o inimigo partir: "somando todos os tipos deviam ser dez mil no mínimo".[5]

Em contraste, Erkenbrand havia deixado o Abismo de Helm com "Quem sabe ... mil aptos a lutarem a pé", embora eles fossem mais velhos ou mais novos do que o ideal.[6] Somados aos mil cavaleiros de Théoden, eles totalizaram "homens bastantes para guarnecer o forte e a muralha de barreira", embora fossem muito poucos para defender o dique,[7] e estavam, na melhor das hipóteses, em desvantagem de cinco para um. Seu fim provavelmente teria sido nobre, mas malogrado, se os esforços de Gandalf não tivessem

Superior à esquerda: PARA A BATALHA
Superior à direita: RETIRADA À NOITE
Inferior: CONTRA-ATAQUE À AURORA

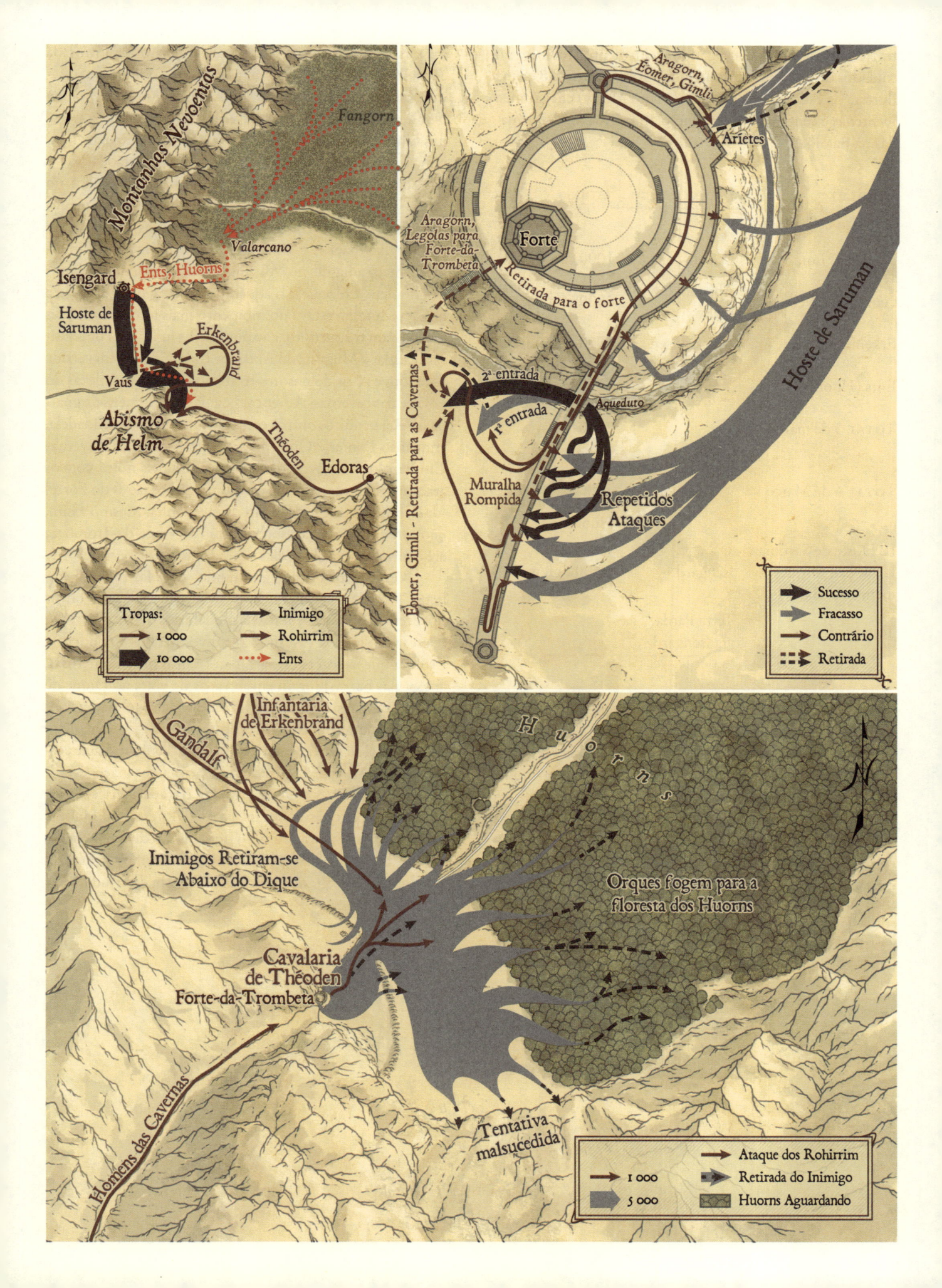

trazido assistência. Cavalgando velozmente, reuniu mil soldados de infantaria conduzidos por Erkenbrand,8 e uma floresta de Huorns que (de acordo com Merry) chegavam a "centenas e centenas".9 Estas, então, foram as tropas estimadas na Batalha:

Capitão	Procedência	Tropas
I. Rohan e Aliados		
Théoden/Éomer	Edoras	1000 cavalaria[10]
Gamling, o Velho	Abismo de Helm	1000 infantaria[11]
Erkenbrand	Vaus do Isen	1000 infantaria[12]
Ents (Huorns)	Fangorn via Isengard	"Centenas e centenas"[13]
TOTAL 3 de março		2000
TOTAL 4 de Março		Est. 3800 (dos quais 2700 lutaram), mais Huorns
II. Hoste de Saruman Uruk-hai, Orques menores, lobos	Isengard	10.000 ou mais[14]
Terrapardenses	Terra Parda via Isengard	

Muitos dos Cavalga-lobos já estavam no Vale de Westfolde e na Garganta-do-Abismo quando os Cavaleiros de Théoden chegaram. Os Rohirrim subiram para o Forte-da-Trombeta.[15] Depois de a retaguarda se retirar do Dique, os atacantes vieram. Éomer dispôs a maioria dos homens na Muralha do Abismo e em sua torre, onde "a defesa parecia mais duvidosa".[16] Depois de saraivadas de flechas, os atacantes avançaram em uma tentativa de escalar a Muralha. No portão do Forte-da-Trombeta, "estavam reunidos os Orques mais descomunais e os homens selvagens dos morros da Terra Parda".[17] Usando dois grandes aríetes, os inimigos estavam estilhaçando as portas de madeira. Aragorn, Éomer, Gimli e um punhado de guerreiros saíram por uma porta dos fundos e jogaram os inimigos da Rocha; então, mandaram construir uma barricada para segurar o portão.[18]

Como as forças de Saruman foram malsucedidas no portão, elas silenciosamente se esgueiraram pelo aqueduto da Muralha do Abismo, mas foram vistas e mortas, ou empurradas para a ravina, tombando na mão dos guardiões mais adiante no Abismo.[19] Gimli orientou alguns dos homens a bloquear o aqueduto; mas, depois, quando a luta na Muralha estava no momento mais feroz, os Orques explodiram o aqueduto, e vários outros inimigos conseguiram escalar a Muralha do Abismo. Toda a "defesa foi varrida para longe" e os defensores recuaram para as fortalezas do Forte e das cavernas: Aragorn, Legolas, os Homens da guarda do Rei e muitos outros conseguiram entrar na Cidadela, enquanto Éomer e Gimli lutaram para voltar às Cavernas Cintilantes.[20] As investidas continuaram pela noite, com os atacantes capazes de se mover para todos os lados do Forte-da-Trombeta, exceto ao lado da montanha. Mesmo assim, não conseguiram atravessar o Portão do Forte-da-Trombeta até o alvorecer, quando eles explodiram uma abertura.[21]

Em vez de Orques alastrando-se no Forte-da-Trombeta, Théoden conduziu seus Cavaleiros adiante, talvez novecentos ou mais se cerca da metade dos defensores tivesse escapado para as cavernas. Sua investida foi tão poderosa e súbita que as forças de Saruman (muito mais numerosas, apesar das baixas) foram empurradas de volta ao Dique de Helm.[22] Apenas a um quarto de milha além do dique, contudo, havia uma floresta de Huorns, e o inimigo se encolheu no meio deles. De repente, Gandalf e Erkenbrand apareceram na crista Oeste. Presos entre os penhascos inacessíveis a Leste e os atacantes a Oeste e Sul, os Terrapardenses se renderam, e os Orques correram para a "floresta" de Huorns da qual ninguém escapou.[23] Os homens das cavernas chegaram tarde demais: a Batalha do Forte-da-Trombeta já estava vencida, e toda a grande hoste de Saruman, destruída.[24]

Batalhas no Norte

11–30 de Março, T.E. 3019

Em 6 de março, quando Aragorn se revelou a Sauron,[1] o Inimigo iniciou rapidamente os vários ataques que havia planejado. O maior de todos foi contra Minas Tirith, utilizando seus exércitos do Sul; mas ele também tinha forças em Dol Guldur e aliados em Rhûn, que estavam sempre à sua disposição. Simultaneamente à saída de Mordor em 10 de março, essas tropas do Norte devem ter avançado contra seus alvos.[2]

As primeiras a atingirem seu objetivo foram as tropas de Dol Guldur que atacaram próximo a Lórien.[3] Não tendo sucesso, muitos passaram pelas fronteiras das florestas e entraram no Descampado de Rohan. Em 12 de março, foram surpreendidos pelos Ents, enviados ao Leste de Fangorn e Isengard, e desbaratados.[4] Lórien foi atacada mais duas vezes, em 15 e em 22 de março, mas nunca foi invadida. Forças de Dol Guldur também foram para o Norte e lutaram contra o Rei Thranduil sob as árvores de Trevamata. Lá a principal batalha também foi em 15 de março e, depois da "longa batalha ... e grande ruína de fogo", Thranduil saiu vitorioso.[5]

Aliados orientais de Sauron, provavelmente de Rhûn, cruzaram o Rio Carnen e marcharam contra os homens de Valle e os Anãos de Erebor.[6] Mais uma vez, a batalha ocorreu na importante data de 15 de março, embora a Batalha de Valle não tenha durado um só dia, mas, na verdade, três.[7] Em 17 de março, o Rei Brand caiu diante do Portão de Erebor e o Rei Dáin Pé-de-Ferro lutou bravamente sobre o corpo de Brand antes de ele, também, ser morto. Então, os Homens e os Anãos foram forçados a se retirar para a fortaleza da Montanha Solitária e foram cercados, mas os Lestenses não conseguiram passar pelo Portão.[8]

Depois de o Anel ser destruído em 25 de março, quando os serviçais de Sauron foram privados de sua força motriz, todos aqueles que haviam sido atacados avançaram e desbarataram as tropas restantes: Celeborn e Thranduil para Dol Guldur e os sitiados em Erebor contra os Lestenses.[9] Então, o Norte foi salvo por sua valentia — e como disse Gandalf, "'Pensai no que poderia ter sido ... espadas selvagens em Eriador, noite em Valfenda.'"[10]

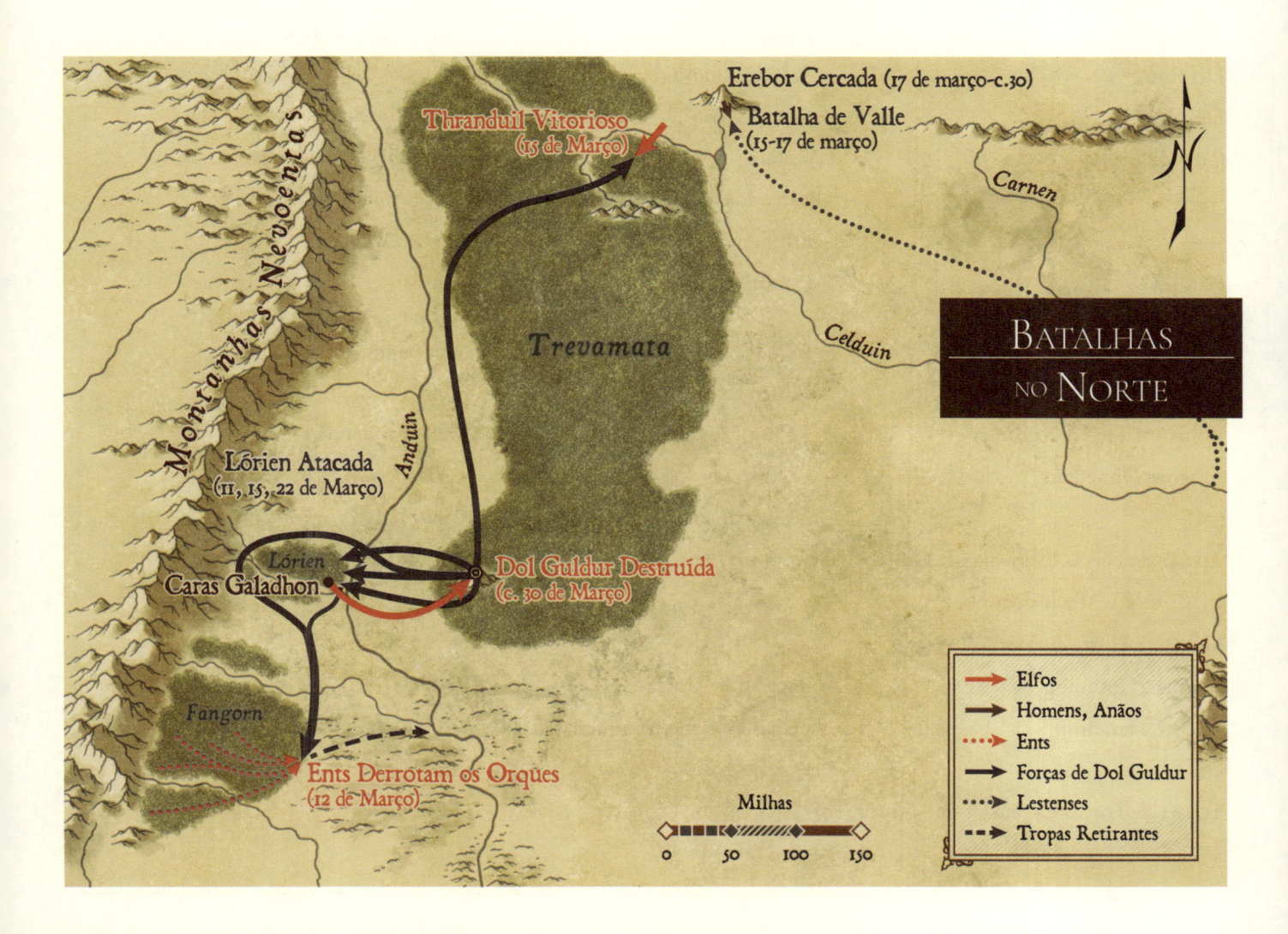

A Batalha dos Campos de Pelennor

15 de Março, T.E. 3019

Embora a malícia de Sauron não tenha sido direcionada apenas a Gondor, a principal investida foi contra Minas Tirith. Miraculosamente, a cidade não caiu. Segundo Faramir, "os adversários eram dez vezes mais numerosos" no Forte do Passadiço,[1] e os Rohirrim "eram em número de um terço apenas dos Haradrim."[2] Mesmo uma estimativa bem conservadora indicaria que as forças de Mordor eram pelo menos quatro vezes maiores que as de Gondor. Somados aos Orques de Mordor estavam os aliados de Harad Próximo e Extremo Harad, Khand e Rhûn,[3] dos quais a maioria tinha ido ao Morannon para se reunir e partiu com o exército principal.[4] Em nenhum lugar foi feita a contagem das massas reunidas, exceto que os Haradrim eram o triplo dos Rohirrim (que totalizavam seis mil).[5] Mas muitas referências atestaram o número enorme de Inimigos: a hoste de Morgul era maior do que qualquer exército que tivesse saído "daquele vale desde os dias do poderio de Isildur;

... e, no entanto, era apenas uma, e não a maior das hostes que Mordor agora enviava".[6] A hoste de Mordor do Portão Negro incluía "batalhões de Orques do Olho e incontáveis companhias de Homens de nova espécie".[7] O Inimigo era tão grande que muitos eram mantidos apenas na reserva para o saque antecipado da Cidade.[8] Faramir comentou que "podemos fazer o Inimigo pagar dez vezes nossa perda na travessia, e ainda assim nos arrependermos da troca".[9]

As forças de Gondor poderiam ser maiores, mas, temendo os Corsários de Umbar, os feudos populosos do Sul dispuseram de apenas "um décimo de suas forças".[10]

As companhias que chegaram de fora de Gondor totalizaram "menos de três milhares",[11] e a Torre da Guarda tinha, pelo menos, três companhias (possivelmente de 400 a 500 tropas cada), mais uma guarnição externa.[12] Ao todo, provavelmente menos de cinco mil enfrentaram a Maré Negra que assomava. Estas foram as forças estimadas no campo da batalha:

Capitão	Procedência	Tropas
I. Gondor e Feudos do Sul Aliados[13]		
Forlong	Lossarnach	200 "bem armados"
Dervorin	Vale do Ringló	300
Duinhir	Morthond	500 "arqueiros"
Golasgil	Anfalas	150 (est.) "parcamente equipados"
——	Lamedon	50 (est.) montanheses
——	Ethir Anduin	100 "pescadores"
Hirluin	Pinnath Gelin	300
Imrahil	Dol Amroth	1200 (est.) (700 mais "uma companhia de cavaleiros"
Guarda de Minas Tirith Denethor	Minas Tirith	2000
Rohirrim Théoden/Éomer	Rohan	6000 cavalaria14
Aragorn Dúnedain	O Norte	3015
——	Feudos do Sul	1000 (est.)16
Total de Forças Estimadas de Gondor		11.250
II. Mordor e Aliados		
Mordor e Hoste de Morgul		
Angmar/Gothmog	Barad-dûr, Minas Morgul	20.000 (est.)
Aliados Haradrim	Harad Próximo e Extremo Harad	18.00017
Outros	Rhûn, Khand	7000 (est.)
Total de Forças Estimadas de Mordor		Mínimo 45.000

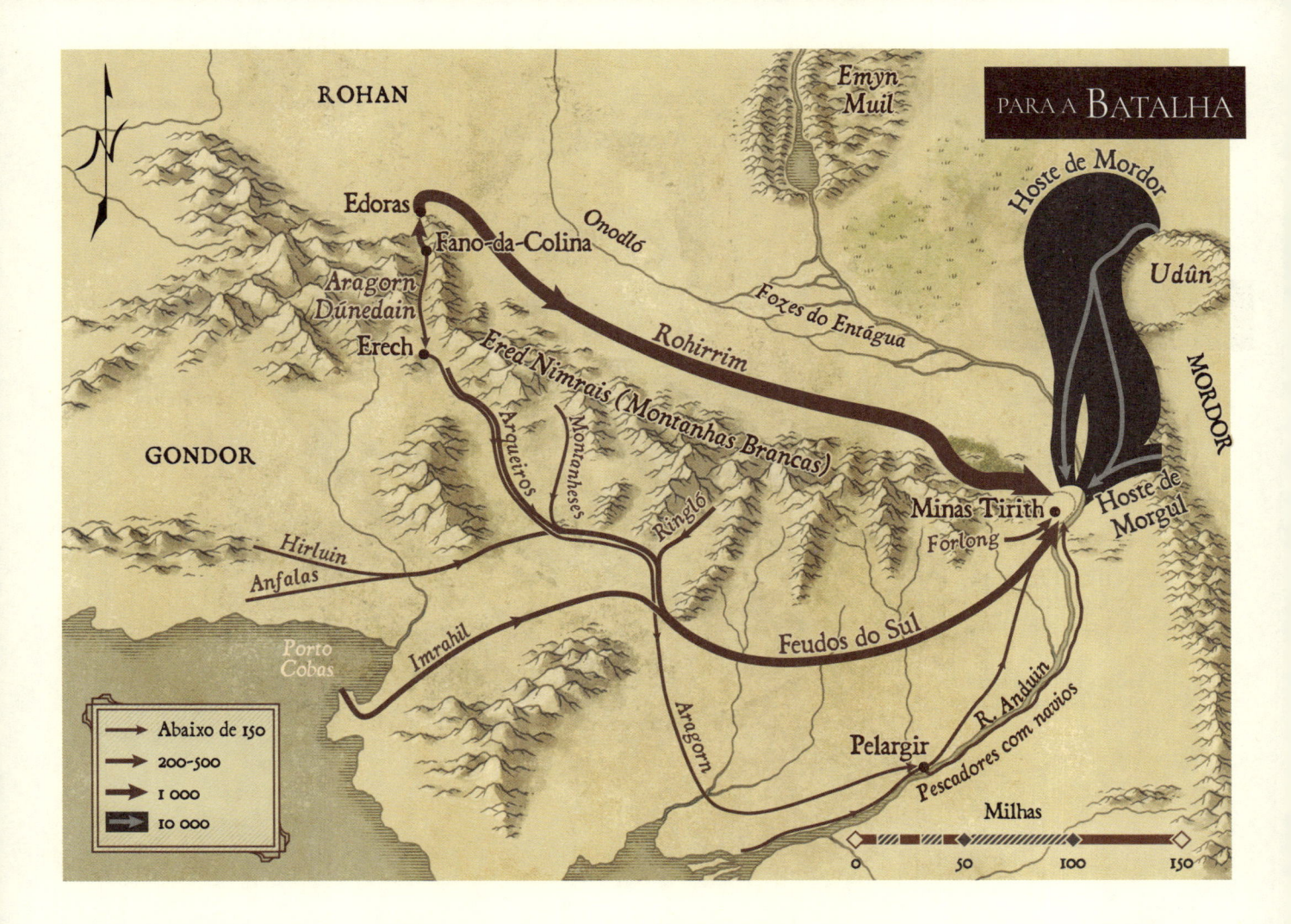

Tendo tomado o leste de Osgiliath no último mês de junho, os trabalhadores de Sauron haviam preparado muitas barcaças para a travessia e, em 12 de março, a vanguarda da hoste de Morgul apinhou-se no Anduin.[18] Faramir retirou-se de Osgiliath até os fortes em Rammas Echor, onde resistiu por um dia, até que o Inimigo cobriu o rio e o atravessou.[19] Enquanto isso, o exército do Portão Negro tomou Cair Andros em 10 de março e chegou do Nordeste, e entre as duas hostes, o Rammas foi rompido ao Norte e ao Leste, e a Pelennor, invadida.[20] Faramir passou a tarde em uma retirada organizada dos Fortes do Passadiço; mas quando estava apenas a um quarto de milha dos portões da cidade, os Nazgûl se lançaram, trazendo desordem a homens e cavalos. Os Haradrim ali próximos também estavam atacando, e Faramir foi atingido por uma flecha dos Sulistas.[21] Apenas a cavalgada do príncipe de Imrahil, conduzindo todos os cavaleiros da cidade, salvou Faramir e suas tropas.[22] Contudo, a surtida foi logo revogada, e os portões foram fechados. Toda a Pelennor foi abandonada ao Inimigo, que rapidamente cavou trincheiras e as preencheu com fogo. A mais próxima estava um pouco além da distância de uma flechada dos muros da cidade, e lá foram colocadas as catapultas e torres-de-cerco.[23] Pelo fogo, batalha e horror dos Espectros-do-Anel, a valentia dos sitiados foi sobrepujada. Durante a segunda noite, a de 14 de março, as tropas se moveram contra a muralha em suas torres-de-cerco, e Angmar mandou trazer o grande aríete: Grond.[24] Logo antes do amanhecer, os Grandes Portões foram arrebentados, e Gandalf ficou sozinho, confrontando o Senhor dos Nazgûl; mas, ao longe, as trompas de Rohan ecoaram selvagens, e a Batalha começou.[25]

Quando os Rohirrim alcançaram o portão norte do Rammas, dispersaram os poucos Orques e invadiram as brechas. Théoden enviou Elfhelm para a direita em direção às torres-de-cerco, Grimbold para a esquerda, e a companhia de Éomer, em frente; mas o Rei ultrapassou a todos, galopando em meio aos inimigos. A maioria das forças de Mordor estava provavelmente acampada próxima à Cidade, e os Rohirrim tomaram a metade do norte da Pelennor com relativa facilidade.[26] Théoden foi o primeiro a alcançar a estrada para o rio, cerca de uma milha a leste dos portões da cidade. Os Haradrim estavam ao sul da Estrada, e seu capitão conduziu a cavalaria em direção ao Rei, mas Théoden e sua guarda contra-atacaram e saíram vitoriosos, quando, de repente, os cavalos se tornaram ariscos por conta da aproximação de Angmar, o Senhor dos Nazgûl.[27]

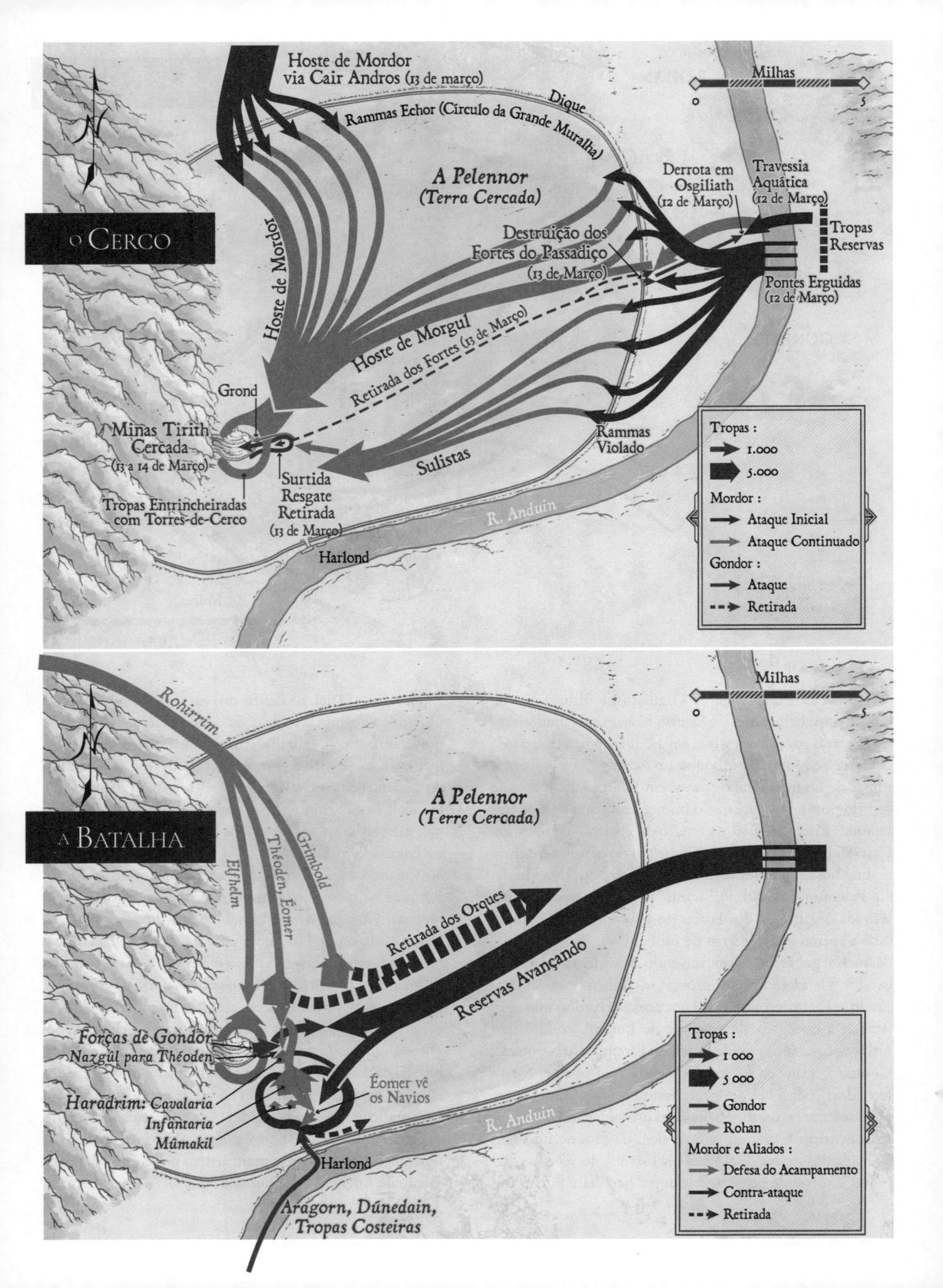

A trágica cena encontrada por Éomer estimulou os Rohirrim a novas façanhas. Éomer investiu contra a cavalaria e as fileiras em marcha dos Haradrim, mas os cavalos desviaram dos *mûmakil*. Enquanto isso, o príncipe Imrahil liderou todas as forças na Cidade, mas não conseguiu alcançar Éomer; e as forças de reserva de Mordor foram enviadas pelo rio.[28] Mas, no meio da manhã, as tropas de Gondor foram mais uma vez tristemente sobrepujadas, e a batalha se tornou sombria. Éomer foi engolfado no topo de um morro a apenas uma milha do atracadouro em Harlond, quando os navios de Aragorn chegaram. Quando Éomer atacou novamente do Norte, Imrahil do Oeste, e Aragorn do Sul, a grande turba de inimigos foi apanhada "entre o martelo e a bigorna". As forças de Gondor, embora ainda em desvantagem, continuaram a lutar ao longo do dia e conquistaram a vitória.[29]

A Batalha do Morannon

25 de Março, T.E. 3019

Dois dias depois da Batalha dos Campos de Pelennor, Aragorn liderou um exército para desafiar Sauron diante de seu próprio Portão Negro. Os números eram, explicitamente, mil na cavalaria e seis mil na infantaria.[1] Na longa marcha, Aragorn incendiou a ponte para Minas Morgul e deixou uma forte guarda na Encruzilhada, caso os inimigos chegassem através do Passo de Morgul ou acima, na estrada Sul.[2] Depois de dois dias de marcha ao Norte, houve uma emboscada no exato local onde Faramir havia encurralado os Haradrim, mas os batedores de Aragorn o alertaram e ele enviou cavaleiros a Oeste para atacarem o flanco inimigo.[3]

Ao alcançar a desolação do Morannon, alguns Homens ficaram tão temerosos que Aragorn os enviou ao Sudoeste para retomarem Cair Andros. Contando estes e as forças deixadas na Encruzilhada, mil soldados foram subtraídos dos sete mil iniciais.[4] Depois da partida do emissário no Portão Negro, a hoste de Gondor enfrentou "forças dez vezes e mais que dez vezes as deles".[5] Em uma tentativa desesperada de ir ao encontro da investida, Aragorn posicionara suas tropas em círculos ao redor de dois grandes morros de pedra em frente ao portão.[6] À esquerda, ele ficou com Gandalf, os filhos de Elrond e os Dúnedain na linha de frente, onde o impacto seria maior. No morro à direita,

Esquerda: PARA A BATALHA • Direita: A BATALHA

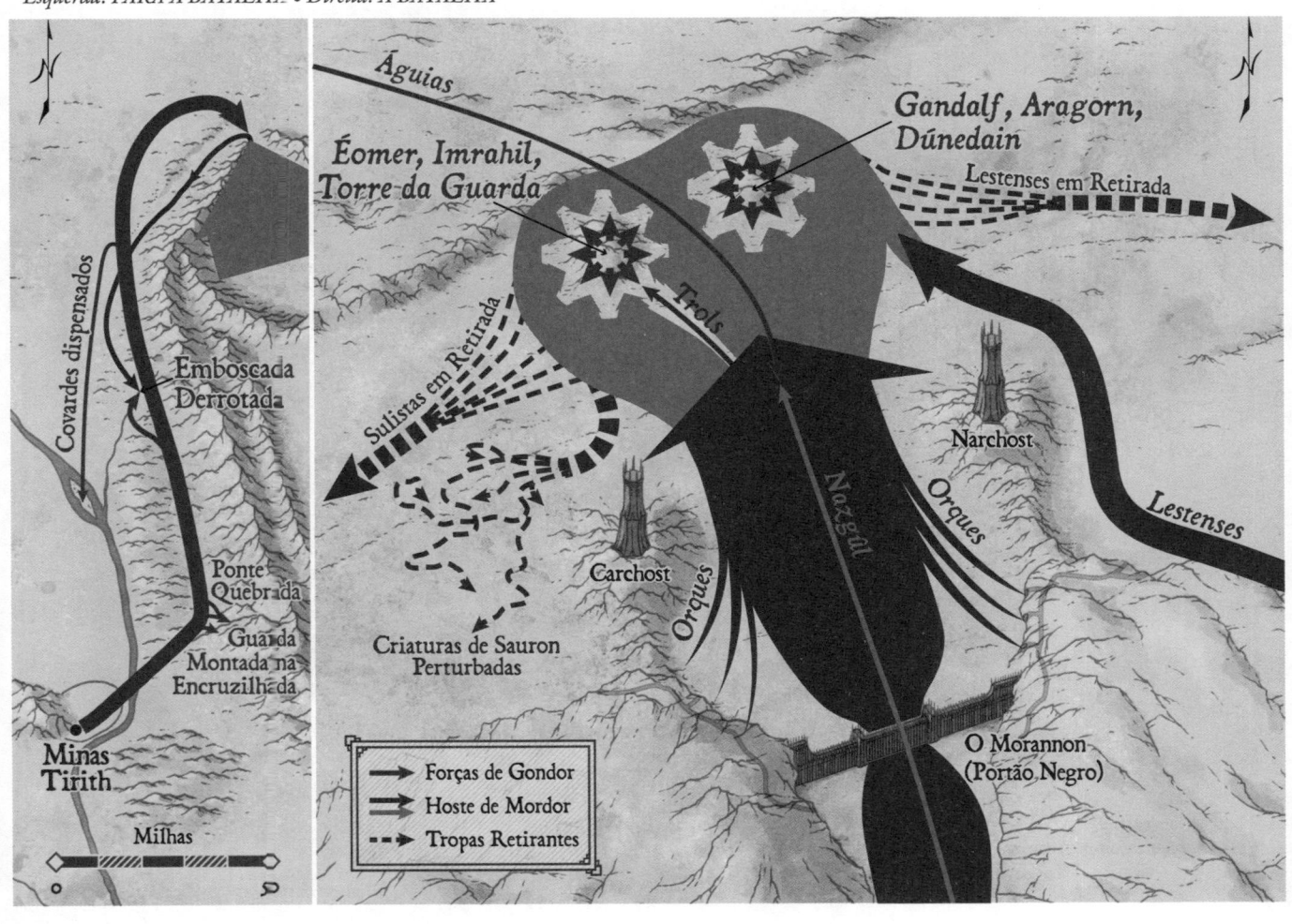

ficaram Éomer e Imrahil, com os cavaleiros de Dol Amroth e os determinados Homens da Torre da Guarda na frente. Com eles, estavam Pippin e Beregond.[7]

Os inimigos os cercaram rapidamente: uma grande hoste emergiu do Morannon, Orques escorriam das colinas dos dois lados do baluarte, e os Lestenses marchavam além da torre Norte, onde se esconderam perto das encostas das montanhas. Os primeiros a cruzarem o charco foram os trols-das-colinas, um dos quais feriu Beregond e, por sua vez, foi morto por Pippin.[8] Os trols seguiram-se rapidamente, e as forças de Gondor foram cercadas, quando as águias apareceram e mergulharam sobre os Nazgûl; mas eles fugiram para o Monte da Perdição e desapareceram no holocausto subsequente.[9] Então, as criaturas de Sauron se destruíram, deixando apenas os Homens de Rhûn e Harad para batalhar. A maioria fugiu ou se rendeu, mas alguns continuaram lutando e, por fim, todos foram subjugados.[10]

A Batalha de Beirágua
3 de Novembro, T.E. 3019

Ao retornar para o Condado e descobrir as mudanças que haviam ocorrido durante a sua ausência, os quatro amigos decidiram incitar um levante e livrar os Hobbits dos Homens rufiões que estavam sob o comando de Charcoso. Chegaram em Beirágua na tarde de 2 de novembro, e uma breve escaramuça se deu contra os Homens do Chefe de Bolsão. A trompa de Merry atraiu cerca de duzentos Hobbits robustos, que se esconderam entre as construções (e possivelmente dentro delas), ao longo da estrada principal, através da cidade. Na intersecção da estrada com a Alameda Sul, uma fogueira se acendeu, atrás da qual Tom Villa ficou esperando. Em cada extremidade da cidade, foi colocada uma barreira pela estrada, e quando cerca de vinte Homens chegaram da Vila-dos-Hobbits, a barreira ocidental foi aberta. Vários tentaram escapar de volta para Oeste, mas quando o líder foi flechado, o resto se rendeu.[1]

Na manhã seguinte, pouco depois das dez, travou-se a principal Batalha de Beirágua. Foram enviadas mensagens, no dia anterior, para o grande grupo de rufiões aquartelados na Encruzada, e eles foram marchando para o Leste,

Esquerda superior: A ESCARAMUÇA • Esquerda inferior: PARA A BATALHA • Direita: A BATALHA

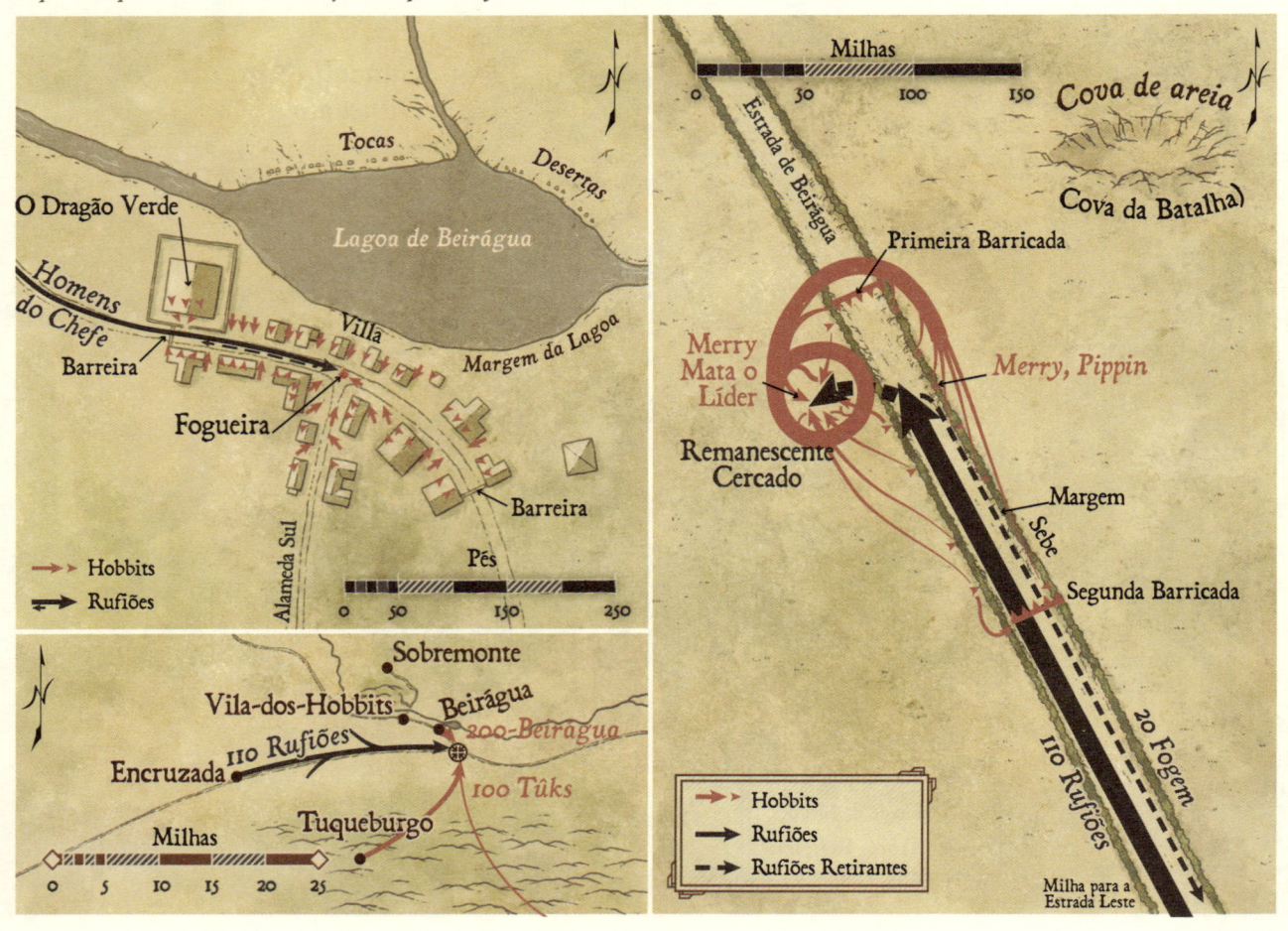

juntando-se a outros ao longo do caminho. Havia mais de cem; mas, dessa vez, o inimigo estava em desvantagem, pois além dos Hobbits que se juntaram na noite anterior em Beirágua, Pippin liderou mais uma centena da Terra-dos-Tûks. Merry havia escolhido um local vantajoso onde a Estrada de Beirágua cortava altas margens cobertas por sebes. Uma barricada de carroças viradas bloqueava a extremidade; e depois que os rufiões entraram, mais carroças foram rapidamente colocadas atrás deles. Novamente, os Hobbits cercaram os inimigos. Dessa vez, porém, cerca de vinte Homens conseguiram escapar pela segunda barricada, e vários restantes escalaram a margem oeste. Com toda a força em um único local, os Hobbits daquele lado estavam cedendo, até que Merry e Pippin trouxeram reforço da margem leste. Merry matou o líder, então atraiu seus arqueiros para um círculo amplo ao redor do remanescente. Durante a tentativa de escapar, setenta rufiões foram mortos e depois foram enterrados em uma cova de areia ali perto: a Cova da Batalha.[2] Assim terminou a última batalha da Guerra do Anel.

TRAJETOS

Em *O Senhor dos Anéis*, ao contrário de *O Hobbit*, Tolkien trouxe consideráveis informações sobre as distâncias percorridas, tempo gasto em viagem e locais de acampamento. Centenas de indicações recolhidas da narrativa e dos apêndices forneceram os dados não somente para esses mapas de trajetos, mas também para os mapas de base. Ocasionalmente, as distâncias afirmadas diferenciavam daquelas mostradas nos mapas de Tolkien, então os mapas foram alterados ligeiramente para se aproximarem do texto. Porém, nem sempre era possível uma concordância completa, então as distâncias mostradas ao longo dos trajetos, às vezes, podem não medir exatamente o mesmo na escala que acompanha; mas elas estão de acordo com o texto ou com estimativas feitas a partir de trechos dele, usando três milhas por légua, conforme sugerido por Tolkien.[1] Quando as milhagens não eram mencionadas por um ou vários dias, elas foram estimadas medindo-se a distância no mapa de Tolkien, ao longo da rota entre os acampamentos conhecidos, e dividindo-a igualmente entre os dias (considerando-se variações mencionadas, como longas horas de viagem ou velocidade mais rápida ou mais devagar). Para determinar se as várias estimativas pareciam razoáveis entre si e em relação ao Mundo Primário, uma tabela foi compilada para permitir a comparação. Embora alguns dos ritmos de viagem parecessem estranhamente rápidos ou lentos (por razões explicadas nos mapas correspondentes), a maioria parecia ser bem consistente ao considerar variações como terreno acidentado, necessidade de pressa e empecilhos físicos ou psicológicos. Quando um dia de jornada tinha estágios distintos, eles foram listados individualmente. A maior parte das jornadas foi feita a pé, com ocasionais trajetos em barcos ou cavalos. A faixa de velocidade em geral foi:

Caminhando — Mais comumente, sustentava-se cerca de 2,0 a 2,5 mph [milhas por hora] (24 a 30 minutos por milha), mas aumentava para 3,0 mph (20 minutos por milha), pelos Orques e seus perseguidores: Aragorn, Gimli e Legolas.

Cavalgando — Pôneis: 3,4 mph, trotando (17,6 minutos por milha). Cavalos de Rohan: 6,7 mph, galopando (9,0 minutos por milha). Cavalos dos Dúnedain: 7,0 mph, galopando (8,6 minutos por milha). Scadufax: 20 mph, galopando (3,0 minutos por milha).

De barco — Pequenos barcos a favor da corrente: à deriva, 2,8 mph (21,4 minutos por milha); remando suavemente, 4,1mph (14,6 minutos por milha). Embarcações contra a corrente: remando, 4,7 mph (12,8 minutos por milha); velejando, 7,2 mph (8,3 minutos por milha).

Também foi interessante notar que os Ents podiam viajar dez milhas por hora (seis minutos por milha); e que, ainda que os Orques não fossem mais rápidos que os três amigos, sua resistência era fenomenal — cinquenta e seis horas com apenas um acampamento e outras duas paradas!

As horas listadas foram calculadas com base no nascer do sol, às 7h, e, no pôr do sol, às 17h, em dezembro e janeiro, e 6h às 18h, em setembro e março. A menos que a história diga o contrário, pressupõe-se que os vários viajantes aproveitavam ao máximo as horas de sol do amanhecer ao anoitecer, quando viajavam de dia, ou do anoitecer ao amanhecer, quando caminhavam no escuro. Sempre que houvesse atrasos, longos descansos e outras variações, as horas foram reduzidas ou prolongadas apropriadamente.

As datas ficaram um tanto confusas quando as marchas adentravam o dia seguinte, ou quando duas viagens separadas ocorreram no mesmo dia. Na tabela, a data foi seguida pela informação relacionada a qualquer marcha ou marchas que começaram a qualquer hora naquele dia. A data listada ao lado de cada local de acampamento representa o momento em que os viajantes finalmente paravam em determinado lugar para descansar. A cronologia utilizou o Calendário do Condado,[2] e o novo dia começava à meia-noite de acordo com o povo do Condado;[3] então, algumas vezes, quando a marcha começava depois da meia-noite, mas antes do amanhecer, ou (mais comumente), se os caminhantes não descansavam até depois da meia-noite, a data indicada na tabela ou no mapa foi, respectivamente, a do novo dia, que não havia amanhecido nas terras ocidentais.

A História da Terra-média é fascinante em suas revelações da evolução do conto, e os cálculos meticulosos e as reescritas de Tolkien tornam a cronologia mais precisa. No entanto, aqui como em outros lugares no *Atlas*, com poucas exceções, a tabela de trajetos e os mapas são baseados no "Conto dos Anos", pois essa é a autoridade final, sincronizada com o conto publicado.[4]

Somente a imensa atenção de Tolkien aos detalhes tornou possível delinear os trajetos de modo tão minucioso; mas, assim como aconteceu com outros mapas, houve a necessidade de suposições e estimativas, e tais julgamentos, certamente, estão abertos a intepretações. A tabela seguinte, portanto, foi colocada não como uma indicação de valores absolutos, mas meramente uma lista composta de cálculos usados para produzir os mapas anexos.

TABELA DOS TRAJETOS
(T.E., setembro de 3018 até março de 3019)

Data	Horas viajadas	Milhagem	Milhas por hora	Comentários	Local de acampamento
Bolsão a Valfenda					
23S	5	18	3,6	Marcha vespertina.	Terra das Colinas Verdes
24S	8	28	3,5	Cavaleiros Negros, Elfos	Oeste da Vila-do-Bosque
25S	5,5; 1; 1	17; 7; 3	3,1; 7; 3	Pântano, Carroça do Magote, Terra-dos-Buques.	Cricôncavo
26S	10,5	25	2,4	Em pôneis. Outeiro, Velho Salgueiro.	Casa de Bombadil
27S	—	—	—	Chuva.	Casa de Bombadil
28S	5	17	3,4	Pôneis. Dormiram à tarde, capturados à noite	Túmulo
29S	6	20	3,3	Pôneis. Começam depois do almoço.	Bri
30S	7,5	10–12	1,5	Passolargo se une. Partida às 10h da manhã. Curso errante.	Floresta Chet ocidental
1O	11	16	1,5	Virada para o Leste.	Floresta Chet oriental
2O	11	16	1,5		Pântano dos Mosquitos
3O	11	15	1,4	Veem lampejos no Topo-do-Vento.	Fronteira leste do Pântano
4O	11	17	1,5		Riacho das Colinas
5O	11,5	18	1,6		Colinas do Vento
6O	4	12	3,0	Sobem a colina ao meio-dia. Atacados ao nascer da Lua.	Vale junto ao Topo-do-Vento
7O	11	19	1,7	Frodo de pônei.	Matagais ao sul da Estrada
8O	11	19	1,7	Frodo de pônei.	Matagais ao sul da Estrada
9O	11	19	1,7	Frodo de pônei.	Matagais ao sul da Estrada
10O	11	19	1,7	Frodo de pônei.	Matagais ao sul da Estrada
11O	11	19	1,7	Frodo de pônei.	Matagais ao sul da Estrada
12O	11	19	1,7	Frodo de pônei.	SO da Última Ponte

13O	11	6–10	0,5–0,9	Cruzam a Ponte, deixam a Estrada.	Matas dos Trols ocidentais
14O	11	6–10	0,5–0,9		Matas dos Trols ocidentais
15O	11	6–10	0,5–0,9		Matas dos Trols ocidentais
16O	11	6–10	0,5–0,9	Voltam-se mais para o Norte.	Caverna rasa
17O	6	4–6	0,6–1,0	Voltam-se a Sudeste.	Topo da Crista
18O	21	34–21	1,6–1,0	Encontram Trols. Encontram Glorfindel. Marcham até o amanhecer.	—
19O	9	20–15	2,2–1,4	Frodo a cavalo.	Matas dos Trols centrais
20O	9?	18	2,0?	Marcha para o Vau. Ataque dos Cavaleiros Negros.	Valfenda

Valfenda a Lórien

25D	14	22	1,6	Marcha do anoitecer ao amanhecer. Viram para Sul no Vau.	—
26D–6J	14	15–20	1,1–1,4	Terreno acidentado.	Oeste das montanhas
7J	14	15–20	1,1–1,4		Crista de Azevim (8J)
8J	14	16	1,1	Viram para SE para o Passo, chegam na estrada.	NO do Chifre-vermelho (9J)
9J	14	17	1,2		NO do Chifre-vermelho (10J)
10J	14	17	1,2		Sopé do Chifre-vermelho (11J)
11J	6	8	1,3	Escalam até meia-noite. Neve.	Passo do Chifre-vermelho (12J, manhã)
12J	8	28	3,5	Marcha do fim da manhã ao anoitecer. Ataque de lobos à noite.	Outeiro (12J, noite)
13J	10; 7,5	20; 20	2,0; 2,7	Amanhecer ao anoitecer lá fora; do anoitecer até depois da meia-noite dentro de Moria.	Sala de Guarda (14J, manhã)
14J	8	20+	2,5	Marcha do meio da manhã ao entardecer.	Vigésimo Primeiro Salão
15J	15; 6,5	1,5; 16	1,0; 2,5	Ataque em Moria. Fuga.	Eirados próximo a Nimrodel
16J	8	32	4,0	Caminhos suaves.	Lórien Central
17J	8	32	4,0	Cerin Amroth ao meio-dia; cidade depois do anoitecer.	Caras Galadhon

Lórien a Rauros

16F	4; 7,5	10; 25	2,5; 3,3	Caminhada para o rio; barco à tarde até a noite.	Matas na margem oeste
17F	13	40	3,1		Margem oeste
18F	13	40	3,1		Planícies a norte do Celebrant

19F	13	40	3,1		Defronte às Terras Castanhas
20F	13	55	4,1	Remam o dia todo.	Próximo aos bancos de cascalho
21F	13	55	4,1	Remam por longos períodos.	Ilhota
22F	18	70	3,7	Alteram para jornada noturna.	Terrenos acidentados (23F)
23F	4	12	3,0	Escapam das corredeiras e dos Orques.	Baía 0,5 milha a N das corredeiras
24F	—	1,8 (triplo)	—	Caminho de varação.	Base das corredeiras
25F	11	40	3,6	Argonath no meio da tarde.	Parth Galen
26F	ROMPIMENTO DA SOCIEDADE				

Rauros a Isengard – Merry e Pippin

26F	5; 6	12; 15	2,5	Capturados ao meio-dia. Escaramuça no vale ao entardecer. Sem acampamento.	—
27F	28	84	3,0	Meia-noite até o amanhecer.	Fronteira sul das Colinas
28F	18	54	3,0	Rohirrim cercam.	Fronteira de Fangorn
29F	2; 10	5; 100	2,5; 10	Fogem antes do amanhecer; encontram Barbárvore.	Gruta da Nascente
30F	2–5	25	10	Entencontro.	Próximo a Valarcano
1M	—	—	—	Entencontro.	Próximo a Valarcano
2M	6	60	10	Entencontro termina no final da tarde; alcançam os portões à meia-noite.	Isengard
3M; 4M	—	—	—		Isengard

Rauros a Isengard – Aragorn, Legolas, Gimli

26–27F	14; 12	27; 36	1,9; 3,0	Fim de tarde até o anoitecer do dia seguinte. Colinas, então planície.	Metade do caminho para o Entágua
28F	12	36	3,0		Sul das Colinas
29F	12	36	3,0	Chegam às Colinas por volta de 11h.	Extremidade Norte das Colinas
30F	5,5	30	5,5	Tarde a cavalo.	Fronteira de Fangorn
1M	2; 13	5; 100	2,5; 7,6	Encontram Gandalf. Cavalgam à tarde e a maior parte da noite.	Meio do caminho para Edoras (2M, manhã)
2M	3,3; 5	25; 37	7,6; 7,4	Alcançam Edoras ao amanhecer; partem às 13h.	Meio do caminho para o Abismo de Helm
3M	13	96	7,4	Batalha do Abismo de Helm.	Abismo de Helm
4M	8	40	5,0	16h até meia-noite, cavalgam rapidamente.	15 milhas ao N dos Vaus do Isen

5M	7; 5,5	16; 17	2,3; 3,1	Cavalgam lentamente para Isengard e de volta. Levantam acampamento depois de o Nazgûl chegar.	Dol Baran

Isengard a Minas Tirith – Gandalf e Pippin

5M	7	140	20	Fim da noite até o amanhecer, "velocidade terrível".	Edoras (6M)
6M	12	120	10	Viajam do anoitecer ao amanhecer.	Floresta Firien (7M)
7M	12	120	10		Farol Erelas (8M)
8M	12	120	10	Chegam a Rammas Echor no amanhecer de 9M.	Minas Tirith (9M)

Isengard a Minas Tirith – Merry, Rohirrim

5M	6,5	41	6,3	Cavalgada do fim da noite até o amanhecer.	Abismo de Helm (6M, manhã)
6M	5	20	4,0	Partem às 13h.	Montanhas Brancas
7M	12	40	3,3	Sendas da montanha	Montanhas Brancas
8M	12	40	3,3		Passo nas Montanhas Brancas
9M	12	40	3,3		Fano-da-Colina
10M	3,5; 5,5	20; 36	5,7; 6,5	O Dia sem Amanhecer. Deixam o Fano-da-Colina às 9h; concentram-se em Edoras ao meio-dia.	Floresta de Salgueiros
11M	12	80	6,7	Cavalgada do amanhecer ao anoitecer	Floresta Firien
12M	12	80	6,7	Amanhecer até o anoitecer.	Min-Rimmon
13M	12	80	6,7	Amanhecer até o anoitecer.	Floresta Drúadan
14M	10	50	5,0	Vale das Carroças-de-pedra.	Floresta Cinzenta
15M	3,5	24,5	7,0	Alcançam o Rammas ao amanhecer. Batalha de Pelennor.	Minas Tirith

Isengard a Minas Tirith – Aragorn, Legolas, Gimli, Dúnedain

5M	6,5	41	6,3	Final da noite até o amanhecer. Dúnedain se unem nos Vaus.	Abismo de Helm (6M, manhã)
6M	10	75	7,5	14h até meia-noite. Estrada principal.	Meio do caminho para Edoras
7M	12	85	7,1	Cavalgada do amanhecer ao anoitecer.	Fano-da-Colina
8M	10,5; 7,5	30; 30	2,9; 4	Amanhecer às 16h30, Sendas dos Mortos; alcançam Erech à meia-noite.	Erech
9M	16	110	7,0		Calembel
10M	13	90	7,0	O Dia sem Amanhecer.	Ringló

11M	10	70	7,0	Batalha em Linhir.	Lebennin
12M	10	70	7,0	Rechaçam o inimigo.	SO de Pelargir
13M	5	35	7,0	Batalha. Navios preparados.	Pelargir
14M	18	85	4,7	Remo.	No Anduin.
15M	9	65	7,2	Velejam da meia-noite às 9h. Batalha de Pelennor.	Minas Tirith

Minas Tirith ao Morannon

16–17M	—	—	—	Hoste se reúne.	Minas Tirith
18M	6,5 (Pippin)	18	2,7	Infantaria.	5 milhas a L de Osgiliath
	8 (Outros)	33	4,0	Cavalaria.	Encruzilhada
19M	6 (Pippin)	15	2,5	Infantaria se une à cavalaria.	Encruzilhada
20M	10	25	2,5		Ithilien
21M	8	20	2,5	Batalha à tarde	Leste de Henneth Annûn
22M	10	22	2,2		Ithilien do Norte
23M	10	18	1,8	Covardes dispensados. Exército sai da estrada.	Borda sul da Desolação
24M	10	15	1,5	Avançam devagar.	Noroeste do Morannon
25M	—	—	—	Batalha do Morannon.	

Jornada de Frodo e Sam

26F	5	10	2,0	13h até o anoitecer.	Emyn Muil Centro-Leste
27F	12	20	1,7	Amanhecer até o anoitecer	Penhasco
28F	12	20	1,7	Amanhecer até o anoitecer	Cavidade
29F	13	24	1,8	Amanhecer até o anoitecer.	Sopés das Emyn Muil
	5	10	2,0	Gollum capturado. Breve descanso, então caminham do pôr da Lua ao amanhecer.	Garganta (30F, manhã)
30F	16	25	1,6	Anoitecer até às 10h de 1M	Norte dos Pântanos Mortos (1M)
1M	10	15	1,5	Anoitecer até o amanhecer. Param devido ao Nazgûl.	SE dos Pântanos Mortos (2M)
2M	12	15	1,3	Anoitecer até o amanhecer.	Terras-de-Ninguém (3M)
3M	12	15	1,3	Anoitecer até o amanhecer.	Fronteiras da Desolação (4M)
4M	8	12	1,5	Anoitecer até antes do amanhecer.	Uma milha do Morannon (5M)

5M	12	24	2,0	Anoitecer até o amanhecer.	Norte de Ithilien (6M)
6M	12	24	2,0	Anoitecer até o amanhecer. 7M	Próximo à lagoa (7M, manhã)
7M	2,5	10	4,0	Final da tarde até o anoitecer.	Henneth Annûn
8M	12	22	1,8	Amanhecer até o anoitecer.	Meio do caminho para a estrada de Morgul.
9M	12	22	1,8	Amanhecer até o anoitecer.	Estrada de Morgul.
10M	6	10	1,7	Meia-noite até o amanhecer em terreno acidentado. O Dia sem Amanhecer.	Bem a oeste da Encruzilhada.
	14	12	0,9	16h até o anoitecer (Encruzilhada; e toda a noite. Veem a hoste de Morgul).	—
11M	—	—	—	Dormem o dia todo e a noite toda.	Topo da Escada Tortuosa
12M	24–30?	14	0,5?	Dia e noite de 12M, e dia de 13M.	Toca de Laracna
13M	—	—	—	Captura pelos Orques no anoitecer.	Frodo — Torre de Cirith Ungol
					Sam — Caminho-de-Baixo
14M	—	—	—		Torre de Cirith Ungol
15M	13	15	1,2	Escapam da Torre. Andam das 5h até o anoitecer. Muitas paradas.	Base da ravina no Morgai
16M	12; 12	6; 21	0,5; 1,8	Escalam o Morgai durante o dia; andam no vale à noite. Breve descanso.	Vale central (17M)
17M	12	25	2,1	Anoitecer até o amanhecer.	Extremidade norte do vale (18M)
18M	6; 3	12; 8	2,0; 2,7	Deparam-se com Orques na estrada.	Próximo à Boca-ferrada (19M, manhã)
19M	11	10	0,9	Retornam à estrada. Andam do início da manhã até depois do anoitecer.	Próximo à estrada
20M	12	15	1,3	Amanhecer até o anoitecer.	Próximo à estrada
21M	12	15	1,3	Última cisterna.	Próximo à estrada
22M	12	15	1,3	Viram-se para o Sul a partir da Estrada. O Anoitecer Terrível.	Sul da estrada
23M	12	10	0,8		Gorgoroth
24M	12	10	0,8		Sopé do Monte da Perdição
25M	2	4	2,0	Anel destruído.	

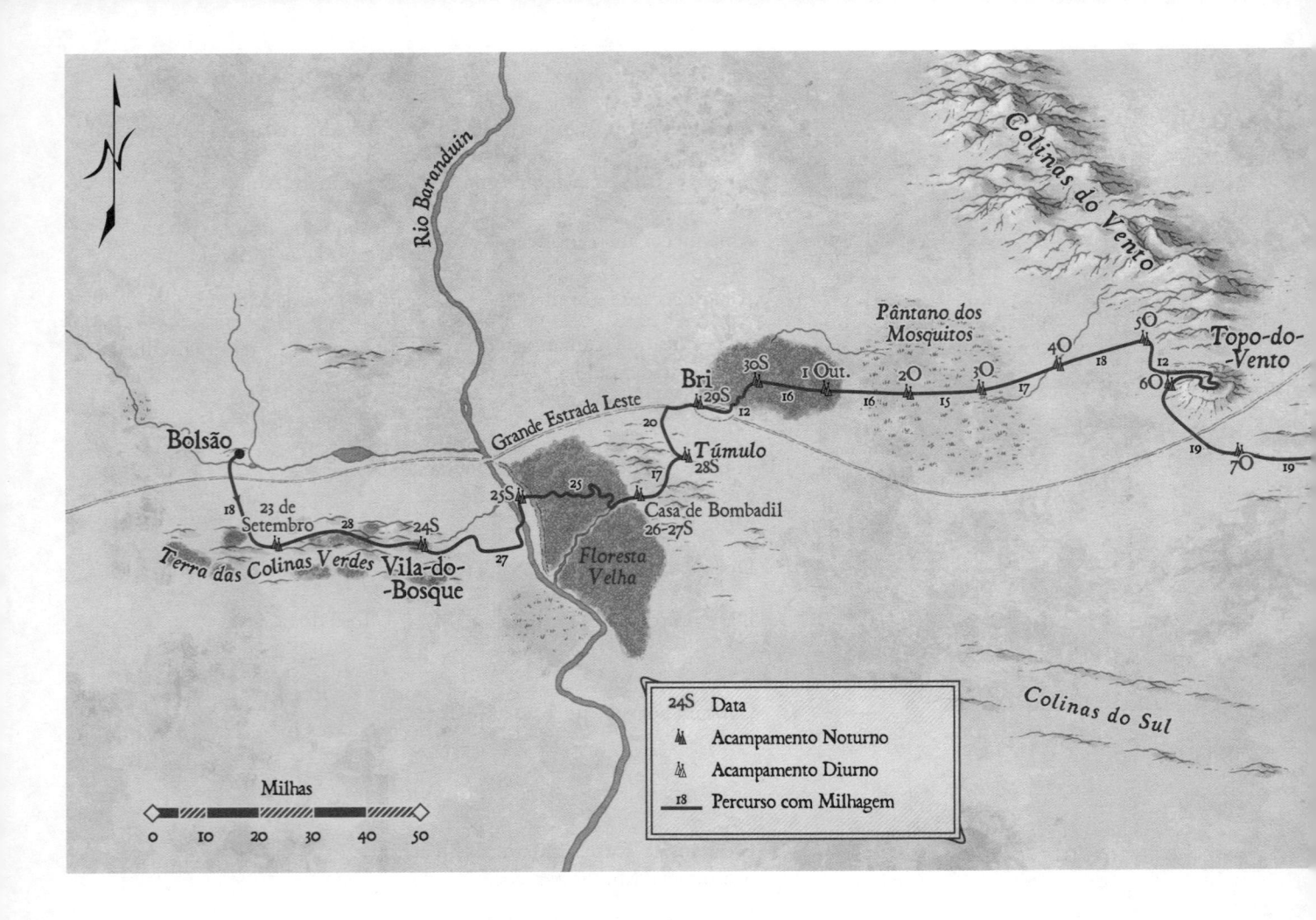

DE BOLSÃO A VALFENDA

Os Hobbits partiram de Bolsão ao anoitecer em 23 de setembro. Seguiram em direção à Terra das Colinas Verdes, caminhando por cerca de três horas. Depois de comerem, continuaram até se sentirem muito cansados. No dia seguinte, partiram depois das 10h da manhã. Passada uma hora após o anoitecer, enquanto os Hobbits estavam se escondendo dos Cavaleiros Negros, os Elfos apareceram e conduziram os Hobbits "algumas milhas" para as colinas acima da Vila-do-Bosque. No dia seguinte, os Hobbits atravessaram as fronteiras do Fazendeiro Magote, então pegaram carona em sua carroça até a balsa. Chegaram a Cricôncavo em 25 de setembro, à noitinha.[1]

Para despistar os Cavaleiros Negros que os perseguiam, os Hobbits cortaram caminho pela Floresta Velha. Apesar do terreno acidentado e da captura pelo Velho Salgueiro, eles conseguiram alcançar a casa de Bombadil no crepúsculo do mesmo dia. Ficaram o dia seguinte todo, assim como o dia 28 de setembro, seguindo ao Norte até a Grande Estrada Leste.[2] Tom disse a eles para ficarem na beirada ocidental das Colinas-dos-túmulos, mas os Hobbits involuntariamente viraram ligeiramente para o Leste. Depois de seu sono

vespertino não planejado, a escuridão caiu, e eles foram capturados por uma Cousa-tumular. Foram libertados por Bombadil na manhã seguinte, mas era quase meio-dia quando partiram. Próximo ao anoitecer, chegaram à Estrada, e "lenta e penosamente desciam" as últimas quatro milhas para Bri.[3]

O ataque na estalagem atrasou a partida da Companhia até as dez da manhã seguinte. Passolargo conduziu-os ao Norte, através da Floresta Chet em direção a Archet, dando várias voltas para confundir a trilha. Em 1º de outubro, dirigiram-se ao Leste e, no dia 2, deixaram a Floresta Chet e, ao cair da noite, foram para a parte oeste do Pântano dos Mosquitos. O dia seguinte passou-se todo no Pântano, e somente na manhã do quarto dia deixaram os charcos para trás. Naquela noite, acamparam próximo a um riacho que corria das Colinas do Vento. Passolargo estimou que poderiam alcançar as Colinas ao meio-dia do dia seguinte (5 de outubro), mas acabaram caminhando até o entardecer.[4] Na manhã de 6 de outubro, seguiram para o Sul, ao longo de um caminho que tinha um "traçado astucioso", para a encosta norte do Topo-do-Vento. Depois de chegarem à colina por volta do meio-dia, Passolargo guiou Frodo e Merry na

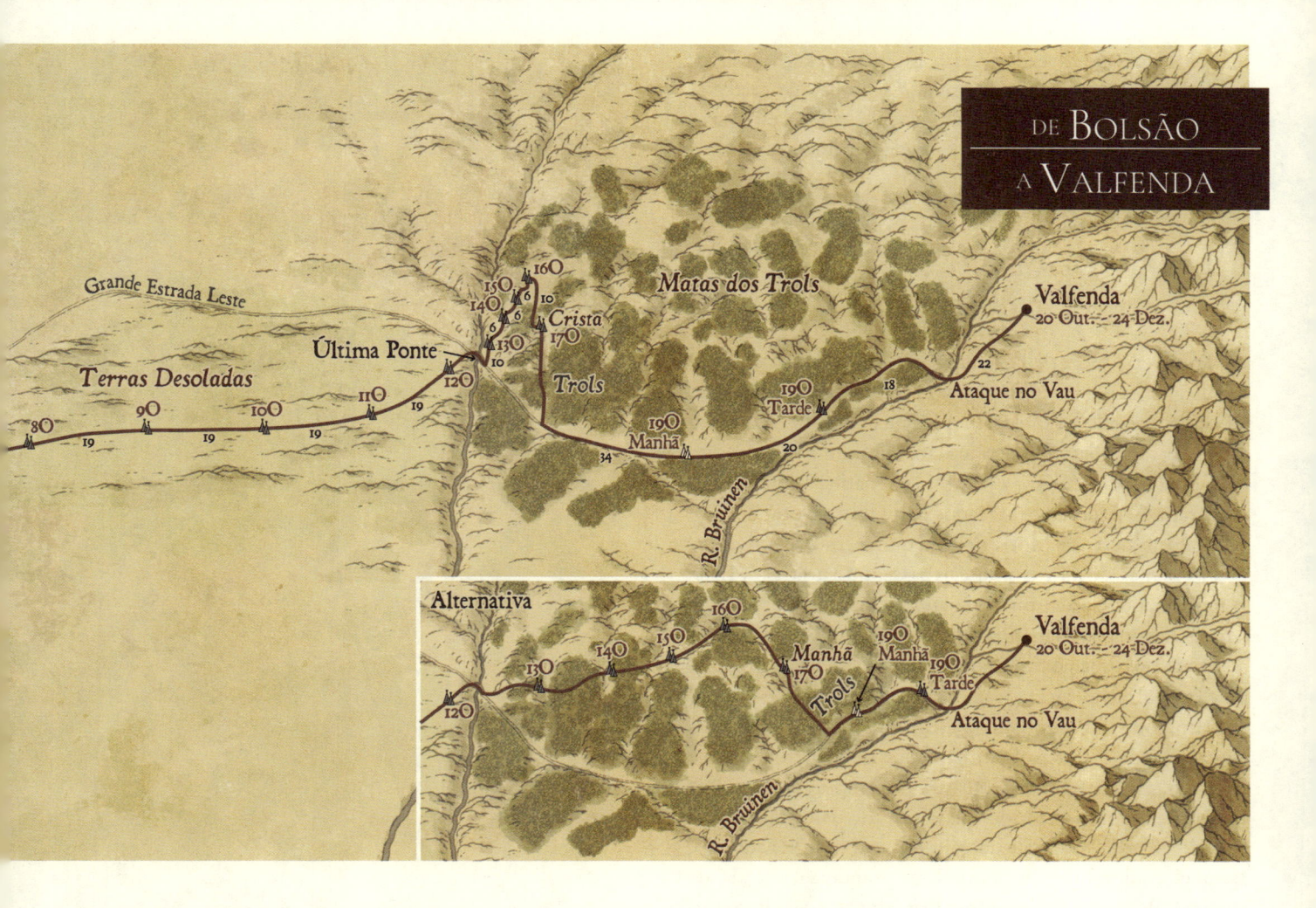

escalada de meia hora até o cume. Era provavelmente apenas uma milha ou duas, embora o tamanho do Topo-do-Vento tenha sido exagerado no mapa, fazendo parecer mais distante. Depois de avistarem os Cavaleiros Negros na Estrada abaixo, os viajantes mantiveram-se no vale a oeste do Topo-do-Vento pelo resto do dia e também à noite.[5]

Ao nascer da lua, os Cavaleiros atacaram, e Frodo foi ferido; então, foi necessário dividir as provisões entre os viajantes para permitir que Frodo montasse o pônei de carga. Assim que o dia estava claro, em 7 de outubro, a companhia cruzou a Estrada e entrou nos matagais no Sul. O terreno era "ermo e sem trilhas", e "a viagem foi lenta". Mesmo assim, eles marcharam mais rápido do que na floresta, nos pântanos e nas terras das colinas a oeste do Topo-do-Vento. Em pouco mais de cinco dias, percorreram 120 milhas até a Última Ponte.[6]

A uma milha a leste da Ponte, subiram uma ravina estreita que conduzia ao Norte. Aqui novamente, assim como no mapa de trajetos de *O Hobbit*, duas variações foram mostradas nas Matas dos Trols: o mapa original, baseado na edição de 1965 de *O Hobbit*, no qual o acampamento dos Trols parecia estar perto da Última Ponte, e o mapa revisado, posicionando o acampamento perto do riacho menor, próximo ao Bruinen.[7] Com qualquer um dos dois, o leitor pode ao menos ter uma impressão visual do número de dias passados fora da Estrada, e as direções relativas que eles

seguiram pelas terras acidentadas. Os caminhantes "tinham que achar o caminho ... impedidos por árvores caídas e rochas despencadas".[8] O tempo estava chuvoso e a ferida de Frodo, piorando. Depois de seguirem a ravina para o Norte, eles provavelmente tentaram ir para o Leste, mas em 16 de outubro "foram forçados a se voltar para o norte, saindo do curso".[9] O dia seguinte começou tarde e eles seguiram para Sudeste, mas, mais uma vez, foram bloqueados por uma crista onde foram forçados a passar a noite. Em 18 de outubro, encontraram um caminho conduzindo ao sudeste da Estrada e, ao meio-dia, encontraram os Trols de pedra de Bilbo.

À tarde, alcançaram a Estrada e seguiram ao longo dela o mais rápido possível. A estrada nas Matas dos Trols foi corrigida, assim como o curso de Bruinen (Ruidoságua), para concordar com a concepção original de Tolkien: correndo ao longo da beira das colinas por grande parte da distância, porém *próximo* ao curso do Bruinen, a estrada se afastava do rio e "se apegava aos sopés das colinas, rolando e serpenteando para o leste, entre bosques e encostas cobertas de urze".[10]

Ao anoitecer, eles estavam prontos para descansar, mas, quando Glorfindel chegou, ele os guiou até o amanhecer de 19 de outubro.[11] Menos de cinco horas depois, continuaram e "percorreram quase vinte milhas antes do pôr do sol".[12] Eles estavam ainda a "muitas milhas" do Vau do Bruinen, mas andavam com dificuldades e chegaram lá no fim da tarde — e foram atacados mais uma vez.[13] Depois de os Cavaleiros Negros terem sido levados pela enxurrada, a Companhia carregou Frodo devagar em direção a Valfenda, chegando lá no meio da noite. O primeiro estágio da jornada terminara.

DE VALFENDA A LÓRIEN

Ao anoitecer de 25 de dezembro, a Sociedade partiu, chegando à Crista de Azevim no alvorecer de 8 de janeiro.[1] Em 11 de janeiro, eles acamparam no sopé do Chifre-vermelho e começaram a subir na escuridão.[2] Era ainda meia-noite quando a neve os forçou a parar[3] e, na manhã seguinte, eles recuaram — para serem atacados pelos lobos à noite.

A Porta-oeste de Moria ficava a quinze milhas a *sudoeste* do Passo; mas, do morro onde eles passaram a noite, em 12 de janeiro, Gandalf apontou para o *sudeste*, para as Muralhas de Moria. Levou toda a manhã de 13 de janeiro para encontrar a estrada próxima ao Sirannon, e já havia anoitecido quando eles finalmente alcançaram a Porta.[4] Depois de Frodo ser atacado, todos "dispunham-se a seguir marchando por mais algumas horas".[5] Gandalf estimara mais de quarenta milhas; contudo, algum tempo depois da meia-noite eles aparentemente haviam percorrido quase metade da distância. Da Sala de Guarda, Gandalf decidiu que era hora de subir,[6] e assim eles subiram — por oito horas. Naquela noite (14 de janeiro), alcançaram o Vigésimo Primeiro Salão da Extremidade Norte. No dia seguinte, foram atacados e conseguiram escapar, percorrendo uma milha até a Primeira Profunda; mas ali Gandalf caiu.[7] Os caminhantes fugiram de Moria às 13h e, no início do entardecer, alcançaram Nimrodel — "pouco mais de cinco léguas dos Portões" (cerca de quinze milhas).[8] Pelos próximos dois dias, os Elfos os guiaram através de Lórien, e eles entraram em Caras Galadhon depois do crepúsculo em 17 de janeiro.[9]

Na manhã de 16 de fevereiro, a Sociedade partiu, e depois de caminharem dez milhas até o Anduin, eles remaram.[10] Aragorn insistiu para que começassem cedo todas as manhãs e continuassem até bem depois de já estar escuro; mas nos três primeiros dias eles foram simplesmente impelidos pela correnteza.[11] Em 19 de fevereiro, passaram por colinas do lado Oeste e por descampados do lado Leste. Nos dias seguintes, as terras pareciam tão sinistras que eles remaram por longos períodos e trocaram o dia por jornadas noturnas.[12] Portanto, viram-se inesperadamente em Sarn Gebir por volta da meia-noite de 23 de fevereiro. Remando forte, escaparam das corredeiras e dos Orques e, durante o dia seguinte, transportaram os barcos pelas poucas milhas até a base das corredeiras. Na manhã de 25 de fevereiro, remaram novamente ao Sul e, ao anoitecer, alcançaram o gramado de Parth Galen.[13]

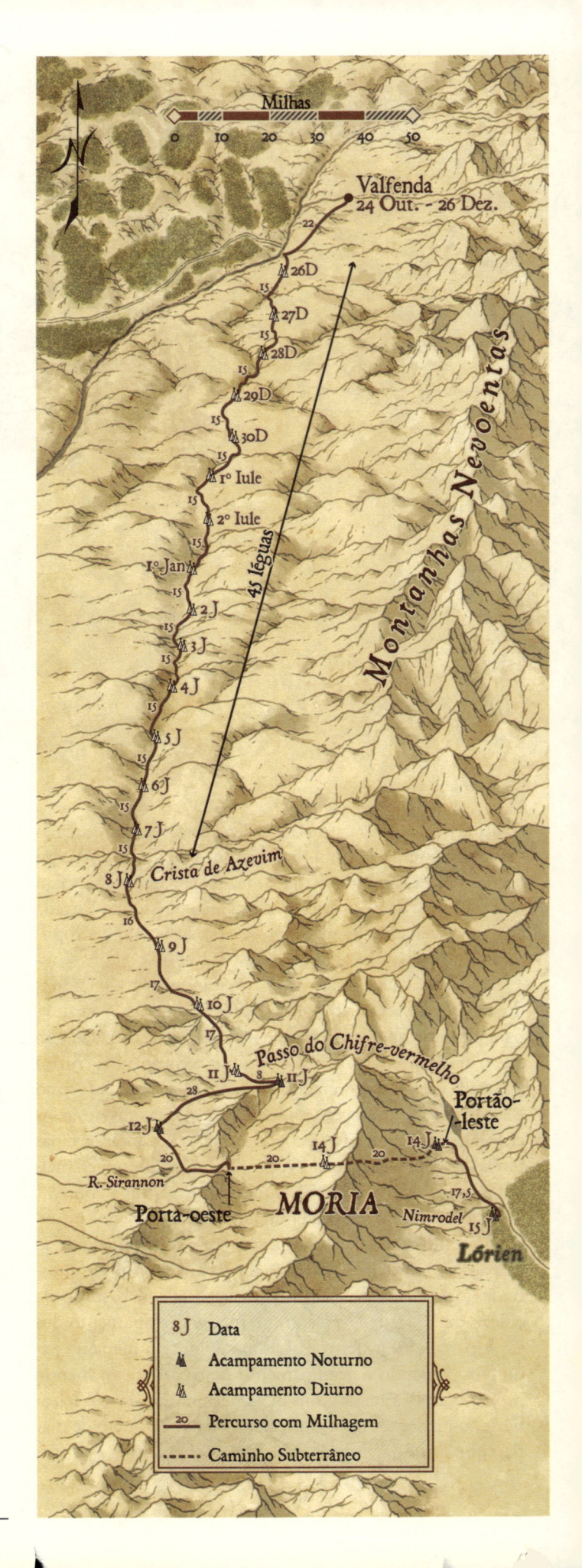

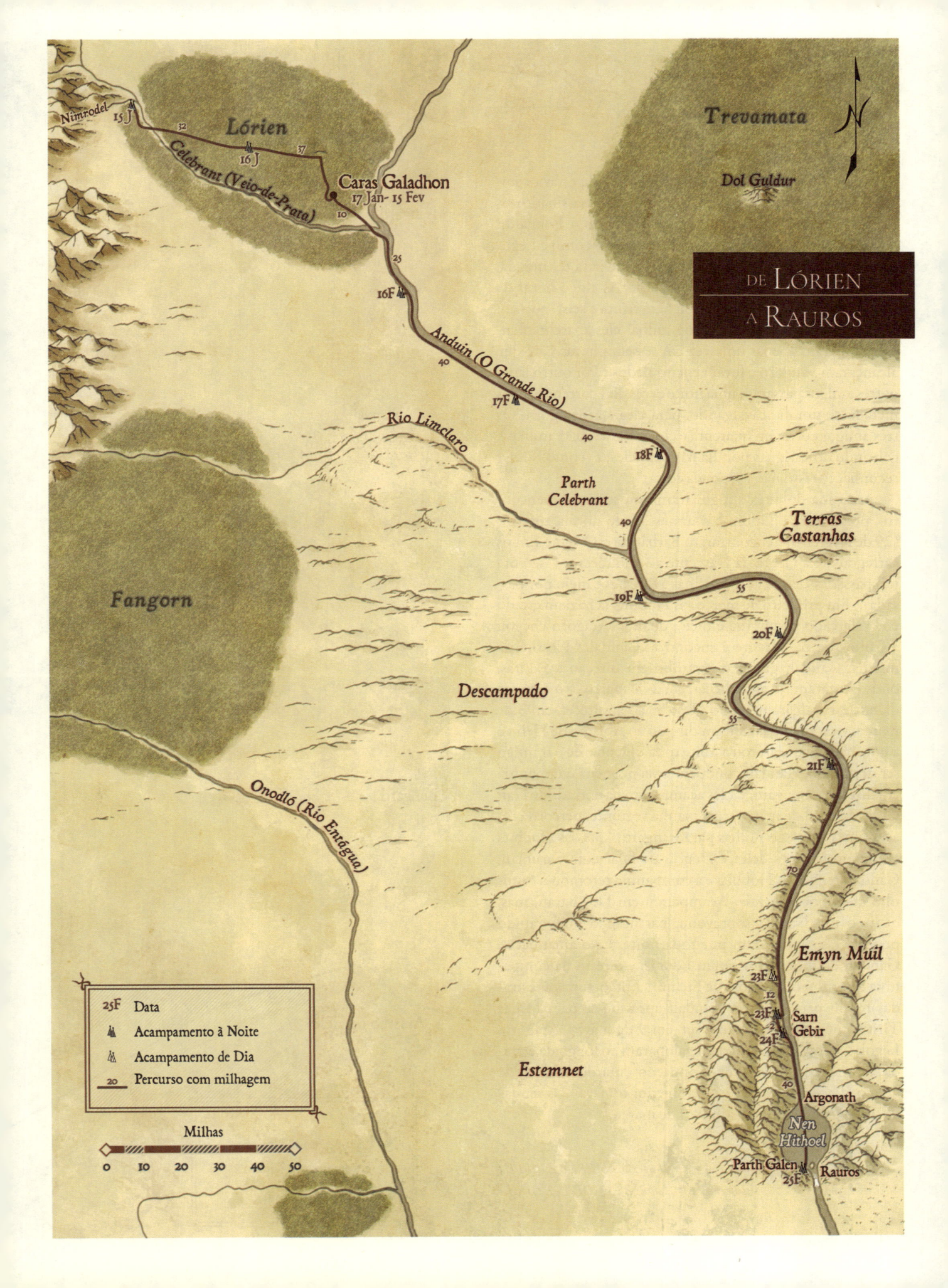

DE RAUROS AO FANO-DA-COLINA

Ao meio-dia em 26 de fevereiro, a Sociedade estava rompida: Frodo e Sam fugiram; Boromir foi assassinado; os Orques levaram Merry e Pippin em direção a Isengard.[1] A tarde estava minguando quando Aragorn, Gimli e Legolas começaram a busca. A trilha ia a Oeste para o Entágua, então continuava o vale para Fangorn.[2] As cinco horas de vantagem dos Orques aumentou para trinta e seis,[3] pois em toda a distância de cerca de 165 milhas eles aparentemente acamparam apenas uma vez em sessenta horas,[4] até que alcançaram Fangorn e foram encurralados.[5] Por outro lado, os três amigos passaram uma noite e três dias correndo, mais metade de um dia cavalgando, para alcançar Fangorn. Os três amigos correram quarenta e cinco léguas (135 milhas), cobrindo doze léguas por dia nas planícies; e (como Éomer reconheceu) isso não foi pouca coisa![6]

A caçada dos três amigos terminou sem um reencontro, pois Merry e Pippin haviam escapado no dia anterior (29 de fevereiro) e encontraram Barbárvore. O velho Ent os carregou até a Gruta da Nascente ao anoitecer — "setenta mil passadas-de-ent" (100 milhas a sete pés e meio por passada).[7] Em primeiro de março, os Hobbits já haviam estado em Valarcano há um dia e meio, quando Aragorn chegou à Colina de Barbárvore e encontrou Gandalf.[8] No fim da manhã, Gandalf guiou o caminho em direção a Edoras, onde chegaram no amanhecer, em 2 de março. No começo da tarde, cavalgaram para o Oeste e, ao anoitecer, em 3 de março, viraram para o Sul em direção ao Abismo de Helm e a uma batalha que durou a noite toda.[9] Depois de o inimigo ser derrotado, Gandalf conduziu uma pequena companhia em direção a Isengard.[10] Eles acamparam na entrada de Nan Curunír em 3 de março e, na manhã seguinte, percorreram as últimas dezesseis milhas para Isengard;[11] mas os Hobbits chegaram lá antes deles.[12] Depois de falar com Saruman, Gandalf reuniu os Hobbits e a companhia retomou o caminho até a boca do vale. Acamparam em Dol Baran, mas, quando um Nazgûl sobrevoou, partiram o mais rápido possível e se apressaram por toda noite.[13] Ao amanhecer, Gandalf e Pippin alcançaram Edoras, e o resto da companhia retornou do Abismo de Helm.[14] Então, todas as estradas foram para o Leste. Gandalf apressou-se para Minas Tirith, chegando ao amanhecer, em 9 de março. Aragorn, Legolas, Gimli e os Dúnedain galoparam ao longo da estrada, alcançando o Fano-da-Colina no entardecer de 7 de março. Théoden, Merry e os Rohirrim tomaram as sendas da montanha ao pôr do sol em 9 de março.[15]

Superior: MERRY E PIPPIN
Inferior: ARAGORN, LEGOLAS E GIMLI

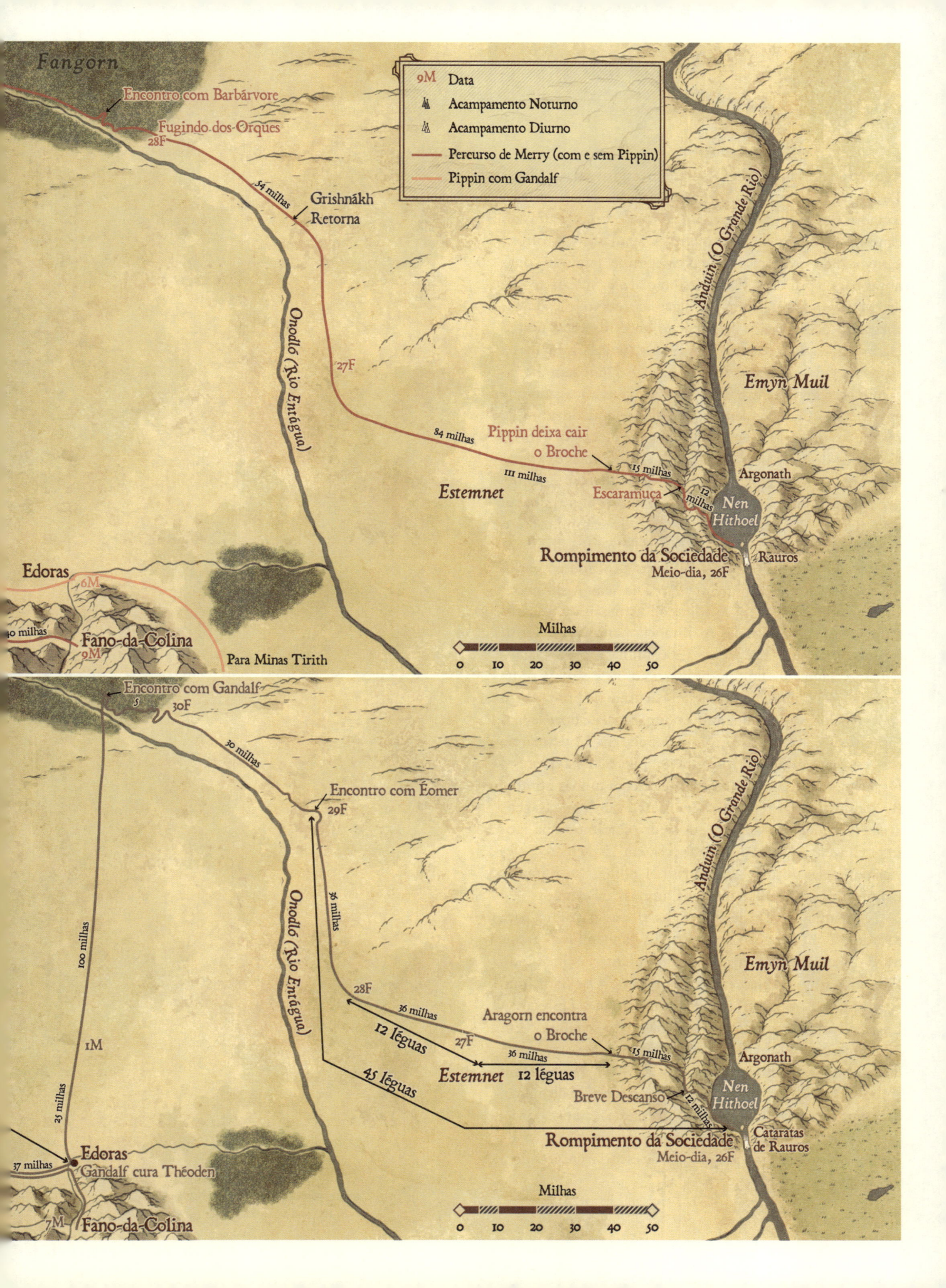

Mapa superior

Fangorn

Encontro com Barbárvore

Fugindo dos Orques
28F

Onodló (Rio Entrágua)

54 milhas — Grishnákh Retorna

27F

84 milhas — Pippin deixa cair o Broche

III milhas

Estemnet

15 milhas

Escaramuça — 12 milhas

Emyn Muil

Anduin (O Grande Rio)

Argonath

Nen Hithoel

Rompimento da Sociedade
Meio-dia, 26F

Rauros

Edoras
6M

10 milhas

Fano-da-Colina
9M

Para Minas Tirith

Legenda

9M — Data
Acampamento Noturno
Acampamento Diurno
Percurso de Merry (com e sem Pippin)
Pippin com Gandalf

Milhas

0   10   20   30   40   50

Mapa inferior

Encontro com Gandalf
5   30F

30 milhas

Encontro com Éomer
29F

Onodló (Rio Entrágua)

36 milhas

28F

36 milhas — 12 léguas

27F

36 milhas — 12 léguas

Aragorn encontra o Broche

15 milhas

45 léguas

Estemnet

100 milhas

1M

25 milhas

37 milhas

Edoras
Gandalf cura Théoden

7M   **Fano-da-Colina**

Emyn Muil

Anduin (O Grande Rio)

Argonath

Nen Hithoel

Breve Descanso
12 milhas

Rompimento da Sociedade
Meio-dia, 26F

Cataratas de Rauros

Milhas

0   10   20   30   40   50

DO FANO-DA-COLINA AO MORANNON

Agora, todas as forças do Oeste foram convocadas a Minas Tirith para a batalha. Ao amanhecer, em 8 de março, Aragorn conduziu os Dúnedain ao fundo do vale atrás do Fano-da-Colina e eles entraram nas Sendas dos Mortos.[1] Convocando os Perjuros, ele prosseguiu e, faltando "duas horas para o pôr do sol" do mesmo dia, alcançaram o Vale do Morthond,[2] e depois cavalgaram "como caçadores", chegando à Colina de Erech logo antes da meia-noite.[3] De Erech, havia "noventa léguas e três até Pelargir",[4] mas a estrada seguia por quase 360 milhas. Os Dúnedain diariamente percorriam entre dez e trinta milhas a mais do que os cavaleiros de Théoden até que eles se aproximaram da costa e foram obrigados a lutar.[5] Depois de derrotarem os Corsários de Umbar em Pelargir em 13 de março, prepararam os navios e remaram ao Norte na manhã seguinte. A correnteza estava forte, mas, à meia-noite, um vento sul os acelerou. Eles velejaram o restante do caminho até o meio da manhã de 15 de março e se uniram à Batalha.[6]

Ao anoitecer de 9 de março, Merry chegou ao Fano-da-Colina com os Rohirrim.[7] No Dia sem Amanhecer, 10 de março, Théoden decidiu conduzir seus Cavaleiros rapidamente pela estrada. A distância para Minas Tirith foi mostrada com 102 léguas (306 milhas), mas, aparentemente, é uma medida em linha reta, pois a estrada tinha cerca de 360 milhas. Os Rohirrim partiram de Edoras logo após o meio-dia e acamparam à noite, cerca de doze léguas (36 milhas) a Leste.[8] Três noites depois, em 13 de março, eles estavam bivacados próximo a Eilenach na Floresta Drúadan, tendo cavalgado cerca de oitenta milhas por dia. Buscando sigilo, o exército seguiu os Homens Selvagens através do Vale das Carroças-de-pedra e acampou na Floresta Cinzenta. Antes do amanhecer, em 15 de março, eles viajaram pelas últimas sete léguas (21 milhas) ao Rammas Echor e iniciaram a Batalha dos Campos do Pelennor.[9]

Na manhã de 18 de março, as tropas partiram para Mordor. Com Aragorn, foram todos os membros restantes da Sociedade, exceto Merry. A infantaria (incluindo Pippin) parou a cinco milhas a leste de Osgiliath, mas Aragorn e as tropas montadas continuaram a Leste até a Encruzilhada e se uniram à infantaria no dia seguinte.[10] Em 20 de março, a Hoste do Oeste partiu para o norte "cerca de cem milhas" até o Morannon. Em 21 de março, foram emboscados próximo a Henneth Annûn e, em 23 de março, deixaram a estrada, aumentando a distância.[12] Fora da via, prosseguiam lentamente, mas, afinal, na manhã de 25 de março, a Hoste chegou aos montes de escória, encarando o intransponível Portão Negro.[13]

Cataratas de Rauros

Nindalf
(Campo Alagado)

Terras desertas

24 Março

Morannon

Udûn

(Rio Entágua)

Fozes do Entágua

102 léguas

Ithilien do Norte

23M

22M

21M

20M

Escaramuça

**Henneth
Annûn**

Floresta
Firien

80 milhas

120 milhas

12M

8M

80 milhas

120 milhas

Cair Andros

30 léguas

Drúadan

13M

Floresta
Cinzenta

50 milhas

Vale das Carroças-de-pedra

14M

Encruzilhada

18-19M (Aragorn)

18M

19M (Pippin)

9-17M

15-17M

Minas Tirith

Emyn Arnen

(As Montanhas Brancas)

L e b e n n i n

93 léguas

42 léguas

65 milhas

Meia-noite, 14M
(Sem acampamento)

Ithilien do Sul
(Terra da Lua)

10M

85 milhas

(O Grande Rio)

35 milhas

13M

12M

Batalha em Pelargir

**Vaus
Contestados**

11M

70 milhas

Rio Anduin

15M	Data
	Acampamento Noturno
	Acampamento Diurno
	Aragorn
	Merry
	Pippin

Pouco depois do meio-dia, em 26 de fevereiro, o dia em que a Sociedade se rompeu, Frodo e Sam remaram por Nen Hithoel e atracaram o barco no lado sul de Amon Lhaw.[1] Durante a tarde e os próximos três dias, labutaram no leste das Emyn Muil. Como a parede do penhasco com vistas para os Pântanos Mortos era muito íngreme no Sul, eles se empenharam ao longo das Emyn Muil.[2] Na tarde de 29 de fevereiro, desceram para uma depressão e finalmente conseguiram escapar das colinas.[3] Pouco tempo depois, viram e escutaram Gollum descendo pelo exato lugar em que passaram, e pensaram que era melhor capturá-lo. Frodo decidiu confiar em Gollum como guia e, seguindo seu conselho, partiram de novo depois do pôr da lua na mesma noite.[4]

Gollum conduziu os Hobbits para o sulco próximo, e eles se arrastaram ao longo do riacho lá dentro. O sulco ia para Sul e Leste em direção aos Pântanos Mortos e, depois de andarem pelo resto daquela noite e toda a noite seguinte, alcançaram os brejos ao alvorecer do dia 1º de março.[5] Aparentemente estavam cruzando a fronteira Norte, pois os pântanos se estendiam para o Oeste, de volta para a parede do penhasco, e Dagorlad ficava só um pouco para trás, contornando um pouco, para Norte e Leste.[6] Depois de um breve descanso, Gollum os conduziu aos pântanos e, quando "o Sol já viajava alto e dourado", eles pararam. Antes do crepúsculo, continuaram e, na noite escura, arrastavam-se através do coração dos pântanos, cercados pelas luzes dos Mortos. Continuando, conseguiram alcançar um solo mais firme. Quando um Nazgûl sobrevoou, pararam por duas horas, e então marcharam adiante e, ao amanhecer (2 de março), estavam próximos ao limite sul.[7]

Além dos pântanos, havia encostas disformes, as charnecas áridas das Terras-de-Ninguém; depois de muito esforço através dessa terra sem trilhas por duas noites, os Hobbits chegaram ao início dos montes de escória por doze noites entre aquele lugar e o Morannon.[8] Durante aquela marcha noturna, pararam duas vezes quando um Nazgûl sobrevoou, mas, antes de 5 de março, encontravam-se a uma milha da Torre dos Dentes ocidental.[9] Depois de Gollum persuadir Frodo a percorrer trinta léguas (90 milhas) ao Sul para o Passo de Cirith Ungol, eles partiram depois do anoitecer. Arrastaram-se bem a oeste da estrada, seguindo para o Sudoeste. Ao amanhecer, haviam percorrido oito léguas (24 milhas) e, finalmente, contornaram o ressalto das montanhas.[10] Durante a marcha noturna seguinte, adentraram Ithilien do Norte e, no dia de 7 de março, alcançaram o riacho rápido que corria para Sudoeste, passando por Henneth Annûn.

Quando a fogueira de Sam revelou o acampamento deles para Faramir, dois Homens de Gondor ficaram com eles durante a escaramuça contra os Haradrim. Entre o fim de tarde e o pôr do sol, eles rapidamente percorreram "pouco menos de dez milhas" rio abaixo até Henneth Annûn.[11] Passaram a noite naquele refúgio e, ao amanhecer, seguiram para o sul, através da floresta. Faramir achou que era seguro: "podeis caminhar à luz do dia .... A terra sonha em falsa paz".[12] Eles permaneceram bastante a oeste da estrada e, depois de duas marchas, chegaram ao vale do Morgulduin, pelo qual corria a estrada a partir de Osgiliath. Esconderam-se em um carvalho para descansar e, à meia-noite, partiram a Leste.[13] A terra era acidentada e havia covas fundas, e o progresso era lento. Ao terminar a noite, abrigaram-se sob a encosta leste de um recinto oco, mas não houve nascer do sol, pois nas horas sombrias os vapores de Sauron sopraram para Oeste, chegando até mesmo a Rohan. Era 10 de março: o Dia sem Amanhecer.[14] Antes da "hora do chá" (cerca de 16h), Gollum voltou e os guiou para o Sul pela encosta acidentada, por cerca de uma hora, então voltou-se para o Leste, rumo à Estrada do Sul.[15] Eles se arrastaram ali e alcançaram a Encruzilhada bem quando o sol estava se pondo.[16]

Virando a Leste, subiram a Estrada de Morgul até a ponte, que não era longe da boca do vale. Sam guiou seu trôpego mestre até o Norte, onde a trilha deixava a estrada principal. Devagar, esforçaram-se para subir o caminho tortuoso e, bem do outro lado do portão de Minas Morgul, voltado para o Norte, Frodo parou e viu a hoste de Morgul avançar cavalgando.[17]

No mapa de Tolkien, a largura de Ephel Dúath era pouco maior do que vinte milhas, provavelmente não mais do que um dia de jornada; mas, na verdade, três noites e dias se passaram. Era noite de 10 de março quando os Hobbits alcançaram a trilha e, pelo resto daquela noite, eles subiram a Escada Reta, então foram ao longo da passagem que "parecia prosseguir por milhas". Finalmente, chegaram ao topo da Escada Tortuosa, onde pararam para descansar (11 de março) ao amanhecer.[18] Aparentemente, dormiram por vinte e quatro horas ou mais, pois quando Gollum os encontrou dormindo "horas mais tarde", disse que era "amanhã", e já era dia de novo.[19] Gollum os conduziu uma milha subindo a ravina para a entrada da Toca de Laracna.[20] Os viajantes entraram na passagem em 12 de março e não saíram pela extremidade leste até o fim da tarde de 13 de março. A discrepância pode ser explicada aparentemente pelo contínuo esforço de Tolkien em sincronizar as cronologias de quatro trajetos diferentes. Em suas notas, ele escreveu: "talvez seja bom aumentar em um dia o tempo que Frodo, Sam e Gollum levaram para subir Kirith Ungol ...". E no "Conto dos Anos", as datas estão de acordo com as fornecidas aqui; mas, desta vez, Tolkien parece não ter esclarecido completamente a alteração no texto final.[21] Como resultado, a impressão é de que eles passaram pelo menos 30 horas naquele buraco negro!

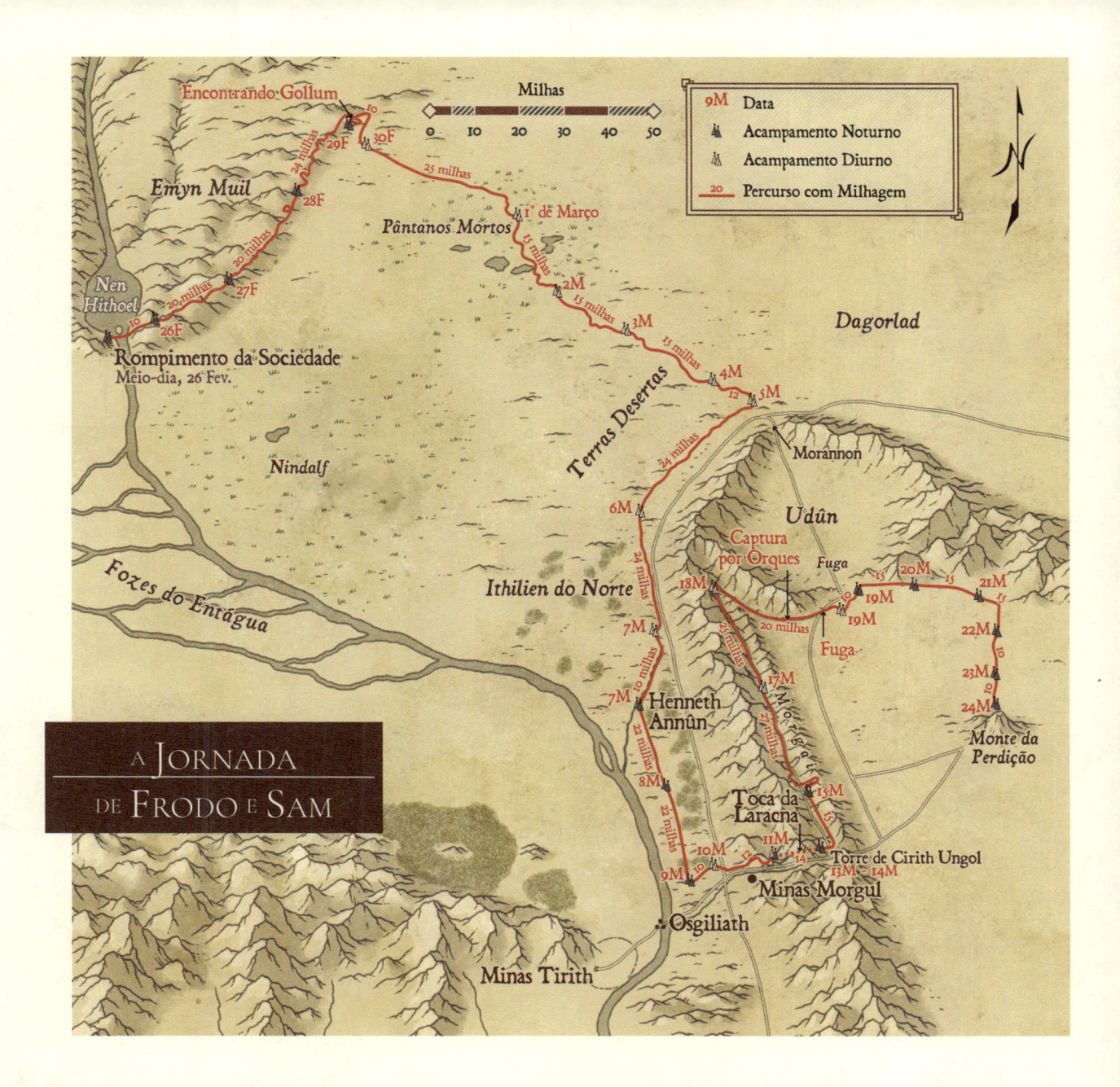

A JORNADA DE FRODO E SAM

Para lá da Toca de Laracna, Frodo foi picado, então capturado pelos Orques e levado para a Torre. Sam inutilmente se arremessou contra o Portão-de-Baixo[22] e, quando despertou, era meio-dia de 14 de março. Quando Sam alcançou novamente a saída da Toca de Laracna, estava anoitecendo.[23] Antes do amanhecer, em 15 de março, os Hobbits escaparam da Torre e pularam na ravina a oeste do Morgai.[24] Arrastaram-se para o Norte ao longo da estrada do vale até o fim da tarde, então cruzaram o vale e dormiram.[25] No dia seguinte, tentaram escalar o Morgai, mas foram parar diretamente acima de um grande acampamento e tiveram de refazer os passos. Virando para o Norte novamente, prosseguiram até depois do amanhecer de 17 de março. Eles percorreram "umas doze léguas para o norte desde a ponte" (36 milhas).[26] Durante a noite seguinte, alcançaram o extremo norte do vale e, ao anoitecer, em 18 de março, partiram pela estrada que corria para a Boca-ferrada. Doze milhas depois, foram acometidos por uma tropa-órquica e forçados a irem em um "trote enérgico" pelas oito milhas restantes.[27] Depois de escaparem próximo à Boca-ferrada, dormiram até de manhã cedo (19 de março).

O restante da jornada foi feito durante o dia, pois as tropas de Sauron se moviam majoritariamente à noite. Levantando-se mais tarde em 19 de março, os hobbits percorreram apenas "algumas milhas cansativas" em um terreno acidentado, até que Sam conduziu Frodo de volta ao passadiço.[28] Mesmo na estrada, eles caminharam apenas quarenta milhas em pouco menos de três marchas. Durante o dia 22 de março, o quarto dia desde a Boca-ferrada, chegaram ao nível do Monte da Perdição e viraram-se para o Sul.[29] Depois de mais dois dias de tormento, arrastaram-se para o sopé da Montanha e, durante a manhã de 25 de março, alcançaram a Fenda da Perdição, e o Anel foi destruído.[30]

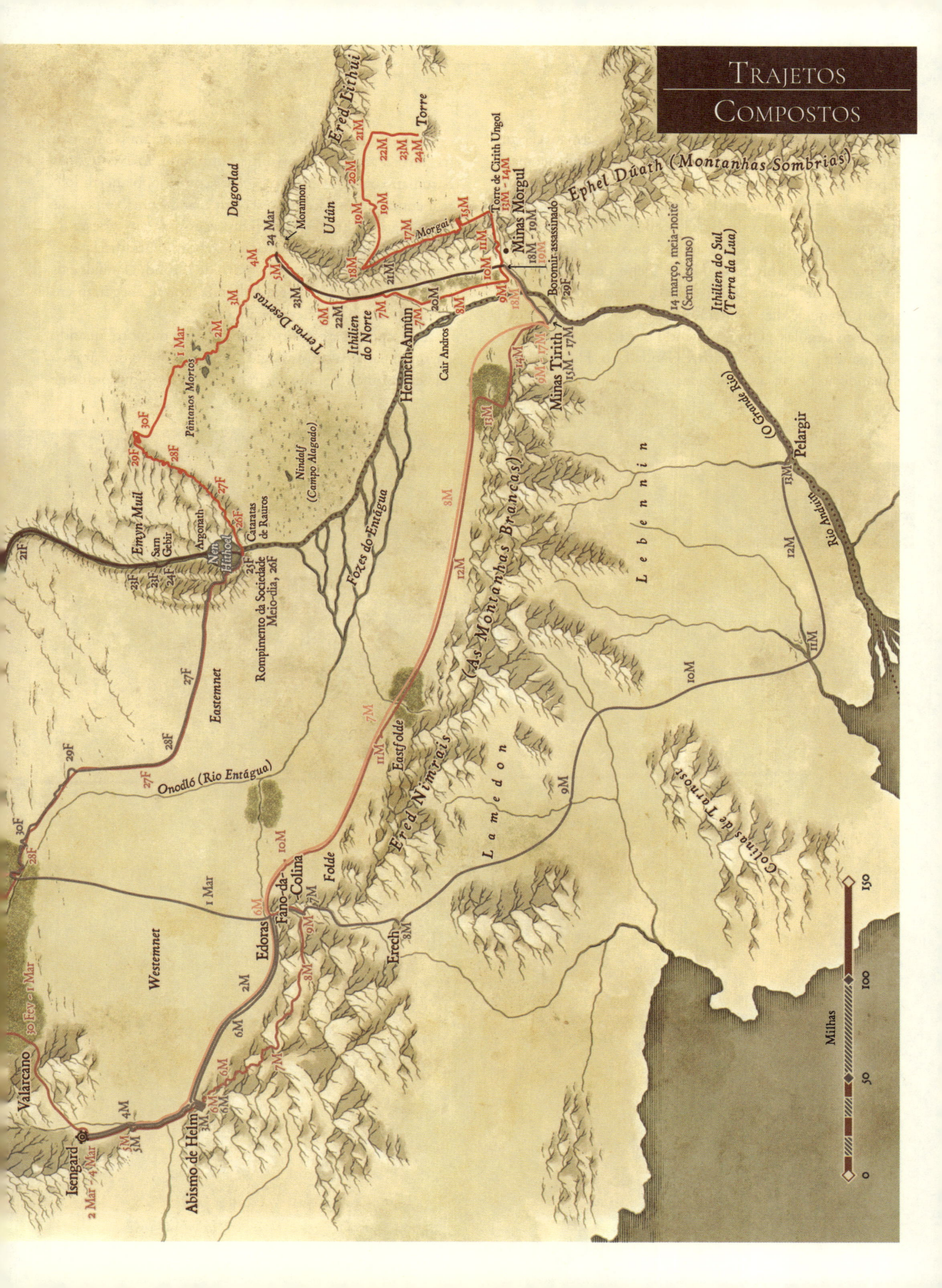

Por todo o começo do verão, os viajantes permaneceram em Minas Tirith, relutantes em dissolver a Sociedade; mas, depois do casamento de Aragorn e Arwen, o tempo de partida se aproximou. Em 19 de julho, uma escolta deixou Rohan com o féretro do Rei Théoden. Indo sem pressa, alcançaram Edoras em 7 de agosto, e só em 14 de agosto partiram para o Abismo de Helm. Depois de dois dias lá, cavalgaram ao Norte para Isengard, chegando em 22 de agosto. Naquele dia, os membros da Sociedade se separaram, com Legolas e Gimli passando por Fangorn, Aragorn retornando para Minas Tirith, e Gandalf e os Hobbits continuando ao Norte, até Valfenda.[1]

Seis dias depois, em 28 de agosto, encontraram Saruman na Terra Parda. A companhia continuou ao Norte, mas Saruman voltou-se em direção ao Condado, planejando o mal enquanto os Hobbits estavam "dando uma volta duas vezes maior".[2] Em 6 de setembro, eles pararam a oeste de Moria, e depois de uma semana Celeborn e Galadriel partiram para Lórien, enquanto o povo de Elrond, Gandalf e os Hobbits continuaram para Valfenda, aonde chegaram em 21 de setembro. Lá, eles ficaram com

Bilbo por quase quinze dias, até 5 de outubro, quando partiram para o último estágio. No dia seguinte, cruzaram o Vau do Bruinen, e (indo ligeiramente mais rápido conforme

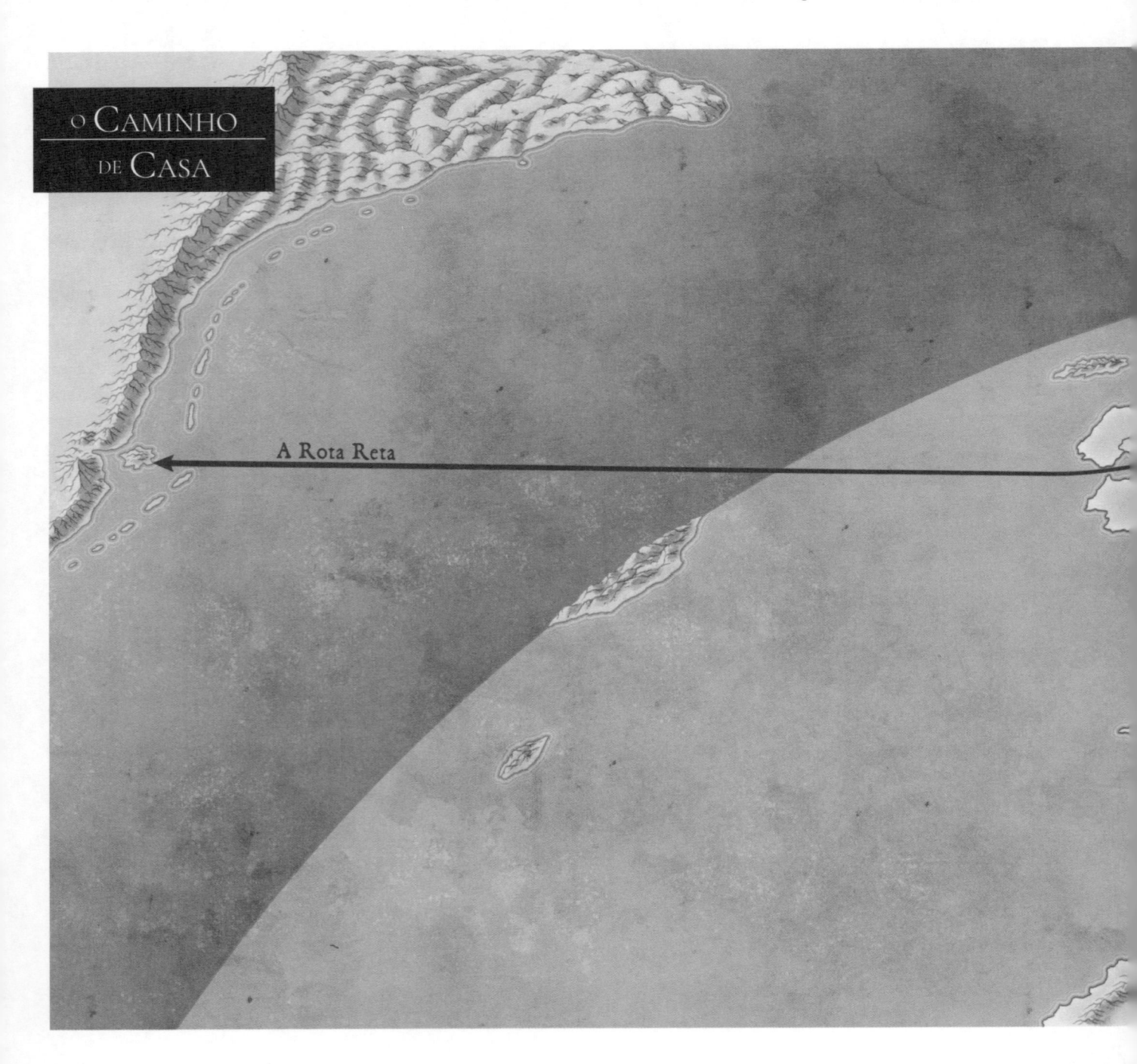

O CAMINHO DE CASA

A Rota Reta

o tempo piorava) chegaram a Bri na noite de 28 de outubro.[3] Depois de permanecerem um dia com Carrapicho, cavalgaram mais um dia até o Condado. Gandalf desviou-se para visitar Bombadil, e os Hobbits se apressaram, alcançando a Ponte do Brandevin ao entardecer. Vendo a situação de sua terra natal, seguiram imediatamente para Bolsão. Em 1º de novembro, percorreram vinte e duas milhas até Sapântano e, no dia seguinte, continuaram até Beirágua (com uma escolta dos condestáveis por boa parte do caminho).[4] Depois da escaramuça naquela noite e da Batalha de Beirágua na manhã seguinte, chegaram a Bolsão na tarde de 3 de novembro, onde foram confrontados pelo próprio Saruman. No conflito que se instalou, Saruman foi assassinado e, com sua morte, chegou ao fim a Guerra do Anel.[5]

Nos dois anos seguintes, os Hobbits reordenaram o Condado e suas próprias vidas; mas Frodo nunca se livrou totalmente da dor. Em 21 de setembro do ano 1 da Q.E. (T.E. 3021 na antiga contagem), ele partiu com Sam para os Portos Cinzentos. Indo para o sul para a Ponta do Bosque, encontrou Elrond, Galadriel e Bilbo, e, em 29 de setembro, eles chegaram no braço de mar de Lûn. Lá, Gandalf os esperava. Conforme Sam voltava para o Condado com Merry e Pippin, o navio cruzou a Rota Reta para o Oeste.[6]

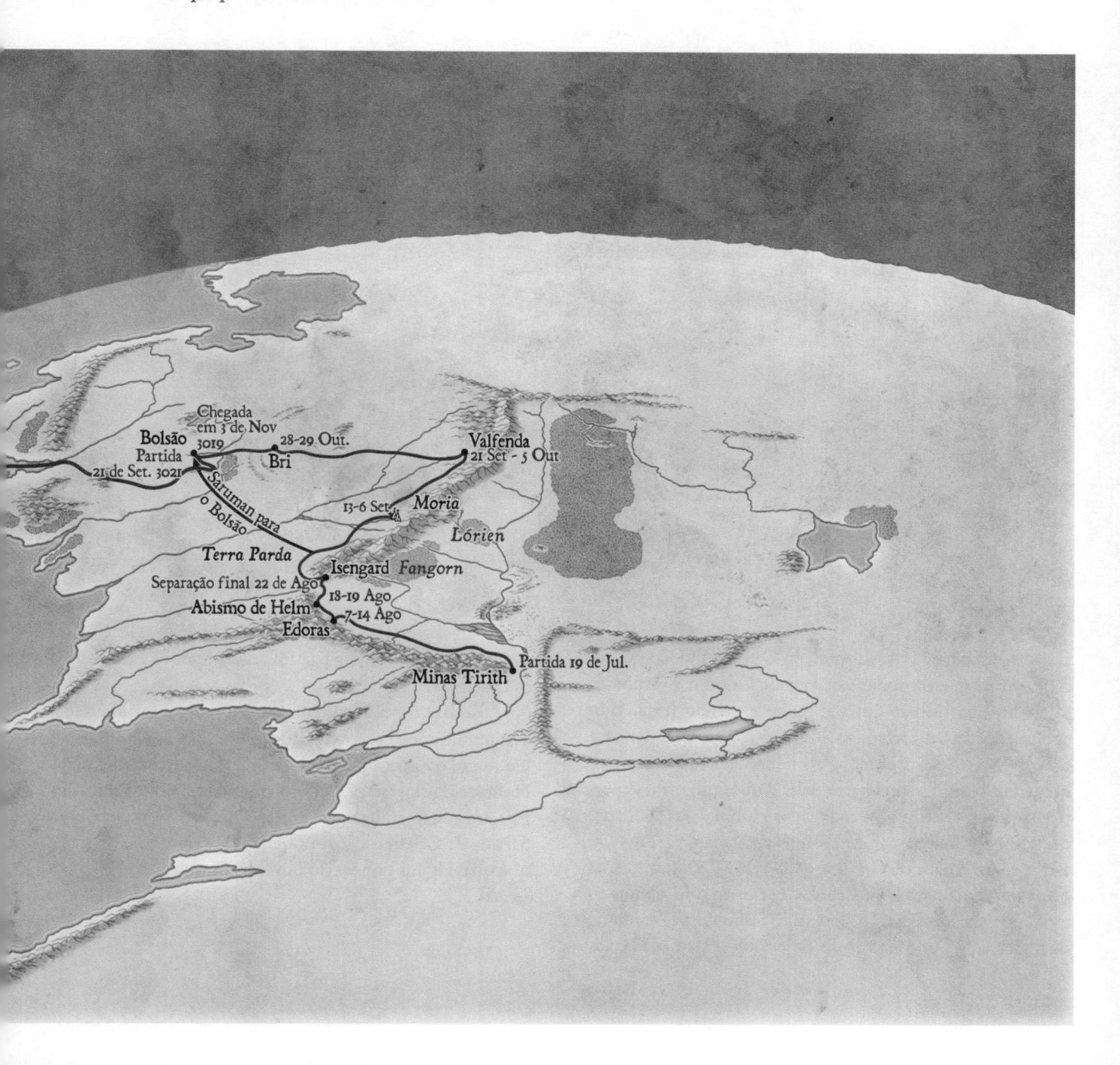

Map labels:
- QUARTA ERA DE ARDA
- REINO DE THRANDUIL
- EREBOR
- VALLE
- Círdan
- O Condado
- BEORNINGS, HOMENS-DA-FLORESTA
- LÓRIEN
- LÓRIEN ORIDENTAL
- REINO REUNIDO
- FANGORN
- Ents
- Gimli
- ROHAN
- Legolas
- Drúadan
- LESTENSES
- NURN
- HARAD

Legend:
- Reino Reunido
- Enclave
- Reinos e Alianças
- Reinos de Inimigos Libertos

A Quarta Era

Depois da partida de Elrond, a Quarta Era começou. Aragorn recuperou todas as terras de Gondor e Arnor ao tamanho que tinham em sua maior extensão (excluindo apenas Rohan) e formou o Reino Reunido (ou Restaurado).[1] Dentro das fronteiras do reino havia muitos povos que eram considerados parte dele, embora lhes fosse permitida completa autogovernança: os Hobbits do Condado, os "Homens Selvagens" da Floresta Drúadan, os Ents em Isengard, os Anãos de Gimli das Cavernas Cintilantes, e os Elfos de Verdemata com Legolas e Ithilien. No Condado e na Floresta Drúadan foi inclusive proibida a entrada de qualquer povo que não fosse o seu.[2] Nurn foi dada aos escravos de Mordor, e a paz foi selada com os Haradrim e os Lestenses.[3]

Ao norte do Reino Reunido, Trevamata foi libertada. Thranduil anexou as terras do norte das Montanhas ao seu reino, e a porção do meio foi dada aos Beornings e aos Homens-da-floresta. Celeborn reivindicou a porção sul dos Estreitos, chamando-o de "Lórien Oriental", mas, depois da partida de Celeborn, "em Lórien demoraram-se tristemente apenas alguns poucos do povo de outrora".[4]

Mapas Temáticos

INTRODUÇÃO

Tolkien afirmou em "Sobre Estórias de Fadas" que "Feéria [...] abriga os mares, o sol, a lua, o céu, a terra e todas as coisas que estão nela: árvores e pássaros, água e pedra, vinho e pão e nós mesmos, homens mortais, quando estamos encantados."[1] Fiel a esse conceito, Tolkien incluiu, em vários graus, todos os principais componentes do nosso Mundo Primário: formas de relevo, minérios, tempo e clima, vegetação natural, agricultura, unidades políticas, distribuição da população, raças, línguas, rotas de transporte e até mesmo tipos de casas. Contudo, ele foi além de meramente descrever esses componentes individuais, o que seria tedioso e artificial. Em vez disso, ao combinar cuidadosamente cada elemento, produziu a mesma qualidade que acreditava ser tão essencial para a credibilidade de uma ambientação imaginária: "a consistência interna da realidade".[2] Suas imagens foram tão bem-sucedidas que o cenário parece ter se tornado um mundo vivo em que poderíamos caminhar, respirando com Frodo e Sam o ar fresco e perfumado de Ithilien, se pudéssemos simplesmente encontrar o caminho.

Embora parte de um sistema unificado, vale a pena avaliar cada componente por si só. Formas de relevo eram mais do que simplesmente o palco em quem a história foi encenada. Essas características físicas foram os resultados visíveis da luta entre o bem e o mal, os Valar e Melkor e Sauron.[3] Foram as feridas de batalha da terra. As colinas e as montanhas, vales e planícies, pareciam quase animados em sua habilidade para atrapalhar ou ajudar as jornadas dos vários viajantes. Desde os primeiros Elfos, impedidos de migrar para o Oeste pelas torrentes Montanhas de Névoa, até a Sociedade do Anel, esforçando-se para chegar ao regaço de Caradhras milhares de anos mais tarde, as montanhas intimidaram aqueles que ousaram desafiar sua supremacia.[4]

O clima, e especialmente o tempo, eram muito importantes nos contos de Tolkien. As neves impeliram Beren de Dorthonion, e a Sociedade, do Passo do Chifre-vermelho. Tempestades assustaram os Orques que haviam capturado Túrin e forçaram Thorin e Companhia a buscarem abrigo. A neblina escondeu as terras a oeste do Gelo Pungente, fez os Hobbits se perderem nas Colinas-dos-túmulos e cobriu o caminho de varação de Sarn Gebir. Em uma terra de ventos ocidentais predominantes, os ventos do Leste cheios de fumaça de Sauron atingiram as Emyn Muil orientais e enviaram tempestades em uma direção atípica.[5]

A vegetação era essencial não apenas para enriquecer o cenário, mas também para fornecer outro meio pelo qual as forças do bem e do mal, alegria e medo, poderiam alcançar os viajantes. Embora Tolkien tenha incluído uma completa gama de flora, desde as gramas curtas e secas das Colinas até os majestosos mellyrn torrentes de Lórien, seu amor pelas árvores e conhecimento sobre elas era evidente pela importância que colocou nas florestas. Ele afirmou claramente esse amor por meio de Yavanna: "'Todos têm seu valor ... [mas] as árvores me são caras'".[6]

A inserção de seres vivos completou o conjunto de imagens, e sua distribuição contou uma história em si mesma. Com raras exceções, os seres malignos pareciam capazes de produzir mares de inimigos — dos Orques, Balrogs e dragões de Morgoth, tão numerosos que toda a planície de Anfauglith não podia contê-los,[7] até o exército de Sauron na Guerra do Anel, grande o suficiente para enviar forças contra Minas Tirith, Lórien, o reino de Thranduil, Valle e Erebor, e ainda restar um número esmagador para lutar no Portão Negro. Contra eles, as forças do bem podiam, às vezes, ter o domínio por terem uma vontade maior do que os desafios que enfrentavam, mas raramente eram mais numerosos que seus inimigos.

Batalhas não eram o único modo de mostrar a importância das pessoas. A Terra-média parecia imensamente despovoada nas terras ocidentais, e isso aumentou a solidão e isolamento que os viajantes devem ter sentido enquanto se arrastavam por terrenos acidentados, longe dos amigos, sem aliados contra os seres malignos que os perseguiam. Como era satisfatório chegar a um refúgio onde se podia encontrar algo próximo de um conforto familiar. Como Frodo e Sam descobriram em Henneth Annûn, como era bom, depois de "dias passados no ermo solitário ..., beber vinho de um amarelo pálido ... e comer pão e manteiga, carnes salgadas, frutas secas e bom queijo vermelho, com mãos limpas e facas e pratos limpos".[8]

Os mapas seguintes tentam, de um modo bem mais mundano, traçar individualmente os padrões de cinco elementos importantes que Tolkien incluiu em seu mundo: formas de relevo, clima, vegetação, população e as amadas línguas de Tolkien. Ao examinar os mapas, o leitor deve ter em mente que, apesar das numerosas passagens com informações, nem toda região foi igualmente abordada por Tolkien. Para aquelas que foram discutidas em suas histórias, o mapa não poderia ser mais preciso do que a interpretação dos dados por parte da cartógrafa. Nesses mapas, mais do que em qualquer outro lugar neste atlas, foi essencial aceitar os padrões e processo normais da Terra-média como sinônimos dos de nosso Mundo Primário, a menos que os poderes do Mundo Secundário (sejam eles bons ou maus) estivessem afetando a mudança.

As referências e avaliações detalhadas para as principais características do relevo estão incluídas nos diversos mapas regionais de Valinor, Númenor, Beleriand e outros territórios conhecidos da Terra-média.[1] Este mapa é meramente um diagrama compósito. Os mapas de Tolkien incluíam todas as cadeias de montanhas, exceto as Pelóri e as Montanhas de Ferro, assim como as colinas. Contudo, havia muitas áreas onduladas e mesmo alguns terrenos bastante acidentados não incluídos, devido às dificuldades cartográficas em mostrar um relevo tão baixo. De modo geral, pressupõe-se que quanto mais próxima das montanhas era a terra, mais acidentada ela se tornava; e terras verdadeiramente planas eram encontradas apenas onde houvesse pântanos ou planícies aluviais.

Montanhas

As duas maiores cadeias de montanhas nunca foram mapeadas por Tolkien: as Pelóri e as Montanhas de Ferro (Ered Engrin). Elas foram ilustradas como sendo extremamente altas e largas. As Pelóri, segundo a descrição de Tolkien, tinham uma escarpa íngreme, semelhante a uma falha, voltada para o mar, e encostas ocidentais mais suaves, oferecendo o máximo de proteção contra o mundo exterior.[2] As Montanhas de Ferro foram mostradas de modo semelhante, mas com penhascos voltados para o Sul.

Os planaltos centrais do sul das Montanhas de Ferro e norte de Beleriand pareciam ser platôs, embora fossem delimitados por montanhas.[3] As Echoriath e as Ered Gorgoroth na face sul de Dorthonion eram as mais altas delas. Das montanhas que foram mapeadas a leste de Beleriand, as Montanhas Nevoentas e as Brancas foram mostradas como as mais altas, pois eram cobertas de neve e parecem ter oferecido o maior obstáculo para o clima e para as viagens ao longo das eras.[4] As Montanhas de Mordor, embora tivessem apenas três passos (Cirith Gorgor, Cirith Ungol e o Passo de Morgul), evidentemente não eram cobertas de neve e, portanto, eram mais baixas.[5]

Colinas e Platôs

Contrafortes eram encontrados, provavelmente, adjacentes a todas as cadeias de montanhas, mas sempre que os viajantes passavam por eles, isso era afirmado. Nas colinas ondulantes de Lindon, a oeste das Montanhas Azuis, Finrod encontrou os Homens Mortais.[6] Tuor passou pelas "colinas desordenadas" no sopé das Echoriath.[7] A oeste das Montanhas Nevoentas, terras acidentadas se estendiam ao sul da Charneca Etten através da Terra Parda. As Matas dos Trols eram muito tortuosas.[8] Próximo a Valfenda, parecia quase um platô, pois as charnecas erguiam-se em uma "única vasta encosta",[9] embora fossem marcadas por ravinas profundas. Ao sul de Valfenda, as terras eram mais erodidas. Essa topografia se estendia pela Terra Parda e, provavelmente, por todo o caminho até o Desfiladeiro de Rohan.[10] Ao norte das Montanhas Brancas, as colinas dos faróis se amontoavam perto dos penhascos do Norte; enquanto as colinas ao sul da cordilheira se estendiam nessa direção para bem longe da cadeia principal, formando até mesmo a costa acidentada perto de Dol Amroth.

O único platô além dos de Beleriand e perto de Valfenda era o platô de lava de Gorgoroth no noroeste de Mordor.[11] Assim como com as charnecas próximas a Valfenda, a impressão inicial de suavidade era enganosa: "a planície [de Gorgoroth] que de longe parecera ampla e desprovida de detalhes era na verdade toda fraturada e acidentada".[12]

Camadas de rocha sedimentar decorrentes da erosão de várias montanhas e de outras áreas de dobramentos mais amplos produziram cristas alternadas e planícies. As mais evidentes colinas eram aquelas conhecidas como colinas de giz [*downs* em inglês], e eram encontradas em Númenor, em Eriador, e ao redor do Descampado. O *abaulamento* escalado pelos Hobbits em Ithilien do Norte foi produzido pelo mesmo processo erosivo, mas era mais íngreme que as colinas de giz.[13] Duas cristas em Beleriand podem também ter sido erosivas: o afloramento se estendendo a partir das charnecas próximas ao Amon Rûdh até as cascatas do Esgalduin e Andram, a Longa Muralha.[14] Ambas eram voltadas para o Sul, então não estavam se erodindo dos Planaltos Centrais.

Planícies e Terras Baixas Ondulantes

Terras baixas e planas se desenvolvem onde há um estrato de rocha fraco ou onde as montanhas próximas fornecem materiais aluviais que correm pelas terras próximas aos seus sopés. Tolkien descreveu especificamente várias áreas planas: Ard-galen e Lothlann aos pés das Montanhas de Ferro; ao norte de Andram, nos Alagados do Crepúsculo; as planícies de Rohan e Rhovanion; Dagorlad, a dura planície da batalha; e Lithlad, a planície de cinzas.[15] A menos que falésias costeiras aparecessem nos mapas de Tolkien (como as de Nevrast, Númenor e perto de Dol Amroth),[16] as praias foram consideradas planícies costeiras.

Longe dessas planícies especificamente mencionadas, o solo era provavelmente mais ondulado, pois estaria mais sujeito à ação das torrentes de água, em vez aluviões. Porém, em algumas áreas do Norte, especialmente nas Terras-selváticas setentrionais, o solo parecia ser coberto por glaciação continental e talvez tivesse colinas formadas por deposição, assim como por erosão.[17] Muito da viagem se passou nessas terras onduladas. A topografia suave teria acelerado os viajantes, embora mesmo nessas áreas menos acidentadas, outros fatores poderiam retardar ou acelerar o seu progresso.

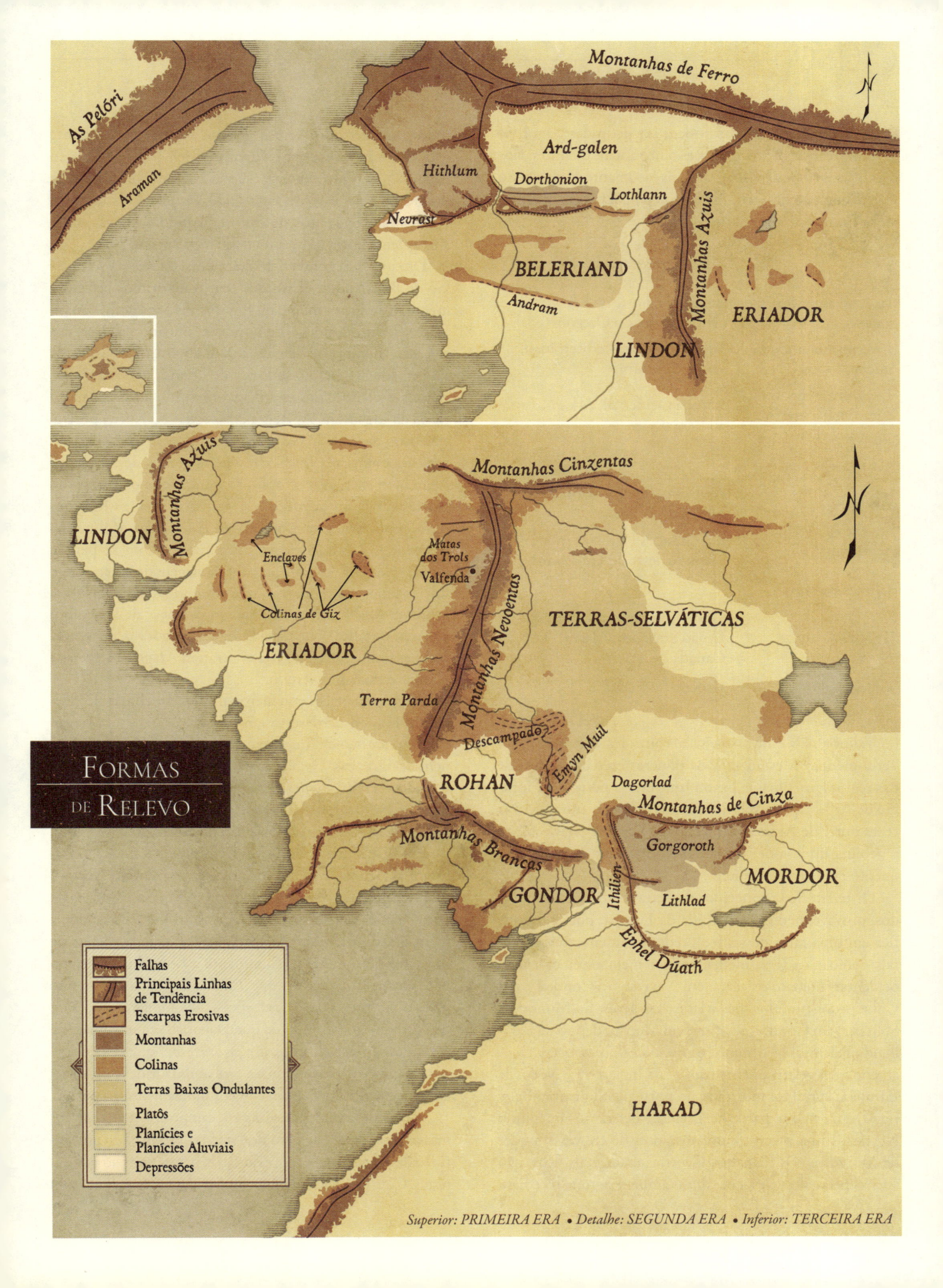

FORMAS DE RELEVO

As Pelóri · Araman

Montanhas de Ferro

Hithlum · Ard-galen · Dorthonion · Lothlann

Nevrast

BELERIAND · Andram

Montanhas Azuis

ERIADOR

LINDON

Montanhas Azuis

LINDON

Enclaves · Colinas de Giz

ERIADOR

Terra Parda

Montanhas Cinzentas

Matas dos Trols · Valfenda

Montanhas Nevoentas

TERRAS-SELVÁTICAS

Descampado · Emyn Muil

ROHAN

Montanhas Brancas

GONDOR

Dagorlad · Montanhas de Cinza

Gorgoroth

Ithilien · Lithlad

MORDOR

Ephel Dúath

HARAD

Legenda

- Falhas
- Principais Linhas de Tendência
- Escarpas Erosivas
- Montanhas
- Colinas
- Terras Baixas Ondulantes
- Platôs
- Planícies e Planícies Aluviais
- Depressões

Superior: PRIMEIRA ERA • Detalhe: SEGUNDA ERA • Inferior: TERCEIRA ERA

CLIMA

Regiões climáticas amplas podem ser definidas com base em temperaturas e precipitações tanto anuais quanto sazionais.[1] O leitor pode visualizar mais facilmente as classes no mapa climático da Terra-média ao compará-las com exemplos de nosso próprio mundo.

Clima úmido

Inverno ameno, verão ameno	Inglaterra, norte da Europa central, oeste do Óregon
Inverno ameno, verão quente e seco	Região do Mar Mediterrâneo, sul da Califórnia
Inverno ameno, verão agradável; a inverno rigoroso, verão fresco	Europa Ocidental, Arkansas ao Wisconsin

Climas Secos

Árido	Arábia, oeste do Arizona, Nevada
Semiárido	Irã, Grandes Planícies (por exemplo, leste do Colorado)

Climas Polares

Tundra	Costas setentrionais da antiga União Soviética, Alasca, Canadá
Glacial	Groenlândia central

Valinor não estava sujeita a controles físicos como a Terra-média.[2] Mesmo sem os poderes etéreos, a latitude das regiões próximas a Tirion (que estava perto do Cinturão de Arda[3]), provavelmente era agradável o ano todo. Na costa norte de Araman fazia frio, e Oiomúrë estava sujeita a neblina intensa devido ao contato entre a água do mar quente e o Gelo Pungente.[4]

Os territórios conhecidos da Terra-média foram baseados, provavelmente, na latitude da Europa, pois a Europa fica em uma faixa de ventos predominantemente ocidentais, como era a Terra-média. Tolkien mencionou os ventos ocidentais numerosas vezes: em Nevrast, no Condado, nas Colinas-dos-túmulos, nas Matas dos Trols, na Montanha Solitária, em Gondor, e mesmo em Mordor depois da Batalha de Pelennor.[5] Portanto, o *clima oceânico temperado* — ameno, mas relativamente frio — da Inglaterra e Norte da Europa Central foi mostrado no norte de Númenor, Beleriand e na maior parte de Eriador. Beleriand, incluindo Nevrast, tinha invernos amenos antes de crescer o poder de Morgoth.[6] Os Planaltos Centrais eram mais frios, não apenas pelas altas elevações, mas também porque recebiam todo o impacto dos ventos gelados de Morgoth durante o inverno. Himring era o "Sempre-frio" e, pelo Passo do Aglon, "um vento cortante soprava".[7] Em Hithlum, o ar era fresco e no inverno fazia frio.[8] Os planaltos também bloqueavam os ventos do Sul, reduzindo a chuva, então Ard-galen e Lothlann eram terras de pastagem.[9]

Durante a Segunda e Terceira Eras, depois da submersão de Beleriand, o efeito dos ventos marítimos provavelmente se deslocou mais para Eriador. As Montanhas Azuis absorveriam um pouco da umidade, nutrindo as florestas em suas encostas ocidentais, mas a abertura do Golfo de Lûn e a longa costa no sudoeste de Eriador poderiam neutralizar o efeito da montanha, conferindo ao Condado o clima da Inglaterra. Apenas a cem léguas ao Norte, porém, em torno da Baía de Gelo de Forochel, o frio de Morgoth persistia e uma vez foi piorado pelas geadas de Angmar.[10] Aparentemente, isso se aplicava para todos os Ermos do Norte, então, aproximando-se da região fria, os invernos eram, sem dúvida, mais rigorosos. A leste das Montanhas Nevoentas, a influência marinha moderadora se perdia. Conforme disse Aragorn, durante a viagem de barco para o sul: "estamos longe do mar. Aqui o mundo é frio até a súbita primavera".[11] Mesmo em Rohan, houve neve de novembro a março durante o Inverno Longo,[12] embora lá fosse normalmente ameno, como o encontraram Aragorn, Legolas e Gimli no final de fevereiro.[13]

Montanhas frequentemente produzem climas de estepe, ou mesmo de deserto em suas encostas a sota-vento; embora esse não fosse o caso nem das Montanhas de Névoa nem das Brancas. Os pastos de Rohan poderiam ter resultado desse efeito *sombra de chuva*, mas, no leste das Montanhas de Névoa, havia florestas extensas — talvez devido à menor evaporação no ar mais frio do Norte.

As únicas terras áridas especificamente mencionadas foram as Terras-de-Ninguém próximas ao Portão Negro.[14] A aridez deve ter ocorrido devido a vapores nocivos mais do que à falta de precipitação.[15] Ainda assim, verões secos são a regra em torno do Mar Mediterrâneo, e as terras de estepe e deserto ficam tanto ao Sul quanto a Leste do Mediterrâneo; então, seria possível que Tolkien imaginasse o mesmo padrão em torno da Baía de Belfalas. O amargor do Mar de Núrnen e a descrição de que Dagorlad era uma planície pedregosa (possivelmente, um *pedimento*,[16] que ocorre apenas em climas áridos) reforça a probabilidade de Mordor ser climaticamente árido assim como quimicamente despojado.

Climas de latitudes médias são o campo de batalha entre as massas de ar polar frio e tropical quente, produzindo um cinturão de *ciclones* que se move do Oeste para o Leste através das terras. Com eles, vão as frentes conhecidas: *Frentes Frias*, com

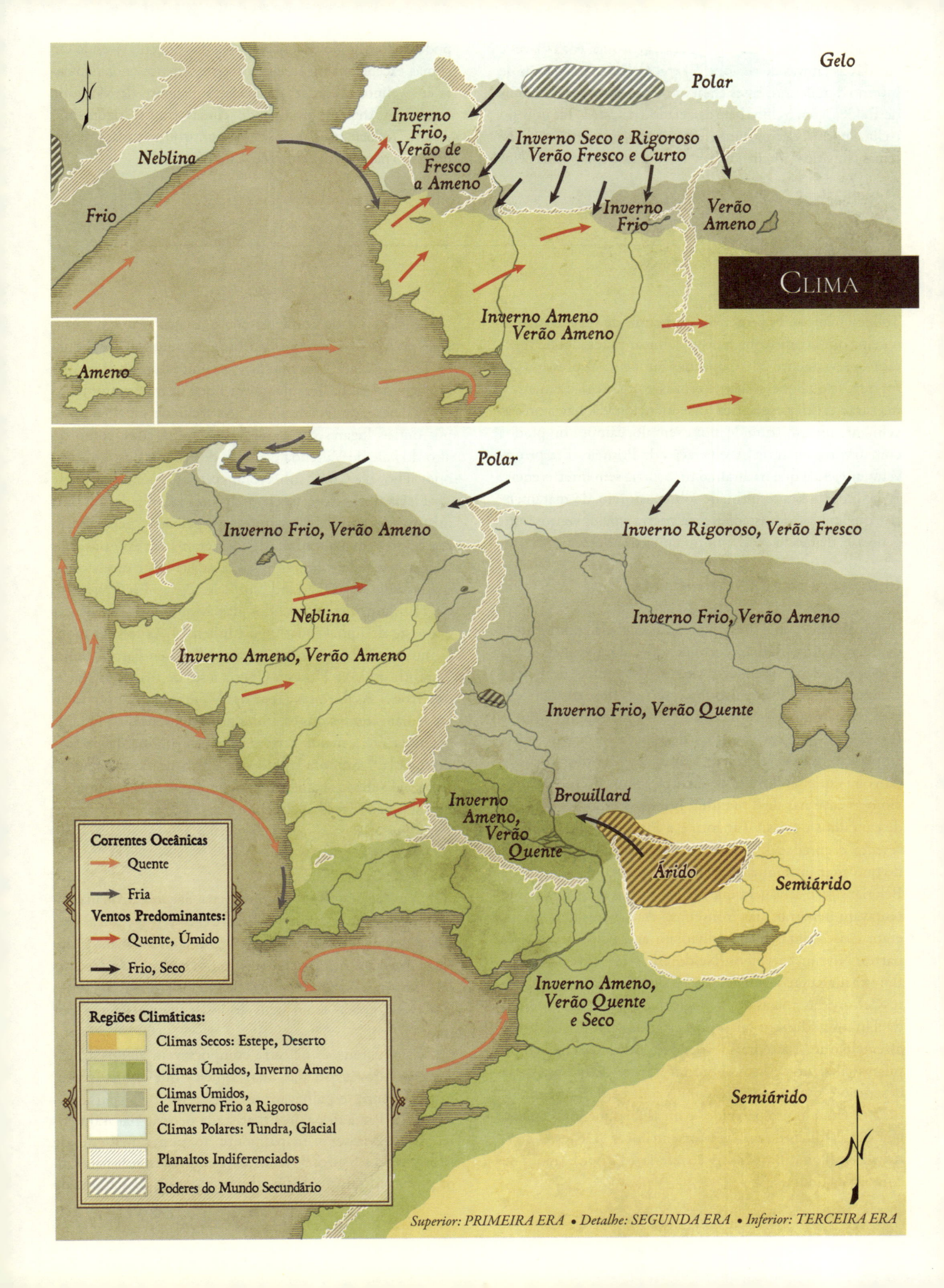

CLIMA

Gelo

Polar

Neblina

Frio

Inverno Frio, Verão de Fresco a Ameno

Inverno Seco e Rigoroso Verão Fresco e Curto

Inverno Frio

Verão Ameno

Inverno Ameno Verão Ameno

Ameno

Polar

Inverno Frio, Verão Ameno

Inverno Rigoroso, Verão Fresco

Neblina

Inverno Frio, Verão Ameno

Inverno Ameno, Verão Ameno

Inverno Frio, Verão Quente

Inverno Ameno, Verão Quente

Brouillard

Árido

Semiárido

Inverno Ameno, Verão Quente e Seco

Semiárido

Correntes Oceânicas
→ Quente
→ Fria

Ventos Predominantes:
→ Quente, Úmido
→ Frio, Seco

Regiões Climáticas:

Climas Secos: Estepe, Deserto

Climas Úmidos, Inverno Ameno

Climas Úmidos, de Inverno Frio a Rigoroso

Climas Polares: Tundra, Glacial

Planaltos Indiferenciados

Poderes do Mundo Secundário

Superior: PRIMEIRA ERA • Detalhe: SEGUNDA ERA • Inferior: TERCEIRA ERA

trovoadas e chuvas torrenciais; *Frentes Quentes*, com suaves e agradáveis chuvas de verão; e *Frentes Oclusas*, com garoas de inverno duradouras. Esses eram os mecanismos mais comuns de Tolkien, com o clima bem associado à narrativa. Ele utilizou o clima normal e acrescentou força e tempo sobrenaturais. Sistemas climáticos inteiros foram até mesmo superpostos pelos poderes do Mundo Secundário — bons poderes vivendo em climas excepcionalmente agradáveis e amenos (notadamente em Valinor e Lórien[17]); e poderes malignos de Morgoth, Sauron e Angmar produzindo climas frios e rigorosos.[18] Assim, Tolkien mais uma vez demonstrou sua maestria em utilizar o natural para enfatizar o sobrenatural.

VEGETAÇÃO

Tolkien mapeou os principais elementos de vegetação, mas o mapa que acompanha tentou delinear as regiões de vegetação previamente não mapeadas também. O pressuposto foi que, se qualquer viajante cruzasse uma região e nenhuma característica específica fosse mencionada, havia provavelmente uma mistura de, por exemplo, campos ou prados com árvores esparsas. A vegetação da Primeira Era provavelmente era o que naturalmente ocorria sem interferência. A da Terceira Era resultou de sobrepastoreio, desmatamento e queimadas, devastações pela guerra e pelos ventos pungentes, e, de modo geral, por milênios de abuso.

Florestas e Regiões Arborizadas

Originalmente, uma floresta primitiva cobria grandes áreas da Terra-média. Barbárvore disse que, certa vez, ela havia estendido "daqui [Fangorn] até as Montanhas de Lûn, e esta era apenas a Extremidade Leste".[1] As florestas também cresciam a oeste das Montanhas Azuis e a leste do Grande Rio. Havia grandes variações de espécies e árvore nessa ampla extensão de floresta.[2] Trevamata Meridional estava "envolta em uma floresta de escuros abetos";[3] embora próximo às cavernas de Thranduil houvesse estandes maciços de carvalhos e faias.[4] Fangorn e a Floresta Velha, embora "escura e enredada",[5] eram aparentemente menos densas do que Taur-im-Duinath, a Floresta entre os Rios ao sul de Beleriand, tão selvagem que até mesmo os elfos raramente tentavam penetrar suas fronteiras.[6] As árvores de Doriath eram tão distintas que se dividiam em, pelo menos, três partes: Nivrim, carvalhos; Neldoreth, faias; e Region, uma floresta mais densa e misturada.[7] É significativo que as árvores defronte às portas de Menegroth e aquelas nas cavernas de Thranduil fossem faias, pois estandes não mesclados se assemelhavam a catedrais verdes com os troncos formando pilares cinzentos e lisos sobre um tapete de grama.[8] Essa descrição é muito parecida com o cenário de Lórien, e os *mellyrn* eram muito parecidos com as faias menos mágicas, embora as folhas de *mallorn* fosse maiores.[9] De fato, *malinornélion* (como Barbárvore se referia a Lórien), traduz-se como "faia dourada."[10]

As florestas de coníferas como as que ocupam vastas áreas do Alasca, Canadá e o norte da Ásia quase não existiam na Terra-média.[11] Aparentemente, a única floresta de coníferas além do sul de Trevamata era a que ficava nas fronteiras norte e oeste de Dorthonion.[12] As coníferas espalhavam-se por outros lugares em localizações apropriadas, como no alto do vale de Valfenda e a leste dos túneis dos Gobelins onde Thorin e Companhia foram cercados por lobos.[13]

Havia terras florestais com árvores latifoliadas ou uma mistura de latifoliadas/coníferas espalhadas pelas terras, mas não foram mapeadas. Algumas eram bem extensas. Elas ficavam em vales montanhosos, a saber: oeste das Montanhas Azuis em Ossiriand, sul e leste das Ered Wethrin de Hithlum, nos dois lados das Montanhas Nevoentas e a oeste de Ephel Dúath em Ithilien.14 As regiões montanhosas também tinham matas: Taur-en-Faroth sobre Nargothrond,[15] a Floresta Chet a leste de Bri,[16] e as Matas dos Trols.[17] As florestas a leste das Montanhas Azuis podem ser remanescentes dos estandes primitivos, pois ao final da Segunda Era a maior parte da floresta original havia sido derrubada.[18] Embora muito dessa área de desmatamento tenha sido abandonada conforme a população diminuía, as florestas não se reestabeleceram.

Pradarias e Ermos

Algumas regiões comportavam apenas árvores atrofiadas ou nenhuma. As mais aprazíveis dentre essas terras eram as pradarias de capim alto de Ard-galen, Lothlann e Rohan. Todos eles forneciam rica pastagem para os cavalos.[19] As Colinas de Himiring, as várias Colinas de Giz, as Colinas do Vento e o Descampado eram mais áridos, cobertos apenas por capim baixo.[20]

Vastas extensões de terra comportavam alguns arbustos e árvores atrofiadas, mas aqueles que sobreviveram normalmente espalhavam-se afastados pela paisagem desolada. Parte dessa área devastada ocorria naturalmente, mas devia-se principalmente ao poder maligno de Morgoth ou Sauron. Arbustos espinhosos substituíram os pinhais do norte de Dorthonion depois da Batalha da

Vegetação

Legenda:

- Florestas ou regiões muito arborizadas
- Regiões arborizadas espalhadas
- Pradarias de capim alto
- Pradarias de capim baixo
- Charnecas
- Pântanos
- Árvores atrofiadas, arbustos e moitedos
- Falta de vegetação

Superior: PRIMEIRA ERA • Detalhe: SEGUNDA ERA • Inferior: TERCEIRA ERA

Chama Repentina.[21] As terras de Azevim e o sul de Terra Parda, outrora verde e bela, foram devastadas quando Sauron destruiu Ost-en-Edhil e Saruman voltou-se para o mal.[22] Bétulas retorcidas agarravam-se a rochas a leste das Emyn Muil e arbustos espinhosos cresciam no vale entre Ephel Dúath e o Morgai, graças aos violentos ventos a leste de Mordor.[23]

As terras mais próximas dos poderes do mal eram as mais afetadas, e nada crescia ali. Depois da Batalha da Chama Repentina, Ard-galen a "planície verdejante", tornou-se Anfauglith, a "Poeira Sufocante" — um deserto estéril e arenoso.[24] Os campos férteis das Entesposas foram tão devastados que nem mesmo grama crescia nas Terras Castanhas.[25] Havia áreas desoladas nas portas de Angband, na Montanha Solitária, quando Smaug estava presente, e no Portão Negro de Mordor.[26] Porém, diante dos portões da Torre Sombria de Barad-dûr ficava a mais erma de todas as terras — um deserto vulcânico fervente.[27]

POPULAÇÃO

Da mesma maneira que acontece com as populações de nosso Mundo Primário, os Povos Livres de Tolkien espalhavam-se e retraíam-se com o ir e vir dos tempos. Três datas foram escolhidas como as mais importantes entre os diversos contos: a Primeira Era, durante a Longa Paz;[1] a Segunda Era, apenas em Númenor; e a Terceira Era, logo antes da Guerra do Anel. Com poucos dados fornecidos, apenas densidades relativas foram mostradas.

A Primeira Era

Quando os Noldor retornaram de repente de Valinor, encontraram a maior parte de Beleriand já ocupada por povos muito mais numerosos do que eles:[2] os Sindar e os Elfos-verdes de Ossiriand. Os Noldor, portanto, estabeleceram-se nas terras altas acidentadas do norte de Beleriand, cercando Morgoth.[3] Algumas regiões estavam vazias: Lammoth, Ard-galen e Lothlann; Nevrast, depois de a gente de Turgon se mudar para Gondolin; terras altas acidentadas, como Dorthonion central, Dimbar; o Vale da Morte Horrenda, onde Ungoliant habitava; terras pantanosas, e a floresta emaranhada de Taur-im-Duinath.[4] Durante a Longa Paz, os Homens Mortais apareceram pela primeira vez, somando-se aos Elfos. Muitos ficaram a leste de Doriath, em Estolad. Aqueles que saíram, estabeleceram-se no nordeste de Dorthonion, a Floresta de Brethil, e ao norte e sul das Ered Wethrin.[5] Dois outros Povos Livres também viviam em terras ocidentais — os Anãos e os Ents. Os Anãos mineravam no lado leste das Montanhas Azuis, com suas duas grandes minas em Belegost e Nagrod.[6] Embora eles fossem para Beleriand para trabalhar, sua presença era transitória.[7] Os Ents aparentemente caminhavam nas florestas, pois a canção de Barbárvore falava de muitas delas,[8] e os Ents deram fim aos Anãos que mataram Thingol.[9]

A leste das Montanhas Azuis, os Elfos Escuros e os Ents percorriam as vastas florestas, enquanto os Homens encaminharam-se para regiões mais abertas. Conforme os antepassados dos Edain migravam para o Oeste, alguns se estabeleciam ao longo da estrada: a leste de Trevamata, no vale do Anduin e em Eriador. Eles se tornaram ancestrais de Rhovanion, dos Homens-da-floresta, dos Beornings, dos Homens de Valle e dos Homens encontrados por Aldarion na Segunda Era.[10] Homens de origens diferentes povoaram os vales das Montanhas Brancas, mudando-se para o norte da Terra Parda, chegando até mesmo a Bri.[11] Em algumas dessas mesmas regiões viviam os Drúedain, antecessores dos Homens Selvagens da Floresta Drúadan. Alguns deles teriam até mesmo se mudado para Brethil.[12] Outros Homens viviam longe, ao Leste e ao Sul, em Rhûn e Harad.[13] Os Homens se encaminharam até para as terras geladas próximas às Montanhas de Ferro. Eram os Forodwaith, os "povos do norte". Seus descendentes, os Lossoth, permaneceram naquela região fria mesmo depois de as terras ocidentais afundarem.[14]

A Segunda Era

Em Númenor, os Edain que para lá se mudaram espalharam-se pela nova terra e multiplicaram-se muito até o fim da Era. A região mais densamente povoada era Arandor, a "Terra-do-Rei", que incluía as cidades de Armenelos e Rómenna.[15] O porto de Andúnië também havia sido grande no início da Era, mas foi gradualmente abandonado conforme os Edain se apartavam dos Elfos.[16]

Havia outros portos na costa oeste e vilas pesqueiras ao Sul, mas a maior parte da ilha era rural, com uma população grande de fazendeiros, pastores e lenhadores. Apenas o Meneltarma, as sombrias colinas do Norte e os brejos do Sul eram completamente vazios.[17]

A Terceira Era

A população da Terra-média, ao fim da Terceira Era, apresentava-se extremamente esparsa. Os Elfos continuaram a velejar para o Oeste até que aqueles no nordeste de Trevamata, Lórien, Valfenda e nos Portos Cinzentos fossem os únicos restantes.[18] Os Anãos foram rechaçados de suas casas nas Montanhas Nevoentas e Cinzentas e encontravam-se principalmente nas Montanhas Azuis, nas Colinas de Ferro e na Montanha Solitária.[19] O reino de Arnor ficou praticamente despovoado pela guerra e pela peste.[20] Em todas as vastas terras de Eriador, os únicos assentamentos aparentes

POPULAÇÃO

Orques

Anãos

Ents

De população densa à esparsa:

Elfos

Homens

Hobbits

Superior: PRIMEIRA ERA • Detalhe: SEGUNDA ERA • Inferior: TERCEIRA ERA

eram os do Condado e de Bri — a área além de lá foi chamada de Terras-solitárias.[21] No extremo norte estava Lammoth, e o povo do oeste de Isengard ainda morava no sul da Terra Parda e ao longo da costa.[22]

Gondor se saiu melhor,[23] com muitos de seu povo vivendo nas cidades e pelas terras do sul das Montanhas Brancas, ao longo das costas, e mesmo em vales montanhosos.[24] Os Rohirrim se estabeleceram ao norte das montanhas.[25] Suas maiores concentrações estavam perto de Edoras e do Vale de Westfolde.[26] O Descampado era usado apenas para pastagem.[27]

Os Homens multiplicaram-se lentamente ao longo dos vales superiores do Anduin e próximo à Montanha Solitária,[28] e aparentemente estavam ainda presentes a leste de Trevamata.[29] Além do mar de Rhûn e o sul de Mordor em Khand, Harad e, especialmente, Umbar, moravam os Lestenses e os Sulistas aliados a Sauron.[30]

Depois da Batalha dos Cinco Exércitos, os Orques "eram poucos e estavam aterrorizados";[31] mas apenas setenta e sete anos depois eles se multiplicaram novamente.[32] Saruman criou um exército,[33] Dol Guldur foi reocupada, e o noroeste de Mordor foi preenchido com hostes vastas e fervilhantes.[34]

LÍNGUAS

É oportuno que as línguas sejam o último dos assuntos abordados neste atlas, pois a filologia era a área de Tolkien. Além disso, a ideia de criar uma mitologia inteira "tivera origem no seu gosto pela invenção de línguas ... Havia descoberto que ... era preciso criar para as línguas uma 'história' na qual elas pudessem se desenvolver".[1]

Tolkien, coerente com sua mente muito criativa, inventou não apenas uma nova língua, mas muitas. As mais completas eram as duas formas de élfico: *quenya*, o alto-élfico; e *sindarin*, o élfico-cinzento.[2] Havia também vislumbres de várias outras línguas que foram bem menos desenvolvidas: o élfico silvestre, o entês, a língua anânica (khuzdul), línguas humanas variadas, e a língua negra de Mordor.[3] Todas as línguas élficas eram relacionadas entre si,[4] assim como as dos Edain e seus parentes, os Homens do Norte.[5] As demais línguas mencionadas eram totalmente alheias ao élfico, bem como cada uma entre si. Diferenças e semelhanças surgiram a partir de padrões de migração. Ao fim da Primeira Era, todos os dialetos e as línguas originais estavam presentes. A Segunda e a Terceira Eras foram períodos de menor isolamento, levando à mistura de línguas que acabou resultando na fala comum da Terceira Era. Mapear as línguas exigiu mais do que simplesmente conhecer a localização de onde cada uma estava sendo falada. Foi também necessário avaliar quais línguas eram historicamente relacionadas, pois só então os mapas de cores e padrões poderiam refletir a relação entre os povos do Mundo de Tolkien.

Os Elfos iniciaram sua grande migração para o Oeste, mas alguns nunca cruzaram as Montanhas Azuis; alguns ficaram em Beleriand e alguns continuaram até Valinor e, depois, retornaram. As línguas élficas refletiam essas três grandes divisões. Os Elfos Escuros falavam vários dialetos da língua *silvestre*. Os Elfos-cinzentos usavam o *sindarin*. Os Noldor falavam *quenya*, a alta fala do Oeste; mas, depois do retorno a Beleriand, seu uso foi abandonado, a não ser para assuntos de saber e música, com a possível exceção de Gondolin.[6]

Os Homens pareciam não ter uma língua comum original, pois algumas eram totalmente diferentes. Pelo menos quatro grupos distintos surgiram: a gente dos Edain, a gente dos Terrapardenses, os Drúedain, e diversos Sulistas e Lestenses.[7] Os Homens do Sul se encaminharam para as Montanhas Brancas e além delas, chegando até mesmo a Bri. Os Homens do Norte estabeleceram-se a leste e a oeste de Trevamata e foram separados daqueles que continuaram a Oeste, para Beleriand, tornando-se os Edain.[8] Enquanto os Edain estiveram em Beleriand, eles usaram o *sindarin*.[9] Porém, quando se estabeleceram em Númenor durante a Segunda Era, gradualmente abandonaram o élfico e, no lugar, utilizaram o adûnaico — a língua da Terceira Casa (os Homens de Dor-lómin), enriquecida com termos élficos, ainda que o uso do sindarin tenha permanecido em Eldalondë e Andúnië, até que as visitas dos Elfos cessaram.[10] Em colônias númenóreanas em torno da Baía de Belfalas, o Adûnaico tornou-se cada vez mais misturado com as línguas dos Homens do Sul e dos Homens das Montanhas. Então, quando os Reinos no Exílio foram estabelecidos e aumentaram em poder, essa mescla de sindarin com as línguas dos Homens do Sul e do Norte tornou-se o *westron*, a "fala comum". Ela acabou sendo empregada em todos os antigos territórios de Arnor e Gondor, e até mesmo pelos inimigos; embora algumas pessoas mantivessem suas próprias línguas também.[11] Além da fala comum, são estas as línguas que ainda eram faladas ao final da Terceira Era: sindarin, língua silvestre, entês, rohírrico,* as línguas dos Terrapardenses, dos Drúedain (os Woses de Drúadan), dos Lestenses e dos Sulistas, a multiplicidade de dialetos órquicos (distorções das línguas de outros povos), e a língua negra inventada por Sauron.

"Rohírrico", no inglês *Rohirric*, foi o nome cunhado por Robert Foster em seu *Complete Guide to Middle-earth*, ao qual a autora faz diversas referências. Em *O Senhor dos Anéis*, refere-se a esse idioma simplesmente como "a língua de Rohan" ou "dos Rohirrim". [N. E.]

Línguas

Humano do Norte:
- Rohírrico
- Adûnaico

Humano do Sul:
- Drúedain
- Terrapardense

Élfico:
- Quenya
- Silvestre
- Sindarin

Westron

Outros povos:
- Khuzdul
- Entês
- Dialetos Órquicos
- A Língua Negra
- Silvestre + Entês

Superior: PRIMEIRA ERA • Detalhe: SEGUNDA ERA • Inferior: TERCEIRA ERA

Evolução das Línguas

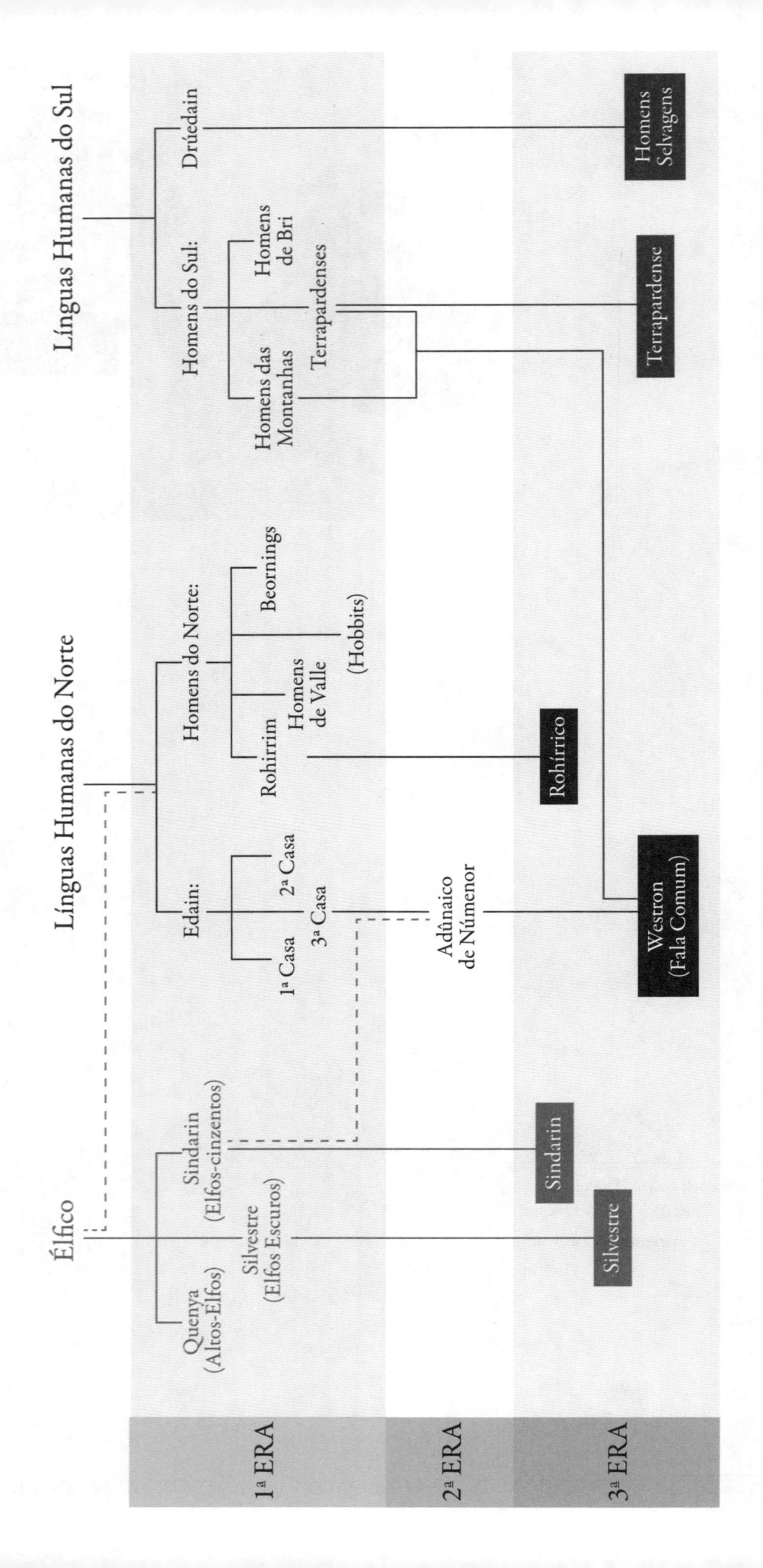

Línguas Humanas do Sul

Línguas Humanas do Norte

Élfico

Línguas Humanas do Sul

Drúedain

Homens do Sul:
- Homens de Bri
- Terrapardenses
- Homens das Montanhas

Homens Selvagens

Terrapardense

Línguas Humanas do Norte

Homens do Norte:
- Beornings
- Rohirrim
- Homens de Valle
- (Hobbits)

Edain:
- 1ª Casa
- 2ª Casa
- 3ª Casa

Adúnaico de Númenor

Rohírrico

Westron (Fala Comum)

Élfico

Quenya (Altos-Elfos)

Sindarin (Elfos-cinzentos)

Silvestre (Elfos Escuros)

Sindarin

Silvestre

1ª ERA

2ª ERA

3ª ERA

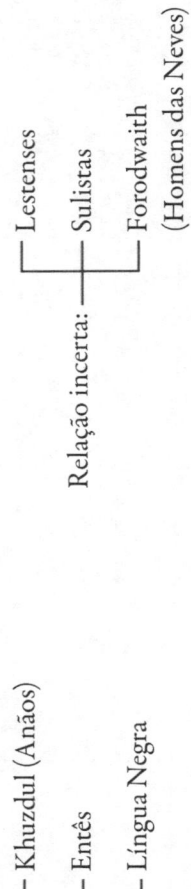

Línguas separadas:
- Khuzdul (Anãos)
- Entês
- Língua Negra

Relação incerta:
- Lestenses
- Sulistas
- Forodwaith (Homens das Neves)

APÊNDICE

As tabelas seguintes foram compiladas com medidas tomadas dos mapas regionais apropriados e/ou mapas políticos.

Cadeias de Montanhas

Cordilheira	Comprimento em milhas [e aproximado em km]	
Montanhas de Ferro		Desconhecido
As Pelóri		Desconhecido
Montanhas de Mordor		1282 [2063 km]
Montanhas de Cinza	498 [801 km]	
Ephel Dúath meridional	501 [806 km]	
Ephel Dúath ocidental	283 [455 km]	
Montanhas Brancas		852 [1371 km]
Montanhas Nevoentas (incluindo as Montanhas de Angmar)		702 [1130 km]
Montanhas Cinzentas		580 [933 km]
Montanhas Azuis (1ª Era)		928 [1493 km]
Montanhas Azuis (3ª Era)		559 [900 km]
Setentrionais	389 [626 km]	
Meridionais	170 [274 km]	

Corpos d'água interiores

Lago ou mar	Tamanho em milhas quadradas [e aproximado em km²]
Mar Interior de Helcar	1.025.000 [2.654.738 km²]
Mar de Rhûn	17.898 [46.355 km²]
Mar de Núrnen	5.718 [14.810 km²]
Lago Nenuial	639 [1655 km²]
Lago Linaewen	407 [1054 km²]
Lago Mithrim	256 [663 km²]
Nen Hithoel	244 [658 km²]
Lago Helevorn	105 [272 km²]
Lago Longo	93 [241 km²]

Rios

Rio(s)	Comprimento em milhas [e aproximado em km]
Anduin, o Grande	1388 [2.234 km]
Rio da Floresta / Rio Rápido	835 [1344 km]
Gelion	780 [1255 km]
Fontegris / Griságua	689 [1109 km]
Brandevin	573 [922 km]
Isen	395 [636 km]
Sirion	390 [628 km]
Lefnui	382 [615 km]
Lûn	307 [494 km]

Divisões Políticas

País	Tamanho em milhas quadradas [e aproximado em km²]
Reino Reunido (Restaurado), 4ª Era	909.510 [2.355.620 km²]
Gondor (maior extensão):	716.426 [1.855.535 km²]

Reino do Sul (incluindo Harondor)	471.158 [1.220.294 km²]	
Territórios do Leste	206.511 [534.861 km²]	
Umbar	38.757 [100.380 km²]	
Harad		486.776 [1.206.744 km²]
Arnor		245.847 [636.741 km²]
Arthedain	113.957 [295.147 km²]	
Cardolan	83.299 [215.743 km²]	
Rhudaur	48.880 [126.599 km²]	
Númenor		167.961 [458.397 km²]
Rohan		52.763 [136.655 km²]
O Condado		21.400 [55.426 km²]

NOTAS

Foram usadas as abreviações a seguir para as obras de Tolkien. Note que elas se referem às edições da HarperCollins Brasil, exceto as que (ainda) não fazem parte do catálogo.

S   O Silmarillion
H   O Hobbit
SA A Sociedade do Anel
DT As Duas Torres
RR O Retorno do Rei
P   Pictures by J.R.R. Tolkien
CI Contos Inacabados
AF Árvore e Folha

Série A História da Terra-média:

I   The Book of Lost Tales, Parte 1
II   The Book of Lost Tales, Parte 2
III The Lays of Beleriand
IV   The Shaping of Middle-earth
V   The Lost Road
VI   The Return of the Shadow
VII The Treason of Isengard
VIII The War of the Ring
IX   Sauron Defeated (datiloscrito)

Nota: O volume IX de *A História da Terra-média*, *Sauron Defeated* [Sauron Derrotado], só estava disponível em cópia datilografada na época em que esta revisão foi feita, de modo que as páginas listadas não estão em conformidade com o livro publicado.

PREFÁCIO
(p. vii)
1 Embora um interessante conto de Númenor esteja incluído em IX.
2 VI, 6; IX, i. Uma exceção é VI, 86, que relata brevemente o encontro e Gollum e Bilbo como publicado até 1951.
3 VI, 6, 7.

4 VI, 3.
5 RR, 1538.

INTRODUÇÃO
(pp. ix–xii)
6   AF, 32.
7   I, 7.
8   AF, 56.
9   AF, 58.
10 Resnick, 41.
11 Carpenter, 89.
12 Kocher, 13.
13 S, 369.
14 S, 336, 348.
15 S, 255.
16 Robinson e Sale, 6.
17 RR, 1600.
18 IV, 243, 245.
19 S, 42.
20 Resnick, 41.
21 Kilby, 51.
22 V, 408–411; VI, 297, 300. Embora posicionamentos das linhas de grade, letras e números nos mapas de Tolkien não se alinhem bem entre si ou no *Atlas*.
23 Webster, 480.
24 CI, 381–82.
25 Noel, Mythology, 45; Howes, 14.
26 V, 25.

A Primeira Era

A PRIMAVERA DE ARDA E OS DIAS ANTIGOS
(pp. 1–3)
1   S, 64.
2   S, 63, 80.
3   S, 169.
4   S, 169.
5   S, 65.
6   S. 63–66.
7   IV, 149. Os arquipélagos mudam várias vezes (IV, 257).
8   SA, 339.
9   S, 66.
10 S, 66.
11 Os relatos da história de Utumno e Angband são contraditórios (IV, 259, 260).
12 S, 87.
13 S, 80.
14 S, 80; IV, 249, 251.

15 S, 83.
16 IV, 251.
17 IV, 258.
18 IV, 259.
19 S, 84.
20 SA, 206, 379; DT, 696.
21 S, 87.
22 S, 138.
23 S, 87.
24 S, 91.
25 S, 93. Embora, originalmente, tenha sido imaginada como muito mais distante da costa (I, 84, 120).
26 S, 148.
27 S, 150.
28 S, 151.
29 VII, 302.
30 V, 408–411.
31 S, 140.
32 S, 171.
33 S, 289–90.
34 S, 174.
35 S, 173.
36 S, 172.
37 S, 172.
38 S, 175.
39 S, 175.

VALINOR
(p.6)
1 S, 113.
2 S, 111.
3 S, 119.
4 S, 94.
5 S, 122.
6 S, 131; I, 82.
7 S, 112.
8 I, 73–6.
9 S, 67.
10 S, 331.
11 S, 68, 79.
12 S, 108.
13 S, 113.
14 S, 55; I, 77.
15 S, 55.
16 S, 52; I, 73.
17 S, 96; I, 25.
18 S, 94.
19 S, 107.
20 S, 122–24.
21 S, 97.
22 S, 342.

BELERIAND E AS TERRAS AO NORTE

(pp. 9–11)

1   S, 159.
2   S, 169.
3   S, 65.
4   S, 169.
5   S, 140.
6   S, 156, 259.
7   P, 36.
8   S, 146, 157.
9   S, 155.
10 S, 260.
11 S, 160.
12 S, Mapa; IV, 221; V, 408–411.
13 S, 140; V, 272.
14 V, 271, 409, 412.
15 V, 270, 271.
16 S, 119.
17 S, 158.
18 S, 166.
19 S, 210.
20 S, 121.
21 S, 169.
22 I, 70.
23 S, 245.
24 P, 36.
25 IV, 101.
26 S, 166.
27 V, 270, 271.
28 S, 120.
29 S, 162.
30 S, 210.
31 S, 83.
32 S, 170–1.
33 S, 170.
34 S, 226.
35 S, 176.
36 Bodman.
37 S, 216.
38 S, 171.
39 Chorley, 192; Meland; Monkhouse, 312.
40 S, 215.
41 S, 170.
42 CI, 41.
43 CI, 89.
44 IV, 230.
45 S, 170; IV, 216. Baseado na costa da Cornualha (IV, 214).
46 S, 296, 298,
47 S, 252.
48 S, 274.
49 Conferir *Atlas*, p. 20.
50 S, 175.
51 S, 174–5.
52 Lobeck, 148.
53 Chorley, 116.
54 S, 135. VII, 302 mostrava Belegost em sua localização meridional, e IV, 220 indicava duas rotas alternativas de estradas-anânicas; assim, a posição meridional foi mostrada apesar de IV, 232 e 335, que explicavam a mudança editorial no Mapa do S, em que as cidades são situadas mais ao norte.
55 S, 177.
56 S, 197.

A GRANDE MARCHA

(pp. 16–17)

1   S, 85.
2   S, 85–6.
3   S, 86.
4   S, 87.
5   S, 87.
6   S, 91.
7   S, 87, 89.
8   Foster, 358.
9   S, 138.
10 H, 217; Foster, 458.
11 SA, 486.
12 S, 138.
13 S, 141.
14 I, 118.
15 I, 134.
16 S, 89–90.
17 S, 92–3.
18 S, 134.
19 S, 93.
20 S, 97.

A FUGA DOS NOLDOR

(p. 18)

1   S, 114.
2   S, 123–27.
3   S, 128–29.
4   S, 131–32.
5   S, 156.
6   S, 157.
7   S, 158.

REINOS — ANTES DA GRANDE DERROTA

(p. 19)

1   S, 141.
2   S, 161.
3   S, 170.
4   S, 171.
5   S, 176.
6   S, 166, 176.
7   S, 177.
8   S, 177, 200.
9   S, 164.
10 Foster, 561.
11 Foster, 562, 563.

MENEGROTH

(p. 20)

1   S, 136.
2   S, 136.
3   S, 236.
4   Beckett, 50.
5   Collingwood, 128.
6   S, 136.
7   S, 136, 228.
8   S, 312–13.
9   S, 314.
10 Foster, 563.
11 S, 314–15.
12 S, 317.

NARGOTHROND

(p. 21)

1   S, 164–65.
2   Conferir *Atlas*, p. 10.
3   Thornbury, 326.
4   S, 275–76.
5   S, 309.
6   S, 165; III, 247.
7   Lobeck, 140.
8   S, 165.
9   S, 233; III, 68, 69.
10 S, 238.
11 S, 289.
12 P, 33, 34, 38.
13 S, 232, 285, 287, 293, 309.
14 S, 288.
15 S, 293.
16 S, 232.
17 Foster, 563.

GONDOLIN

(p. 22)

1   S, 178–79.
2   S, 165.
3   S, 178. IV, 192 explica que essas datas foram uma alteração editorial, já que fundação original foi muito mais tarde e jamais reescrita por Tolkien.
4   Conferir *Atlas*, p. 23.
5   Curran, 44.
6   CI, 74.
7 I I, 156, 157.
8   Foster, 561.
9   S, 192–93; CI, 74–8.
10 S, 320.
11 P, 35.
12 S, 195.
13 II, 164, 172, 180, 183, 186.
14 II, 176.
15 II, 176.
16 S, 178.
17 P, 35.
18 Curran, 44.

24 S, 334.
25 S, 265.
26 S, 342; RR, 1486.
27 S, 262, 264.
28 Conferir *Atlas*, p. 78.
29 S, 137.
30 RR, 1524, 1545. Embora, em certo ponto, considerou-se que a origem do Balrog ocorresse mais tarde (VII, 186, 247).
31 DT, 740.
32 H, 239.
33 H, 47; RR, 1524.
34 SA, 284.
35 H, 301; RR, 1527.
36 RR, 1540.

O ADVENTO DOS ANOS SOMBRIOS
(p. 42)
1 RR, 1539.
2 S, 375–76.
3 RR, 1540.
4 S, 376.
5 RR, 1540.
6 CI, 324.
7 RR, 1539, 1542.
8 CI, 324.
9 S, 378–79.
10 RR, 1540.
11 S, 351; RR, 1471; CI, 325.
12 RR, 1136.

NÚMENOR
(p. 43)
1 S, 342–43.
2 S, 343; RR, 1470.
3 S, 344; CI, 229–31.
4 S, 364, 366.
5 Ginsburg, 45.
6 CI, 231.
7 S, 342.
8 CI, *Mapa de Númenor*; Espenshade, 229.
9 S, 343, 352; CI, 232.
10 V, 57–59.
11 S, 352; RR, 1540.
12 S, 363.
13 S, 344.
14 S, 346.
15 S, 359; *Encyclopaedia Britannica*, 725.
16 S, 368; RR, 1541.

VIAGENS DOS NÚMENÓRIANOS
(pp. 44–45)
1 S, 345.
2 S, 355. IV, 251 sugere que Belegaer era comparado ao Atlântico.

3 S, 346.
4 S, 346–47, 350–51, 355; RR, 1539–41; CI, 282.
5 CI, 244, 325–26.
6 S, 346; RR, 1471.
7 RR, 1471, 1540.
8 S, 351.
9 RR, 1540.
10 S, 350–51.
11 S, 350.
12 S, 351, 375; RR, 1540.
13 S, 352.
14 S, 356, 375; RR, 1541.
15 S, 379.
16 RR, 1541.
17 V, 15.
18 S, 380–81.
19 S, 381.
20 S, 381–82; RR, 1136.

OS REINOS NO EXÍLIO
(p. 46)
1 RR, 1541.
2 RR, 1474.
3 S, 380.
4 SA, 207; RR, 1478.
5 SA, 297.
6 S, 381–82; DT, 864.
7 Foster, 21.
8 S, 381–82; SA, 45.
9 S, 381–82; Foster, 399.
10 DT, 922, 989–90; RR, 1093.
11 S, 381.
12 S, 381; DT, 864; RR, 1487, 1544.
13 S, 368.
14 S, 383; RR, 1484.

A ÚLTIMA ALIANÇA
(p. 47)
1 RR, 1541.
2 S, 383.
3 S, 383–84.
4 S, 384.
5 DT, 701.
6 RR, 1541.
7 SA, 277.
8 RR, 1541.
9 S, 384; CI, 331.
10 S, 384; SA, 350.
11 DT, 905.
12 RR, 1541.
13 SA, 351.
14 S, 384–85; SA, 351.

A Terceira Era

INTRODUÇÃO
(p. 51)
1 S, 366.

2 S, 368.
3 S, 367; CI, 30.
4 V, 153, 154.
5 CI, 355.
6 SA, 206, 379; DT, 696–70.
7 H, 227.
8 DT, 910; RR, 1554.
9 H, 214.
10 DT, 905.
11 S, 389–90.
12 SA, 483, 493; RR 1255; CI, 335; Foster, 140.
13 RR, 1541–48.

REINOS DOS DÚNEDAIN
(p. 54)
1 RR, 1491.
2 RR, 1491; Foster, 32.
3 SA, 352; CI, 370, 379.
4 S, 380–81; RR, 1476–77.
5 RR, 1476, 1605.
6 RR, 1476.
7 RR, 1477.
8 RR, 1477.
9 S, 380.
10 SA, 352.
11 SA, 206–7.
12 RR, 1478.
13 SA, 227.
14 SA, 298.
15 RR, 1136, 1484–85, 1513; CI, 365, 490. Note que os Éothéod não se mudaram ao Vale do Anduin até depois de os Carroceiros atacarem, CI, 387–88.
16 Foster, 127.
17 CI, 490.
18 RR, 1482.
19 RR, 1484, 1543.
20 RR, 1486, 1379–80; CI, 387.
21 RR, 1484.
22 RR, 1484–85.

BATALHAS (1200–1634) E A GRANDE PESTE
(p. 56)
1 RR, 1477–78, 1544.
2 RR, 1486.
3 RR, 1475, 1488.
4 RR, 1488–89, 1544.
5 RR, 1489.
6 CI, 387.
7 RR, 1544.
8 RR, 1479.
9 RR, 1544.
10 RR, 1489; CI, 387; Foster, 227.

25 SA, 447.
26 Strahler, 486; Riley, 143.
27 Strahler, 278, 279; Juhren, 5.
28 SA, 446.
29 National Geographic, 37.
30 VII, 183.
31 Conferir *Atlas*, p. 134.
32 DT, 808–09.
33 H, 97; SA, 107.
34 H, 122.
35 H, 134.
36 P, 9.
37 VI, 302.
38 VI, 302.
39 VI, 200.
40 VI, 201.

AS TERRAS CASTANHAS, O DESCAMPADO, AS COLINAS E AS EMYN MUIL
(pp. 83–84)
1 VII, 314.
2 VII, 316, 318, 320, 360, 424.
3 VII, 317, 319.
4 Lobeck, 519.
5 DT, 643.
6 DT, 643.
7 Lobeck, 49.
8 SA, 537.
9 DT, 641.
10 DT, 643.
11 SA, 536.
12 CI, 352, 397.
13 DT, 633.
14 DT, 636.
15 DT, 636.
16 SA, 550.
17 SA, 553.
18 SA, 555, 571.
19 SA, 554, 562.
20 SA, 548.
21 DT, 634.
22 DT, 871.
23 DT, 874.
24 DT, 875.
25 DT, 880.
26 DT, 879.

AS MONTANHAS BRANCAS
(pp. 86–87)
1 S, 138.
2 VI, 411.
3 RR, 1090–91, 1386; VI, 411; Trewartha, 367.
4 RR, 1147.
5 RR, 1152.

6 RR, 1151.
7 RR, 1147.
8 RR, 1152.
9 RR, 1141.
10 Lobeck, 262.
11 RR, 1203.
12 RR, 1094.
13 DT, 799.
14 Riley, 292.
15 RR, 1143.
16 DT, 745.
17 RR, 1140.
18 RR, 1095; Lobeck, 669–71.
19 RR, 1144.
20 DT, 697.
21 RR, Mapa.
22 RR, 1516.
23 DT, 744.

MORDOR (E TERRAS ADJACENTES)
(pp. 90–91)
1 Niekas, 39, 40.
2 DT, 934.
3 SA, 526; DT, 875, 910.
4 S, 384; DT, 905.
5 SA, 526; DT, 909. Repare que essa localização difere da fornecida por Foster, 378.
6 DT, 919.
7 DT, 901; Thornbury, 286, 287.
8 DT, 934.
9 DT, 965–66.
10 DT, 998.
11 Thornbury, 136.
12 DT, 998.
13 DT, 915.
14 DT, 1014.
15 DT, 1014.
16 RR, 1348.
17 RR, 1313.
18 RR, 1319.
19 DT, 916.
20 Riley, 506.
21 RR, 1348.
22 Riley, 507.
23 DT, 915–16; RR, 1329.
24 RR, 1336.
25 DT, 915.
26 Strahler, 496.
27 RR, 1323.
28 VII, 309, 414.
29 VIII, 113.
30 SA, Mapa; RR, Mapa; VII, 309; IX, 30, 31.
31 VII, 213, 309.
32 VII, 309, 310.

O Hobbit

INTRODUÇÃO
(pp. 97–99)
1 RR, 1575.
2 RR, 1583.
3 H, 56; CI, 445.
4 H, 82; RR, 1580.
5 SA, 76.
6 H, 57.
7 H, 75.
8 H, 57.
9 H, 58.
10 VI, 204.
11 Strachey, 37.
12 SA, 311–12; VI, 201.
13 VI, 204.
14 H, 81–2
15 H, 121.
16 Harriman. .
17 H, 160, 313.
18 SA, 408.
19 H, 166.
20 H, 195.
21 H, 197.
22 H, 224.
23 H, 313.
24 H, 315.

SOBRE MONTE E SOB MONTE: CIDADE DOS GOBELINS
(p. 102)
1 H, 84–5.
2 H, 119.
3 H, 121.
4 H, 85.
5 H, 86–7.
6 H, 87.
7 H, 88.
8 H, 91.
9 H, 93.
10 H, 96.
11 H, 111.
12 SA, 107.
13 H, 97.
14 H, 111.
15 H, 111.
16 H, 114.

FORA DA FRIGIDEIRA
(p. 104)
1 H, 114.
2 H, 123, 126, Mapa.
3 H, 122.
4 H, 123
5 H, 123.
6 H, 128.
7 H, 128, Mapa; P, 8.

5 SA, 41, 231. Em determinado estágio, Bri era considerada uma vila Hobbit: VI, 133, 331.
6 SA, 232.
7 SA, 232 ; VI, 333.
8 SA, 232, 268.
9 VI, 335, 347.
10 SA, 232.
11 RR, 1618.
12 Byrne, 34.
13 SA, 232–34.
14 SA, 234–35..
15 SA, 235.
16 SA, 235.
17 SA, 236.
18 SA, 236.
19 SA, 263.
20 SA, 234.
21 VI, 345–347.

TOPO-DO-VENTO
(p. 126)
1 S, 380; SA, 276–77.
2 SA, 277.
3 RR, 1477.
4 SA, 277–78; VI, 177.
5 SA, 279–82.
6 SA, 279; VI, 177.
7 SA, 282.
8 SA, 284.
9 SA, 290.

VALFENDA
(p. 127)
1 S, 377; RR, 1540.
2 RR, 1478, 1481, 1541.
3 H, 71; SA, 319, 333; RR, 1503.
4 H, 71.
5 H, 72.
6 H, 75, 77; P, 6.
7 H, 72, 77; SA, 345; P, 6. VI, 205 discute a nomenclatura desse rio.
8 SA, 328.
9 SA, 329, 333.
10 SA, 398.
11 SA, 319, 327.
12 SA, 343, 388; RR, 1405.
13 SA, 328, 346, 360.
14 SA, 329, 345, 386; P, 6.
15 SA, 329, 343, 345.
16 SA, 394.

MORIA
(p. 128)
1 RR, 1523.
2 SA, 439.
3 RR, 1524, 1545.
4 Foster, 285, 351.

5 SA, 402.
6 SA, 402, 448.
7 DT, 739.
8 SA, 407.
9 SA, 408.
10 SA, 473.
11 SA, 408, 413, 423.
12 S, 375–76; SA, 426.
13 SA, 426; P, 22. Observe que P, 23 se alinha *exatamente* com P, 22, de modo que é a parte de baixo do desenho, e não o "Portão-leste".
14 SA, 428.
15 SA, 428–29.
16 SA, 428–31.
17 SA, 438.
18 SA, 438–39.
19 SA, 441.
20 SA, 442.
21 McWhirter, 284.
22 SA, 461.
23 SA, 445.
24 SA, 450, 452.
25 SA, 462, 466.
26 SA, 464–65.
27 SA, 468.
28 SA, 468–69.
29 SA, 468.

LOTHLÓRIEN
(p. 130)
1 Foster, 82. Observe que em CI, 362, indicou que a grafia correta é *Galadhon* [e não *Galadon*, como aparece em edições mais antigas de *O Senhor dos Anéis*].
2 RR, 1606.
3 S, 165; RR, 1606.
4 CI, 360, e toda a parte II, capítulo 4.
5 DT, 694; CI, 343–44.
6 SA, 481.
7 SA, 485.
8 SA, 486.
9 SA, 490.
10 SA, 496.
11 RR, 1507–11.
12 VII, 288.
13 SA, 499–500.
14 SA, 501.
15 McWhirter, 120.
16 SA, 499. Observe que em CI, 233, indica-se que os *mellyrn* de Númenor eram até maiores.
17 SA, 501.
18 SA, 505, 507.
19 SA, 510–11.
20 Murray, 309.
21 SA, 523–24.

O ABISMO DE HELM
(p. 132)
1 S, 381.
2 RR, 1515. Em *Cartas*, 407, indica-se que ele foi inspirado nas cavernas de Cheddar Gorge (no sul da Inglaterra).
3 DT, 798–99. Embora o nome original fosse do atual "westmarcher": VIII, 8, 9, 23.
4 DT, 782.
5 DT, 774.
6 DT, 778; P, 26. Observe que, em CI, 484, é dito que os vários termos com "Deeping" [Abismo] deveriam ser hifenizados.
7 DT, 769, 777.
8 DT, 777; VII, 319; VIII, 17, 19, 23. A linha do topo do penhasco é visível em P, 26.
9 RR, 1129; VIII, 40.
10 DT, 774; VII, 319; VIII, 269.
11 DT, 791.
12 DT, 804; VIII, 41.
13 DT, 778–79. Observe que o desenho de Tolkien mostra não uma, mas quatro torres (P, 26).
14 DT, 774.
15 DT, 778–79.
16 DT, 778, 781; RR, 1128.
17 DT, 778.
18 DT, 774; RR, 1095.
19 DT, 781.
20 DT, 787.
21 DT, 790–91.

ISENGARD
(p. 134)
1 S, 381; DT, 808. Saruman não a construiu, como dito em VII, 150.
2 RR, 1497.
3 DT, 805, 822.
4 DT, 805, 822.
5 DT, 808.
6 DT, 809.
7 VII, Frontispício; VIII, 34; IX, 125C ("Orthanc I").
8 DT, 809; VIII, 43, 44, 47.
9 DT, 809.
10 VIII, 34; IX, 125A; P, 27.
11 DT, 809; VIII, 44.
12 DT, 808;RR, 1498, 1549. De acordo com VIII, 32, 33 a ilha ficava *na* lagoa.
13 DT, 815–16, 830; VIII, 44.
14 VIII, 34.
15 DT, 809.
16 DT, 809, 837; VII, Frontispício; VIII, 33, 34; IX, 125A, 125C, 125D ("Orthanc I").

17 DT, 837–38.
18 DT, 846.
19 SA, 373; VIII, 34.
20 S, 460.
21 P, 46, 47.
22 RR, 1396.

EDORAS E FANO-DA-COLINA
(p. 136)
1 DT, 746; Foster, 140.
2 DT, 747.
3 RR, 1392–93.
4 DT, 746.
5 DT, 750.
6 DT, 747; RR, 1518.
7 DT, 746-7, 750.
8 DT, 753; RR, 1150.
9 DT, 753.
10 DT, 765; RR, 1154.
11 DT, 762.
12 Encyclopedia Americana, "Castles".
13 DT, 753.
14 DT, 762; RR, 1249.
15 DT, 766–67.
16 RR, 1152.
17 RR, 1152.
18 RR, 1151.
19 RR, 1156.
20 RR, 1152.
21 RR, 1153–54.
22 VIII, 245, 246.
23 VIII, 238, 245, 248.
24 VIII, 251.
25 VIII, 237, 238.
26 VIII, 238, 240, 245.
27 VIII, 312, 314; IX, 125G.
28 RR, 1140–41.

MINAS TIRITH
(p. 138)
1 S, 381.
2 RR, 1541, 1546
3 RR, 1112, 1484, 1541–46.
4 RR, 1545.
5 VIII, 290.
6 RR, 1095–096.
7 VIII, 279, 288.
8 RR, 1095.
9 VIII, 290; IX, 64; Arquivos da Universidade Marquette.
10 Se a largura da Torre fosse maior que 150 pés, ela aparentaria ser robusta, apesar dos 300 pés de altura (50 braças – RR, 1096). Observe que a Torre foi descrita como "um espigão" — não em camadas como mostrado em VIII, 261; P, 27.

11 RR, 1094.
12 DT, 808; Encyclopedia Americana, "Castles".
13 Encyclopedia Americana, "Castles".
14 DT, 778.
15 RR, 1095–96.
16 "Facts and Figures," 8.
17 RR, 1203.
18 RR, 1238.
19 RR, 1109.
20 RR, 1117.
21 RR, 1234, 1256, 1375.
22 RR, 1094.
23 RR, 1106–07; VIII, 261; P, 27.
24 Encyclopedia Americana, "Castles."
25 RR, 1106; IX, 64; Arquivos da Universidade Marquette. Eu originalmente confundi "King's House" ["Casa do Rei"] com "kitchen" [cozinha], mas Taum Santoski corrigiu meu erro.
26 RR, 1110.
27 RR, 1173, 1185–86.
28 VIII, 290; Encyclopaedia Britannica, 725.
29 RR, 1195.

O MORANNON
(p. 140)
1 RR, 1291.
2 DT, 915, 919.
3 RR, 1489.
4 DT, 915.
5 DT, 915, 916; RR, 1276.
6 DT, 916.
7 S, 476; DT, 916; RR, 1291; Foster, 360.
8 DT, 915.
9 DT, 917.
10 RR, 1276.

HENNETH ANNÛN
(p. 141)
1 RR, 1498, 1547.2 DT, 965; RR, 1498.
3 DT, 935.
4 DT, 958.
5 RR, Mapa.
6 RR, 1369.
7 DT, 964.
8 DT, 965, 977.
9 DT, 965.
10 DT, 968–69.
11 DT, 965–66; 977–78.
12 DT, 965.
13 DT, 977–79.
14 DT, 979.
15 DT, 978

O CAMINHO PARA CIRITH UNGOL
(p. 143)
1 Foster, 94.
2 DT, 1004–05.
3 DT, 1011.
4 DT, 1013.
5 DT, 1013.
6 VIII, 124, 186, 194, 198, 199.
7 DT, 1024. Conferir *Atlas*, p. 170.
8 DT, 1024–25; VIII, Frontispício 2, 201; P, 28. Observe que N e S (norte e sul) estão invertidos na bússola em VIII, 201.
9 DT, 1043; P, 28.
10 RR, 1347.
11 RR, 1289, 1313.

A TORRE DE CIRITH UNGOL
(p. 144)
1 RR, 1291.
2 DT, 1013, 1030; RR, 1302; IX, 21.
3 RR, 1291; IX, 17.
4 RR, 1291, 1313.
5 RR, 1293–95.
6 RR, 1292–93.
7 RR, 1291, 1293.
8 RR, 1291; VIII, 201.
9 DT, 1014; RR, 1291.
10 RR, 1291; IX, 16–18.
11 IX, 23.
12 RR, 1298; VIII, Frontispício, 2; IX, 17.
13 DT, 1054–55; RR, 1293–94.
14 DT, 1054.
15 RR, 1297.
16 RR, 1298.
17 RR, 1301–04.

MONTE DA PERDIÇÃO
(p. 146)
1 RR, 1539.
2 S, 460.
3 SA, 116.
4 RR, 1348.
5 RR, 1474, 1540.
6 RR, 1348.
7 RR, 1348; Strahler, 489, 490.
8 RR, 1348.
9 Lobeck, 683.
10 Strahler, 490. A vista lateral em P, 30, teve um exagero vertical ainda maior.
11 RR, 1348.
12 RR, 1348.
13 IX, 1.
14 RR, 1350.
15 RR, 222; 1352 IX, 37, 39; P, 30, Arquivos da Universidade Marquette.

16 RR, 1348; IX, 1.
17 SA, 116; IX, 24.
18 RR, 1353.
19 RR, 1354.
20 Thornbury, 491.
21 RR, 1358.
22 RR, 1360.

A BATALHA DO FORTE--DA-TROMBETA
(p. 148)
1 RR, 1553.
2 DT, 754, 761.
3 DT, 769.
4 DT, 773–74.
5 DT, 823.
6 DT, 777.
7 DT, 778.
8 DT, 792.
9 DT, 822.
10 DT, 769.
11 DT, 777.
12 DT, 792.13 DT, 822.
14 DT, 776, 823.
15 DT, 777.
16 DT, 778.
17 DT, 781.
18 DT, 783.
19 DT, 784.
20 DT, 786.
21 DT, 790.
22 DT, 792.
23 DT, 792.
24 DT, 792.

BATALHAS NO NORTE
(p. 150)
1 RR, 1134, 1553.
2 RR, 1553.
3 RR, 1554–55.
4 RR, 1396–97, 1554.
5 RR, 1555–56.
6 RR, 1555–56.
7 RR, 1555–56.
8 RR, 1535, 1556.
9 RR, 1556–57.
10 RR, 1536.

A BATALHA DOS CAMPOS DO PELENNOR
(pp. 151–52)
1 RR, 1181.
2 RR, 1221.
3 RR, 1188, 1221–22.
4 DT, 920, 946–48.
5 RR, 1163, 1221.
6 DT, 1010.
7 RR, 1197.

8 RR, 1221.
9 RR, 1187.
10 RR, 1120.
11 RR, 1121.
12 RR, 1167.
13 RR, 1120–21.
14 RR, 1163.
15 RR, 1127
16 RR, 1124.
17 RR, 1185, 1221; Encyclopedia Americana, "Army."
18 RR, 1181.
19 RR, 1181, 1187.
20 RR, 1187, 1554.
21 RR, 1185–86, 1245.
22 RR, 1185–86.
23 RR, 1188.
24 RR, 1191, 1196.
25 RR, 1197.
26 RR, 1210–14.
27 RR, 1213–14.
28 RR, 1217.
29 RR, 1224.

A BATALHA DO MORANNON
(p. 154)
1 RR, 1268.
2 RR, 1273.
3 RR, 1273–74.
4 RR, 1274–75.
5 RR, 1281.
6 RR, 1276.
7 RR, 1280–81.
8 RR, 1282–83.
9 RR, 1357–58.
10 RR, 1359.

A BATALHA DE BEIRÁGUA
(p. 155)
1 RR, 1436–38
2 RR, 1443–45.

TRAJETOS
(pp. 156–161)
1 CI, 382.
2 RR, 1557, 1583.
3 RR, 1106–07, 1578–79.
4 RR, 1538–61.

DE BOLSÃO A VALFENDA
(pp. 162–163)
1 SA, 142.
2 SA, 176, 179, 195, 205.
3 SA, 229.
4 SA, 275, 277.
5 SA, 278–84.
6 SA, 295–97.

7 Conferir *Atlas*, p. 97, 101.
8 SA, 299.
9 SA, 299.
10 SA, 306, VI, 200–03.
11 SA, 299–312.
12 SA, 311.
13 SA, 312–13.

DE VALFENDA A LÓRIEN
(p. 164)
1 SA, 401–03
2 SA, 406–07.
3 SA, 409–10.
4 SA, 422, 425–27.
5 SA, 438.
6 SA, 438–43.
7 SA, 470–71 444, 461, 468, 471.
8 SA, 479.
9 SA, 494–499.
10 SA, 523.
11 SA, 531, 533–34, 535.
12 SA, 537–42.
13 SA, 542–544, 549–55.

DE RAUROS AO FANO-DA-COLINA
(p. 166)
1 SA, 564, 570–1; DT, 624, 664.
2 DT, 631, 641.
3 DT, 633–45.
4 DT, 642, 675.
5 DT, 677–78.
6 DT, 631, 632, 652–53.
7 DT, 682, 686, 698. Note que o passo de Barbárvore mede apenas um terço do comprimento do passo do Homem-árvore visto pelo primo do Sam, Hal, nos Pântanos do Norte (SA, 95).
8 RR, 1553.
9 DT, 742–745, 771–73.
10 DT, 797.
11 DT, 805.
12 DT, 717, 720, 820–21.
13 DT, 851–52, 861.
14 RR, 1089, 1124, 1127.
15 RR, 1089, 1127, 1133, 1136, 1147, 1554.

DO FANO-DA-COLINA AO MORANNON
(p. 168)
1 RR, 1141.
2 RR, 1144.
3 RR, 1145.
4 RR, 1258. A distância declarada é incompatível com a escala mostrada no mapa de Tolkien e com a distância

entre Edoras e Minas Tirith ao Norte das montanhas. Ela, na verdade, tem cerca de 30 milhas no máximo.

5 RR, 1258–60, 1554. Embora em IX, 14 seja dito que Aragorn tomou caminhos tortuosos devido ao fato de a estrada da costa estar infestada, essa ideia foi claramente abandonada depois.

6 RR, 1261.

7 RR, 1148, 1554.

8 RR, 1163–65. VIII, 343, traz uma distância menor, mas em VIII, 354, é explicado que um mapa posterior tinha 40 milhas a mais. Uma diferença de apenas 4 milhas em relação ao *Atlas*.

9 RR, 1199, 1202–04.

10 RR, 1270–72.

11 RR, 1273. Repare que a distância mostrada é de cem milhas, mas de oito a dez milhas foram acrescentadas por saírem da estrada. A milhagem menor é um meio-termo entre essa citação e a distância de "quase trinta léguas" (90 milhas) dadas em DT, 932.

12 RR, 1273.

13 RR, 1275.

A JORNADA DE FRODO E SAM
(pp. 170–171)

1 SA, 571.

2 DT, 871.

3 DT, 873–74, 883.

4 DT, 884–90.

5 DT, 893–900; RR, 1553.

6 DT, 871, 901.

7 DT, 902–10.

8 SA, 526; DT, 909–10.

9 DT, 914–16, 919.

10 DT, 931–32.

11 DT, 943, 957–58.

12 DT, 994.

13 DT, 995–97.

14 DT, 997–98; RR, 1554.

15 DT, 1001–02; Magnuson.

16 DT, 1002–03.

17 DT, 1004–08.

18 DT, 1013.

19 DT, 1019–20. Note que isso está em desacordo com a data em RR, 1554.

20 DT, 1022.

21 RR, 1554; IX, 8, 19.

22 DT, 1036, 1042, 1046, 1055.

23 RR, 1287–88.

24 RR, 1313–14, 1554.

25 RR, 1318, 1321.

26 RR, 1328.

27 RR, 1333.

28 RR, 1339.

29 RR, 1555.

30 RR, 1356.

O CAMINHO DE CASA
(pp. 174–175)

1 RR, 1392, 1394, 1399, 1400, 1558.

2 RR, 1448.

3 RR, 1404–05, 1410–11.

4 RR, 1424–28.

5 RR, 1447–51.

6 RR, 1460–64, 1559.

A QUARTA ERA
(p. 176)

1 RR, 1509.

2 RR, 1392, 1397, 1400–01, 1560.

3 RR, 1383.

4 RR, 1556.

Mapas Temáticos

INTRODUÇÃO
(p. 179)

1 AF, 23.

2 AF, 56.

3 S, 62, 83, 87, 335.

4 S, 87; SA, 409–11.

5 S, 226, 281; H, 82; SA, 217, 409, 544; DT, 874–75.

6 S, 76.

7 S, 333–34.

8 DT, 968.

FORMAS DE RELEVO
(p. 180)

1 Conferir *Atlas*, pp. 6, 9–11, 43, 69–91.

2 S, 112.

3 Conferir *Atlas*, p. 10.

4 Conferir *Atlas*, p. 3.

5 DT, 1014; Conferir *Atlas*, p. 90.

6 S, 176, 197.

7 CI, 70.

8 SA, 408.

9 H, 399.

10 SA, 400; RR, 1401.

11 RR, Mapa.

12 RR, 1338.

13 DT, 997; Conferir *Atlas*, p. 90.

14 Conferir *Atlas*, p. 11.

15 S, 174–76; DT, 641–42, 900, 915; CI, 386.

16 S, 170.

17 Conferir *Atlas*, p. 78.

CLIMA
(p. 182, 184)

1 Espenshade, 8, 9; Strahler, 186, 187.

2 S, 113.

3 S, 129.

4 S, 129–31.

5 H, 84, 300; SA, 130, 212, 213, 299; RR, 1322, 1346, 1411; CI, 45.

6 S, 170, 276.

7 S, 176.

8 S, 170.

9 S, 170, 176.

10 RR, 1480.

11 SA, 536.

12 RR, 1516.

13 DT, 637.

14 DT, 909.

15 RR, 1324–25.

16 Conferir *Atlas*, p. 90.

17 S, 113; SA, 506–07.

18 S, 169, 176; SA, 409, 537; DT, 934; RR, 1112, 1335, 1479.

VEGETAÇÃO
(pp. 184, 186)

1 DT, 696.

2 Confira o excelente estudo de Juhren.

3 SA, 498.

4 H, 171, 194.

5 SA, 187–88; DT, 686.

6 S, 175.

7 S, 173–74. Não se sabe ao certo se Brethil tinha bétulas (Noel, Languages, 120), ou faias (RR, 1611).

8 Beckett, 50–52.

9 CI, 232.

10 DT, 695; Noel (Languages), 167.

11 Espenshade, 16, 17.

12 S, 171.

13 H, 122–24; SA, 345.

14 S, 258, 315; H, 122; SA, 40, 345, 536; DT, 934; RR, 1401.

15 S, 174.

16 SA, 272–73.

17 SA, 298, 303.

18 CI, 356.

19 S, 170, 176; DT, 629; CI, 386.

20 S, 176; SA, 213, 276, 537; DT, 629; CI, 233.

21 S, 210, 279.

22 S, 379; SA, 403, 406; RR, 1401, 1404.

23 DT, 874–75; RR, 1314, 1320.

24 S, 210, 261, 280.

25 SA, 535; DT, 706.

26 S, 169; H, 227; DT, 909; RR, 1275.

27 RR, 1322.

POPULAÇÃO
(pp. 186, 188)

1 S, 167.
2 S, 134, 163; RR, 1606.
3 S, 161.
4 S, 120, 170–73, 176, 180.
5 S, 200–02, 205–06.
6 S, 134–35.
7 S, 136, 163.
8 DT, 697.
9 S, 315.
10 RR, 1607–09.
11 SA, 230; RR, 1607–08; CI, 268.
12 RR, 1609; CI, 506.
13 RR, 1196, 1484–85.
14 RR, 1479; Foster, 195.
15 CI, 229–31.
16 S, 352; Foster, 15.
17 CI, 231–33.
18 H, 190; SA, 95, 141, 380, 483; RR, 1541.
19 RR, 1523–24, 1530, 1541.
20 RR, 1478–79.
21 H, 57.
22 RR, 1401, 1478; CI, 355.
23 RR, 1094, 1489.
24 RR, 1121.
25 RR, 1513.
26 DT, 745–46, 778; RR, 1163.
27 DT, 653–54.
28 H, 126; SA, 332.
29 H, 199; SA, 332.
30 RR, 1221.
31 H, 641.
32 SA, 94.
33 DT, 823–24.
34 RR, 1323, 1329, 1548.

LÍNGUAS
(pp. 188, 190)

1 Carpenter, 127.
2 RR, 1606.
3 RR, 1606–14.
4 S, 198.
5 RR, 1607–08.
6 S, 185; RR, 1605–06; CI, 84.
7 RR, 1607–09; CI, 499–500, 528.
8 RR, 1608–09.
9 S, 206.
10 S, 207, 352; RR, 1608; CI, 294–95.
11 RR, 1607.

Referências Selecionadas

Livros

Beckett, Kenneth A. *The Love of Trees.* New York: Crescent Books, 1975.

Byrne, Josepfa. *Mrs. Byrne's Dictionary of Unusual, Obscure, and Preposterous Words.* Secaucus, N.J.: University Books, Inc., 1975.

Carpenter, Humphrey, ed. *The Letters of J.R.R. Tolkien.* Boston: Houghton Mifflin Co., 1981.

Carpenter, Humphrey. *Tolkien: Uma Biografia.* Rio de Janeiro: HarperCollins, 2018.

Chorley, Richard J., ed. *Introduction to Fluvial Processes.* London: Methuen and Co. Ltd., 1969.

Collingwood, G. H. *Knowing Your Trees.* Washington, D.C.: The American Forestry Assn., 1945.

Curran, H. Allen, Philip S. Justus, Eldon L. Perdew e Michael B. Prothero. *Atlas of Landforms,* 2nd ed. New York: John Wiley & Sons, Inc., 1974.

Dury, G.H. *The Face of the Earth.* Baltimore: Penguin Books, 1959.

Encyclopaedia Britannica, Micropaedia, 15th ed. "Pantheon."

Encyclopedia Americana, 1968 ed. S.v. "Army," "Castle," "Fortifications," "Rome," "Columbus, Christopher."

Espenshade, Edward B., ed. *Goode's World Atlas,* 15th ed. Chicago: Rand McNally & Co., 1978.

Foster, Robert. *The Complete Guide to Middle-earth.* New York: Ballantine Books, 1978.

Ginsburg, Norton, ed. *Aldine University Atlas.* Chicago: Aldine Publishing Co., 1969.

Gottmann, Jean. *A Geography of Europe.* New York: Holt, Rinehart & Winston, 1969.

Helms, Randel. *Tolkien's World.* Boston: Houghton Mifflin Co., 1974.

Kilby, Clyde S. *Tolkien and the Silmarillion.* Wheaton, Ill.: Howard Shaw Publ., 1976.

Kocher, Paul H. *Master of Middle-Earth.* New York: Ballantine Books, 1972.

Lobdell, Jared, ed. *A Tolkien Compass.* LaSalle, Ill.: The Open Court Publishing Co., 1974.

Lobeck, A.K. *Geomorphology: An Introduction to the Study of Landscapes.* New York: McGraw-Hill Book Co., Inc., 1939.

Macaulay, David. *Castle.* Boston: Houghton Mifflin Co., 1977.

_____. *Cathedral: The Story of its Construction.* Boston: Houghton Mifflin Co., 1973.

MacKendrick, Paul. *Greece and Rome: Builders of Our World.* Washington: National Geographic Society, 1968.

McWhirter, Norris, ed. *Guinness Book of World Records.* New York: Bantam Books, 1979.

Monkhouse, F.J. *A Dictionary of Geography.* London: Edward Arnold (Publishers) Ltd., 1965.

Murray, James A.H., ed. *A New English Dictionary on Historical Principles,* Vol. H–K. Oxford: Clarendon Press, 1901.

Noel, Ruth. *The Languages of Middle-Earth.* Boston: Houghton Mifflin Co., 1980.

Noel, Ruth. *The Mythology of Middle-Earth.* Boston: Houghton Mifflin Co., 1977.

Raisz, Erwin. *Principles of Cartography.* New York: McGraw-Hill Book Co., 1962.

Riley, Charles M. *Our Mineral Resources.* New York: John Wiley & Sons, Inc., 1959.

Robinson, Arthur H. e Randall D. Sale. *Elements of Cartography,* 3rd ed. New York: John Wiley & Sons, Inc., 1969.

Stamp, Sir Dudley. *A Glossary of Geographical Terms.* New York: John Wiley & Sons, Inc., 1961.

Strahler, Arthur N. *Physical Geography,* 2nd ed. New York: John Wiley & Sons, Inc., 1960.

Thornbury, Wm. D. *Principles of Geomorphology.* New York: John Wiley and Sons, Inc., 1958.

Tolkien, J.R.R. *The Adventures of Tom Bombadil.* Boston: Houghton Mifflin Co., 1978.

_____. *Árvore e Folha.* Rio de Janeiro: HarperCollins, 2020.

_____. *Contos Inacabados.* Rio de Janeiro: HarperCollins, 2021.

_____. *The History of Middle-earth, Vol. I: The Book of Lost Tales, Part One.* Edição de Christopher Tolkien. Boston: Houghton Mifflin Co., 1983.

_____. *The History of Middle-earth, Vol. II: The Book of Lost Tales, Part Two.* Boston: Houghton Mifflin Co., 1984.

_____. *The History of Middle-earth, Vol. III: The Lays of Beleriand.* Boston: Houghton Mifflin Co., 1985.

_____. *The History of Middle-earth, Vol. IV: The Shaping of Middle-earth.* Boston: Houghton Mifflin Co., 1986.

_____. *The History of Middle-earth, Vol. V: The Lost Road.* Boston: Houghton Mifflin Co., 1987.

_____. *The History of Middle-earth, Vol. VI: The Return of the Shadow.* Boston: Houghton Mifflin Co., 1988.

_____. *The History of Middle-earth, Vol. VII: The Treason of Isengard.* Boston: Houghton Mifflin Co., 1989.

_____. *The History of Middle-earth, Vol. VIII: The War of the Ring.* Boston: Houghton Mifflin Co., 1990.

_____. *O Hobbit.* Rio de Janeiro: HarperCollins, 2020.

_____. *Pictures by J.R.R. Tolkien.* Boston: Houghton Mifflin Co., 1979.

_____. *O Senhor dos Anéis: As Duas Torres.* Rio de Janeiro: HarperCollins, 2020.

_____. *O Senhor dos Anéis: O Retorno do Rei.* Rio de Janeiro: HarperCollins, 2020.

_____. *O Senhor dos Anéis: A Sociedade do Anel.* Rio de Janeiro: HarperCollins, 2020.

_____. *O Silmarillion.* Rio de Janeiro: HarperCollins, 2020.

_____ e Donald Swann. *The Road Goes Ever On: A Song Cycle,* 2nd ed. Boston: Houghton Mifflin Co., 1978.

Trewartha, Glenn. *An Introduction to Climate,* 4th ed. McGraw-Hill Book Co., Inc., 1968.

Webster's Seventh New Collegiate Dictionary. Springfield, Mass.:
  G. & C. Merriam Co., Pub., 1965.
Whybrow, Charles. *Antiquary's Exmoor: Microstudy* C1.
  Dulverton, Somerset: The Exmoor Papers, 1970.

Periódicos

Cahill, Tim. "Charting the Splendors of Lechuguilla Cave."
  National Geographic, vol. 179, no. 3 (março 1991), 34–59.
Goodknight, Glen. "A Comparison of Cosmological Geography in the Works of J.R.R. Tolkien, C.S. Lewis, and Charles
  Williams." *Mythlore,* vol. 1, no. 3 (julho 1969), 18–22.
Howes, Margaret M. "The Elder Ages and the Later Glaciations
  of the Pleistocene Epoch." *Tolkien Journal,* vol. 3, no. 2
  (primavera 1968), 3–15.
Juhren, Marcella. "The Ecology of Middle Earth. "*Tolkien
  Journal/Mythlore,* vol. II no. 1 (inverno 1970), 4–6.
Kilby, Clyde, e Richard Plotz. "Many Meetings with Tolkien."
  Niekas, vol. 19 (1968), 39–40.
Mitchison, Naomi, "One Ring to Bind Them." *New Statesman
  and Nation,* vol. 48 (setembro 18, 1954), 331.
Niekas, vol. 18 (1968), 39, 40.
Porteus, J. Douglas. "A Preliminary Landscape Analysis of
  Middle-Earth in Its Third Age." *Landscape,* vol. 19, no. 2
  (janeiro 1975), 33–38.
Resnick, Henry. "Interview with Tolkien." *Niekas,* vol. 18
  (primavera, 1967), 37–43.
Reynolds, Robert C. "The Geomorphology of Middle-Earth."
  Swansea Geographer, vol. 12 (1974), 67–71.

Entrevistas

Dr. Andrew Bodman, 10 de abril, 1979.
Dr. Neil Harriman, 3 de agosto, 1979.
Sra. Jean Magnuson, 18 de outubro, 1979.
Dr. Nils Meland, 15 de abril, 1979.

Fontes Diversas

Baynes, Pauline. "A Map of Middle-Earth." London: George
  Allen & Unwin, Ltd., 1970.
Canada. "Fortress of Louisbourg." Montreal: Parks Canada,
  Indian and Northern Affairs, c. 1976.
Marquette University, Department of Special Collections
  and University Archives. "John Ronald Reuel Tolkien
  Manuscript Collection."
Pioneer Engineering Works. "Facts and Figures." Minneapolis,
  Minn. PORTEC, 1955.
St. Clair, Gloria S. "Studies in the Sources of J.R.R. Tolkien's
  Lord of the Rings." Unpublished dissertation. University of
  Oklahoma, 1970.
Tedhams, Richard Warren. "Tolkien: An Annotated Glossary.
  "Unpublished Master's Thesis. University of Oklahoma,
  1967.
Tolkien, Christopher. "Map of Beleriand and the Lands to the
  North." Boston: Houghton Mifflin Co., 1977.

ÍNDICE DE TOPÔNIMOS

Este índice inclui uma lista alfabética dos nomes dos lugares de *Arda* — o Mundo de Tolkien. Muitos desses lugares têm dois ou mais nomes, alguns dos quais não aparecem em nenhum mapa. A forma mais comum frequentemente aparece listada entre parênteses (sem a referência à cronologia ou transliteração). Cada nome importante o suficiente para ser encontrado nos mapas-múndi e/ou regionais é precedido por uma coordenada da localização aproximada. Lugares no *Condado* são também identificados pela *Quarta* ou o *Marco* correspondentes, abreviados como:

QL	Quarta Leste
QO	Quarta Oeste
QN	Quarta Norte
TB	Terra-dos-Buques
QS	Quarta Sul
MO	Marco Ocidental

Todos os nomes são seguidos da página ou das páginas em que o termo (ou uma forma alternativa) pode ser encontrado. A página contendo a referência principal é mostrada em itálico, e a referência à página em que o mapa específico do local aparece está sublinhada.

A História da Terra-média acrescentou centenas de nomes aos das obras anteriores. Muitos deles foram rapidamente abandonados, e alguns foram depois aplicados a diferentes localizações. Apenas aqueles que foram mostrados como formas predominantes nos índices da *História* e outros de especial interesse foram incluídos. Eles estão listados em uma seção separada para evitar confusão.

ÍNDICE DE TOPÔNIMOS SELECIONADOS EM *A HISTÓRIA DA TERRA-MÉDIA*

Cada entrada é seguida por alternativas menos importantes. A forma primária encontrada no índice do *Atlas* principal está listada entre parênteses. Termos cujos conceito ou uso foram depois abandonados ou alterados estão marcados com um asterisco*.

P-35	Passo Scada* (Do Fano-da-Colina para Erech)	153
M-34	Passo Vermelho (Passo do Chifre-vermelho) Cris-caron	97, 145, 182
—	Portão de Bronze	160
—	Portão Nerwet (Portão de Helm)	149
R-34	Porto Cobas	105
J-23	Quedas da Bacia de Prata (Dimrost)	28, 42-43
P-33	Ravina de Heorulf (Abismo de Helm)	104, 149, 165, 184, 191
J-35	Rhimdath "Rio Corredio"	96
—	Ringhay (Cricôncavo)	137
—	Ringil (Illuin)	18
—	Rochalta (Rocha-da-Trombeta, A)	149
K-22	Rodothlim, Cavernas dos (Nargothrond)	28, 37, 42-43, 46-47
P-36	Rosfein (Rauros) Dant-ruinel, "Chuva-rugidora"	100, 101, 105, 183, 191
P-36	Sarn Gebir* (Emyn Muil)	69, 97, 101, 105
P-36	Sarn Ruin (Sarn Gebir) Pensarn	101, 183, 191
K-36	Sebe-castanha (Rhosgobel)	69, 92, 97
—	Sirnúmen	23
K-35/S-37	Sirvinya (Anduin) 'Novo Sirion'	21, 23, 62, 80, 92, 96, 97, 101, 108, 147, 159
Zj-8	Tain-Gwèthil (Taniquetil) Danigwethil, Timbrenting	20, 23, 34
M-34	Taragaer (Chifre-vermelho) Carnbeleg, 'Pico Rubro'	97, 145, 190
J-30	Tarkilmar (Annúminas) Morada Ocidental	61, 91
Q-34	Tarnost	105
—	Tavrobel	54

—	Terra Sombria	9
—	Terras de Fora, as A(Aman)	9
K-33	Terras Desalentadas (Terras-solitárias)	91, 96
J-33	Terras dos Ents* (Charneca Etten)	91, 96
—	Tirmindon (Amon Hen)	100
I-24	Tol Fuin	54, 68
Q-37	Tol Varad (Cair Andros) Men Falras	101, 105, 108, 159
—	Tolli Kimpelëar (As Ilhas do Crepúsculo)	9
—	Tolli Kuruvar, I (As Ilhas Encantadas)	9, 54
—	Tolondren (Tol Brandir) Grande Carrocha, a	100
Z-10	Torre de Pérola	54
L-21	Torre de Tindobel (Barad Nimras)	28
l-23	Torres de Thû (Tol Sirion)	30, 38-39, 42-43
K-28	Torres do Oeste (Torres Brancas)	70, 74
—	Ulmonan	9
K-23	Umboth-muilin (Aelin-uial, Alagados do Crepúsculo)	28
—	Utgarsecg (O Mar de Fora)	9
P-37	Úvanwaith (Terras-de-Ninguém)	101, 105, 108
—	Vai (Oceano de Fora)	9
P-34	Vale do Marco Ocidental (Westfolde)	89
J-34	Vale(s) Entês(es), Valegris*	96
M-34	Via-rubra (R.) (R.Veio-de-Prata)	97, 100, 145, 147
—	Vidrágua (Espelhágua)	97, 145
—	Wínseld (Meduseld)	153

Este livro foi impresso em 2022, pela Geográfica,
para a HarperCollins Brasil. A fonte usada
no miolo é Garamond Premier corpo 11.
O papel do miolo é pólen bold 70 g/m2.